중 등 학 교 를 위 한 교 수 · 학 습 방 법

탐구를 통한 지리학습

GEOGRAPHY Through Enquiry

Approaches to teaching and learning in the secondary school

GEOGRAPHY
Through Enquiry *Approaches to teaching and learning in the secondary school*

English language edition published by Sheffield: The Geographical Association,
© Margaret Roberts 2013.
Korean translation copyright © 2016 by Purengil Co. Ltd.

중 등 학 교 를 위 한 교 수 · 학 습 방 법

탐구를 통한 지리학습

초판 1쇄 발행 **2016년 5월 20일**
초판 2쇄 발행 **2023년 6월 20일**

지은이 **마거릿 로버츠 (Margaret Roberts)**
옮긴이 **이종원**

펴낸이 **김선기**
펴낸곳 **(주)푸른길**
출판등록 **1996년 4월 12일 제16-1292호**
주소 **(08377) 서울특별시 구로구 디지털로 33길 48 대룡포스트타워 7차 1008호**
전화 **02-523-2907, 6942-9570~2**
팩스 **02-523-2951**
이메일 **purungilbook@naver.com**
홈페이지 **www.purungil.co.kr**

ISBN **978-89-6291-352-1 93980**

• 이 도서의 국립중앙도서관 출판시도서목록(CIP)은 서지정보유통지원시스템 홈페이지(http://seoji.nl.go.kr)와 국가자료공동목록시스템(http://www.nl.go.kr/kolisnet)에서 이용하실 수 있습니다. (CIP제어번호 : CIP2016011293)

중 등 학 교 를 위 한 교 수 · 학 습 방 법

탐구를 통한 지리학습

GEOGRAPHY *Through Enquiry*

Approaches to teaching and learning in the secondary school

마거릿 로버츠 (Margaret Roberts)

이종원 옮김

푸른길

차례

옮긴이 서문

이 책이 출판된 2013년 나는 연구년으로 영국 옥스퍼드에 있었고 책을 준비하던 마거릿과 여러 차례 만날 기회가 있었다. 내가 *Learning Through Enquiry*(2003년 출간된 마거릿의 책)에 관심을 표하자 마침 개정판을 준비하고 있다고 말했던 기억이 난다. 연구년이 끝날 즈음에야 이 책이 출판되었지만 번역을 결심하기까지 오래 걸리진 않았다.

이 책은 탐구적 접근으로 지리수업을 하는 것이 어떤 의미인지 잘 설명해 준다. 일반적이고 원론적인 수준에서 그럴듯한 이야기를 나열하기보다는 독자들이 궁금해하는 내용을 정확히 짚어 주고 있다. 예를 들어, "학생들에게 선택권을 주는 것이 실현 가능한가?"(73쪽, 본인은 제공한 적이 거의 없다고 한다) 혹은 "지리탐구는 시험점수를 올리는 데 도움이 되는가?"(28쪽) 같은 질문을 던지고 "이 시점에서 내가 생각하는 탐구에 대해 설명하는 것이 중요해 보인다."(16쪽)와 같은 방식으로 자신의 생각을 거리 낌 없이 이야기한다. 이들 외에도 본문에는 '나는'으로 시작해 자신의 경험과 생각을 보여 주는 문장들을 어렵지 않게 만날 수 있다. 아마도 오랜 기간 동안 탐구에 관심을 갖고 지리수업을 관찰해 왔기 때문에 가능했을 것이다.

이 책은 탐구학습 자체가 아니라 '탐구적 접근을 통해 지리를 어떻게 효과적으로 가르치고 배울 수 있을까?'라는 물음에 답하고 있다. 탐구적 접근에 관심이 있거나 학생들이 적극적으로 참여해 이해를 구성하는 지리수업에 관심이 있는 분들이라면 이 책이 큰 도움이 될 것이다. 수많은 지리수업 아이디어를 담고 있는 것도 이 책의 또 다른 장점이다.

2000년 나는 서울대학교에서 석사과정을 마치고 미국 유학을 몇 달 앞두고 있었다. 어느 날 대학원 지도교수님이던 류재명 교수님께서 불러 연구실을 찾은 적이 있다. 교수님은 미국에서의 학업에 도움이 되었으면 한다는 말씀과 함께 내게 천만 원을 건네셨다. 더불어 10년 내에 지리교육에 도움이 되는 책을 써 달라고 주문하셨다. 류재명 교수님은 지리교육에 대한 '투자'라고 표현하셨지만 나는 '투기'가 될

탐구를 통한 **지리학습**

수 있다며 제안을 거절했던 기억이 있다(결국은 돈을 받았다). 덕분에 미국에서 학위를 무사히 마치고 한국에 돌아와 대학에서 자리를 잡고 바쁜 나날들을 보냈지만, 항상 감사했던 그 채무를 잊지 않고 있었다. 나머지 스토리는 예상대로다. 이 책은 15년 전 류재명 교수님과의 약속에 대한 이행이며, 이 책이 한국의 지리교육에 조금이나마 보탬이 되었으면 한다. 약속했던 시간도 많이 지났고, 번역서지만 이해해 주시리라 믿는다. 이 책의 출판으로 발생하는 모든 인세를 류재명 교수님의 이름으로 한국지리환경교육학회에 기부하고자 한다. 나는 15년 전 돈보다 큰 믿음을 얻었고, 이 책을 번역하며 많이 배울 수 있었다.

2016년 5월
이종원

서문

이 책은 11~18세 사이의 학생들을 대상으로 지리를 가르치는 분들을 위해 쓴 것이다. 주로 지리교사나 지리교사가 되고자 하는 분들을 염두에 두었지만, 정책 결정자나 지리교육 연구를 수행하는 분들도 관심을 가졌으면 좋겠다. 이 책에 제시된 아이디어와 예시들은 영국 중등학교의 지리교육에 대한 나의 경험과 지식을 기초로 했지만, 다른 국가의 지리교육이나 초등 고학년의 지리에도 적용될 수 있을 것이다. 탐구적 접근이 야외조사 활동에 매우 적합하기는 하다. 그러나 야외에서보다는 교실상황에서의 탐구에 대한 연구가 부족하기에 나는 교실수업에 초점을 맞추었다.

2003년 *Learning Through Enquiry*가 출판된 이후 탐구 기반 학습은 세계 곳곳의 대학과 시험을 위한 평가요강 그리고 국가교육과정에서 채택되고 있다. '탐구 기반 학습(enquiry-based learning)'이라는 용어는 학생들이 질문, 문제, 이슈를 조사하는 과정에 적극적으로 참여하는 다양한 교육적 접근을 포괄하는 용어로 활용되고 있다. 이러한 접근은 교사나 튜터가 안내하는 방식에서부터 학생들이 주도하는 방식에 이르기까지 다양한 모습으로 나타난다. 이 책은 국가교육과정과 시험의 평가요강이라는 제약으로 인해 중등학교에서의 탐구가 종종 교사에 의해 안내될 수밖에 없다는 점을 인정한다. 더불어 어떤 것을 배우고 어떻게 배울 것인지를 결정하는 데 있어 학생들이 더 많은 권한을 가지는 것이 바람직하다는 것도 알고 있다.

'탐구'가 특별히 지리적인 것은 아니며, 탐구를 통해 길러지는 대부분의 기능은 다른 과목에도 유용하다. 그러나 탐구를 통해 일반적인 기능만을 배운다고 생각하는 것은 잘못이다. 기능이 배울 만한 것이라면, 이러한 기능들을 무엇인가에 적용해야 한다. 대학에서 탐구 기반 학습을 활용하는 목적은 학생들의 학문적 이해를 높이는 것이다. 이 책의 제목은 이러한 접근을 강조한다. 즉, 나는 학생들이 지리를 통해 어떻게 일반적인 기능들을 배울 수 있는지가 아니라 학생들이 탐구를 통해 어떻게 지리를 배울 수 있는가에 관심이 있다.

이 책은 2011년 싱가포르에서 수행한 작업의 결과물이다. 당시 싱가포르 정부는 O-level 지리교육과 정을 개정하고 있었으며, 지리학습의 방법으로 탐구를 활용하고자 했다. 새로운 교육과정의 도입에 앞서 싱가포르 정부는 나에게 싱가포르 교사들을 위한 '탐구(inquiry)' 강좌를 진행해 줄 것을 요청하였다. 이미 시험을 위한 평가요강이 결정된 상황에서 탐구적 접근은 어떤 방식이어야 하는지, 그리고 어떻게 교사들의 요구를 충족시킬 수 있을지를 싱가포르의 동료들과 함께 고민했다. 강좌를 시범 적용하고 수정한 다음 총 10여 차례의 워크숍을 진행했다. 각각의 워크숍은 평가되었으며 우리는 토론을 통해 일부 활동들을 수정했다.

탐구에 대한 나의 생각은 셰필드 대학교(University of Sheffield)에서 예비교사들을 지도했던 경험들과 연구 그리고 지리교육 연구자들과의 논의 과정 속에서 형성된 것이다. 또한 예비교사 양성 프로그램의 평가에 외부평가자로서 참여한 경험과 폭넓은 독서를 통해 탐구에 대한 아이디어가 확대되었다. 이 책이 *Learning Through Enquiry*에서 발전된 것이기는 하지만 단순히 업데이트된 수준은 아니다. 이 책은 몇 가지 측면에서 전작과 중요한 차이가 있다.

▲ 이전 책은 Key Stage 3에 초점을 두지만, 이 책(*Geography Through Enquiry*)은 중등학교 전체 학년을 염두에 두고 쓰였다.

▲ 2003년에 출판된 *Learning Through Enquiry*는 영국의 지리교육 맥락에 맞춰 쓰인 것이다. 즉, 당시의 국가교육과정 및 일반적인 국가적 전략들을 고려했다. 그러나 이 책은 좀 더 넓은 독자들을 염두에 두고 쓴 것이다. 이 책은 영국에서의 연구뿐 아니라 싱가포르에서의 경험을 반영했으며, 더불어 여타 국가들의 교육과정에 대한 연구성과를 포함하였다.

▲ 이전 책과 겹치는 부분들, 예를 들어 탐구의 특징, 교사의 역할, 구성주의에 대한 내용, 설문조사 활용에 대한 부분들은 그동안의 경험과 연구를 반영하여 내용을 추가하였다.

▲ 재현, 논쟁적 이슈, 주장과 논증, 개념적 이해의 발달, 대화식 수업에 대한 장을 추가하였으며, 이들 주제는 탐구식 접근을 채택할 때 중요한 고려사항이 된다.

▲ 전작과 마찬가지로 이 책 역시 많은 새로운 교실활동을 포함하고 있다. *Learning Through Enquiry*에 소개되었던 활동들을 업데이트 하거나 다른 예시로 대체하였다.

이 책은 두 부분으로 구성된다. 1장에서 12장이 이론적인 부분이라면, 13장에서 21장은 실천적인 부분이다. 하지만 이러한 구분은 인위적일 수 있다. 교실에서의 모든 실천은 학생들이 어떻게 학습하는지, 어떻게 동기가 부여되는지, 교사의 역할은 어떠해야 하는지 등과 관련된 가정이나 이론에 의해 뒷받침될 수밖에 없다. 따라서 책의 전반부에 지리, 교수와 학습, 그리고 탐구에 대한 내 생각을 뒷받침해 주는 전제들을 정리하고자 했다. 더불어 나는 탐구를 통한 지리학습에 초점을 맞추고 싶었으며, 이런 내용들은 일반적인 탐구에서는 제대로 다뤄지지 않았다. 만일 학생들이 개념을 발전시키고 지리적으로 사고하고 주장하는 방법을 배우게 하고 싶다면, 이런 부분들을 어떻게 탐구적 접근과 접목시킬 수 있는지를 고민해야 한다. 나는 지리교육에서 토론의 중요성을 강조하고 싶어 최근 연구성과를 대화식 수업과 연결했다. 또한, 지리에서 배우는 대부분의 내용들이 가치판단적인 것들이라 생각해 논쟁적 이슈를 다룰 때 고려해야 하는 요소들을 점검하였다. 중등학교의 지리교사들이 이 책의 일부를 토론의 소재로 활용했으면 좋겠다.

13장에서 21장의 내용은 탐구적 접근을 도와줄 수 있는 교실활동에 초점을 맞추었다. 활동을 소개하고, 활용 방법을 설명했을 뿐 아니라 활용을 위해 고려해야 할 사항들을 제시했다. 이 책을 활용하는 분들이 자신의 학생들에 맞춰 활동을 선택하고 수정했으면 좋겠다. 그러나 탐구는 이 책에 제시된 한두 개의 활동을 선택해 단원 사이에 끼워 넣는 것 이상의 것이라고 말하고 싶다. 탐구적 접근을 활용하기 위해서는 우선 탐구를 위한 교실문화를 조성할 필요가 있다. 그 문화 속에서는 끊임없이 질문하는 것이 장려되며, 지리적 자료를 통해 재미있고 도전적인 질문을 조사하는 것이 수업의 초점이 된다.

연구를 위한 아이디어를 찾는 분들을 위해 단원의 말미에 참고문헌과 함께 연구를 위한 제안을 정리해 두었다. 또한 책의 마지막 부분에는, 각 장의 참고문헌에는 소개되지 않았지만 내 생각에 영향을 준 참고문헌들도 제시했다.

감사의 글

탐구에 대한 나의 생각은 런던과 레스터셔(Leicestershire)에서의 지리교사와 셰필드 대학교(University of Sheffield)에서 지리교사를 양성하는 교수와 외부평가자로서의 경험, 그리고 연구와 독서를 통해 발전된 것이다.

나는 오래전 세 명의 훌륭한 영어교사들과 함께 일하는 행운을 얻었다. 그들은 런던의 더글러스 반스(Douglas Barnes)와 레스터셔의 마이클 암스트롱(Michael Armstrong), 그리고 고인이 된 팻 아치(Pat D'Arch)이다. 그들은 언어 과목의 교육과정 운동에 나를 참여시키고, 나에게 비고츠키(Vygotsky)와 브루너(Bruner)의 아이디어를 소개해 줌으로써 교수와 학습에 대한 내 생각을 바꿔 놓았다. 항상 그들이 내게 보여 주었던 지원과 격려에 감사한다.

나는 지리교육 분야의 다른 연구자들에게, 그리고 교실에서의 대화와 관련해서는 과학교육, 역사교육 분야의 연구에 많은 빚을 졌다. 대학교수로서 국가교육과정 및 교실에서의 실천과 관련한 연구를 수행하고, 국제지리연합회(International Geographical Union)와 지리교사교육자 컨퍼런스(Geography Tutors' Conferences)에 참여함으로써 더 넓은 연구 공동체와 협력할 수 있었다. 나는 지리학 연구 공동체로부터 배울 수 있었던 것들에 매우 감사한다. 탐구에 대한 내 연구와 글쓰기를 지속하도록 격려해 준 엘리노어 로링(Eleanor Rawling)과 데이비드 램버트(David Lambert)에게 특별히 감사를 표하고 싶다.

나는 셰필드 대학교에서 지리교사를 양성하는 교수로서, 그리고 교사 양성 프로그램을 평가하는 외부평가자로서의 역할을 수행하면서 많은 지리수업을 관찰할 수 있었다. 이러한 수업 참관을 통해 다양한 맥락에서의 탐구적 접근의 실행 가능성을 가늠해 볼 수 있었다. 내가 방문했던 중등학교의 지리 선생님들과 내가 수업을 관찰했던 예비교사들, 그리고 이러한 수업에 대해 함께 토론했던 동료들에게 감사한다. 또한 내가 지도했던 셰필드 대학교의 많은 예비교사들로부터도 배웠으며, 특히 레이철 애서턴

(Rachel Atherton)과 엠마 롤링스 스미스(Emma Rawlings Smith)에게 고마움을 표하고 싶다. 이들은 자신들의 예시를 이 책에 실을 수 있도록 허락해 주었다.

나는 셰필드 대학교의 동료였던 크리스 윈터(Chris Winter), 제인 페레티(Jane Ferretti)와 함께 일하면서 많은 것을 배웠으며, 탐구, 교육과정, 교수법과 관련하여 그들과 토론할 수 있었다는 것에 감사한다. 또한 제인은 고맙게도 추론 레이어(layers of inference) 활동을 교사들 및 예비교사들과 어떻게 활용했었는지 설명해 주었다.

2011년 싱가포르에서 함께 일했던 동료들에게 감사하고 싶다. 그들은 내가 이 책을 쓰도록 격려해 주었다. 문화적 맥락이 다른 중등학교의 교육과정에 맞춰 아이디어를 개발하는 과정은 매우 흥미로웠다. 싱가포르에서 교사들을 위한 강좌를 진행할 수 있도록 나를 초대해 준 일레인 림 픽 잉(Elaine Lim Pik Ying)과 시우 홍 앙(Siew Hong Ang)에게 감사한다. 또한 싱가포르 정부에 파견된 지리교사 팀은 내가 싱가포르 지리교사들의 요구에 맞춰 강좌를 개발할 수 있도록 도와주었다. 내가 진행한 10여 차례의 워크숍 동안 나를 도와주었던 많은 교사들과 파견교사들에게 감사한다. 내가 진행한 대부분의 워크숍에 참여했고, 워크숍 후 진행된 평가와 토론에도 참여해 준 카이 링 렁(Kai Ling Leong), 웬디 리진 탄(Wendy Li-Jin Tan), 조지프 탄(Josef Tan)에게 특별히 감사하게 생각한다.

마지막으로 이 책의 출판을 도와준 영국지리교육협회(Geographical Association) 스텝들에게 감사하고 싶다. 특히, 도르카스 브라운(Dorcas Brown)은 내가 보냈던 수많은 파일들을 책에 맞게 정리해 주었다.

마거릿 로버츠(Margaret Roberts)

2013년 4월

탐구를 통한 **지리학습**

GEOGRAPHY
Through Enquiry

Approaches to teaching and learning in the secondary school

탐구학습 – FAQ

힘티 덤티(Humpty Dumpty)는 말했다. "내가 어떤 단어를 사용할 때 그 단어는 더도 덜도 아니고 정확히 내가 선택한 의미만 뜻하는 거야." – 루이스 캐럴(Lewis Carroll)의 「거울나라의 앨리스」(1871) 중에서

도입

탐구적 접근이 지난 수십 년 동안 교수학습 분야에서 많은 관심을 받았지만, 사실 탐구는 20세기 초반에 진행된 비고츠키(Vygotsky)와 듀이(Dewey)의 연구에서 비롯되었다. 영국에서는 탐구 관련 아이디어들이 초등학교부터 대학원에 이르기까지 다양한 학문 분야에서 활용되고 있으며, 싱가포르, 오스트레일리아, 네덜란드, 독일, 미국에서도 초·중등학교와 대학교육에 탐구적 접근을 도입하려는 시도가 이어지고 있다. 이 책이 중등학교의 지리과목에 초점을 맞추고 있기는 하지만 탐구가 특별히 지리에 적합하거나 중등학교에만 적용될 수 있다는 의미는 아니다. 나아가 탐구적 접근은 맥락에 따라 다양한 방식으로 이해되기 때문에 모든 상황을 만족시킬 수 있는 '탐구'의 정의를 찾는 것은 불가능하다. 예를 들어, 중등학교 지리교사를 위한 탐구는 그들이 위치한 국가, 학교, 주변지역, 그리고 국가교육과정 및 외부 자격시험이라는 맥락 속에서 이해되어야 한다.

맥락과 상관없이 지리탐구(geographical enquiry)에 대한 몇 가지 큰 질문들을 던질 필요가 있다. 탐구는 지리학의 본질이나 주요 개념들과 어떻게 연결될까? 지리교육의 목적은 무엇이며 탐구는 그 목적을 달성하는 데 어떻게 기여할까? 탐구적 접근을 받아들인다면 수업의 계획과 실천은 어떻게 변해

야 할까? 이들 질문을 이 책의 전반에 걸쳐 다루게 되지만, 사람들이 탐구와 관련해 내게 자주 물어보는 그리고 이 책을 막 읽기 시작한 독자들의 머릿속에 있을 것 같은 몇 가지 질문들을 1장에서 다루고자 한다. 그리고 '왜 탐구적 접근을 채택해야 하는가?', '탐구적 접근에서 교사의 역할은 무엇인가?'는 2장과 3장에서 다룰 것이다.

지리탐구란?

1995년 영국에서 국가 수준의 지리교육과정이 처음으로 공표되었을 때 영국의 지리교사들이 탐구라는 아이디어를 수업과 어떻게 연결시키는지 조사한 적이 있다. 동일한 지리교육과정을 다루고 있었음에도 탐구에 대한 지리교사들의 생각과 실천은 상당히 달랐다(그림 1.1). 교사들은 대부분 탐구를 야외조사, 독립적 학습(independent learning) 혹은 조사와 연관 짓고 있었지만, 탐구의 중요성에 대한 생각은 달랐으며 이러한 차이는 교실수업에도 반영되었다. 예를 들어 탐구를 야외조사와만 연결시키는 학교에서는 교실수업에서의 탐구활동은 거의 없었다. 탐구에 대한 교사들의 인식 차이는 그들이 언제, 어떻게 지리학을 공부했으며, 자신들이 근무하는 학교가 따르고 있는 자격시험을 주관하는 평가기관[1]이 어디인지와도 관계가 깊다.

'enquiry'와 'inquiry'의 차이는?

'e'가 붙은 'enquiry'를 사용해야 할까 아니면 'i'가 붙은 'inquiry'를 사용해야 할까? 이 둘은 다른 것이며 그 차이는 과연 중요할까? 영국의 교육적 맥락에서는 enquiry를 더 많이 사용하지만 대체로 구분 없이 사용되고 있다. 그러나 일반적인 용법의 경우, 영국 영어에서는 enquiry와 inquiry 간에 약간의 차이를 둔다. 'to enquire'는 전화번호 문의와 같이 무엇에 대해 질문을 던지는 상황인 반면, 'to inquiry'는 법적 조사, 공개 청문과 같이 무엇을 조사하는 상황에서 사용된다. 반면 미국 영어에서는 교육적 맥락이든 일반적 맥락이든 inquiry를 주로 사용한다. 내가 읽었던 문헌들을 종합해 볼 때, 교육적 맥락에서 영국 영어의 enquiry와 미국 영어의 inquiry는 큰 차이가 없다.

---

1) 영국의 경우 자격시험을 주관하는 평가기관들이 여럿이며, 어떤 평가기관을 선택하느냐에 따라 학습내용과 강조하는 교수학습의 접근법이 다르다. 역자 주

1996년 5개 중등학교 지리교사들과의 인터뷰 내용 중에서

A. "우리는 탐구라는 것이 학생들이 문제나 가설에 기초하여 독립적으로 학습할 수 있는 기회를 주는 것이라고 생각합니다. 그게 학교 밖의 환경이라면 더욱 좋겠지요. 학생들은 문제를 해결하고 가설을 판단하기 위해 필요한 정보를 찾고 답을 생각해 낼 겁니다. 학생들은 가설을 세울 수 있어야 해요. 그렇지 않으면 그들이 과연 탐구의 전체 과정을 수행할 능력이 있는지 교사는 알 수 없으니까요."

B. "누군가가 정보를 알려 주는 대신 스스로 찾으려고 노력하는 것."

C. "탐구는 무엇을 찾을 것인지 결정하고 자신만의 근거를 찾는 것입니다. 탐구를 통해 자신만의 학습경로를 결정하기도 합니다. 기본적으로 학생들이 자신들이 경험하게 될 전체적인 학습과정을 조율하고 있다면, 진정한 탐구 기반 학습에 가깝다고 할 수 있습니다."

D. "학생들이 교실 밖으로 나가 그들 스스로 뭔가를 하는 것이 바로 탐구 기반입니다. 그리고 집으로 돌아와서는 후속작업을 하겠지요."

E. 저는 탐구를 일련의 질문들(예, 그들은 어떻게 알아내게 될까? 그들은 어떻게 반응할까?)을 던지면서 해결해 나가는 일종의 문제 해결이라고 봅니다. 탐구가 폭넓은 과정일 수 있겠지만 다양한 근거를 활용해야 합니다. 학생들은 무엇이 적절하고 어떻게 연결시킬 것인지 알아내야 합니다. 우리 학교의 경우 숫자를 다루기보다는 대부분의 탐구에서 가치나 태도를 다룹니다."

F. "탐구는 지원을 받는 자기주도적 학습이죠. 학생들은 자료를 활용해 과제를 수행하면서 결과적으로는 최종 산출물을 만들어내야 합니다. 또한 탐구는 MEG* 실러버스 B가 제시하고 있는 학습경로(문제를 인식하기, 방법을 찾기, 자료 찾기, 수행하기, 평가하고 다시 계획하기)이기도 합니다."

* Midland Examining Group의 약자이며 과거 평가기관 중 한 곳이다. 역자 주

그림 1.1: '탐구'에 대한 다양한 인식. 출처: Roberts, 1998

내가 생각하는 지리탐구

이 시점에서 내가 생각하는 탐구에 대해 설명하는 것이 중요해 보인다. 탐구에 대한 나의 생각은 교사로서 그리고 교사교육자로서의 경력을 거치면서 발전해 왔으며, 직접 탐구를 실천해 본 경험, 함께 일했던 사람들, 그리고 읽었던 책의 내용에 영향을 받았다. 내가 생각하는 탐구는 세 가지 중요한 특징이 있다.

첫째, 탐구는 일련의 기능이 아니라 지리를 가르치고 배우는 하나의 접근법이다. 학생들은 탐구를 통해 지리를 배울 때 지식과 이해를 넓힐 수 있으며, 동시에 지리학 고유의 기능뿐 아니라 다른 과목에서 사용되는 일반적 기능들을 배울 수 있다.

둘째, 무엇을 배우는가와 어떻게 배우는가는 밀접하게 관련되어 있다. 즉 교육과정과 교수법은 분리될 수 없으며, 학생들이 어떻게 배우는지는 무엇을 배우는지에 영향을 미친다. 우리가 탐구 기반의 수업을 하고자 한다면, 학생들이 무엇을 조사할 것인지와 더불어 그것을 어떻게 조사할 것인지를 계획해야 한다.

셋째, 학생들이 무엇을 배우는가는 그들이 교실로 들어설 때 이미 머릿속에 갖고 있던 지식들, 그리고 그러한 지식들을 얼마나 활용할 수 있도록 하느냐에 달려 있다. 모든 학생들은 자신만의 고유한 개인 지리(personal geographies)를 갖고 있으며, 매일 세상을 직접 경험하면서 그리고 미디어 및 다른 사람들과의 간접경험을 통해 개인지리를 발전시켜 간다. 개인지리는 장소와 환경에 대한 지식과 세상을 바라보고 이해하는 방식(때로 틀리기도 하고 유치한 수준에 머물기도 하지만)을 포함한다. 학생들의 개인지리는 학교에서 배운 지리적 내용을 포함하며 일부는 다른 과목에서 배웠을 수도 있다. 탐구 기반의 학습에서 학생들이 조사하는 내용을 자신들의 선지식 및 경험과 연결지을 수 있게 해 주는 것이 매우 중요하다.

지리탐구는 야외조사와 가장 잘 어울리는가?

야외에서 지리를 조사할 경우 명백한 이점이 있다. 감각을 통해 직접 경험하기 때문에 배우는 내용과 쉽게 연결할 수 있고, 자신들이 직접 데이터를 수집하기 때문에 데이터가 어떻게, 어떤 항목을 따라 수집되었는지 알 수 있어서 데이터를 깊이 이해하는 것도 가능하다. 또한, 데이터를 표현하는 과정에서 주관성이 개입될 수 있다는 점도 이해하게 된다. 그러나 탐구적 접근의 핵심 요소들은 야외에서와 같이 교실에서도 적용이 가능하다.

탐구의 핵심 요소는 무엇인가?

지리탐구의 과정에는 네 가지 특징적인 요소들이 있다(그림 1.2). 이들 네 가지 요소들이 어떻게 선정되었는지는 2장에서 설명할 것이다. 그림 1.2는 이 책의 초판인 *Learning Through Enquiry*(Roberts, 2003)에 지리탐구의 프레임워크로 제시되었던 것을 수정한 것이다. 원래의 프레임워크에는 네 요소들

탐구는 질문으로 시작한다.

교사는 호기심을 불러일으키고 알아야 할 이유를 만들어 낸다. 학생들은:

▲ 궁금해한다.
▲ 추측한다.
▲ 가설을 세운다.
▲ 상상한다.
▲ 아이디어를 만들어 낸다.
▲ 이슈를 인식한다.
▲ 질문한다.
▲ 어떻게 연구할 것인지 계획한다.

탐구는 근거가 뒷받침되어야 한다.

교사는 학생들이 지리정보를 근거로 활용할 수 있도록 해야 한다. 학생들은:

▲ 정보를 찾는다.
▲ 근거를 수집한다.
▲ 근거를 선택한다.
▲ 정보를 정리한다.
▲ 정보를 분류한다.

탐구는 지리적 사고를 필요로 한다.

교사는 학생들이 이해하고, 추론할 수 있는 기회를 제공해야 한다. 학생들은:

▲ 기존 지식을 새로운 지식과 연결한다.
▲ 기술한다.
▲ 설명한다.
▲ 비교한다.
▲ 대조한다.
▲ 분석한다.
▲ 해석한다.
▲ 관계를 인식한다.
▲ 가치를 분석한다.
▲ 가치를 명료화한다.
▲ 결론을 도출한다.

탐구는 성찰적이다.

학생과 교사 모두 학습을 성찰한다. 학생들은 아래의 사항들에 비판적이다.

▲ 정보의 출처
▲ 활용된 기술이나 테크놀로지
▲ 판단의 준거
▲ 의견
▲ 무엇을 학습했는지
▲ 어떻게 학습되었는지
▲ 탐구가 어떻게 향상될 수 있는지
▲ 탐구가 어떻게 더 발전될 수 있는지
▲ 학습한 내용의 가치

그림 1.2: 지리탐구의 핵심 요소들

이 순서대로 발생한다는 것을 보여 주기 위해 박스를 잇는 화살표가 있었으나 탐구의 과정에서 이들 요소들이 언제든 발생할 수 있다는 점을 강조하기 위해 화살표를 없앴다.

첫째, 탐구는 질문에서 출발해야 한다. 탐구는 지식과 함께 지식의 구성을 고려하는 접근이다. 사실 지리적 지식은 세상에 대한 호기심을 갖고 그 호기심들을 해결하려 했었던 지리학자들이 만든 것이다. 학생들은 핵심 질문이 무엇인지 알아야 하며 나아가 그 질문들을 자신의 것으로 만들어야 한다. 교사는 '알아야 할 이유'를 만들고 학생들의 마음을 '사로잡을' 수 있는 질문을 찾아야 한다. 10살이던 내 딸 엘리자베스와의 대화는 알아야 할 이유의 중요성을 잘 보여 준다. 어느 날 학교에서 돌아온 엘리자베스는 학교가 끔찍하다고 소리쳤다. 왜 학교가 싫은지를 물었을 때, 그녀는 '매일 내가 알고 싶지 않은 사실들만 하루 종일 말하는 선생님들을 더 이상 참을 수가 없다'고 답했다. 나는 이 말이 자극적이긴 하지만 중요하다고 생각한다. 내 세 명의 자녀 중 엘리자베스는 가장 호기심이 많은 아이였으며, 꼬마 때부터 끊임없이 질문을 쏟아 내곤 했다. 세상에서 마주하는 모든 것들에 대해 알고 싶어 하는 아이였다. 엘리자베스가 다니던 학교의 교육과정은 훌륭했지만 선생님들은 엘리자베스가 알고 싶어 하는 것들을 직접 찾아볼 수 있는 기회를 주지는 않았다. 많은 학생들은 그들이 별로 알고 싶지 않은 내용들을 듣는다. 그렇다고 내가 학교 교육과정이 학생들이 알고 싶어 하는 것들로만 채워져야 한다고 주장하는 것은 아니다. 그러나 학생들이 조사하는 내용에 대하여 호기심을 갖도록 해 주어야 한다. 새로운 단원을 시작할 때 학생들의 호기심을 불러일으키는 것도 중요하지만 학생들의 호기심을 지속시키고 계속해서 질문할 수 있도록 격려하는 것도 필요하다.

둘째, 탐구는 근거가 뒷받침되어야 한다. 탐구의 핵심 질문에 답하기 위해 학생들은 지리정보의 출처에 대해서 조사해야 한다. 교실수업의 경우 2차 데이터를 주로 사용하지만, 야외에서 직접 수집한 1차 데이터나 설문조사 결과, 혹은 학생들의 직접적인 경험을 통해 2차 데이터를 보완할 수 있다. 자료를 다루는 과정을 탐구의 특정 단계로 이해할 필요는 없다. 자료를 활용해 학생들의 호기심을 유발할 수 있으며, 학생들은 자료를 활용해 배우고 있는 내용을 이해하고, 자신들의 주장이나 결론을 뒷받침할 수도 있다.

셋째, 탐구에서는 학생들이 지리정보를 연결해 스스로 이해할 수 있는 기회를 제공해야 한다. 학생들은 이미 알고 있는 내용과 새로운 정보를 연결할 필요가 있다. 탐구를 통해 학습한다는 것은 질문에 대한 답을 찾는 것보다 훨씬 많은 것을 의미한다. 우선 탐구를 위해 학생들은 비판적으로 사고할 필요가 있다. 또한 학생들은 결론을 도출하고 근거를 통해 판단하는 기회를 가져야 한다. 이해는 탐구의 특정 단계가 아니며 모든 단계에서 필요하다.

넷째, 탐구를 전체적으로 이해하고자 한다면 학생들은 학습한 내용에 대해 성찰해야 한다. 어느 정도까지 질문에 답을 하였는지, 근거는 충분했는지, 자료를 분석하거나 해석하기 위해 활용한 방법들이 적절했었는지, 도출한 결론이나 판단은 충분한 근거를 갖고 있는지에 대하여 성찰할 필요가 있다. 또한 추가적으로 조사할 수 있는 질문은 무엇인지 생각해 볼 수 있다. 무엇을 배웠는가에 대한 성찰뿐 아니라 어떻게 배웠는가에 대한 성찰도 필요하며, 나아가 이 방법을 향후에 어떻게 활용할 수 있을 것인지도 생각해 볼 수 있다. 성찰이 탐구의 마지막 단계에 발생하는 것처럼 기술했지만 탐구적 접근에서는 지식과 학습에 대해 지속적으로 성찰하는 태도를 가져야 한다.

지리탐구는 다른 교육적 이니셔티브와 어떻게 연관되어 있는가?

지난 15년 동안 새로운 방식의 교수, 학습, 교육과정 개발을 지지하는 많은 이니셔티브(initiatives)가 있었다. 사람들은 이러한 움직임들과 지리탐구가 어떻게 연관되는 것인지 묻곤 한다.

이들 이니셔티브의 대부분은 '역량(competence)'에 대해 언급하고 있으며, 역량은 아래와 같이 정의된다.:

"역량은 단순한 지식과 기술 그 이상이다. 역량은 특정 상황에서 사회심리적인 자원(기능과 태도를 포함하는)을 활용함으로써 복잡한 욕구를 충족시킬 수 있는 능력이다. 예를 들어, 효과적인 의사소통능력은 언어에 대한 지식, 실용적인 IT 기술, 의사소통 상대를 향한 마음가짐을 종합하여 활용하는 능력이다." (Ananiadou & Claro, 2009, p.8)

내가 찾아본 문서들의 경우 역량의 단수형으로 'competency'와 'competence'를, 복수형으로 'competencies'와 'competences'를 사용했으며, '역량 기반 접근(competency-based approaches)'이라는 용어도 사용되고 있었다. 한 문서에 서로 다른 복수형이 사용되는 경우도 있었지만 아래 내용에서는 원전에 포함된 용어를 그대로 사용했다.

대학교육의 탐구 기반 학습과 문제 중심 학습
지난 15년 동안 영국과 세계의 많은 대학들은 다양한 분야의 학부수업에 탐구 기반 학습(enquiry-based learning)을 적용해 왔다. 맨체스터 대학교, 버밍엄 대학교, 레딩 대학교는 EBL(enquiry-based learning)로 소개했으며, 셰필드 대학교는 미국에서 사용하는 IBL(inquiry-based learning)로 이름 붙였다. EBL과 IBL 간에 중요한 의미 차이는 없으며 둘은 아래와 같은 측면에서 유사하다.:

▲ 지식의 습득뿐 아니라 적극적인 참여를 강조한다.

▲ 탐구 기반 학습은 다양한 기능을 발전시켜 줄 수 있다.

▲ 다양한 학문 분야 및 다양한 시간 스케일에도 사용할 수 있는 여러 가지 실천방법('다양한 방법들의 집합'이나 '우산적 개념')이 있다.

▲ 교수자가 질문을 결정하거나 자료를 제시하는 방식보다는 덜 구조화된 접근이다.

▲ 조력자로서 교수자의 역할이 중요하다.

소그룹의 학생들에게 문제를 제시하고, 학생들은 조사할 이슈와 조사방법을 결정한다는 측면에서 문제 중심 학습(PBL)은 특별한 형태의 탐구 기반 학습(EBL)이다. 탐구 기반 학습(EBL & IBL)은 다양한 접근을 포괄한다는 점에서 문제 중심 학습에 비해 좀 더 유연한 방식이다(그림 1.3).

성과 기반 교육(OBE), 기준 기반 교육(SBE), 설계를 통한 이해(UbD)

성과 기반 교육(outcome-based education, OBE), 기준 기반 교육(standards-based education, SBE)(그림 1.4), 설계를 통한 이해(understanding by design, UbD)(그림 1.5)는 교수, 학습을 위한 접근이라기보다는 교육과정 설계를 위한 접근들이다. 이들 접근은 교육과정에 무엇을 포함시킬 것인가보다는 프로그램이 끝났을 때 학생들은 무엇을 성취해야 하는가를 우선적으로 고민한다. 아주 구체적인 형태의 결과물은 아닐지라도 교사들은 항상 목적이나 목표를 염두에 두기 때문에 이들 접근이 교육과정 설계에 있어 새로운 방식은 아닐 수 있다.

성과 기반 교육에서 교실활동이나 평가유형 등 교육과정과 관련한 모든 사항들은 프로그램이 종료되었을 때 학생들이 달성해야 하는 성취에 따라 결정된다. 성과 기반 교육은 일반적인 성취(예, 문제해결능력)와 관련이 깊다. 기준 기반 교육은 성과 기반 교육에서 발전된 형태이며, 교육과정 설계의 초반부에 과목 특수적인 성취 기준을 설정한다.

성과 기반 교육과 기준 기반 교육은 타일러의 목표 중심 교육과정 개발 모형(Tyler, 1949)에서 출발한 것이다. 성과 기반 교육은 1980년대 미국에서 윌리엄 스패디(William Spady)에 의해 처음 개발되었고, 이후 미국, 오스트레일리아, 남아프리카 공화국, 홍콩에서는 국가교육과정 개발을 위한 접근법으로 활용되기도 했다(Donnelly, 2007). 나중에 오스트레일리아와 남아프리카 공화국은 교육과정 개발을 위

셰필드 대학교의 탐구 기반 학습(The Sheffield Companion to Inquiry)에서 발췌

"탐구 기반 학습은 학생의 탐구와 연구가 학습경험을 주도하는 일련의 학습자 중심의 교수학습 접근법을 지칭한다." (p.8)

"탐구 기반 학습은 학생들이 권한을 갖고 참여하는 접근법이며, 과목에 대한 학습뿐 아니라 적극성, 비판적 판단력, 개방성, 창의성, 독립심 영역에서 다양한 자질과 기능을 발전시킬 수 있다." (p.8)

"탐구 기반 학습은 교수자가 문제를 설정하고, 탐구과정에 대한 다양한 안내를 제공하며, 학생들은 탐구할 질문, 탐구의 과정과 절차에 대해 더 많은 선택과 자율권을 갖는 접근법이다." (p.8)

"탐구 기반 학습은 다양한 형태를 가질 수 있는 유연한 접근법이다. 탐구 기반 학습은 과학적 학문의 개념적 기초와 같이 명백하게 정의된 '확실한' 지식의 습득에도 활용될 수 있다. 또한 정답이 존재하지 않는 개방적 질문이나 문제를 해결함으로써 불확실하고 다양한 관점과 논쟁이 가능한 이슈를 다룰 수도 있다." (p.8)

"탐구 기반 학습을 통해 과목 지식과 전이가능한 기능들을 발전시킬 수 있으며, 학습과 지식 형성 과정에서 학습자의 역할에 대한 생각과 기대를 높여 줄 수 있다." (p.8)

탐구 기반 학습의 특징
탐구 기반 학습을 통해 학생들은:
- ▲ 종종 동료들과 협력하고, 디지털 정보 및 테크놀로지를 활용하며 탐구과정을 배운다.
- ▲ 학문적 또는 전문적 탐구, 학술과 연구활동의 원칙과 실천을 적용한다.
- ▲ 종종 개방적인 질문이나 문제에 참여한다.
- ▲ 적극적, 비판적, 창조적으로 지식 기반을 탐색한다.
- ▲ 새로운 의미와 지식의 형성에 참여한다.
- ▲ 탐구방법 측면에서는 정보처리와 관련된 지식과 기능, 다른 측면에서는 정보문해력, 성찰, 팀워크를 발전시킨다.
- ▲ 탐구의 결과를 동료나 대중들과 공유할 수 있는 기회를 얻는다.

맨체스터 대학교의 커리큘럼 디자인 가이드 – 탐구 기반 학습(Guide to Curriculum Design: Enquiry-based learning, University of Manchester)에서 발췌

탐구 기반 학습은 탐구과정을 포함하고 있는 다양한 학습방식을 포괄하는 우산적 개념이다. 탐구 기반 학습의 특징은 다음과 같다.:
- ▲ 학생들은 다양한 해결책을 제안할 수 있는 개방적이고 복잡한 문제나 시나리오 상황에 참여한다.
- ▲ 학생들이 탐구의 방법과 순서를 결정한다.
- ▲ 학생들의 선지식을 활용하며 학습이 필요한 내용을 파악한다.
- ▲ 학생들이 과제를 해결하기 위해 새로운 자료를 적극적으로 찾을수록 과제는 학생들의 호기심을 자극한다.

적절한 방법으로 자료를 해석하고 발표하는 것, 그리고 문제에 대한 해결책을 뒷받침하는 것은 학생들의 몫이다.

"학생들이 자료에 몰두할 수 있도록 탐구는 조직된다." (p.3)

"탐구는 학생들에게 지식을 전달한다는 수동적인 방식에서 벗어나 학생들이 종종 소그룹으로 진행되는 탐구과정에 참여해 자신들의 지식과 이해를 구성할 수 있도록 돕는 조력적 교수방법(facilitative teaching method)으로의 전환을 의미한다." (pp.4-5)

그림 1.3: 대학교육에서 탐구 기반 학습. 출처: Levy et al., 2012; Kahn & O'Rourke, 2004

한 접근으로 성과 기반 교육을 포기한 반면, 미국은 기준 기반 교육을 채택했다.

성과 기반 교육, 기준 기반 교육, 설계를 통한 이해는 모두 타일러의 목표 모형(Tyler, 1949)에 근거를 두며, 교육과정의 설계에 대한 기술적, 관리적 접근을 강조하고, 측정 가능한 성취나 결과를 지향한다.

탐구를 통한 **지리학습**

목표	교수학습활동을 결정하기 전 프로그램을 통한 성취를 명료화한다.
	모든 학생들이 성취할 수 있다고 기대한다.
	개별 학생들이 성취한 내용을 인식한다.
주요 특징	교육과정의 설계에서 투입보다는 산출을 강조하며 학생들의 '수행결과(performance outcomes)'는 다양한 수준으로 파악된다.
	총괄평가보다는 학생들의 수행 수준에 기초한 준거지향의 형성평가를 강조한다.
	모든 교수자료, 교수학습활동, 평가는 계획된 성취를 달성할 수 있도록 설계된다.
	모든 학습자를 대상으로 한다. 즉 모든 학생들이 성취나 기준을 달성할 수 있을 것으로 기대한다.
차이	성과 기반 교육은 일반적으로 태도, 성향, 역량과 같은 일반적인 성취를 강조하는 반면, 기준 기반 교육은 교과 특유의 지식, 이해, 기능을 강조한다.
	성과 기반 교육이 학습자 중심 접근에 가깝다면, 기준 기반 교육은 전통적인 교수활동을 포함하는 경향이 있다.

그림 1.4: 성과 기반 교육과 기준 기반 교육의 목표, 특징과 차이. 출처: Tyler, 1949; Donnelly, 2007

목표	교육목표를 명료화한다.
	교사의 수업계획을 지원할 수 있는 프레임워크를 제시한다.
	학생들의 이해를 촉진시킨다.
	핵심적인 질문에 초점을 둔 교육과정을 개발한다.
주요 특징	설계를 통한 이해는 한 차시의 수업이 아닌 교육과정 설계를 위한 접근이다.
	학생들이 성취해야 할 목표를 먼저 파악하고, 이를 달성하기 위한 활동을 고안한다. 이 과정은 '백워드 설계(backward design)'라 불린다.
	이해의 여섯 '측면(facets)'(설명, 해석, 적용, 관점, 공감, 자기지식)의 발달을 강조한다.
	전이 가능한(transferable) 기능과 학생들이 지식을 통해 무엇을 할 수 있는가를 강조한다.
	지식과 기술을 먼저 가르치고 의미는 나중에 설명하는 교수적 아이디어에 반대한다. 의미를 가르치는 것은 시작 단계부터 중요하다.
	설계를 통한 이해는 수행과제에서 드러난 학습자의 이해를 평가한다.
	설계를 통한 이해는 아래와 같은 수업 순서를 제안한다.:
	▲ 문제로 시작한다.
	▲ 핵심적인 질문을 제시한다.
	▲ 수행과제를 간략하게 소개한다.
	▲ 설명, 연습, 토론 기회를 제공한다.
	▲ 적용 과제(application task)를 제시한다.
	▲ 전체 학급이 참여하는 토론을 이끈다.
	▲ 소그룹 단위로 적용할 수 있는 기회를 준다.
	▲ 처음 제시되었던 문제를 다시 생각한다.
	▲ 수행과제를 제시한다.
	▲ 학생들에게 성찰할 기회를 준다.
	핵심 개념, 핵심적인 질문, 평가준거는 학생들에게 명료하게 제시된다.

그림 1.5: 설계를 통한 이해(UbD)의 목표와 특징. 출처: Wiggins & McTighe, 2008; 2011

이들 접근은 미리 설정된 측정 가능한 학업 성취를 강조한다는 측면에서 이 책에서 초점을 맞추고 있는 탐구적 접근과는 차이가 있다. 이 책은 과정으로서 학습을 강조하며, 미리 설정할 수 있고 측정이 가능한 성취만큼이나 미리 예측할 수 없고 측정할 수도 없는 성취들도 중요하게 생각한다.

이들은 탐구적 접근과 부분적으로 관련 있기는 하지만 중요한 차이가 있다.
- ▲ 성과 기반 교육은 종종 탐구 기반이나 구성주의 학습이론에 바탕을 두고 있다고 주장하지만, 성과 기반 교육은 지식과 이해보다는 일반적인 기능의 발달을 강조한다. 탐구 기반 학습이 폭넓게 받아들여지고 있는 데 반해 성과 기반 교육은 비판받아 폐기되거나 기준 기반 교육으로 변화하고 있다.
- ▲ 기준 기반 교육은 교과지식의 발달을 강조하지만 미리 설정된 측정 가능한 성취에만 초점을 맞추고 있어 탐구를 통한 학습의 범위를 제한한다.
- ▲ 설계를 통한 이해는 이해의 발달을 강조하고 핵심 질문에 집중하지만 교과지식의 습득에는 상대적으로 관심이 적다.

설계를 통한 이해는 교육과정의 설계, 수행평가, 수업을 위한 프레임워크이다. 설계를 통한 이해는 미국의 그랜트 위긴스(Grant Wiggins)와 제이 맥타이(Jay McTighe)에 의해 개발되었으며, 그들의 첫 번째 책인 *Understanding by Design*은 1998년에 출판되었다.

오프닝 마인드(Opening Minds)

역량 기반의 교육과정 접근법인 오프닝 마인드(Opening Minds, 이하 OM)(그림 1.6)는 영국의 200개 이상의 학교에서 활용되고 있다. OM은 학교 차원의 교육과정 접근이며 통합형 과목의 개발을 권장한다. OM이 채택된 중등학교에서 지리는 독립된 과목으로 다루어지지 않는다. 지리 지식은 통합형 주제와 관련 있거나 특정 역량을 달성하는 데 기여할 경우에만 가르쳐진다.

탐구적 접근과 마찬가지로 OM 또한 학습자의 적극적 참여를 강조하지만 둘의 목적 간에는 차이가 있다. OM은 역량에 집중하지만 지식의 획득과 이해의 발달이 갖는 교육적 가치를 간과한다. OM은 학생의 지적, 개인적 성장보다는 고용주와 글로벌 경제가 선호하는 역량의 개발을 강조한다. OM은 이슈를 조사하고 기존의 관점에 도전하기보다는 정보를 관리하는 역량을 강조한다. 윈터(Winter, 2011)는 "OM 교육과정은 학생들의 비판적 역량을 기르는 데는 관심이 없으며, '정치적(political)'이라는 용어

목표	21세기의 도전에 대응할 수 있도록 학생들을 준비시킨다.
	현재의 세계와 직장에서 성공할 수 있도록 학생들을 준비시킨다.
	고용주들이 선호하는 기능들을 발전시킨다(CBI/NUS, 2011).
주요 특징	역량의 개발을 강조한다.
	전통적인 과목을 강조하는 교육과정에 대한 대안으로 이해되지만, 내용(content)은 '그 자체가 목적이기보다는 목적을 위한 수단'처럼 보인다.
	OM을 학교 수준의 교육과정 개발을 위한 프레임워크로 채택할 것을 권장하지만, 학교에서는 기존의 교육과정에 OM을 통합하는 방식을 취한다.
	교육과정의 대부분은 한 교사에 의해 가르쳐진다.
	역량은 스마트 브레인(Smart Brain), 뉴스속보(Breaking News), 국제문제(Global Affairs), 시간과 공정무역(Time and Fair Trade)과 같은 공통주제의 학습을 통해 개발된다. 과목의 경계는 희미해지며, 지리, 역사, 종교는 가장 흔하게 통합되는 과목이다.
	수업에서는 교수활동과 학습활동이 모두 활용되며, 학생들은 자신들의 역량을 개발하는 과정(관리, 평가 등)을 책임진다.

그림 1.6: 오프닝 마인드의 목표와 주요 특징. 출처: Opening Minds 웹사이트

도 찾아볼 수 없다."(p.353)라고 지적하였다. 이 책에서 소개하고 있는 탐구적 접근은 역량에 초점을 맞추기보다는 지식에 대한 비판적인 이해와 활용을 강조한다.

영국왕립예술협회(The Royal Society of Arts)에서는 2004~2006년 동안 OM을 파일럿테스트 하였으며, 2011년에는 200개가 넘는 중등학교에서 시행되었다. OM은 5가지의 핵심 역량(CLIPS로 불리기도 한다)을 강조하는 역량기반 교육과정이다.:

1. 시민성(Citizenship)
2. 학습(Learning)
3. 정보관리(Managing information)
4. 타인과의 관계(Relating to people)
5. 상황관리(Managing situations)

학습력 개발(Building Learning Power)

영국뿐 아니라 세계의 많은 학교가 '학습력 개발(Building Learning Power, BLP)' 아이디어를 채택하고 있다. OM의 접근법과 같이, 학습력 개발에 맞춰 학교 교육과정을 개발할 것을 장려한다(그림 1.7). 학습력 개발은 교사들이 학습내용과 학습자의 학습능력 개발이라는 두 영역을 동시에 고려할 것을 강

조하지만 사실은 '무엇을' 배울 것인가보다 '어떻게' 배울 것인가를 강조하고 있다. 학습자의 성향과 관련된 학습력 개발의 첫 번째 프레임워크를 보면, 탐구적 접근이 강조하는 여러 '성향들(dispositions)'(예, 호기심 탐색)을 길러 주고 있지만, 결과적으로 보면 교과영역에 대한 학생들의 지식과 이해의 확장보다는 학생들의 성향 개발에 초점을 맞춘 듯하다.

두 번째 프레임워크인 '교사의 팔레트(the teacher's palette)'는 교실에서 학습자를 지원하기 위해 교사가 활용할 수 있는 많은 방법들을 보여 준다. 이 프레임워크는 탐구적 접근을 준비하는 지리교사들에게도 도움이 될 수 있다.

학습력 개발은 학습자의 학습역량 개발을 지원할 수 있도록 학교문화를 바꾸고자 한다. 학습력 개발의 두 프레임워크는 다음과 같다.:
▲ '학습된 정신(Learning Powered Mind)' 다이어그램은 학습력의 4가지 측면[학습의 정서적 측면(resilience), 학습의 인지적 측면(resourceful), 학습의 전략(관리)적 측면(reflective), 학습의 사회적 측면(reciprocity)]을 설명하고 있으며, 교사들의 효과적인 학습활동 계획을 돕는다.
▲ '교사의 팔레트'는 교사의 4가지 역할(설명하기, 의사소통하기, 조율하기, 모델링하기)을 제시하고, 학교문화를 바꿀 수 있도록 돕는다.

학습력 개발은 영국의 가이 클랙스턴(Guy Claxton) 교수가 처음 제안하였다. 학습력 개발과 관련한 그의 첫 번째 저서인 *Building Learning Power: Helping Young People Become Better Learners*는

목표	변화, 복잡함, 위험, 기회로 가득 찬 21세기의 삶을 준비할 수 있도록 학생들의 감성적, 사회적 역량을 개발하여 도전을 즐기고 불확실과 복잡함에 대처할 수 있도록 학생들의 자신감과 실생활 지능(real-world intelligence)을 개발하기 위해
주요 특징	'학습력 개발(building learning power)'과 '일반적 역량 확대(expanding students' generic capacity)'를 강조한다. 무엇을 배울 것인가보다 '어떻게' 배울 것인가에 초점을 맞춘다. 4개의 측면(정서적, 인지적, 전략적, 사회적)으로 분류될 수 있는 17가지 학습역량을 파악했다. 기능보다는 '성향(dispositions)'을 강조한다. 모든 교사의 참여를 통해 학교 전체의 학습문화를 바꾸는 것이 목표이다. 수업의 계획 및 교실수업에서 '화면분할적 사고(split screen thinking)', 즉 두 가지를 동시에 고려하는 사고를 장려한다. 교사는 수업내용과 학습자의 학습역량 개발이라는 두 초점을 항상 염두에 둔다. 학습의 본질에 대한 연구 및 실행자 연구(practitioner research)에 뿌리를 두고 있다.

그림 1.7: 학습력 개발의 목표와 주요 특징. 출처: Building Learning Power 웹사이트

2002년에 나왔으며, 이후 학습력 개발과 관련해 5권의 책을 더 집필했다.

탐구하는 정신(Enquiring Minds)

탐구하는 정신(Enquiring Minds)은 퓨처랩(Futurelab)의 프로젝트이며, 2005년 영국 브리스톨에서 시작되었다(그림 1.8). 탐구하는 정신은 학습자 중심의 탐구를 표방하며, 학습 내용과 방향을 결정하는 데 학습자의 역할을 강조한다. 한 학생은 탐구하는 정신에 대해 "이것은 내가 관심 있는 것을 하는 것이며, 내가 좋아하는 것에 대하여 하고 싶은 연구를 하는 것이다."라고 설명했다(Morgan et al., 2007, p.5). 이 책에서 서술하고 있는 탐구와 탐구하는 정신은 공통적으로 구성주의, 교사와 학생 간의 상호작용, 그리고 기능의 개발과 함께 지식의 구성을 강조한다. 그러나 국가교육과정 및 자격시험을 위한 실러버스(examination syllabus)의 제약 속에서 탐구하는 정신이 추구하는 자유(학습 선택권)를 학생들에게 주는 것은 현실적으로 어렵다.

목표	탐구하는 정신은 학생들이
	▲ 일상생활에서 경험하는 것들에 호기심을 갖도록 돕는다.
	▲ 탐구하고 싶은 이슈를 인식하고, 이슈에 대해 질문하고 문제를 제시할 수 있도록 돕는다.
	▲ 사람들이 도전하고, 형성하고, 기여함에 따라 모든 지식은 변화한다는 사실을 이해할 수 있도록 돕는다.
	▲ 학생들 또한 지식에 도전하고, 지식 형성에 기여할 수 있다는 것을 확신할 수 있도록 돕는다.
	▲ 현상을 바라보고, 인식하고, 이해하는 데는 항상 다양한 관점이 존재한다는 것을 알 수 있도록 돕는다.
	▲ 문제와 질문에 해결책을 제시할 수 있도록 그리고 해결책을 어떻게 찾는지 알 수 있도록 돕는다.
주요 특징	"학생들이 갖고 있는 아이디어, 흥미, 관심, 사고방식을 적극적으로 고려하는 교수·학습을 위한 접근이다." 학생들은 학습의 목적과 내용을 결정하는 데 중요한 역할을 한다. 학생들의 선지식과 교과지식을 활용한 지식의 형성과 지식의 형성 과정에서 교사와 학생의 역할을 강조한다. 교육혁신은 맥락 주도형(context-driven)이 되어야 하며, 학교의 교사들이 주도적인 역할을 해야 한다. 학습의 결과는 종종 예상할 수 없다는 것을 인정한다. 학생들이 '유용한 지식(useful knowledge)'을 활용할 수 있도록 교수·학습에서 탐구 기반의 문제해결 접근을 강조한다. 지식과 학습에 대한 사회적 구성주의에 기초한다.

그림 1.8: 탐구하는 정신의 목표와 주요 특징. 출처: Morgan et al., 2007

흔히 묻는 다른 질문들

싱가포르에서 함께 일했던 교사들이 내게 던졌던 몇 가지 질문들과 답변을 소개한다(Roberts, 2012).

지리탐구를 위해 더 많은 수업시간이 필요한 것이 사실인가?

탐구 기반의 지리수업에서는 학생들이 데이터를 조사하고, 토론하고, 자신들의 생각을 글로 쓰거나 그래픽으로 표현하는 방식으로 학습하기 때문에 더 많은 시간이 필요하다. 탐구 기반의 지리수업에서는 수업의 내용뿐 아니라 분석과 해석하는 방법, 토론하고 자신의 결론에 도달하는 법 등 더 많은 것을 배운다. 만일 탐구적 접근을 채택한다면 연간 수업계획에서 이전보다 적은 수의 주제를 선정하여, 학생들이 지리적 지식과 이해를 넓히고, 21세기의 삶에 적합하고 탐구를 위해 필요한 다양한 기능들을 개발할 수 있도록 해야 한다.

지리탐구는 시험점수를 올리는 데 도움이 되는가?

무엇을 평가하는가에 따라 다르다. 만일 학생들의 지리적 정보를 기억하거나 재생산하는 능력을 평가한다면, 물론 몇몇 학생들은 수업에 적극적으로 참여했기 때문에 관련 정보들을 더 잘 기억할 수도 있겠지만, 아마도 지리탐구가 점수를 높이는 데는 도움이 되지 못할 것이다. 그러나 만일 시험이 데이터 분석 능력이나 지리적 이슈에 대한 토론 능력을 평가한다면, 지리탐구를 통해 학생들은 데이터를 분석하고, 이슈에 대해 토론하고, 스스로 생각하는 경험을 더 많이 갖기 때문에, 점수를 높이는 데 도움이 될 것이다.

지리탐구는 문제 중심 학습과 어떻게 다른가?

문제 중심 학습(PBL)은 탐구의 한 가지 형태이며, 학생이 주도하고 개방적인 문제를 다룬다. 내가 생각하기에 탐구는 지식, 이해, 기능의 측면에서 학생들이 성취해야 할 목표가 미리 설정된 과목의 경우 채택이 더 쉬울 것이다. 이러한 경우 대부분의 탐구과정은 교사가 안내한다.

싱가포르의 교사들은 자료를 준비하는 데 부가적으로 쏟아야 하는 시간을 부담스러워했다. 이를 위해 싱가포르 정부는 정부에 파견된 지리교사들을 지원했으며, 교사들이 함께 자료와 아이디어를 준비하고 이를 온라인을 통해 공유할 수 있도록 했다.

요약

탐구는 다양한 상황에서 서로 다른 필요를 충족시키기 위해 발전해 왔으므로 탐구를 한마디로 정확하게 정의하는 것은 불가능하다. 그럼에도 탐구를 통한 지리학습의 몇 가지 주요한 특징은 파악이 가능하다. 이 책에서 다루고 있는 탐구는 단순히 다양한 기능의 습득을 강조하는 것이 아니라 지리학이라는 학문에 대한 학생들의 지식과 이해를 높여 줄 수 있는 접근이다. 최근의 다양한 교육적 이니셔티브들은 기능의 습득이나 범교과적 접근을 강조하는 특징이 있다. 이러한 이니셔티브를 채택하는 학교에서는 탐구를 통해 학생들이 지리를 학습할 수 있도록 하는 것이 쉽지 않다.

연구를 위한 제안

1. 한 학교의 지리와 다른 과목의 교육과정에서 탐구가 어느 정도 포함되어 있는지 조사하라. 과목 내에서 교사들 간, 혹은 과목들 간 탐구의 유사점과 차이점을 파악하라. 설문조사, 반구조화된(semi-structured) 인터뷰, 교수·학습지도안, 수업참관을 통해 필요한 데이터를 수집할 수 있다.
2. 탐구적 접근과 관련하여 국가교육과정이나 평가기관이 설정한 교육과정, 연간 수업계획이나 교수·학습지도안에 계획된 교육과정, 그리고 실제로 교실에서 행해진 교육과정 간에는 어떤 관계가 있는가?
3. 다른 국가들의 교육과정 문서, 대학교육과 관련된 문서, 21세기 이니셔티브와 관련된 문서에 제시된 탐구의 의미를 조사하라.

참고문헌

Ananiadou, K. and Claro, M. (2009) '21st Century skills and Competences for New Millennium Learners in OECD countries', *OECD Education Working Papers*, No. 41, OECD Publishing. Available online at *http://dx.doi.org/10.1787/218525261154* (last accessed 11 January 2013).

Building Learning Power website: *www.buildinglearningpower.co.uk* (last accessed 11 January 2013).

Carroll, L. (2010 [1871]) *Alice Through the Looking Glass*. London: Penguin.

CBI/NUS (2011) *Working Towards Your Future:Making the most of your time in higher education*. Available online at *www.nus.org.uk/Global/CBI_NUS_Employability%20report_May%202011.pdf* (last accessed 11 January 2013).

Claxton, G. (2002) *Building Learning Power: Helping young people become better learners.* Bristol: The Learning Organisation.

Donnelly, K. (2007) 'Australia's adoption of outcomes based education: a critique', *Issues In Educational Research*, 17, 2, pp.183-206. Available online at *www.iier.org.au/iier77/donnelly.html* (last accessed 11 January 2013).

Kahn, P. and O'Rourke, K. (2004) *Guide to Curriculum Design: Enquiry-based learning.* Available online at *www.ceebl.manchester.ac.uk/resources/guides/kahn_2004.pdf* (last accessed 11 January 2013).

Levy, P., Little, S., McKinney, P., Nibbs, A. and Wood, J. (2012) *The Sheffield Companion to Inquiry Based Learning.* Sheffield: CILASS, The University of Sheffield. Available online at *www.shef.ac.uk/ibl/resources/sheffield-companion* (last accessed 11 January 2013).

Morgan, J. Williamson, B., Lee, T. and Facer, K. (2007) *Enquiring Minds Guide.* Bristol: Futurelab. Available online at *www.enquiringminds.org.uk/pdfs/Enquiring_Minds_Guide.pdf* (last accessed 11 January 2013).

Opening Minds website: *www.rsaopeningminds.org.uk* (last accessed 11 January 2013).

Roberts, M. (1998) 'The nature of geographical enquiry at key stage 3', *Teaching Geography*, 23, 4, pp.164-7.

Roberts, M. (2003) *Learning Through Enquiry: Making sense of geography in the key stage 3 classroom.* Sheffield: The Geographical Association.

Roberts, M. (2012) 'Introducing Margaret Roberts', GeoBuzz, *Journal of Geography Teachers' Association of Singapore*, 2, 1.

Tyler, R. (1949) *Basic Theory of Curriculum and Instruction.* Chicago, IL: University of Chicago.

Wiggins, G. and McTighe, J. (1998) *Understanding by Design.* Alexandria, VA: Association for Supervision and Curriculum Development.

Wiggins, G. and Mc Tighe, J. (2008) 'Reshaping high schools: put understanding first', *Educational Leadership*, 65, 8, pp.36-41. Available online at *www.ascd.org/publications/educational-leadership/may08/vol65/num08/Put-Understanding-First.aspx* (last accessed 11 January 2013).

Wiggins, G. and McTighe, J. (2011) *The Understanding by Design Guide to Creating High Quality Units.* Alexandria, VA: Association for Supervision and Curriculum Development (ASCD).

Winter, C. (2011) 'Curriculum knowledge and justice: content, competency and concept', *Curriculum journal*, 22, 3, pp.337-64.

왜 탐구적 접근을 채택해야 하는가?

"임파워먼트(empowerment): 지식, 이해, 기능, 개인적 자질을 통해 아이들이 자신들의 학습에서 이익을 얻고, 보람 있는 삶을 찾고, 빠르게 변화하는 세상 속에서 생활을 관리하고 새로운 의미를 찾을 수 있는 권한을 제공함으로써 그들을 즐겁게 하고, 독려하고, 지원하는 것이다." – 알렉산더(Alexander, 2000, p.19)의 글에 제시된 교육적 목적 중 하나

도입

국가교육과정 및 외부 자격시험의 평가요강은 지리 교수·학습에서 탐구적 접근을 지지하며, Ofsted[1] 평가보고서 역시 탐구적 접근을 격찬했다. 탐구적 접근이 좋은 것으로 알려진 것이다. 왜일까?

외부 평가기관들이 탐구적 접근을 필수로 요구하거나 지지한다는 사실 자체가 탐구적 접근을 직접적으로 정당화시켜 주지는 않겠지만, 그런 요구와 지지를 평가절하할 필요는 없다. 교실수업과 관련한 정당화는 외부 평가기관의 요구사항을 충족시켜 주느냐로 판단할 것이 아니라 우리의 전문가적 가치와 우리가 중요하다고 생각하는 것들을 통해 판단해야 한다. 우리는 그러한 가치를 유지하기 위해 노력해야 하며 외부 평가기관의 요구를 충족시키는 범위 내에서 우리가 좋은 수업방식이라고 믿는 것들을 실천할 수 있도록 노력해야 한다.

---

1) 영국의 교육기준청으로 공립학교, 지역교육청, 교사양성기관 등의 교육기관 평가를 담당한다. 역자 주

이번 장에서는 탐구적 접근을 옹호하는 이유를 내가 생각하는 지리적 지식은 무엇이며, 내가 생각하는 학습은 무엇인지, 탐구가 어떻게 교육의 목적을 달성하는 데 기여할 수 있는지에 비추어 설명하고자 한다. 이번 장에서는 아래의 질문들을 다룰 것이다.:

▲ 지리적 지식은 어떻게 구성되는가?

▲ 지리학습에서 구성주의적 접근의 의미는 무엇인가?

▲ 탐구적 접근이 교육의 목적을 달성하는 데 어떻게 기여할 수 있는가?

▲ 탐구적 접근은 국가교육과정이나 외부 자격시험에서 어느 정도까지 요구되는가?

지리적 지식은 어떻게 구성되는가?

탐구적 접근을 지지하는 첫 번째 이유는 지리라는 과목의 성격과 관련이 있다. 지리적 지식은 단순히 '바깥 어딘가에서' 발견되는 것이 아니라 구성되는 것이다. 우리가 알고 있는 세상은 사실 지리학자들에 의해, 정확하게는 지리학자들이 경험하고, 토론하고, 책을 읽으면서 맞닥뜨린 질문들을 해결하는 과정을 통해 구성된 것이다. 이러한 질문들은 당대의 지리학이라는 학문, 넓게는 당시의 문화적, 학문적 상황을 대변하는 사고와 관계가 깊다. 지리학자들이 던지는 질문은 세상을 바라보는 렌즈가 되고, 렌즈는 어떤 종류의 데이터가 수집되어야 하는지를 결정한다. 지리학자들은 데이터를 수집할 때 이미 마음속에 생각해 둔 것이 있다. 이러한 생각은 클라우드 콕번(Claud Cockburn)의 언급에서 잘 나타나는데, 그는 오늘날 정보는 인터넷을 통해 쉽게 구할 수 있기 때문에 저널리스트는 더 이상 필요하지 않다고 주장했던 프랜시스 휜(Francis Wheen)의 주장을 반박한 바 있다. 콕번은 아래와 같이 말했다.:

"사람들이 사실(fact)에 대해 이야기하는 것을 듣는 것은 유콘 강에는 며칠씩 발견되기만 기다리는 금 조각들이 있다고 말하는 것에 비유할 수 있다. 세상에 그런 사실은 없다. 설령 있다 하더라도 의미 없거나 아예 쓸모가 없는 것이다. 물론 금광 탐사원이 그 사실을 다른 사실들과 연관시키기 전까지는(혹은 저널리스트가 다른 말로 표현하기 전까지는) 어쩌면 거짓이 아닐 수도 있다. 사실은 저널리스트가 만들어 내는(마치 소설을 창작하듯이) 패턴의 일부와 같은 것이다. 그렇게 본다면 모든 스토리는 역방향으로 만들어진다. 스토리는 사실에서부터 시작하고 사실로부터 발전해야 한다고 생각하겠지만 실제는 저널리스트의 관점, 즉 개념(concept)으로부터 시작된다." [콕번(Cockburn), 휜(Wheen, 2002)에서 인용]

이러한 주장은 저널리즘뿐 아니라 지리학에도 적용된다. 지리적 사실은 '다른 사실과 연결되지' 않는다면 의미가 없다. 사실들은 지리학자들이 세상을 이해하는 과정에서 생산해 내는 패턴의 일부분이다. 지리학자들의 연구는 자신들의 관점 혹은 개념에서부터 시작하며, 이러한 관점은 어떤 질문을 던지고 어떤 데이터를 수집해야 하는지를 결정한다.

지난 100년 동안 지리학자들이 던지는 질문은 바뀌어 왔으며 동시에 지리학도 변하였다. 그동안 지리학이 어떻게 변화해 왔는지는 잘 정리되어 있다(Johnston, 2004; Livingston, 1992; Unwin, 1992; Peet, 1998; Castree, 2005). 두 가지 사례를 통해 이러한 변화의 일부분을 소개하고자 한다. 첫 번째는 나 자신의 경험이며, 두 번째는 데이비드 스미스(David M. Smith)의 사례이다.

1960년에 학부 졸업논문을 위해 가나를 방문할 기회가 있었다. 나는 눙구아(Nungua) 북부에 위치한 아크라(Accra) 해안의 농촌지역 발전에 영향을 미치는 요인을 조사하고 있었다. 내 연구는 대학에서 배웠던 지역지리와 경제발전 과목으로부터 영향을 받았다. 이 연구를 위해 눙구아 지역의 예측하기 힘든 강수량, 토양, 토지소유권, 어업과 농업방식, 부족한 도로망을 분석해야 했으며, 자연적, 인문적 특징 간의 관계도 조사했다. 나는 발전을 주로 경제성장의 측면과 연결시켰으며 객관적 관찰자의 입장에서 논문을 작성했다. 만일 지금 이 연구를 다시 수행한다면 연구는 많이 바뀔 것 같다. 이것은 눙구아 지역이 변화했기 때문만이 아니라 내가 던지고 싶은 질문이 바뀌었고 발전에 대한 내 생각이 바뀌었기 때문이다. 콕번이 언급했듯이, 나는 '다른 관점과 개념'을 갖고 눙구아로 갈 것이다. 발전과 농업방식에서 사회적, 문화적 측면을 고려할 것이며, 넓게는 정치적, 사회적 맥락이 미치는 영향도 검토할 것이다. 나는 관점의 중요성을 더 고려할 것이다. 현지 주민의 관점을 고려할 것이며, 나의 관점은 위치 지어져 있음을 인정할 것이다. 나는 눙구아를 다르게 바라볼 것이며 다른 지리를 만들어 낼 것이다.

데이비드 스미스가 구성해 온 지리학 또한 많은 변화가 있었다. 그는 공간분석 전문가로 경력을 시작했으며 산업입지와 양적인 공간분석 모델에 대한 글을 썼다. 나중에 그는 복지지리학(1977)과 질적 방법론(1988) 그리고 최근에는 사회정의와 윤리(1994, 2000)에 대한 글을 썼다. 존스턴(Johnston, 2004, p.277)은 연구의 초점이 '무엇이 어떠한지(how things actually are)에서 어떠해야 하는지(the way they ought to be)로 바뀌었다'는 것을 설명하기 위해 스미스를 인용하였으며, 이러한 변화의 부분적인 원인을 스미스가 미국과 남아프리카 공화국에서 목도한 불평등과 사회적 불의에서 찾고 있다. 한편 이것은 변화에 대한 지리학계의 대응이기도 하다. 1970~1980년대의 다른 지리학자들은 연구의 초점을 장소의 의미, 불평등, 사회정의, 정치적 구조로 전환하고 있었다.

내가 하고 싶은 얘기는 지리적 지식은 구성된다는 것이다. 지리적 지식은 지리학자들이 던지는 질문이나 상상에 의해 규정된다. 전통적으로 지리학이 '무엇이, 어디에, 왜'라는 질문을 던졌다면, 현재의 지리학자들은 '어떠해야 하는지(what ought)'를 포함한 한층 다양한 질문을 던지고 있다. 이러한 변화는 학교의 지리교육에도 영향을 미쳤다. 네이버(Neighbour, 1992, p.15)는 고등학교 수준의 지리교육에서 국가적, 세계적으로 중요하게 다뤄지는 일련의 질문들을 파악하였다.:

▲ 그 현상은 무엇인가?

▲ 그것은 어디에 위치하는가?

▲ 왜 거기에 위치하는가?

▲ 그것의 입지에 영향을 준 요인은 무엇인가?

▲ 어떤 변화가 필요한가?

▲ 어떤 결정이 내려져야 하는가?

1970년대 이전에 학교 지리교육을 규정했던 '무엇이, 어디에, 왜'라는 질문을 넘어서 영향, 변화, 의사결정에 대한 질문들을 포함하고 있다는 것은 주목할 만하다. 한편 1992년에 네이버의 연구가 진행된 다음에도 일부 지리학자들은 아래와 같은 새로운 질문들에 관심을 갖기 시작했다.:

▲ 이 장소는 다른 사람들(국적, 민족, 연령, 젠더, 계층, 성별, 장애에 따른)에게 어떤 의미인가?

▲ 이 장소/상황은 어떻게 재현되는가?

▲ 이 상황/정치/결정은 도덕적으로 온당한가?

▲ 이러한 의사결정의 영향은 무엇인가?

▲ 이러한 발전은 지속가능한가?

▲ 핵심 개념(예, 발전, 장소)에 대한 어떤 이해가 연구를 뒷받침하는가?

21세기 지리학은 한층 도전적인 질문을 던지고 있으며, 이는 외부 자격시험에 등장하는 질문의 유형에도 영향을 미쳤다.

학생들이 탐구를 통해 지리를 배우게 된다면 지식과 이해의 확장은 물론 지리적 지식의 본질과 지리학이 던지는 질문에 따라 학문의 관심이 어떻게 변화해 왔는지 알게 된다. 만일 학생들이 지리적 지식을 스스로 구성하게 된다면 그들은 지식이 결코 중립적일 수 없음을 알게 될 것이다. 지리적 지식은 어떤 관점에서 어떤 질문을 던지는가에 따라 달라진다. 동시에 학생들은 질문하는 방법을 배우고 그러한 질문을 통해 지식이 생성되는 절차를 이해하게 된다.

지리학습에서 구성주의적 접근의 의미는 무엇인가?

탐구를 통한 학습을 지지하는 두 번째 이유는 구성주의와 관련 있다. 구성주의는 비고츠키(Vygotsky), 피아제(Piaget), 브루너(Bruner)의 연구로부터 발전되었으며 현재 폭넓게 받아들여지고 있는 학습이론이다. 구성주의의 핵심 아이디어는 스스로 적극적으로 이해하려 할 때만 세상에 대해 배울 수 있다는 것이다. 즉, 지식은 만들어진 상태로 전달되거나 전송되지 않는다(Barnes & Todd, 1995).

구성주의의 핵심 아이디어는 다음과 같다.:

▲ 우리가 어떻게 세상을 보고 이해하는지는 우리의 기존 사고방식에 달려 있다. 우리는 백지 상태가 아니라 이미 세상이 어떻게 존재하고 작동하는지에 대한 이해를 가지고 세상을 파악한다. 또한 우리는 기대와 가치를 갖고 있으며, 이는 우리가 무엇을 보고 들을 것인지 그리고 보고 들은 바를 어떻게

이해할 것인지에 영향을 준다. 우리는 이미 알고 있는 것과 연결하여 의미를 구성한다.

▲ 사람들은 세상을 다르게 보고 다르게 이해한다. 개인들은 다른 경험과 다른 사회적, 문화적 체험을 통해 세상에 대한 다른 이해를 발전시켜 왔다.

▲ 기존 지식에 별도의 새로운 지식을 추가하는 방식으로(마치 건물에 별관을 추가하듯이) 새로운 지식을 구성하는 것이 아니다. 새로운 정보를 이해하기 위해 우리는 기존의 지식에 새로운 정보를 통합하고 재구성한다.

▲ 세상에 대한 우리의 이해는 고정된 것이 아니며 새로운 것을 경험하고 새로운 사고 방법을 알아 감에 따라 지속적으로 변화한다.

사회적 구성주의는 세상을 이해하는 과정에서 타인의 역할을 강조한다. 우리가 가진 지식은 고립된 방식이 아니라 가족, 친구 등 타인과의 직접적인 상호작용과 다양한 미디어와의 간접적인 상호작용을 통해 구성된다. 우리는 세상에 참여함으로써 그리고 우리가 이해한 바를 타인들과 공유하고, 토론하고, 논쟁하면서 세상을 이해한다. 우리가 공통된 이해를 발전시키기도 하지만 개인의 경험이 다르기 때문에 각자 세상을 달리 본다.

구성주의 학습이론이 세상에 대한 개개인들의 지식 구성(이해)을 강조하지만, 그렇다고 구성된 지식이 모두 가치 있다고 주장하는 것은 아니다. 감각이나 지각을 통해 세상을 이해하듯이 우리는 물리적인 세상과의 연결을 통해 세상을 이해해야 한다.

구성주의 학습이론을 받아들인다면 학생들이 그들에게 전달된 정보와 아이디어만으로는 배울 수 없으며 나아가 학생들은 지식의 구성 과정에 적극적으로 참여해야 한다는 점 또한 받아들여야 한다.:

▲ 학생들의 선지식과 이해 방식을 고려해야 한다.

▲ 학생들이 새로운 지식을 탐색하고 그것을 이미 알고 있는 지식과 연결시킬 수 있는 시간을 제공해야 한다. 이해는 순식간에 발생하는 과정이 아니다.

▲ 학생들에게 새로운 지식에 비추어 자신들의 선지식을 재구성할 수 있는 기회를 주어야 한다.

▲ 학생들로 하여금 자신들이 세상을 보는 방식을 알게 하고, 세상을 보는 다양한 방식이 있다는 것을 알게 할 필요가 있다.

러시아 심리학자 비고츠키(Vygotsky)의 연구(1962)는 구성주의 학습이론의 발전, 특히 학습 지원의 필요성을 이해하는 데 영향을 주었다. 비고츠키는 아이들과 실험하면서 아이들에게 '약간의 도움(light assistance)'을 제공한다면 현재 자신의 이해 수준을 넘어서는 문제를 해결할 수 있는지에 관심을 가졌다. 그는 도움 없이 아이들이 할 수 있는 것과 도움을 통해 할 수 있는 것의 차이를 '근접 발달 영역(zone of proximal development)'이라 불렀다(그림 2.1). 나중에는 아이들이 도움 없이도 그 문제를 해결할 수 있을 것이라 생각했다.

비고츠키의 근접/잠재적 발달 영역

1920~1930년대 비고츠키(Vygotsky)는 아이들이 어떻게 개념적 사고를 발달시키는지를 연구하고 있었다. 그는 아이들의 발달 단계와 개념 학습 간의 관계에 관심이 많았다. 그는 아이들의 정신연령(발달 수준)을 파악하기 위해 문제 해결 테스트를 활용했다. 이전 연구에서는 만일 아이들에게 어떤 외부적 도움이 주어졌다면 그 테스트는 유효하지 않은 것으로 간주되었다. 반대로 비고츠키는 이 부분에 의문을 던졌는데, 학생들의 정신연령을 파악하는 것이 연구의 종착점이 아닌 시작점이 되어야 한다고 생각했다. 그의 책 '생각과 언어'(*Thought and Language*, 1962)에서 비고츠키는 아래와 같이 썼다.:

"우리는 다른 접근법을 사용했다. 두 아이의 정신연령이 가령 8살이라는 것을 알아냈다고 하자. 우리는 두 아이에게 자신들만의 능력으로는 해결하기 어려운 문제를 제시하고 약간의 도움(예, 문제 해결을 위한 첫 단계, 핵심 질문, 또는 다른 형태의 도움)을 주었다. 한 아이는 도움을 받고서 12세 수준에 맞는 문제를 해결한 반면, 다른 아이는 9세 수준까지의 문제만 해결할 수 있었다. 아이의 실제 정신연령과 도움을 통해 그가 도달할 수 있는 수준 간의 차이는 잠재적으로 발달 가능한 영역에 해당한다. 방금 설명한 사례에 비추어 본다면, 그 영역은 첫 번째 아이는 4년, 두 번째 아이는 1년이 된다. 우리는 정말 이 둘의 정신연령이 같다고 말할 수 있을까?"(p.103).

비고츠키가 사용했던 용어는 러시아 어로 '근접 발달 영역(zone of proximal development)'이었지만, 알렉산더(Alexander, 2000, p.431)는 비고츠키의 연구를 번역했던 진 사이먼(Jean Simon)의 번역을 따랐다. 그녀는 공간적 의미를 내포한 '근접(proximal)'보다는 시간에 따른 발달을 의미할 수 있는 '다음(next)'이나 '잠재적(potential)'이라는 용어를 선호했다. 이에 알렉산더는 ZPD로 축약되는 '잠재적 발달 영역(zone of potential development)'이라는 용어를 사용했다. 잠재적 발달 영역의 몇몇 핵심적 아이디어는 아래의 인용문을 통해 확인할 수 있다.:

▲ ZPD는 아이가 도움 없이 성취할 수 있는 수준 이상이다.
▲ ZPD는 한계가 있다. 도움이 제공된다 할지라도 해결하지 못하는 영역이 있다.
▲ 각각의 아이들은 자신만의 ZPD를 갖고 있으며 학습은 그 속에서 도움을 통해 발생한다. 아이들이 도움을 받아 해결 가능한 범위는 개인마다 차이가 클 수 있다.
▲ 현재 성취 수준이 도움을 통해 도달 가능한 수준을 가리키는 것은 아니다.

ZPD는 탐구를 통한 지리학습에도 중요하다.:

▲ '좋은 가르침은 아이의 발달에 앞서고 발달을 이끈다.' 만일 학생들에게 도움 없이도 이미 할 수 있는 것들을 하게 한다면 ZPD를 활용하지 못한 것이며 학생들은 새로운 것을 배울 수 없을 것이다. 학생들은 ZPD 안에서만 새로운 것을 배울 수 있으며 비고츠키는 이를 학습하기에 '적당한(ripe)'이라고 표현했다.
▲ 아이들이 발달할 것이라 기대하는 것은 좋지만 '그들의 발달 단계에 따라 결정된 범위 내에서만' 가능하다. 학생들에게 기대하는 것은 ZPD를 벗어난 것(즉, 도움을 받아 성취할 수 있는 것 이상)이어서는 안 된다.
▲ '도움을 통해 모든 아이들은 스스로 할 수 있는 것 이상을 할 수 있다.' 학생의 개념적 이해는 ZPD 내에서 어른이나 좀 더 능숙한 동료와의 협력을 통해 발생한다.
▲ '아이가 협력을 통해 오늘 할 수 있는 것은 내일이면 혼자서도 할 수 있다.' 궁극적으로는 아이들이 독립적으로 과제를 수행할 수 있어야 한다(Vygotsky, 1962, p.104).

그림 2.1: 비고츠키의 근접/잠재적 발달 영역(ZPD)

탐구적 접근이 교육의 목적을 달성하는 데 어떻게 기여할 수 있는가?

교육의 목적

탐구적 접근을 받아들여야 하는 세 번째 이유는 탐구적 접근을 통해 지리교과의 지식 그 이상의 것을 배울 수 있기 때문이다. 학교교육의 목적은 교과의 지식 습득 그 이상이다. 학생들은 개인으로, 시민으로, 그리고 일터에서 현재와 미래의 삶을 살아가는 데 필요한 기능과 역량을 개발할 필요가 있다.

탐구적 접근이 보다 넓은 교육의 목적을 달성하는 데 기여할 수 있는가는 사실 교사와 교육 관련 이해 당사자들(예, 고용주, 정치가, 학부모)이 생각하는 학교교육의 목적이 무엇인가에 달려 있다. 학교교육은 어느 정도까지 사회의 경제적, 사회적 요구를 충족시키거나 개인의 잠재력을 개발하는 데 기여해야 할까? 학교교육은 어느 정도까지 학생들을 기존 문화에 동화시키거나 혹은 현재의 사고, 정치, 실천에 도전할 수 있도록 이끌어야 할까? 기능을 갖추는 것과 지식 및 이해를 쌓는 것 중에서 어떤 것이 더 중요할까? 이 질문이 보여 주듯이 교육의 목적은 항상 논쟁거리가 된다. 비록 많은 사람들이 위 질문들을 모두 포괄하는 방식으로 교육의 목적을 진술하기도 하지만, 기능과 지식 중 어느 쪽을 더 강조하고 있는지를 알면 교육에 대한 근본적인 철학과 어떤 종류의 사회를 지향하는지 알 수 있다. 학교교육을 통해 달성하고자 하는 바가 궁금하다면, 정책 관련 문서나 프로젝트를 대상으로 위의 질문을 던져 볼 수 있을 것이다.

학교교육은 사회와 개인 모두의 필요에 적합해야 한다. 학생들은 자신이 자라나는 사회의 문화에 적응할 필요가 있으며, 직장에서 그리고 시민으로서 사회에 기여할 수 있어야 한다. 한편으로 학생들은 사회에 대해 비판적으로 사고할 수 있어야 하며, 사람들은 사회를 발전, 변화시키거나, 사회에 도전할 수 있다는 것도 알아야 한다. 또한 다양한 아이디어와 가능성을 향해 학생들의 관심을 개발하고 그들의 마음을 열어 줌으로써 개인적 삶을 향상시키는 것도 교육의 목적이다.

21세기 역량[2)]

학교에서 배울 필요가 있는 중요한 일반적 기능들이 있다. 그러나 이 기능들은 따로 배우기보다는 목적을 가진 맥락 속에서 가장 잘 개발된다. 학교가 문해력과 수리력을 교육해야 한다는 주장은 오랫동

38

탐구를 통한 **지리학습**

안 받아들여져 왔다. 이제는 21세기를 대비해 '직장에서, 시민으로서 그리고 생활인으로서 효과적으로 역할하기 위해(Ananiadou & Claro, 2009)' 새로운 역량이 필요하다는 믿음이 널리 퍼져 있다. 이러한 역량은 핵심 기능, 역량, 능력 등 다양하게 불리며, 국제기구, 정책 입안자, 기업가, 정치인, 교사, 교육 연구자 등 여러 집단이 이러한 아이디어를 장려하고 있다. 이러한 기능들을 개발해야 한다는 주장의 근거는 사회·경제의 변화, 기업의 요구, 정보기술의 발달과 관련이 있다. 21세기에 요구되는 역량을 기술하고 설명한 문서들은 아래와 같다.:

▲ 21세기 역량의 교육과 평가(Assessment and Teaching of 21st-Century Skills, ATC21S) 프로젝트. 오스트레일리아에 본부를 둔 국제 프로젝트(그림 2.2).

▲ OECD 국가의 새천년 학습자를 위한 21세기 기능과 역량(21st Century Skills and Competencies for New Millennium Learners in OECD Countries)(그림 2.3).

▲ 21세기 역량을 위한 P21 프레임워크(P21 Framework produced by Partnership for 21st Century Skills, USA)(그림 2.4).

21세기 역량에 대한 정의나 분류가 한 가지 방법만 있는 것은 아니다. 각각의 문서에 포함된 내용들은 과연 누가 만들었으며 어떤 목적으로 만들었는지에 따라 영향을 받는다. 예를 들어, ATC21S는 교육연구자들이 참여하는 다국적 연구 프로젝트로 시작되었으며, 처음에는 경제 관련 역량들과 '세상을 살아

ATC21S

"디지털 시대에 학생들은 새로운 테크놀로지와 새로운 작업 방식에 익숙해져야 한다. 교실에서 이러한 21세기 기능들을 가르침으로써 경제와 공동체를 변화시킬 수 있다."(www.atc21s.og)

'21세기 역량의 교육과 평가 프로젝트(ATC21S)'는 21세기에 요구되는 기능을 평가할 수 있는 새로운 방법을 찾을 목적으로 2009년에 시작되었으며 멜버른에 본부를 두고 있다. 이 프로젝트는 제조업에서 지식경제로의 전환, 디지털 테크놀로지의 확산으로 대표되는 선진국의 급속한 경제환경 변화에 대

응하기 위해 시작되었다. 이 프로젝트는 시스코(Cisco), 인텔(Intel), 마이크로소프트(Microsoft)가 후원하고 있다.

오스트레일리아, 핀란드, 싱가포르, 미국, 코스타리카, 네덜란드 등 10개의 국가에서 200명 이상의 연구자들이 이 프로젝트에에 참여하고 있다.

ATC21S는 4가지 분야의 역량을 파악했다.
1. 사고방식: 창의성, 비판적 사고, 문제해결, 의사결정, 학습
2. 일의 방식: 의사소통, 협업
3. 일의 도구: 정보통신기술(ICT), 정보문해력
4. 삶의 기술: 시민성, 삶과 직업, 개인적·사회적 책임감

그림 2.2: ATC21S – 21세기 역량의 교육과 평가 프로젝트(2009~2012)

---

2) 21세기를 대비하는 맥락에서 사용되는 skills의 경우 기능보다는 역량으로 번역하는 것이 문맥상 자연스럽다. 역자 주

OECD 조사보고서(Working Paper)

"사회·경제의 발전을 위해 교육 시스템은 젊은이들에게 새로운 기능과 역량을 갖춰 줄 필요가 있다. 이를 통해 젊은이들은 최근 등장하고 있는 새로운 형태의 사회에서 이익을 얻고, 지식이 주요 자산이 되는 시스템하에서 경제 발전에 적극적으로 기여할 수 있다." (Ananiadou & Claro, 2009, p.5)

OECD 조사보고서 41(Ananiadou & Claro, 2009)은 OECD 국가들의 교육과정 문서와 21세기에 요구되는 기능과 역량에 대한 평가 및 교육에 대한 연구 결과를 검토하였다. 이들이 정의한 21세기 기능과 역량은 다음과 같다.:

"21세기 지식사회에서 유능한 직업인(worker)과 시민이 되기 위해 요구되는 기능과 역량이다."

이들 기능과 역량은 세 측면으로 구분된다.:

1. 정보 측면

정보 측면에서 가장 전형적인 기능은 연구와 문제 해결이며, 공통적으로 정보를 정의하고, 찾고, 평가하고, 선택하고, 조직하고, 분석하고, 해석하는 과정을 포함한다.
a. 자료로서의 정보: 정보를 검색, 선택, 평가, 조직하기
b. 결과물로서의 정보: 정보를 재구조화하고 모델링하기, 자신의 아이디어(지식)를 발전시키기

2. 의사소통 측면
의사소통하고, 아이디어를 교환하고, 정보와 아이디어를 비판하고 표현하는 데 필요한 기능들이다.
a. 효과적인 의사소통
b. 협력과 가상적 상호작용(virtual interaction)

3. 윤리와 사회적 영향 측면
글로벌화, 다문화, ICT 활용의 증대는 윤리적 문제를 발생시켰다.
a. 사회적 책임
b. 사회적 영향

그림 2.3: OECD 국가의 새천년 학습자를 위한 21세기 기능과 역량

P21

P21은 기능과 핵심 교과(지리가 포함됨)의 통합을 추진하는 미국의 국가기관이다. P21에는 핵심 교과와 더불어 핵심 주제와 21세기 역량이 있다.

핵심 주제
▲ 세상에 대한 이해
▲ 금융, 경제, 경영, 창업 관련 리터러시(entrepreneurial literacy)
▲ 시민 리터러시
▲ 건강 리터러시
▲ 환경 리터러시

21세기 역량
학습 및 혁신 역량

▲ 창의성, 혁신
▲ 비판적 사고, 문제해결
▲ 의사소통, 협력

정보, 미디어, 테크놀로지 역량
▲ 정보 리터러시
▲ 미디어 리터러시
▲ ICT 리터러시

생활과 직업 역량
▲ 유연성과 적응력
▲ 진취성과 자기주도성
▲ 사회적 및 다문화 역량
▲ 성과 창출과 책무성
▲ 리더십과 책임감

그림 2.4: 21세기 역량을 위한 파트너십(The Partnership for 21st-Century Skills)에서 제작한 21세기 역량을 위한 P21 프레임워크

가는 데' 필요한 일반적 기능들을 포함했다. 이 프로젝트가 진전되면서 프로젝트 후원사인 시스코, 마이크로소프트의 이해를 반영하듯 협력적 문제해결과 ICT 리터러시를 강조하게 되었다. OECD 보고서 (Ananiadou & Claro, 2009) 또한 여러 국가가 참여했으며, '21세기 지식사회에서 직업인과 시민'에게 요구되는 역량에 초점을 맞추고 있다. P21 프레임워크는 교육과정의 개발 전략 중 '표준(standards)'을 강조하는 미국적 맥락에서 개발되었다. 핵심 지식과 역량 모두 프레임워크에 포함된다.

제시된 21세기 역량의 일부는 사회에 참여하는 데 필요한 역량들을 포함하고 있지만, 대체로 경제 및 직장의 요구와 관련된 실용적 목적을 추구하는 경향이 있다. 비록 사회의 요구와 기업의 걱정을 고려하는 것이 정당화될 수는 있지만, 교육은 또한 학생들로 하여금 스스로 세상을 이해하고, 정보에 비판적이며, 의사결정에 참여할 수 있게 하고, 그들의 사회적, 지적 발달을 촉진시킬 수 있어야 한다. 그래야 학생들은 삶으로부터 많은 것을 얻고 사회에 더 기여할 수 있게 된다.

21세기 역량의 촉진은 영국왕립예술협회(RSA)의 오프닝 마인드(Opening Minds, 1장 참조)와 같은 프로젝트를 이끌어 냈으며, 이는 학교 교육과정에서 학제 간 접근을 강조한다. 하지만 나의 생각으로는 동일한 역량이 교과목의 맥락에서도 개발될 수 있다. 그림 2.5는 탐구적 접근을 통한 지리학습이 앞서 언급된 역량들을 개발하는 데 어떻게 기여할 수 있는지를 보여 준다.

국가교육과정 문서와 평가기관의 평가요강은 지리학습이 '21세기 역량'을 개발하는 데 기여할 수 있음을 인정하고 있다. 예를 들어, 오스트레일리아의 국가 수준 지리교육과정은 "7가지 일반적 역량은 적절한 관련성을 갖는 교과의 내용 및 맥락 속에서 다루어져야 한다."라고 기술하고 있다. 여기서 일반적인 역량은 문해력, 수리력, ICT, 윤리적 행동, 개인적·사회적 책임감, 상호문화 이해이다. 싱가포르의 O-level 지리교육과정은 "탐구적 접근을 통한 지리 교수·학습은 21세기에 요구되는 다양한 유형의 역량을 개발할 수 있는 기회를 제공해 주기 때문에 교육과정에 제시된 목표를 달성하는 데 핵심적 역할을 한다."라고 기술했다. 교육과정을 통해 지리적 내용과 21세기 역량(사회적·감성적 역량, 정보와 의사소통 역량, 비판적·창의적 사고, 시민 리터러시, 세상에 대한 이해, 상호문화 이해)을 연결시키고 있다.

문해력

학생들은 지리학의 전문적 어휘뿐 아니라 논리적 주장을 펼치는 데 필요한 어휘를 점차적으로 배워 나간다. 다양한 형태의 보고서, 기사, 광고, 편지 등에 제시된 지리적 정보들을 해석하고 평가하는 방법을 배운다. 또한 사실들을 종합하고, 조사 내용을 보고하고, 주장을 펼치고, 관점을 분석하는 등 다양한 방식의 글쓰기를 배운다. 학생들의 문해력은 토론에 참여하고, 교사와 미디어를 통해 지리적 지식이 표현되고 설명되는 방식에 주목함으로써 강화된다.

수리력

학생들은 맥락 속에서 다양한 수학적 개념을 적용하는 방법을 배우게 된다. 측정, 스케일, 거리를 위한 다양한 단위를 이해하고, '평균', '비율'과 같은 개념을 알아야 한다. 학생들은 수리적 데이터를 활용, 해석하고, 그래프나 지도로 표현하는 방법을 배운다. 그들은 평균을 계산하고, 데이터 간의 관계를 조사하기 위해 통계적 기법을 활용한다.

ICT 역량

학생들은 디지털 정보를 검색·접속·선택·저장하고, 처리하며, 그래픽이나 텍스트로 표현하면서 일반적인 ICT 기능을 개발하고 적용한다. 학생들은 특별히 지리학과 관련된 ICT 기능들도 개발한다. 그들은 공간데이터를 관리하고 표현하기 위해 GIS와 GPS를 활용하고, 구글어스와 같이 3D로 시각화되는 지도와 경관을 활용한다. 학생들은 스마트폰과 소셜네트워크를 의사소통이나 데이터 자원으로 활용하며, 지리를 통해 디지털 테크놀로지의 발전이 가져올 글로벌 변화에 대해 더 잘 이해하게 된다.

직업세계에서 요구되는 역량들

조사 결과에 따르면 고용주들은 문해력, 수리력, ICT 활용능력뿐 아니라 다음의 역량들도 중요하게 생각한다.:

▲ 개인적 역량: 팀워크, 의사소통기술, 대인관계기술
▲ 독립심: 기꺼이 배우고자 하는 마음, 우선순위를 정할 수 있는 능력, 독립적으로 일할 수 있는 능력
▲ 유연함

탐구적 지리학습에서 학생들은 무엇을 어떻게 조사할 것인지를 계획하고, 프로젝트 보고서를 작성하며, 소그룹에서 타인과 협력하거나 혹은 독립적으로 일하는 법을 배운다. 과제를 책임지고, 의사결정하는 법을 연습하며, 역할극이나 다른 표현 방식을 통해 타인에게 정보를 제공하거나 주장하는 방법을 배우게 된다.

시민성 역량

21세기 역량들 중 사회적 책임감, 문화적 이해, 문제해결, 의사결정은 공동체, 지역, 국가, 나아가 글로벌 이슈에 참여하는 역량과 관련이 있다. 탐구를 통한 학습을 통해 학생들은 논쟁적 이슈를 조사하고, 다른 관점을 이해하며, 지역적·환경적 문제에 해결책을 제시하고, 의사결정 과정에 참여함으로써 이러한 역량을 개발할 수 있다. 학생들은 이슈에 대해 말하고, 글을 쓸 수 있으며 어떤 해결책이 가능한지도 알게 된다.

그림 2.5: 탐구적 접근을 통한 지리학습이 21세기 역량을 개발하는 방식

교육의 일반적 목표

21세기 역량에 대한 논의들이 미래사회를 대비하기 위해 필요한 역량에 초점을 맞추었다면, 교육의 목적에 대한 논의는 역량보다는 폭넓은 내용을 포괄하며, 지식과 이해의 발전을 포함하는 특징이 있다. 예를 들어, 영국 초등교육의 미래에 대한 독립적 조사 보고서인 '케임브리지 초등교육 보고서(Cambridge Primary Review)'(Alexander, 2009)는 초등교육의 일반적인 목표 12개를 파악하였다(그림 2.6). 12개의 목표들은 중등학교 지리교육에도 적합하지만, 특별히 탐구적 접근의 지리교육에 적합한

교육의 목적

케임브리지 초등교육 보고서(Cambridge Primary Review)
에서 설정한 12개의 목표는 "가치와 도덕적 목적을 반영하며,
이를 위한 것이 바로 교육이다. 이들 목표는 21세기를 살아가
는 아이들이 자신들의 삶을 관리하고 의미를 찾을 수 있도록
설계되었으며, 교육받은 사람이 되기 위해 무엇이 필요한지를
일관성 있게 보여 준다."

3분야로 구분되는 12개의 교육의 목적은 아래와 같다.:

개인의 필요와 욕구

▲ 웰빙(Well being)
▲ 참여
▲ 임파워먼트(Empowerment)

▲ 자율성

자신, 타인 및 넓은 세상과의 관계

▲ 존중과 상호성 장려
▲ 상호의존성과 지속가능성 촉진
▲ 지역적, 국가적, 세계적 시민성 함양
▲ 문화와 공동체의 존중

학습, 알기, 행하기

▲ 탐색하기, 알기, 이해하기
▲ 역량(skills) 개발하기
▲ 상상하기
▲ 대화하기

그림 2.6: 케임브리지 초등교육 보고서(Cambridge Primary Review)에 명시된 교육의 목적

두 가지 목표에 초점을 맞추고자 한다.

1. 탐색하고, 알고, 이해하기:

"학생들이 인류 경험의 유산과 세상을 이해하고 그것에 따라 행동하는 다양한 방식을 경험하고, 탐색
하고, 참여할 수 있는 기회를 제공한다."

2. 대화하기:

"교사와 학생 간, 그리고 학생들 간의 협력을 통해 이해가 높아진다는 것을 알게 도와주라. 지식은 전
달될 뿐 아니라 조정되거나 재창조될 수 있으며, 우리는 결국 각자 자신의 지식을 만들어 가는 것임을
학생들이 이해할 수 있어야 한다. 대화, 즉 나와 다른 사람 간, 개인적 지식과 집단적 지식 간, 현재와
미래 간, 다른 사고방식 간의 대화는 가르치는 방법의 핵심이 된다." (Alexander, 2009, p.19)

탐구적 접근은 국가교육과정이나 외부 자격시험에서 어느 정도까지 요구되는가?

탐구적 접근을 받아들여야 하는 네 번째 이유는 국가교육과정과 자격시험을 위한 평가기관의 평가요강(specification)에서 탐구적 접근이 요구되기 때문이다.

'탐구'는 영국의 국가 수준 지리교육과정이 개정될 때마다 다른 방식으로 기술되어 왔다. 1991년 지리교육과정에서 지리적 탐구는 학습내용(Programme of Study)의 앞부분에 언급되었지만 정작 학습내용이나 성취기준(Statements of Attainment)에는 포함되지 않았다. 1995년 지리교육과정에서는 탐구의 과정이 핵심 스테이지(key stage)별 학습내용과 성취 수준을 기술한 부분에 포함되었지만 정작 '탐구'라는 용어는 사용되지 않았다. 1999년 지리교육과정에서는 학습내용을 설명하는 데 지리적 탐구가 사용되었으며, 2008년 지리교육과정에서 지리적 탐구는 핵심 프로세스(key processes) 중 하나로 제시되었으며, 구체적인 내용은 다음과 같다.:

"학생들은
a. 지리적 질문을 던지고, 비판적, 건설적, 창의적으로 사고할 수 있어야 한다.
b. 정보를 수집하고, 기록하고, 표현할 수 있어야 한다.
c. 이슈를 조사할 때, 자료가 편향된 것은 아닌지, 의견인지 사실인지, 잘못 사용된 부분은 없는지 파악할 수 있어야 한다.
d. 자료를 분석, 평가하고, 결과를 제시하여, 결론을 도출하고 정당화한다.
e. 장소와 공간을 새롭게 해석하기 위해 지리적 지식과 기능을 창의적으로 이용하고 적용할 수 있어야 한다.
f. 지리적 탐구를 계획하고, 적절한 조사 순서를 제시할 수 있어야 한다.
g. 지리적 이슈를 분석하고 창의적으로 해석할 수 있도록 문제를 해결하고 의사결정을 내릴 수 있어야 한다."

학생들은 매 수준마다 지리적 탐구와 관련된 성취를 증명해야 한다. 다음은 지리적 탐구의 수준 8(level 8)[3]에 해당하는 기술이다.:

"그들의 지식과 이해를 활용해 학생들은 독립적으로 적절한 지리적 질문이나 이슈를 파악하였으며, 효과적인 조사방법을 사용하였다. 학생들은 다양한 종류의 기능들을 선택하여, 효과적이고 정확한 방식으로 활용했다. 그들은 자료를 사용하기에 앞서 자료원(sources of evidence)을 비판적으로 평가하였다. 학생들은 그들의 조사과정 전체에 대한 일관성 있는 요약을 제시하였으며, 합당한 결론을 도출하였다."

이 책이 출판될 즈음 지리교육과정과 GCSE(중등학교 졸업 자격시험)에 대한 리뷰가 시작되었지만, 제출된 초안을 볼 때 학생들은 계속해서 탐구를 통해 학습하게 될 것 같다. 실세계 지역에 대한 그들의 지식과 이해를 넓히기 위해 중등학교 학생들은:

▲ 지리적 질문과 이슈를 조사해야 한다.
▲ 모든 종류의 1차, 2차 데이터를 수집, 해석, 분석, 표현, 평가해야 한다.
▲ 근거를 갖춘 주장을 제시해야 한다.
▲ 결론을 의사소통해야 한다.
▲ 지리학자처럼 사고하고 연구해야 한다.

요약

지리교육에서 탐구적 접근은 지리적 지식의 본질, 학습, 그리고 교육의 목적 측면에서 정당화될 수 있다. 즉 지리적 지식은 구성된다는 관점, 구성주의 학습이론, 탐구적 접근이 교육의 일반적 목적을 달성하는 데 기여할 수 있다는 사실이 탐구적 접근을 뒷받침해 준다.

연구를 위한 제안

1. 지리적 주제, 장소에 대해 학생들이 이미 알고 있는 것은 무엇인가? 그들의 선지식을 파악할 수 있는 방법들(예, 스파이더 다이어그램, 개념지도, 진단적 성격의 설문지, 그림으로 표현한 자료, 인터

---

3) 학생들의 성취는 1~8단계로 평가된다. 역자 주

뷰 등)을 고안하자. 학생들은 오개념이나 정형화된 이미지를 갖고 있는가? 학생들의 선지식과 경험에 대한 정보는 수업을 계획하는 데 어떻게 활용될 수 있을까?

2. 학교에서 탐구적 접근을 통한 학습은 어느 정도까지 교육의 목적을 달성하는 데 기여할까? 이 질문은 학교정책에 영향을 주는 문서와 계획들을 비판적으로 조사함으로써 밝혀낼 수 있다.

참고문헌

Alexander, R. (2000) *Culture and Pedagogy*. Oxford: Blackwell.

Alexander, R. (ed) (2009) *Introducing the Cambridge Primary Review: Children, their world, their education*. Cambridge: University of Cambridge Faculty of Education. Available online at *www.primaryreview.org.uk/downloads/CPR_revised_booklet.pdf* (last accessed 11 January 2013).

Ananiadou, K. and Claro, M. (2009) '21st Century Skills and Competences for New Millennium Learners in OECD Countries', *OECD Education Working Papers*, No.41, OECD Publishing. Available online at *http://dx.doi.org/10.1787/218525261154* (last accessed 11 January 2013).

Barnes, D. and Todd, F. (1995) *Communication and Learning Revisited*. Portsmouth, NH: Boynton/Cook.

Castree, N. (2005) *Questioning Geography: Fundamental debates*. Oxford: Blackwell.

Johnston, R. (2004) 'Disciplinary change and career paths' in Lee, R. and Smith, D. (eds) *Geographies and Moralities*. Oxford: Blackwell.

Livingstone, D. (1992) *The Geographical Tradition: Episodes in the history of a contested enterprise*. Oxford: Blackwell.

Neighbour, B. (1992) 'Enhancing geographical inquiry and learning', *International Research in Geographical and Environmental Education*, 1, 1, pp.14-23.

Peet, R. (1998) *Modern Geographical Thought*. Oxford: Blackwell.

Smith, D.M. (1977) *Human Geography: A welfare approach*. London: Edward Arnold.

Smith, D.M. (1988) 'Towards an interpretative human geography', in Eyles, J. and Smith, D.M. (eds) *Qualitative Methods in Human Geography*. Cambridge: Polity Press, pp.255-67.

Smith, D.M. (1994) *Geography and Social justice*. Oxford: Blackwell Publishing.

Smith, D.M. (2000) *Moral Geographies: Ethics in a world of difference*. Edinburgh: Edinburgh University Press.

Unwin, T. (1992) *The Place of Geography*. Harlow: Longman.

Vygotsky, L. (1962) *Thought and Language*. Cambridge, MA: Massachusetts Institute of Technology Press.

Wheen, F. (2002) *Hoo-Hahs and Passing Frenzies: Collected journalism*. London: Atlantic Books.

Chapter 03

탐구적 접근에서 교사의 역할

"교사의 역할에서 중요한 부분은 모든 학생들의 사고가 어떻게 작동하는지, 무엇에 반응하고, 학습이 발생하고 있을 때 어떤 변화가 있는지를 이해하려고 노력하는 것이다." (Ghaye & Robinson, 1989, p.117)

도입

상당한 지리적 지식과 교수의 전문성을 가진 지리교사들도 탐구적 접근으로 인해 자신들의 역할이 바뀌지 않을까 염려한다. 이러한 염려는 탐구적 접근을 학생들이 독립적으로 학습하고, 조사내용을 결정하고, 정보를 찾고, 분석방법을 선택하고, 스스로 결론에 도달하는 것으로 생각하는 교사들에게서 뚜렷하게 나타난다. 그러나 이러한 염려는 잘못된 것이다. 학생들이 독립적으로 과제를 수행하는 순간에도 교사의 역할은 중요하다. 이와 관련하여 이번 장에서는 아래의 질문들을 다룰 것이다.:

▲ 전체적인 단원의 설계에서 교사의 역할은 무엇인가?

▲ 탐구 기반 교육과정을 계획하는 데 교사의 교과 전문성은 어떤 역할을 하는가?

▲ 탐구적 교실수업에서 교사의 역할은 무엇인가?

▲ 탐구 기반의 교육과정을 실행하는 교사는 어떤 다른 접근을 채택할 수 있는가?

논쟁적인 이슈를 다룰 때의 교사의 역할에 대해서는 12장에서 다룰 것이다.

전체적인 단원의 설계에서 교사의 역할은 무엇인가?

주제보다는 질문을 수업의 제목으로 사용하기

탐구적 접근을 활용한 교육과정을 계획할 때 주제가 아닌 질문으로 수업의 제목을 설정하는 것이 좋다. 질문은 전달될 무엇이 아니라 조사될 무엇이 되어야 한다. 영국과 웨일스의 대부분 지리교사들은 GCSE와 A-level 지리시험[1]의 평가요강들이 단원의 제목으로 질문을 활용하고 있기 때문에 이러한 질문에 익숙한 편이다(그림 3.1). 수업에서 언급할 필요가 있는 일반적 아이디어나 필수 내용에 대한 정보들은 핵심 아이디어나 보조 질문의 형태로 제시된다.

질문이 지리교육과정의 틀로 활용되는 다른 국가들의 사례도 있다. '탐구 기반 학습(inquiry-based learning)'을 강조한 싱가포르의 최근 O-level 지리교육과정의 경우 6개의 토픽(그림 3.2)을 질문과 보조 질문으로 제시하고 있다. 원리는 아래와 같다.:

"각각의 토픽은 주요 질문의 형태로 제시된다. 토픽은 세 개의 핵심 질문들을 중심으로 구성되며 이들 질문은 교육과정 개발의 프레임워크가 된다. 핵심 질문을 위한 안내 질문(guiding question), 주요 아이디어, 학습결과, 내용, 주요 용어가 제시된다. 앞의 두 핵심 질문은 내용을 개관하는 형식으로 개발되어 학생들이 토픽의 내용을 이해할 수 있도록 한다. 이렇게 획득된 지식과 기능들은 학생들이 탐구적 접근방법으로 세 번째 질문을 공략할 때 활용된다. 세 개의 핵심 질문들과 안내 질문은 주요 아이디어를 학습하는 경로를 제공하는 셈이다. 모든 토픽의 마지막 부분에서는 사례연구나 예시를 안내 질문들과 함께 제시하여 처음에 제시되었던 주요 질문을 다시 생각해 보게 하며, 학생들이 그 질문에 대한 결론이나 답을 찾을 수 있도록 안내한다."

싱가포르의 경우 하나의 토픽마다 3개의 질문들이 제시되는데, 처음 두 질문은 지식과 이해의 발달에 초점을 두고, 세 번째 질문은 지식을 이슈에 적용하도록 구조화되어 있다는 점에서 영국과 웨일스의 평가요강에서 활용되는 질문들과는 차이가 있다.

---

[1] 영국의 학제는 초등학교 6년, 중등학교 5년, 후기중등학교(Sixth form) 2년으로 운영된다. 중등학교를 졸업하면서 치르게 되는 중등학교 졸업 자격시험(GCSE)과 후기중등학교 때 치르는 A-level 시험(12학년의 AS level, 13학년의 A2 level)은 대학 입학에 중요한 자료가 된다. 역자 주

평가기관*	질문	예시 질문	평가요강에서 질문의 역할
AQA GCSE A	활용하지 않음		
AQA GCSE B	활용	산업은 왜 점차 글로벌화되는가?	핵심 아이디어 학습내용의 상세설명
EDEXCEL GCSE A	활용하지 않음		
EDEXCEL GCSE B	활용	생물권의 가치는 무엇인가?	핵심 아이디어 상세화된 학습내용
OCR GCSE A (GCSE pilot)	활용	우리는 산지에 대해 무엇을 알고 있으며, 문화적 자원으로서 어떻게 재현되는가?	핵심 아이디어 학습내용
OCR GCSE B (Bristol project)	활용	하천의 홍수는 자연 프로세스와 인간활동의 상호작용을 어떻게 보여 주는가?	핵심 아이디어 학습내용
WJEC GCSE A	활용	유럽의 도심은 어떤 방식으로 재생되는가?	보조적 탐구질문 예시
WJEC GCSE B (Avery Hill GYSL project)	활용	국가 간 경제적 격차를 줄이는 데 국제원조는 얼마나 효과적인가?	심화학습 학습과 연구 기회
AQA GCE	활용하지 않음		
EDEXCEL GCE (16-19 project)	활용	위험해지는 세계에서 증가하는 리스크와 취약성에 어떻게 대처할 것인가?	학습해야 하는 내용 제안된 교수·학습
OCR GCE	활용	도시변화와 관련된 환경적 이슈는 무엇인가?	핵심 아이디어 학습내용
WJEC	활용	식량 생산은 지속가능하게 증가될 수 있는가?	학습내용 연구와 야외조사를 위한 기회 예시

그림 3.1: 평가요강에서 탐구질문의 활용(2013년 1월 기준)

* 과목별 평가요강은 AQA, Edexcel, OCR 등의 평가기관에서 개발한다. 이들 평가기관들은 평가요강을 통해 학습내용과 시험방법을 설정할 뿐 아니라 실제로 평가를 주관하고 자격을 관리하기 때문에 시험위원회(Examination boards), 자격수여기관(Awarding bodies) 등으로도 불린다. 역자 주

탐구수업을 위한 좋은 핵심 질문의 요건은?

평가요강이 상세한 수준의 질문을 제시하고 있기는 하지만 단원의 계획과 관련해서 고려해야 할 것들이 있다. 첫 번째는 '어떤 질문이 주요 혹은 핵심 질문이 되어야 하는가?'이다. 라일리(Riley)는 자신의

핵심 질문

주제1: 역동적인 지구(자연지리)

토픽1: 해안 – 왜 해안환경은 중요한가?
▲ 해안환경들은 왜, 어떻게 다르고 역동적인가?
▲ 해안지역은 왜 중요한가? (열대해안에 초점)
▲ 우리는 어떻게 해안지역을 지속가능한 방법으로 관리할 수 있는가?

토픽2: 지각판과 함께 살아가기 – 위험 혹은 기회?
▲ 왜 어떤 지역은 지각판과 관련된 위험에 취약한가?
▲ 지각판의 가장자리에는 어떤 지형이나 현상들이 관찰되는가?
▲ 사람들은 어떻게 지진에 대처하는가?

토픽3: 다양한 날씨와 변화하는 기후 – 지속적인 도전
▲ 왜 지역마다 날씨와 기후가 다른가?
▲ 지구의 기후에 어떤 일이 발생하고 있는가?
▲ 왜 날씨는 점차 극단적으로 변하는가?

주제2: 변화하는 세계(인문지리)

토픽4: 글로벌 관광 – 관광이 가야 할 방향인가?

▲ 지역마다 관광의 성격은 어떻게 다른가?
▲ 관광이 왜 점차 글로벌 현상이 되고 있는가?
▲ 관광을 발전시키려면 어떤 비용을 치러야 하는가?

토픽5: 식량자원 – 테크놀로지는 식량 부족 문제를 해결해 줄 만병통치약인가?
▲ 1960년대 이후 식량의 소비 패턴은 어떻게, 왜 변화했는가?
▲ 식량작물의 생산에는 어떤 경향과 도전이 있는가?
▲ 식량 부족 문제는 어떻게 접근할 수 있는가?

토픽6: 보건과 질병 – 우리는 예전보다 보건문제와 질병에 더 취약한가?
▲ 보건과 질병의 글로벌 패턴은 무엇인가?
▲ 무엇이 전염병의 확산과 피해에 영향을 미치는가? (말라리아, HIV/AIDS에 초점)
▲ 우리는 현재와 미래의 전염병을 어떻게 관리하고 있는가?

주제3: 지리적 기능과 조사

토픽7: 지형도 읽기
토픽8: 지리 데이터와 기술(techniques)
토픽9: 지리조사

그림 3.2: 싱가포르의 O-level 지리교육과정: 주요 내용과 핵심 질문

논문인 'KS3 역사 정원 속으로: 탐구질문을 선정하고 심어 보기(Into the key stage 3 history garden: choosing and planting your enquiry questions, 2000)'에서 좋은 탐구질문의 특징을 설명했다(그림 3.3).

지리수업의 계획 역시 중요하고, 도전적이며, 호기심을 불러일으키는 질문을 활용해 비슷한 방식으로 구조화할 수 있다. 영국지리교육협회(GA)에서 개발한 'Key Stage 3 Geography Teachers' Toolkit'은 하나의 핵심적인 탐구질문, 예를 들어 '가시가 있는 이슈: 나는 밸런타인데이에 장미를 사야 하나?' (Ellis, 2009), '영국인 또는 유럽 인? 당신은 누구라고 생각하는가?'(Brassington, 2008)를 이용해 여러 차시의 수업을 개발하였다. 이들 질문은 호기심을 불러일으키며, 도전적이고도 중요한 지리를 이끌어 낼 수 있기 때문에 라일리의 기준을 만족시킨다.

좋은 탐구질문의 특징

라일리(Riley)의 논문인 'KS3 역사 정원 속으로: 탐구질문을 선정하고 심어 보기'는 전체 단원을 관통하는 학습의 초점으로 '잘 준비된 탐구질문(carefully-crafted enquiry question)'을 활용하는 방법을 제시하였다. 좋은 탐구질문을 판별하기 위해 아래의 질문들을 던졌다.

"당신의 탐구질문은

▲ 학생들의 흥미와 상상력을 불러일으키는가?

▲ 학생들에게 역사적 사고, 개념, 프로세스를 경험할 수 있게 하는가?

▲ 실제적이고, 생생하며, 중요하고, 재미있는 '최종 결과물을 생산하는 활동(outcome activity)'을 이끌어 내며, 그 활동을 통해 탐구질문에 답할 수 있는가?" (p.8)

라일리는 중세도시와 관련된 질문들을 평가하면서 위 질문들을 활용했다. 그는 '왜 중세도시는 성장했는가?'와 같은 질문은 중요하지만 흥미롭지는 않다고 생각했다. '도시에서의 생활은 어땠을까?'는 단지 기술적이며(descriptive) 흥미를 불러일으키지 않고 중요하지도 않으며 또한 역사가 어떻게 작동하는지 이해할 수 있는 기회를 제공하지 않기 때문에 약한 질문으로 평가했다. 반면 '중세도시는 사람들을 자유롭게 했을까?'는 수수께끼 같은 요소를 포함하고 학생들의 흥미를 불러일으킬 뿐 아니라 길드(guilds)와 도제(apprentices)를 배워야 할 뚜렷한 이유를 보여 주는 장점이 있다.

그는 일련의 질문을 활용해 KS3 역사교육과정을 개발하였는데 당시의 역사교육과정이 규정한 다양한 기능, 지식, 이해를 포괄할 수 있도록 설계하였다. 그가 개발한 8학년을 위한 질문은 아래 표와 같다.

	1학기(term*)	2학기	3학기
교육 과정 내용	시간에 따른 변화: 보통 사람들의 삶 1300~2000년	프랑스 혁명	산업, 정치, 제국 1815~1960년대
탐구 질문	보통 사람들의 삶은 나아졌는가? 우리 지역의 사람들은 삶을 즐겼을까? 가난한 사람들의 삶을 향상시키기 위해 얼마만큼의 노력이 있었는가? 보통 사람들에게서 종교적 신념의 변화를 찾기 어려운 이유는 무엇인가?	어떻게 루이16세는 왕권을 상실했는가? 어떤 측면에서 프랑스 혁명의 아이디어가 그토록 충격적인가? 로베스피에르(Robespierre)를 피에 굶주린 폭군이라 평가하는 것이 정당한가? 나폴레옹은 혁명을 배신하였는가?	여성이 투표권을 행사하기까지 왜 이렇게 오래 걸렸는가? 프롬(Frome) 지역에서 발생한 방직공들 시위의 배경은 무엇인가? 대영제국은 '좋은' 것(a good thing)'인가? 20세기 인도에 대한 해석은 어떻게 변화하였는가?

해당 학기 동안 다양한 유형의 질문들을 계획했기 때문에 필수 기능들과 지식들을 포괄할 수 있었다. 어떤 질문들은 역사교육과정의 핵심 개념에 초점을 맞추고 있다. 예를 들어, '보통 사람들의 삶은 나아졌는가?'는 '변화와 연속성(change and continuity)'에 대한 이해를 높여 준다. '프롬 지역에서 발생한 방직공들 시위의 배경은 무엇인가?'는 로컬 지역의 맥락에서 '원인과 결과(cause and consequence)'를 다루고 있다. '보통 사람들에게서 종교적 신념의 변화를 찾기 어려운 이유는 무엇인가?'는 역사에서 증거 및 증거의 활용과 관련 있으며, 근거가 뒷받침되는 이해(evidential understanding)를 향상시키기 위해 활용될 수 있다.

라일리의 질문은 여러 차시로 구성된 대단원을 위한 핵심 질문으로 활용되었다. 모든 질문들은 단순하게 '예, 아니오'로 답할 수 없으며, 근거를 활용하는 다양한 조사 활동을 통해 탐색될 수 있다.

* 영국의 초·중등학교는 9월에 새 학기를 시작하며 한 학년은 총 3학기(가을학기, 봄학기, 여름학기)로 구성된다. 한 학기는 보통 13주로 구성되며 6주간의 수업 후 1주일간의 휴가(half term break)가 있다. 휴가를 마치고 다시 6주를 더 다니면 학기가 끝난다. 학기와 학기 사이에는 2주간의 방학(크리스마스와 부활절 방학)이 있고, 여름학기가 끝나면 약 6주간의 여름방학이 시작된다. 역자 주

그림 3.3: 좋은 탐구질문의 특징 – 역사과목의 사례. 출처: Riley, 2000

단원을 계획할 때 핵심 질문은 어떻게 사용되어야 하는가?

국가교육과정이나 평가기관의 평가요강이 구체적인 핵심 질문들을 제시하고 있지만, 그 질문들을 어떻게 학생들에게 제시할 것인가는 여전히 교사가 고민할 부분이다.

▲ 정말 좋은 탐구질문을 만들기 위해 이미 제시된 질문들을 라일리의 기준에 맞춰 수정해야 할까?

▲ 보조 질문이 필요할까? 만일 필요하다면 학생들과 함께 찾아볼 것인가 아니면 교사가 혼자서 개발할 것인가?

▲ 보조 질문을 파악했다면 싱가포르의 O-level 교육과정에서와 같이 각각의 질문들이 다른 기능을 갖도록 구조화할 것인가?

탐구 기반 교육과정을 계획하는 데 교사의 교과 전문성은 어떤 역할을 하는가?

전통적인 교수모델에서 교사는 지식의 원천이며 지식을 학생들에게 전달하는 역할을 한다. 이때 교사의 지리적 전문성은 확실히 중요하다. 탐구적 접근에서 교사의 전문성은 더 많이 요구된다. 교사는 지리교육과정을 통해 학생들이 학습하는 것에 대한 전체적인 책임이 있으므로 과목에 대한 깊은 이해와 지식이 필요하다.

핵심 질문 선정하기

교사는 좋은 핵심 질문, 호기심을 불러일으키는 질문을 찾아낼 수 있어야 한다. 이를 위해 학습내용에 대한 전반적인 이해가 필요하다. 더불어 적절한 보조 질문들을 찾기 위해서는 학습내용의 핵심적 구조를 파악하고 있어야 한다. 많은 지리 개념들은 너무 어렵고 복잡해서 외부의 도움이 없이 학생들이 이해하기 어렵다. 따라서 교사는 학생들이 특정 주제, 장소, 이슈를 학습하기 위해 반드시 이해해야 하는 핵심 개념들을 파악해야 하며, 더불어 그 개념들을 어떻게 습득하게 할 것인지를 결정해야 한다.

자료

교사는 적절한 지리 정보원과 아이디어를 찾아야 할 뿐 아니라 찾은 정보들을 학생들에게 제공할 것인지 결정해야 한다. 즉 학생들 스스로 그 정보들을 찾게 할 것인지 아니면 몇 가지 정보원(예, 믿을 만하고 접근 가능한 인터넷 사이트)을 제시하고 학생들이 선택하게 할 것인지를 결정해야 한다. 질문에 적합한 좋은 사례연구나 예시들은 반드시 사전에 확보되어야 하며, 교사는 학생들이 사례연구를 선택할 수 있도록 할 것인지 결정한다. 논쟁적인 이슈에 대해서는 다른 시각을 보여 줄 수 있는 사례연구도 제시해야 한다.

과제와 활동

학생들은 다양한 과제나 활동을 통해 데이터를 이해하게 된다. 예를 들어, 지도나 그래프 분석하기, 주석 달기(annotating text), 한 형태의 정보를 다른 형태로 변환하기(예, 텍스트를 다이어그램으로, 사진을 텍스트로), 보고서 작성하기, 개념지도 작성하기, 이슈에 대해 토론하기, 다른 관점 분석하기 등이다.

짧게 말해 탐구적 접근으로 지리수업을 계획하기 위해서는 광범위한 지리적 지식이 필요하다.

탐구적 교실수업에서 교사의 역할은 무엇인가?

탐구수업을 계획하는 데 교사의 교과 전문성이 필요한 것은 명백하다. 그렇다면 탐구수업이 진행되는 교실에서 교사의 역할은 무엇일까? 가끔 교사는 학습의 '운영자(manager)'나 '촉진자(facilitator)'로 불린다. 운영자라는 용어는 교사의 역할이 상황이 어떠한지, 학생들이 해야 할 일을 이해하고 있는지, 혹은 과제를 제대로 수행하고 있는지 등을 점검하는 것임을 강조한다. 간단하게 말해서 운영은 전문가가 아니어도 할 수 있다. '학습 촉진자(facilitator of learning)'는 운영자보다 더 많은 것을 의미한다. 촉진자는 학생들이 과제를 수행하고 있는지 아닌지가 아니라 학생이 무엇을 학습하고 있는지에 초점을 둔다. 그러나 촉진이라는 용어 또한 지리학에 대한 전문성을 간과하고 있다는 문제점이 있다. 교실에서 교사의 역할은 운영자나 촉진자보다 더 중요하다.

학생들이 경험하는 지리교육과정은 계획 단계가 아닌 교실에서 구성된다. 교사가 학생들이 현재의 지식과 이해 수준, 즉 '근접 발달 영역'(2장 참조)을 넘어설 수 있도록 돕는 곳도 교실이다. 근접 발달 영역을 넘어서기 위해서는 도움이 필요하며, 비고츠키(Vygotsky)는 모든 아이들이 "도움을 통해 혼자 할 수 있는 것보다 더 많은 것을 할 수 있다."라는 것을 알고 있었다(Vygotsky, 1962, p.104). 비고츠키는 학생들이 근접 발달 영역 내에서 도움을 받아야 한다는 점을 강조했으며, 이는 탐구적 접근을 활용하는 교사의 핵심적인 역할이 된다. 그에 따르면, "가벼운 도움, 문제해결을 향한 첫 번째 단계, 실마리가 되는 질문이나 다른 형태의 도움"(ibid., p.104)을 제공해야 한다. 이 아이디어는 후에 다른 사람들에 의해 '스캐폴딩(scaffolding)' 개념으로 발전되었다.

스캐폴딩

비고츠키(Vygotsky, 1962), 우드와 동료들(Wood et al., 1976), 웹스터와 동료들(Webster et al., 1996)은 도움이 없었을 때보다 도움이 제공되었을 때 더 많은 것들을 성취할 수 있도록 도와주는 여러 유형의 '스캐폴딩(scaffolding)'을 파악했다(그림 3.4).

일부 스캐폴딩은 계획 단계에서 준비하는 것이 가능하다. 핵심 질문을 순차적인 작은 질문들로 쪼개어 한 차시마다 한 질문만 조사하는 방식으로 조사를 단순화할 수 있다. 학생들이 수집한 아이디어를 구조화하고 분류할 수 있도록 사회적, 경제적, 환경적과 같은 항목을 가진 프레임워크를 제시할 수도 있다. 발견한 내용을 보고서로 작성하려는 학생들에게는 보고서 작성을 위한 템플릿을 제시할 수 있다. 템플릿은 보고서의 구조를 형성하는 문단의 첫 문장을 예시로 제공하고 있어 학생들의 글쓰기를 돕는다.

그러나 우드와 동료들(Wood et al.)과 웹스터와 동료들(Webster et al.)은 교실 내에서의 스캐폴딩에 주목하였다. 웹스터(Webster)에 따르면, 차이를 만드는 것은 과제 그 자체가 아니라 교사와 학생의 상호작용이다. 이러한 상호작용은 교실 내에서의 대화를 통해 발생하며, 학급 전체뿐 아니라 특히 소그룹과의 혹은 개인별로 과제를 수행하는 학생들과의 대화를 통해 발생한다. 학생들이 말하는 것에 귀를 기울일 수 있는 것도, 그들이 활동을 통해 무엇을 이해했는지 혹은 어려워하고 있는 데이터나 아이디어가 무엇인지를 파악할 수 있는 것도 바로 이 순간이다. 또한 학생들이 어떻게 이해하고 오해하는지를 알아챌 수 있는 것도 귀를 기울일 때 가능한 것이다. 이러한 학생들과의 대화 속에서 교사는 학생들의 지리적 사고를 발달시키기 위해 어떻게 개입할 것인지를 결정해야 한다. 간단한 힌트나 실마리가 되는 질문을 던질 수 있으며, 가끔은 개념을 설명해 주거나 데이터를 어떻게 지리적으로 분석할 수 있

스캐폴딩

비고츠키(Vygotsky)는 '스캐폴딩(scaffolding)' 개념을 처음으로 개발한 사람이지만 이 용어를 처음 사용한 것은 그가 아니다. 그는 아이들을 대상으로 한 실험을 통해 어떻게 어른들과의 협력이 아이들의 개념적 이해를 발전시키는지를 연구했다. 비고츠키(Vygotsky, 1962)는 아이들이 자신들의 힘으로 문제해결 과제를 끝낼 수 없을 때 제공했던 여러 유형들의 도움을 아래와 같이 명명했다.:

▲ 실마리가 되는 질문을 던짐으로써 문제해결의 첫 단계 제공하기
▲ 설명하기
▲ 정보 제공하기
▲ 질문하기
▲ 정정하기(correcting)
▲ 아이들이 설명하도록 하기

교육적 맥락에서 스캐폴딩이라는 용어를 처음 사용한 것은 우드와 동료들(Wood et al., 1976)이다. 그들은 아이들과 함께한 실험을 통해 '개별지도 과정의 본질(the nature of the tutorial process) - 어른과 전문가가 상대적으로 덜 어른이고 덜 숙련된 누군가를 돕는'(p.90) 과정을 조사하였다. 그들은 아이나 초보자가 혼자서는 불가능했던 문제해결이나 과제수행, 그리고 목표를 달성할 수 있도록 해 주는 과정을 스캐폴딩이라 불렀다. 그들은 아이들이 블록을 활용해 피라미드를 쌓는 과제를 개발했는데, 과제는 아이들의 능력을 훨씬 상회할 만큼 지나치게 어렵지는 않았으며, 또한 과제를 해결하는 과정에서 발생한 학습은 다음 단계의 활동에 활용될 수 있도록 했다. 실험에서 튜터(tutor)들은 아이들이 원하는 만큼 많이 시도해 볼 수 있도록 했으며 '뭐든지 허용되는 분위기(atmosphere of approval)'를 조성하였다. 연구자들은 튜터와 학습자 간의 상호작용에 대한 데이터를 수집했으며, 모델링이나 흉내 내기보다는 스캐폴딩이 훨씬 많이 포함되어 있다는 사실을 발견했다. 튜터들이 대화 혹은 직접 개입하는 방식을 통해 아래와 같은 스캐폴딩을 제공하고 있었다.:

▲ 과제에 포함된 단계의 수를 줄이는 방법으로 과제를 단순화했다.
▲ 목표를 지향하는 것을 유지하고 학습자들이 다음 단계에 도전하도록 도왔다.
▲ 아이들이 만든 것과 이상적인 해결책 간의 차이를 알려 주었다.
▲ 튜터에게 지나치게 의지하지 않도록 하면서도 문제를 해결하는 동안 발생한 좌절과 리스크를 조절해 주었다.
▲ 이상적인 해결책을 직접 보여 주었다.

웹스터와 동료들(Webster et al., 1996)은 아이들의 문해력 발달을 조사하는 대규모 연구 프로젝트의 일부분으로 스캐폴딩을 조사하였다. 그들은 6~7학년(10~12세) 교실에서의 과제와 상호작용에 대한 상세한 데이터를 수집하였다. 그들은 교사가 학생들의 요구에 맞는 적절한 과제를 개발하는 것이 중요하다는 것은 이해했지만, 정작 과제에 대한 연구만으로는 학생들이 무엇을, 어떻게 배우는지 알 수 없었다. 교사들은 각자 다른 방식으로 과제를 조정하였는데, 이를 통해 연구자들은 교사가 학습과정에서 어떤 스캐폴딩을 제공하느냐가 학생들의 학습 차이를 결정짓는 가장 중요한 요인임을 밝혀냈다. 그들은 스캐폴딩을 "어른들이 학생들을 안내하고, 그들의 사고를 촉진시키는 일련의 복잡한 상호작용"(ibid., p.151)으로 정의했다. 이것은 스캐폴딩이 교사가 제공하는 단순한 도움 이상의 것임을 강조하는 것이다. 스캐폴딩은 대화를 포함한 협력의 과정이며, 그 과정에서 학습자는 교사만큼 중요한 역할을 한다. 그들은 스캐폴딩을 "교사와 아이들을 연결하는 핵심 고리"(ibid., p.96)라고 결론지었다. 그들은 중요한 상호작용과 개입이 발생할 수 있게 도와주는 다양한 교수·학습의 요소들을 파악하였다.:

▲ 아이들을 과제에 참여시킨다.
▲ 자신들이 이해한 용어로 과제를 표현하는 것을 돕는다.
▲ 아이들이 개념을 채택하고 발전시키는 것을 돕는다.
▲ 아이들이 학습한 내용을 외연화(externalize)하는 것을 돕는다.
▲ 아이들이 학습활동을 수행하는 방식에 관심을 기울인다.
▲ 학습의 과정과 가치를 리뷰한다.

연구는 스캐폴딩의 본질이 교사마다 다르다는 것을 보여 주었다. 그들은 "효과적인 스캐폴딩을 제공하기 위해서 교사는 탐구할 영역에 대한 철저한 지식과 함께 학습자의 특징 및 학습자의 현재 수준에 대한 정확한 이해가 필수적"이라고 결론 내렸다(ibid., p.151).

그림 3.4: 스캐폴딩

느지 알려 주고, 학생들의 질문에 답변하는 것이 필요할 수도 있다. 학생들과 상호작용하는 대화를 위해 교사는 상황에 재빨리 대응하고 교과지식과 이해에 근거해 사고할 수 있어야 한다.

스캐폴딩은 그동안 유용하고 강력한 메타포였지만(Verenikina, 2008), 교실에서는 다양한 방식으로 이해되고 해석되어 왔다. 교사가 강력하게 지시하는 상황이라면 스캐폴딩은 학습을 지원하기보다 제한하는 역할을 할 수 있다. 반대로 학습자와의 대화를 통해 함께 지식을 구성하는 협력자로서 교사의 역할을 강조한다면 스캐폴딩은 근접 발달 영역 내에서 성공적인 지원 전략이 될 것이다.

탐구 기반의 교육과정을 실행하는 교사는 어떤 다른 접근을 채택할 수 있는가?

대학에서 탐구 기반 학습(EBL, IBL)을 다양한 맥락에 적용하기 위해 유연하게 활용하듯이 지리교육을 위한 탐구 기반 학습 역시 다양한 접근이 가능하다. 교사의 강력한 안내가 필요한 상황에서부터 교사의 역할이 적은 반대편에 이르기까지 스펙트럼을 따라 교사의 역할은 바뀔 수 있다. 교사의 역할이 작아지면 학생들의 주도성이 커지듯이 교사의 역할에 따라 학생들의 역할도 바뀌게 된다. 그림 3.5는 기술적 직업교육 이니셔티브(Technical Vocational Education Initiative, TVEI)를 평가하기 위해 반스와 동료들(Barnes et al., 1987)이 개발한 틀이며, 이 틀은 내가 교실수업을 관찰하는 방법을 바꾸어 놓았다. 제시된 틀을 활용하면 교사가 지식의 구성과정에 학생들을 얼마나 참여시키는지 조사할 수 있다. '참여의 측면(participation dimension)'이 연속선처럼 보이지만 '닫힌(closed), 틀이 있는(framed), 조정 가능한(negotiated)'의 세 유형으로 구분될 수 있다.

나는 위의 틀을 활용하여 지리적 탐구의 핵심 요소들과 관련지어 보았으며, 각각의 범주를 예를 통해 설명해 보겠다(그림 3.6).

나의 아들의 GCSE 과목은 스펙트럼의 가장 왼편에 위치한 사례이다. 학급 전체가 셰필드(Sheffield)에 위치한 규모가 다른 쇼핑센터를 조사하였다. 교사가 설문지를 만들었으며 학생들은 그룹별로 다른 쇼핑센터를 방문해 설문조사를 실시했다. 교사는 설문조사 결과를 종합했으며 결과를 토대로 그래프를 작성해 보도록 했다. 결론은 예상과도 같았다. 교사는 탐구와 관련된 모든 중요한 결정을 내렸으며 학생들은 그 결정을 수행했다.

	닫힌	틀이 있는	조정 가능한
내용	교사에 의해 완벽하게 통제 조정 불가능	교사는 토픽, 과제와 평가 프레임워크를 통제 평가의 준거가 명확함	매 지점마다 의논
초점	권위 있는 지식과 기능 단순화 획일적	실증적 검증 강조 교사에 의해 선택된 프로세스 학생들의 아이디어를 부분적으로 받아들임	정당화하기, 원리 파악 학생들의 아이디어를 적극적으로 받아들임
학생의 역할	수용 반복적/정해진 수행 규칙에 접근 불가능	교사의 사고과정에 참여 가설 설정과 검증 (내용과 관련한) 교사의 틀(frame) 활용	목표와 방법을 비판적으로 논의 (내용을 위한) 틀과 평가준거에 대한 책임을 교사와 공유
핵심 아이디어	'권위' 적절한 절차와 정답	기능, 프로세스, 평가준거에 '접근(access)'이 가능함	'적절성' 학생들이 우선시하는 것에 대한 비판적 논의
방법	설명하기 워크시트(닫힌), 노트필기 개인연습 반복적/정해진 실천적 활동 교사가 평가	설명하기 제안을 이끌어 내는 토론 개인/그룹 문제해결 과제 목록이 주어짐 결과물을 함께 논의하지만 교사가 최종 판단	목표와 평가준거에 대한 학급전체 및 그룹 토론과 의사결정 학생들은 과제를 계획, 수행, 발표하고, 성공 여부를 평가

그림 3.5: 참여의 측면. 출처: Barnes et al., 1987

나의 아들의 A-level 과목은 스펙트럼의 다른 극단에 위치한 사례이다. 그는 새로운 대형 슈퍼마켓이 들어서는 것을 반대하는 두 단체의 역할을 조사하기로 했다. 그는 설문지를 만들어 공청회장과 주변지역을 돌며 데이터를 수집했다. 그는 수집한 데이터를 어떻게 표현하고 해석할 것인지를 결정했으며 스스로 결론을 도출했다. 그는 탐구와 관련된 모든 중요한 결정에 대해 책임을 졌다.

내가 함께 작업했던 한 교사는 반스(Barnes)의 '틀이 있는' 유형에 해당하는 단원을 개발했다. 학생들은 모잠비크의 홍수 사례를 통해 홍수에 대해 학습했다(모잠비크 홍수는 당시 뉴스에서도 방영되었다). 교사는 TV 뉴스를 통해 학생들에게 홍수에 대해 '알아야 할 이유'를 제시했으며, 학생들과 함께 조사할 질문을 만들었다. 그는 다양한 신문에서 지도, 사진, 기사들을 뽑아 학교 인트라넷(intranet)의 폴더에 넣어 두었으며, 학생들은 이 정보들을 활용해 신문기사를 작성해야 했다. 교사는 신문기사 작성을 돕기 위해 기사에 포함될 주요 내용에 해당하는 제목들(예, 자연적 원인, 인문적 원인, 단기적 영향,

교사 역할	교사의 지도(guidance)가 강함	중간 수준	교사의 지도가 약함
학생 역할	학습자 주도가 약함	중간 수준	학습자 주도가 강함
탐구의 초점 결정하기	탐구와 질문의 초점은 교사가 결정한다.	교사/학생이 학습내용의 일부를 선정한다. 교사는 활동을 개발해 학생들이 질문을 파악하도록 돕는다.	학생들이 탐구의 초점을 결정하고, 질문을 개발하고, 어떻게 조사할 것인지 결정한다.
근거로 지리정보 활용하기	모든 데이터는 교사가 선정하며, 학생들에게 권위를 가진 근거로 제시된다.	교사는 다양한 종류의 자료를 제공하며 학생들은 명확한 기준을 갖고 데이터를 선정한다. 학생들이 데이터에 대해 질문할 수 있도록 한다.	학생들은 학교의 안과 밖에서 데이터를 찾을 수 있도록 도움을 받는다. 학생들이 데이터에 대해 비판적이도록 한다.
이해하기	교사는 미리 정해진 목표를 달성할 수 있는 활동을 개발한다. 학생들은 교사의 지도를 따른다.	교사는 다양한 기술이나 개념적 틀을 소개하고, 학생들은 선택적으로 학습한다.	학생들은 교사와 의논하여 데이터를 어떻게 해석하고 분석할 것인지 결정한다.
결론에 도달하기	결과물을 예상할 수 있다.	학생들은 그들이 도달한 결론에 대해 논의한다.	학생들은 스스로 결론에 도달하고, 결론을 비판적으로 평가한다.
요약	교사는 학습내용, 데이터, 학생활동, 결론에 대한 모든 결정을 내림으로써 지식의 구성을 통제한다.	교사는 학생들에게 지리적 지식이 구성되는 다양한 방법을 안내한다. 학생들은 선택할 수 있으며, 선택에 비판적이도록 권장된다.	학생들은 교사의 안내를 받아 자신에게 흥미있는 질문을 조사하고, 자신들의 조사를 비판적으로 평가한다.

그림 3.6: 탐구를 통한 학습에서 교사의 역할

장기적 영향)을 제시했다. 학생들은 신문기사를 작성하기 위해 교사가 제공한 정보를 활용했을 뿐 아니라 자신들만의 결론을 내리기도 했다. 교사는 학생들이 정보를 선택하고 자신들의 힘으로 홍수를 이해할 수 있도록 틀을 제공한 것이다.

반스와 동료들(Barnes et al.)이 제시한 분류틀은 교사의 역할 변화를 지나치게 단순화시켜서 보여 준다. 교사의 역할은 단원마다 다를 수 있으며 동일한 수업 내에서도 다를 수 있다(Roberts, 1996). 예를 들어 교사가 탐구의 초점과 핵심 질문, 활용할 자료를 결정하는 등 닫힌 방식으로 단원을 시작하더라도 학생들에게 데이터를 어떻게 표현하고 분석할 것인지 선택권을 줄 수도 있다. 아니면 학생들이 탐구의 초점(예, 어떤 화산을 연구할 것인지)을 결정하도록 한 다음 교사가 어떻게 조사할 것인지에 대한 구조화된 안내를 제공할 수도 있다. 전체 단원을 위해 혹은 단원의 중간중간에, 학생들에게 명료한 가이드라인을 제공하는 것이 좋을지 아니면 더 많은 자율성을 주는 것이 좋을지 고민하는 것은 중요하다. 어떤 유형의 가이드라인을 제공할 수 있는지는 자격시험의 평가요강에 따라 규제되기 때문에 교사

가 모든 결정을 마음대로 내릴 수 있는 것은 아니다. 그러나 반스와 동료들이 제시한 분류틀은 학생들이 세상에 대한 지식을 구성하는 데 얼마나 참여할 것이며, 어느 정도까지 비판적일 수 있는지를 결정하는 데 교사의 역할이 중요하다는 것을 보여 준다.

요약

지리 교수·학습을 위한 탐구적 접근에서 교사의 역할은 핵심적이다. 계획 단계에서 교사의 전문가적 교과지식은 흥미진진한 핵심 질문을 개발하고, 적절한 자료를 찾고, 단원을 구조화하는 데 활용된다. 교실에서는 교사가 제공하는 다양한 형태의 스캐폴딩을 통해 학생들은 지리적 이해를 발달시킬 수 있다. 탐구적 접근이 활용되는 맥락에 따라 다르기는 하지만 교사는 학생들에게 상당한 수준의 도움이나 반대로 많은 자유를 제공할 수 있다.

연구를 위한 제안

1. 라일리(Riley)의 아이디어를 활용해 지리단원에 알맞은 다양한 핵심 질문을 개발해 보라. 질문을 어떻게 개발했으며, 이 질문들을 어떻게 학생들의 질문이 되도록 했는지 조사하라.
2. 비고츠키(Vygotsky), 우드와 동료들(Wood et al.), 웹스터와 동료들(Webster et al.)의 아이디어(그림 3.4)를 활용해 스캐폴딩의 유형을 조사할 수 있는 틀을 만들어 보라. 스캐폴딩의 사례는 수업자료를 준비하거나, 학급 전체, 그룹 혹은 개별 학생들과의 대화 속에서 찾을 수 있다. 이러한 작업은 추후에 분석하게 될 여러분의 대화를 기록하는 데 도움이 된다. 어떤 종류의 개입이 학생들의 지리적 이해의 발달을 돕는가? 당신이 스캐폴딩을 제시하는 방법은 어느 정도까지 학생들의 학습을 제약하고 혹은 촉진하는가?

참고문헌

Barnes, D., Johnson, G., Jordan, S., Layton, D., Medway, P. and Yeoman, D. (1987) *The TVEI Curriculum 14-16:*

An interim report based on case studies in twelve schools. Leeds: University of Leeds.

Brassington, J. (2008) *British or European? Who do you think you are?* Sheffield: The Geographical Association.

Ellis, L. (2009) *A Thorny Issue: Should I buy a Valentine's Rose?* Sheffield: The Geographical Association.

Ghaye, A. and Robinson, E. (1989) 'Concept maps and children's thinking: a constructivist approach' in Slater, F. (ed) *Language and Learning in the Teaching of Geography.* London: Routledge.

Riley, M. (2000) 'Into the key stage 3 history garden: choosing and planting your enquiry questions', *Teaching History,* 99, pp.8-13.

Roberts, M. (1996) 'Teaching styles and strategies' in Kent, A., Lambert, D., Naish, M. and Slater, F. (eds) *Geography and Education: Viewpoints on teaching and learning.* Cambridge: Cambridge University Press.

Verenikina, I. (2008) 'Scaffolding and learning: its role in nurturing new learners' in Kell, P., Vialle, W., Konza, D. and Vogl, G. (eds) *Learning and the Learner: Exploring learning for new times.* Wollongong, Australia: University of Wollongong.

Vygotsky, L. (1962) *Thought and Language.* Cambridge, MA: Massachusetts Institute of Technology Press.

Webster, A., Beveridge, M. and Reed, M. (1996) *Managing the Literacy Curriculum.* London: Routledge.

Wood, D., Bruner, J. and Ross, G. (1976) 'The role of tutoring in problem solving', *Journal of Child Psychology and Psychiatry,* 17, 2, pp.89-100.

알아야 할 이유 만들기

"커뮤니케이션은 이야기를 들려주는 것과 같다. 청중을 끌어들일 수 있는 친숙한 소재로 시작해 보라. 아니면 재미있는 질문이나 뭔가 신비한 것으로 시작해 보라." – 앨리스 로버츠(Alice Roberts), TV 진행자, Tickle(2012)에서 인용

도입

일반적으로 지리교육과정의 내용은 외부적 조건의 제약을 받는다. 우리는 자격시험을 위한 평가요강과 국가교육과정이 요구하는 바를 고려해야 한다. 일반적으로 학생들은 지리과목에서 무엇을 배울 것인가에 대해서는 발언권이 없다. '청소년 지리 프로젝트(The Young People's Geographies Project)' (Firth & Biddulph, 2009; Firth et al., 2010)는 흥미로운 예외에 해당한다. 이 프로젝트는 교사와 학생들이 협력해서 청소년의 경험을 토대로 교육과정을 개발하는 것이 목표였다. 그러나 이런 종류의 노력은 극히 드문 편이며 극복해야 할 과제를 제시하기도 한다. 학생들은 알고 싶어 하는 무언가(예, 홍수 시의 수문곡선이나 케냐의 기대수명)를 갖고서 교실로 들어서지 않는다. 하지만 학생들이 무언가를 배우길 기대한다면 교육과정에 제시된 내용에 관심을 갖게 하거나 아이디어에 몰입하게 할 필요가 있다. 학생들에게 '알아야 할 이유'를 만들어 주는 것은 중요하며, '호기심 자극하기(sparking curiosity)', '미끼 제시하기(providing a hook)'로 표현되기도 한다.

이 장은 학생들에게 '알아야 할 이유'를 만드는 다양한 방법을 논의하며 아래의 질문들을 다룰 것이다.:
▲ 알아야 할 이유를 만드는 데 교사의 자세(stance)는 왜 중요한가?

▲ 초반 흥미유발 자료(initial stimulus material)는 '시작활동(starter)'과 어떻게 다른가?

▲ 역사교사들이 초반 흥미유발 자료를 사용하는 방법에서 무엇을 배울 수 있는가?

▲ 어떤 종류의 흥미유발이나 미끼가 효과적인가?

▲ 어떤 추측이 알아야 할 이유를 만들어 낼까?

▲ 학생들에게 선택권을 주는 것이 실현 가능한가?

이 장에서는 알아야 할 이유를 만드는 4가지 방법인 자세(stance), 흥미유발(stimulus), 추측(speculation), 선택에 대해 다룬다.

알아야 할 이유를 만드는 데 교사의 자세는 왜 중요한가?

나는 제롬 브루너(Jerome Bruner)의 책, *Actual Minds, Possible Worlds*(1986)에서 우연히 '자세(stance)'라는 개념을 알게 되었다. 자세는 과목을 향한 교사의 태도를 의미한다. 교사들은 과목에 대한 그들의 말과 태도를 통해 과목에 대한 자세를 보여 준다. 브루너는 수년이 지난 뒤에도 기억할 수 있었던 과학수업의 사례를 통해 이 개념을 설명하고 있다.:

"나는 오컷(Orcutt)이라는 과학교사가 수업시간에 했었던 얘기를 아직도 기억한다. 그녀는 '물이 화씨 32도에서 얼음으로 변하는 것이 아니라 액체에서 고체로 변한다는 사실이 너무 신기합니다.'라고 말했다. 이어서 그녀는 연신 신기해하며 브라운 운동(Brownian movement)과 분자에 대해 직관적으로 설명해 주었다. … 그녀는 나를 그녀를 감싸고 있던 신비의 세계로 초대한 것이다. 그녀는 단지 나에게 뭔가를 일러 준 것이 아니었다. 그녀는 신비함과 가능성으로 가득한 세상과 대화를 하고 있었던 것이다. 분자, 고체, 액체, 운동은 사실이 아니었으며 생각과 상상을 위한 것들이었다."(ibid., p.126)

브루너는 이런 교사는 흔치 않다고 말했다. 이 문장을 읽었을 때 나는 내 자신의 학교 경험에 대해 생각해 보았다. 나는 학생들이 배우는 내용에 대해 신기해하는 교사를 얼마나 많이 만났던가? 브루너와 같이 나에게도 그러한 교사는 흔치 않았으며, 페이지(Page)라는 이름의 생물 선생님 한 분이 떠올랐다. 페이지 선생님은 확실히 가르쳤던 모든 것에 관심이 많았고, 매 수업마다 그녀는 과목에 대한 자신의 흥분(excitement)을 공유하고 싶어 했다. 한번은 그녀가 새의 이동에 대한 논문을 읽고 와서는 새들이

탐구를 통한 **지리학습**

어떻게 유럽에서 아프리카로 이동하고 또 돌아오는지, 그리고 그 메커니즘을 밝히기 위해 과학자들은 어떤 노력을 하는지에 대해 말해 주었던 것을 기억한다. 그녀는 과학자들의 호기심에 동참했으며 우리들 또한 호기심을 갖도록 했다. 그녀는 우리를 궁금하게 만들었던 것이다.

나의 생각으로는 이 장에서 소개된 알아야 할 이유를 만드는 4가지 방법 중에서 자세가 가장 중요하다. 이것은 단원의 시작 단계에서 활용하는 단지 재미있는 활동 정도가 아니다. 자세라는 것은 학생활동에 대한 것이 아니라 과목과 학습을 향한 것이며, 교사가 하는 모든 행동에 스며들어 있다. 그렇다면, 궁금증을 유발하는 자세를 갖기 위해 교사는 무엇을 해야 할까? 브루너는 이렇게 적고 있다. "만일 교사가 정해진 사실을 단조롭게 알려 주는 방식으로 (학생들의) 호기심을 닫아 버리고자 한다면, 그는 그렇게 할 수 있다. 또한 교사는 학생들이 토픽에 대해 생각하고 이해할 수 있도록 활짝 열어젖힐 수도 있다." (ibid., p.127)

우리는 훌륭한 TV 다큐멘터리 프로그램 진행자로부터 자세에 대해 배울 수도 있다. 예를 들어 데이비드 애튼버러(David Attenborough)는 항상 주변의 세상에 매료되어 있는 모습을 보여 주었다. 호기심

을 유발하는 자세는 다음의 특징을 갖는다.:

▲ 불확실성이나 의심을 표현한다.

▲ 당황스러운 느낌을 표현한다.

▲ 신기하거나 놀라운 느낌을 표현한다.

▲ 지식이 가설적인 본질을 갖고 있음을 알려 준다.

▲ 정보를 단순히 '사실'로 제시하기보다는 정보에 대해서 생각한다.

▲ 학생들이 스스로 무엇인가를 생각하도록 기대한다.

▲ 배우는 내용에 관심을 부여한다.

자세의 중요성은 내가 가르쳤던 지리과목 예비교사들(PGCE students)에게서도 뚜렷하게 관찰되었다. 그들이 지리에 관심을 갖게 되는 이유는 그들이 만났던 특별한 지리교사들 때문이었다. 그들은 지리교사를 종종 '매우 열정적'이었다고 묘사했다. 그 특별한 지리교사들은 과목에 대한 흥분을 학생들과 공유하고, 그들이 끊임없이 새로운 것을 배우고 있고 더 많은 것을 알고 싶어 한다는 것을 보여 줌으로써 학생들의 호기심을 유발했다. 이 특별한 교사들에게 지리적 지식은 전달되어야 할 고정된 정보가 아니라 끊임없이 업데이트하고, 생각하고, 재구조화해야 하는 것이었다. 지리교사들의 자세는 학생들에게 '신기함과 가능성의 세계(the world of wonder and possibility)'를 열어 주는 것이다.

초반 흥미유발 자료는 '시작활동'과 어떻게 다른가?

새로운 주제나 질문을 던지기에 앞서 일종의 자극(stimulus)을 활용하는 것도 '알아야 할 이유'를 만드는 중요한 방법이 된다. 역사교사들은 이러한 자극을 '초반 흥미유발 자료(initial stimulus material, ISM)'(Philips, 2001) 혹은 학생들의 궁금증을 낚아 낼 '미끼(hook)'라 부른다. 초반 흥미유발 자료의 주요 역할은 학생들이 학습할 내용에 대해 관심을 갖게 하고 탐구에 참여시키는 것이다.

최근 몇 년 동안 영국의 교사들은 영국 정부의 국가전략(the UK government's National Strategy)(DfES, 2004)에서 추천하고 여러 책들과 논문들이 권장했던 '시작활동(starters)'의 레퍼토리를 개발해 왔다. 비록 흥미유발 자료가 조사의 시작 단계에서 활용되고, 또한 수업의 '시작활동'으로도 사용될 수도 있지만 둘 간에는 중요한 차이가 있다.

▲ 시작활동의 목적은 수업의 시작 단계에서 모든 학생들을 활동에 참여시키는 것이다. 반면 흥미유발 자료의 목적은 학습할 내용에 대해 흥미를 불러일으키는 것이다. 시작활동은 활동을 강조하지만 흥미유발 자료는 지리에 초점을 맞춘다.

▲ 시작활동은 반드시 학습내용에 초점을 맞춰야 하는 것은 아니며, 시작활동과 학습내용 간에 명확한 관련성이 없을 수도 있다. 시작활동에 대한 정부의 가이드라인을 보면, 기능 연습이나 어휘 테스트, 선지식과 연결 등도 시작활동이 될 수 있다. 물론 이러한 활동들도 가치 있지만 학습할 내용에 흥미를 불러일으키지는 않는다. 어떤 주제에도 적용될 수 있는 일반적인 시작활동들은 과목과의 관련성이 중요하지 않다. 반대로 초반 흥미유발 자료와 학습내용 간에는 긴밀한 관련이 있다.

▲ 시작활동은 짧은 개별 활동이다. 시작활동에 대한 가이드라인은 '속도'와 '타이밍'을 강조한다. 반대로 초반 흥미유발 자료는 짧게 활용하거나 도입부에서 토론을 이끌어 내는 등 좀 더 유연한 방식으로 활용이 가능하다. 흥미유발 자료를 활용한 토론은 천천히, 차분하게 진행되다가 점차 단원의 핵심 이슈와 질문들을 다루게 된다. 반대로 개별적으로 활용될 경우, 흥미유발 자료는 질문을 유발하거나 탐구의 순서를 이끌어 낼 수도 있다. 초반 흥미유발 자료가 강조하는 것은 학습의 전반에 걸쳐 학생들의 호기심을 유지시키는 것이다.

▲ 시작활동을 보면 일반적으로 학습목표가 함께 제시된다. 영국의 학교들에 대한 점검 결과를 토대로 작성된 Ofsted 보고서(2011)에 따르면, "학생들은 종종 수업의 초반부에 무슨 의미인지 생각해 보지도 않고 학습목표를 공책에 받아 적어야 한다. 수업의 시작 부분에 진행되는 활동들이 수업의 주요 과제와 관련이 없는 경우가 많다. 즉, 시작활동이 학생들의 학습에는 아무런 기여를 못한 채 귀중한 시간만 허비하는 것이다."(51문단) 탐구적 접근에서는 학습할 내용의 목록을 제시하는 것보다 학습할 내용을 질문으로 제시하는 것이 더 적절하다. 질문은 토픽에 대한 생각을 닫기보다는 열어 준다. 학생들에게 무엇을 배울 것인지 알려 주는 것은 뒤이어 진행될 것에 대한 놀라움과 호기심을 제거하는 행동이다. 이것은 마치 시도해 보기도 전에 수수께끼의 답을 알려 주는 것과 같다. 그러나 많은 학교가 수업 초반부에 학습목표를 제시할 것을 요구하고 있기 때문에 학습목표를 학습결과가 아니라 탐구의 형태로 제시할 수 있을 것이다(예, 왜 지구의 어떤 지역에서는 지진이 자주 발생하는지 조사하자). 대안적인 방법으로는 초반 흥미유발 자료를 논의하면서 좀 더 의미 있는 방식으로 학습목표를 이끌어 낼 수도 있다.

▲ 수업의 시작 부분에 제시되는 학습목표는 왜 그러한 내용을 배워야 하는지에 대해서는 알려 주지 않는다. 반면 초반 흥미유발 자료는 왜 이러한 주제를 조사해야 하는지에 대한 이유를 포함하고 있다. 데이비드슨(Davidson, 2006)에 따르면 질문할 만한 가치가 있는 물음에 답을 찾는 것보다는 제

시된 학습목표를 달성하기 위해 정보를 습득하는 것을 더 당연하게 여기는 경향에 대해 언급하기도 했다.

▲ 시작활동을 위한 가이드라인을 보면, 시작활동이 도전적이어야 한다고 안내하지만 일부 시작활동은 정답만을 강조하는 닫힌 활동들이다. 반면 초반 흥미유발 자료는 좀 더 개방적이고 사고를 필요로 하는 질문들을 강조한다.

▲ 시작활동은 학생활동을 강조한다. 초반 흥미유발 자료도 학생활동을 포함할 수 있지만 반드시 학생활동을 통해서가 아니라 교사가 주도하는 도입부를 통해서도 학생들의 호기심을 불러일으키는 것이 가능하다.

시작활동은 많은 학교에서 의식처럼 수행되어 왔으며 학생들을 성공적으로 활동에 참여시켜 왔다. 탐구 기반의 접근에서는 학생들이 배우게 될 내용에 대해 호기심을 가져야 하기 때문에 수업의 효과적인 시작은 어떠해야 하는지를 생각해 보는 것은 중요하다.

역사교사들이 초반 흥미유발 자료를 활용하는 방법에서 무엇을 배울 수 있는가?

역사수업의 흥미유발을 연구한 필립스(Phillips, 2001)에 따르면, 초반 흥미유발 자료를 선택할 때 세 가지를 고려해야 한다. 첫째, 자료는 학습내용과 우회적인(oblique) 방식으로 관련성을 가져야 한다. 둘째, 개념적인 것보다 '구체적'인 것으로 시작할 필요가 있다. '구체적'이라는 것은 피아제(Piaget)가 사용했던 방식과 같이 학생들이 감각을 통해 즉각적으로 이해가 가능하다는 의미이다. 셋째, 비고츠키(Vygotsky)가 주장하듯이 학생들이 자신들의 경험과 연결지을 수 있는 사례를 활용하는 것이 중요하다.

우리는 필립스가 활용했던 예시들로부터 배울 수 있다. 그는 8학년 교실을 어떻게 17세기 영국으로 인도할 수 있는지 보여 주었다. 논리적으로는 영국의 시민혁명의 원인부터 시작하는 것이 맞지만 필립스는 이 방법으로는 "학생들의 호기심을 불러일으키기 어렵다"(p.20)고 생각했다. 개념적인 성격을 가진 원인으로 수업을 시작하는 대신 주요 사건이나 인물을 활용할 것을 제안했다. 그는 찰스 1세의 처형을 기술한 네덜란드의 문서가 '17세기에 발생했던 수많은 기이한 사건들을 설명해 주는 좋은 자료'가 될 수 있음을 자신의 수업을 통해 보여 주었다. 그는 학생들에게 17세기에 대해 공부할 것이라고 말해 주는 대신 그 문서를 보여 주고는 '무엇을 알 수 있는지' 물어보았다. 학생들은 학습목표와 우회적으로 연결된 그 흥미유발 자료(네덜란드 문서)에 즉각적으로 호기심을 나타냈다. 미리 계획했었던 질문을 통해 학습내용에 대한 학생들의 지식과 이해를 파악했으며, 학생들에게 짝을 지어 그들이 밝혀내고 싶은 질문들을 적어 보도록 했다. 학생들이 적은 질문들은 사전에 준비해 두었던 핵심 질문과 연결되었으며, 탐구의 목표와 순서(왕의 처형을 유발한 사건들은 무엇이었을까? 왕은 왜 처형되었을까? 처형의 결과는 무엇인가? 왜 이 사건은 영국의 역사에서 그렇게 중요한가?)를 결정하는 데 활용되었다. 초반 흥미유발 자료의 목표는 호기심을 유발하고 질문을 촉진하는 것이었다. 필립스에 따르면, 그 네덜란드 문서는 추가적인 조사를 하거나 몇 차시 후에 다시 다룰 수도 있다. 필립스는 탐구질문을 계획할 때 학생들이 주제에 대해 알고 있을 것 같은 내용을 고려하는 것과 초반 흥미유발 자료를 통해 학생들에게 주요 용어를 미리 소개하는 것이 중요하다고 강조했다.

어떤 종류의 흥미유발이나 미끼가 효과적인가?

초반 흥미유발 자료를 선택할 때 교사는 어떻게 이용할 것인지, 어떤 질문을 던지고, 학생들에게 어떤 활동을 하게 할 것인지, 초반 흥미유발 자료를 활용한 논의에서부터 지리적 주제나 장소에 대한 조사를 어떻게 이끌어 낼 것인지까지 계획해야 한다. 계획을 세울 때는 필립스(Phillips)의 조언대로 우회적인 자료를 사용하거나 구체적인 것부터 시작해서 개념적인 것으로 나아갈 수도 있다. 사람들이 시작 활동을 위한 레퍼토리를 쌓아 가는 것과 동일하게 특정 주제와 관련된 효과적인 초반 흥미유발 자료의 레퍼토리를 쌓아 가는 것도 도움이 될 것이다.

그림 4.1은 예시와 함께 몇 가지 유형의 초반 흥미유발 자료를 보여 준다.

초반 흥미유발 자료의 유형

사진

사진은 항공사진과 구글어스의 위성영상을 포함하며, 쉽게 구할 수 있고 다양한 방식으로 활용이 가능하다. 학생들에게 '이것이 무엇일까?', '여기에 무슨 일이 일어나고 있는 걸까?', '이것은 어떻게 이렇게 되었을까?'와 같은 질문을 던질 수 있다. 또한 학생들에게 사진에 대해 토론하게 하거나 묻고 싶은 질문을 적어 보게 할 수도 있다. 학생들은 친숙하거나 혹은 이국적인 사진들에 잘 반응한다. 자신들이 사는 동네를 보여 주는 사진이나 항공사진에 열렬히 반응하는 많은 학생들을 보아 왔다. 전체를 보여 주기 전에 사진의 일부만 보여 주거나 (Halocha, 2008; Dubin, 2006), 사진을 잘라 직소 퍼즐을 만들 수도 있다. 엠마 롤링스 스미스(Emma Rawlings Smith)는 베이징을 소개하는 수업을 통해 직소 퍼즐로 만들어진 사진을 활용하는 좋은 예시를 보여 주었다(그림 4.2).

영화와 유튜브(YouTube)

영화, DVD, 유튜브 동영상 모두 훌륭한 초반 흥미유발 자료가 될 수 있다. 이들을 활용한 좋은 예시는 리처드 버스틴(Richard Bustin, 2011a; 2011b)의 논문에서 찾을 수 있다. 논문은 그가 뮤직비디오와 영화의 일부분을 활용해 어떻게 라스베이거스와 에든버러의 '제1의, 제2의, 제3의 공간'에 대해 생각해 보도록 했는지 설명하고 있다.

개인의 일화와 스토리

개인의 생생한 일화나 스토리는 다른 학습자료들보다 구하기 쉬울 뿐 아니라 동기부여에도 좋다. 많은 지리교사들이 다양한 곳을 여행했다. 몇몇은 지진을 경험하고, 화산이 분출하는 모습을 보았으며, 빙하를 가로지르거나, 열대우림을 걷고, 교과서에 등장하는 국가들을 방문하거나 그곳에 거주한 경험이 있다. 이러한 경험을 나눔으로써 우리는 좋은 자극을 줄 뿐 아니라 학생들에게 지리가 단순히 교실에서 발생하는 것이 아니라 진짜 세상과 관련된 것임을 알려 줄 수 있고, 다른 장소 및 환경의 경험을 통해 성장할 수 있다.

여행기나 소설의 내용 발췌

열대우림에 대한 흥미를 높이기 위해 학생들에게 *Alive: The story of the Andes survivors*(Piers, 1974)의 일부 내용을 읽게 했을 때 학생들이 집중하는 모습을 많이 봐 왔다. 이 책은 1972년 안데스 산지에 추락한 우루과이 럭비팀에 대한 이야기로 탑승객 45명 중 16명이 어떻게 생존하게 되었는지를 기술했다. 이 책은 1993년 영화(Alive)로 제작되었다.

음악과 사운드

클래식, 포크, 재즈, 팝 등 가사가 있든 없든 다양한 종류의 음악은 장소와 사건에 대한 분위기를 만들어 내는 데 활용될 수 있다. 내가 가르쳤던 예비교사들이 활용한 음악 CD는 *Rain forest Requiem: Recordings of wildlife in the Amazon rainforest*(Ranft, 2006)였다. 모두 아마존 열대우림에서 녹음된 29개의 트랙은 듣는 사람들을 열대우림으로 안내하며, 많은 생명체의 소리, 캐노피를 따라 떨어지는 물소리와 오후의 엄청난 빗소리를 포함하고 있다.

상상의 페이스북 페이지

오웬(Owen, 2011)은 *Teaching Geography*에 소개된 논문을 통해 폴란드에서 이주해 온 예지 브로노브스키(Jerzy Bronowski)의 이야기를 다루기 위해 어떻게 페이스북(Facebook) 페이지를 작성할 수 있는지를 소개했다. 오웬이 활용한 이주 관련 내용은 *Teaching Geography*에 소개된 볼튼(Bolton, 2008)의 논문을 활용한 것이다.

지도

지도 및 다른 지형도들도 초반 흥미유발 자료로 활용이 가능하다. 학생들은 지도상에서 특징적인 지점이나 모양을 찾는 보물찾기 놀이를 즐긴다. 학생들은 다른 자료를 보기 전 지도를 통해 농촌이나 도시의 경관이 어떤 모습일지 생각해 볼 수 있다. 아틀라스는 지역이나 국가를 본격적으로 조사하기에 앞서 필요한 정보를 찾는 데 유용하다. 월드매퍼 지도(World mapper maps)를 활용하면 특정 주제에 맞춰 국가의 크기가 변화된 지도를 만들 수 있으며, 낯선 모양의 이 지도는 단원을 시작할 때 효과적으로 활용될 수 있다(www.worldmapper.org). 마지막으로 학생들에게 하나 또는 그 이상의 지도를 제시하고 지도가 보여 주는 것이 무엇인지 물어볼 수 있다.

가방 속 물건

애미스(Amis, 2012)는 올림픽 게임에 대한 토론을 촉발하기 위해 자신이 '핫 토픽 봉투(hot topic bags)'이라 부르는 소품을 활용하였다. 각각의 봉투에는 신문기사, 2012년 런던 올림픽 기념품점에서 구입한 물건들, 외국 화폐, 메달과 컵, 2012년 여름의 주택임대 광고가 들어 있다. 학생들은 질문을 만들고, 공유하고, 분류하고, 어떤 질문이 주된 혹은 보조적인 질문인지 논의하였다. 그런 다음 학생들은 '2012년 올림픽 경기는 충분한 가치가 있었는가?'를 주된 질문으로 선정했다.

비교재(comparison goods)와 필수품(convenience goods)에 대한 수업을 참관한 적이 있다(비교재는 가구와 같이 자주 구매하지 않는 물건을 의미하며 구매를 결정하기 전 상품과 가격을 비교한다. 반면, 필수품은 식료품과 같이 자주 구매하는 상품이며, 주로 로컬 지역에서 구매한다). 교사는 두 용어에 대한 개념을 보여 주고, 봉투에서 물건들을 꺼냈다. 학생들은 물건들을 두 기준에 따라 분류해야 했는데, 일상적으로 볼 수 있는 물건들(예, 운동화, 감자 한 봉지, 잡지 등)이었음에도 학생들의 관심은 대단했다.

쟁반의 물건

엠마 롤링스 스미스(Emma Rawlings Smith)는 극지 환경에서의 생존에 대한 학생들의 호기심을 자극하기 위해 쟁반 위에 물건들을 준비해 활용했다. "스콧(Scott)의 남극 탐험에 얽힌 미스터리를 설명할 때 그들 일행이 남극으로 가져갔던 10개의 물건을 준비합니다. 학생들은 이 10개의 물건을 기억했다가 나중에 내가 제거한 물건을 알아맞혀야 하죠. 이 활동을 정리 활동으로 다시 진행하는데, 제가 제거한 두 물건은 사실 스콧 일행이 가져가지 않았던 것들입니다."

음식과 음료수

음식을 담은 접시는 다이어트와 열량을 설명하는 데 활용할 수 있다. 데이비드슨(Davidson, 2006)은 한 다발의 바나나를 교실로 가져가 학생들에게 바나나의 가격이 모두 얼마일 것 같은지 물어보았다. 이것은 바나나 가격에 미치는 허리케인의 영향을 조사하기에 앞서 학생들의 호기심을 유발하기 위한 활동이었다.

엠마 롤링스 스미스는 학생들의 지식 형성을 돕기 위해 일상생활에서 볼 수 있는 물건들을 종종 활용한다. 예를 들어 인도의 지하수면의 하강에 대해 가르칠 때 물병의 물을 활용했다.:

"일상생활에서 볼 수 있는 물건들을 활용하면 지식은 좀 더 의미 있는 방식으로 학생들과 연결될 수 있어요. 1년에 4cm씩 하강하고 있는 인도의 지하수면에 대해서 설명할 때 물병에 담긴 물이 줄어드는 모습을 보여 줍니다. 40cm 물병의 물이 전부 없어지는 순간 학생들은 지속가능성에 대해 생각하게 되죠."

쓰레기

지속가능성에 대한 흥미를 유발하기 위해 학생들에게 쓰레기 더미의 어떤 것들이 재활용될 수 있으며 어떤 것들은 왜 재활용될 수 없는지 물어볼 수 있다. 그런 다음 쓰레기를 두 개의 다른 쓰레기통에 분리해서 넣는다.

트위터

"그동안 교실수업과는 상관없었던 '자신들의 테크놀로지(their technology)'를 활용할 수 있다는 점에서 트위터(Twitter)는 좋은 시작활동이 됩니다. 제가 가르치던 예비교사들과 기후변화에 대해 얘기하고 있을 때 트위터를 보여 준 적이 있습니다(아래). 학생들은 트위터의 질문에 대한 답을 알고 있어야만 했죠." (Emma Rawlings Smith)

그림 4.1: 다양한 유형의 초반 흥미유발 자료

대조적인 이미지

자료

▲ 그룹별 테이블의 숫자만큼 학습할 지역을 보여 주는 사진들을 준비해 9조각 정도의 직소 퍼즐로 만든다. 베이징을 소개하기 위해 5장의 사진[도심, 국립 경기장, 국립 대극장, 식물원, 다후이스(大慧寺) 남쪽 길과 스트리트 마켓]을 활용했다. 직소 퍼즐 조각들은 코팅을 해 두면 뒷면에 글을 쓰거나 여러 번 사용할 수 있다.

▲ 수성펜

▲ A3 용지에 출력된 '의미 레이어(layer)' 활동지(아래 그림)

절차

시작하기

학생들에게 이미지를 통해 한 장소의 모습을 상상하게 하는 것이 가능하며, 이번 시간에는 베이징을 알아볼 것이라고 말한다.

활동

그룹별(5개 그룹)로 무작위로 섞인 9조각의 직소 퍼즐을 나눠 준다. 학생들은 사진 조각들이 무엇을 나타내는지 생각해야 하며, 자신들의 생각을 사진 조각 뒷면에 기록할 수 있다.

학생들은 테이블을 돌아다니며 9조각의 퍼즐로 하나의 사진을 완성한다. 완성된 사진을 '의미 레이어' 활동지 위에 놓는다. 학생들은 사진 뒷면에 적힌 아이디어와 자신들의 상상력을 활용해 베이징이 어떤 도시일지 생각해 본다. 즉, 베이징에 대해 일반화할 수 있는 것, 학생들이 알지 못하는 것, 유용할 것 같은 다른 이미지, 베이징에 대해 학생들이 알고 싶은 것

등을 생각해 본다.

이제 베이징의 다른 모습을 강조하고 있는 이미지들을 보여 준다. 나는 아래의 자료들을 활용했다.

▲ Geog.3 교과서의 두 페이지
▲ visitbejing.com
▲ 역사적인 베이징의 모습을 보여 주는 사진 4장
▲ 혼잡한 교통, 쓰레기, 스모그를 배경으로 마스크를 한 사람들의 사진 4장
▲ 베이징의 상징적인 빌딩 사진 4장

탐구질문을 만들기 위해 '의미 레이어'를 다시 살펴본다. 그림의 왼쪽 편에 세로로 기술된 명령어를 활용해서 중간 토론을 진행한다. 토론을 통해 5Ws(누가, 언제, 어디서, 무엇을, 왜) 이상의 질문을 개발해 본다.

다음 과제를 위해 테이블에 앉은 모든 학생들에게 A, B, C, D, E가 적힌 카드를 나눠 주고, A~E로 표기된 테이블에 헤쳐 모이도록 한다. 이제 테이블에는 각기 다른 이미지를 학습했던 5명의 전문가들이 함께 앉게 된다. 이들은 좀 더 상세한 수준의 탐구질문에 대해 논의하며, 학급토론을 통해 탐구질문을 발전시킨다. 최종적으로 웹사이트와 노트북을 활용해 답할 수 있는 4가지 탐구질문을 선택하도록 한다.

종합

수업에서 다루었던 사진 한 장을 전자칠판에 보여 주고 다음의 질문에 맞춰 설명한다. 우리가 바라보는 이미지는 얼마나 신뢰할 수 있다고 말할 수 있을까? 어떤 다른 정보를 알 필요가 있을까? 베이징에 대해서 네가 발견한 대안적인 이미지를 설명해 보라. 새롭게 알게 된 놀라운 사실은 무엇인가?

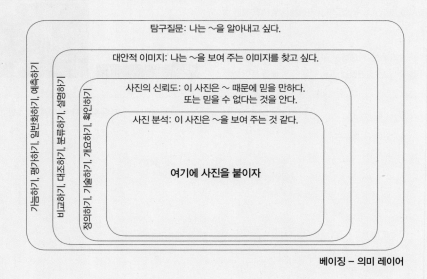

그림 4.2: 대조적인 이미지: '이 지역은 어떤 모습일까?'를 파악하기 위해 다양한 이미지 활용하기

어떤 추측이 알아야 할 이유를 만들어 낼까?

추측(speculation)의 힘

추측을 통해 알아야 할 이유를 찾는 과정이 약간의 흥미유발을 포함하지만 학생들이 스스로 생각하게 만드는 추측의 힘을 강조하기 위해 별도의 부문으로 분리했다. 추측은 불확실한 부분을 드러내고 동시에 질문을 만들어 내는 힘이 있다. 학생들은 추측을 위해 기존의 지식과 이해를 활용하며, 교사는 추측을 통해 학생들의 선지식, 이해(그리고 오개념까지)를 파악할 수 있다. 추측을 통해 학생들은 무엇이 어떻게 형성되었는지, 어떻게 조사할 수 있는지, 얼마나 사실적인 정보인지를 생각해 볼 수 있다.

어떻게 형성되었는지 추측하기: 어떻게 이런 모습을 갖게 되었을까?

나는 사취의 형성을 다루는 예비교사의 수업을 관찰한 적이 있다. 교사는 사진과 지도를 통해 사취가 어떻게 형성되었는지 설명했다. 학생들의 흥미를 유발하려는 어떤 시도도 없었기에 학생들은 특별히 수업에 관심을 보이지 않았다. 그러나 사취는 모양이 특별할 뿐 아니라 다른 사취의 모습을 지도로 보여 주면서 어떻게 이런 모습을 갖게 되었는지, 왜 이쪽 방향으로 성장하였는지, 왜 다양한 특징을 갖게 되었는지를 물어보는 것이 가능한 대상이다. 이런 종류의 추측은 알아야 할 이유를 만들어 낼 수 있으며, 나아가 자신들만의 능력으로 몇몇 관련 있는 프로세스를 찾아낼 수 있다면 보람도 느낄 것이다. 지도나 사진을 통해 어떻게 형성되었을지 추측해 보는 활동은 다양한 지형적 특징이나 환경에 영향을 미치는 프로세스를 다루는 데 유용하다. 아래는 활용 가능한 예시들이다.:

▲ 사취

▲ 연안류

▲ 폭포

▲ 삼각주

▲ 토네이도나 쓰나미에 의한 파괴

▲ 토양침식의 현장

학생들에게 '이것은 어떻게 저런 모습이 되었을까?', '여기 무슨 일이 있었던 거지?'라고 물어볼 수 있다. 토론을 통해 학생들은 질문을 던지거나 자신들만의 가설을 제시할 수도 있다.

어떻게 조사할 수 있는지 추측하기

빙하지형을 가르치던 예비교사의 수업을 참관한 적이 있다. 그녀는 빙하가 아주 천천히 움직인다고 얘기해 주었고, 한 학생이 그것을 어떻게 측정할 수 있는지 물었다. 교사는 당황했고, 잠시 생각하더니 짝을 지어 몇 분 동안 이 문제에 대해 생각해 보자고 제안했다. 계획되지 않았던 이 활동은 크나큰 호기심과 논쟁을 불러일으켰고, 모든 학생들이 토론에 관심을 보였다. 우연이기는 했지만, 그 예비교사는 학생들에게 호기심을 갖게 했다.

학생들은 다음 주제들을 추측해 볼 수 있다.:
▲ 강이 얼마나 빨리 흐르는지, 얼마나 많은 양이 흐르는지 어떻게 측정할 수 있을까?
▲ 석회암 지대 아래로 사라졌던 물들이 다시 나타나는 곳을 어떻게 찾을 수 있을까?
▲ 빙하가 점점 작아진다는 사실을 어떻게 알 수 있을까?
▲ 지구가 점차 따뜻해지고 있다는 것을 어떻게 알 수 있을까? 우리는 지구의 온도를 어떻게 잴 수 있을까? (이 질문은 세계의 기후변화 지도와 그것이 제작되는 방법에 관심을 불러일으킬 수 있다)
▲ 새 원자력 발전소에 대한 사람들의 생각을 어떻게 알 수 있을까?
▲ 영국에서 가장 인기 있는 관광지가 어디인지 어떻게 알 수 있을까?

사실과 숫자를 통해 추측하기

이것은 약간 제한적인 유형의 추측이며, 학생들이 기존 지식에 근거해 합리적인 추측을 할 수 있는 경우에만 활용이 가능하다. 이를 단원의 핵심 개념과 질문을 소개하는 데 사용할 수 있다. 예를 들어 학생들은 아래 내용을 추측해 볼 수 있다.:
▲ 어제 하루 동안 발생한 지진의 횟수를 추측해 적어 보자. 어떤 학생들은 지진 관련 뉴스를 보지 못했다면 0이라고 적을 수 있다. 학생들이 추측한 숫자는 미지질조사국(the United States Geological Survey, USGS) 웹사이트의 리히터 규모 2.5 이상의 지진 횟수와 비교할 수 있다. 학생들의 응답을 통해 지진 – 지진으로 간주되는 것은 무엇이며 – 과 리히터 규모(Richter scale)의 개념을 논의하고, 지진을 탐구하는 데 적합한 질문을 만들어 볼 수 있다.
▲ 세계 혹은 유럽 대륙에서 영국인들이 관광을 위해 가장 많이 방문하는 국가는 어디일까? 학생들이 추측한 내용과 더불어 왜 그렇게 생각하는지를 목록으로 정리한다. 선정된 국가들을 유럽 및 세계지

도에 표시하고, 핵심 질문을 도출하기 위한 논의를 진행한다.

학생들에게 선택권을 주는 것이 실현 가능한가?

교사교육자 그리고 연구자로서 살아오면서, 교실수업과 지리교육과정을 위한 계획을 세우면서 학생들에게 자신들이 학습할 내용을 선택할 수 있는 기회를 제공해 본 적이 거의 없다. 하지만 내가 접한 몇몇 사례들을 통해 학생들에게 선택할 기회를 줄 수도 있겠다는 생각을 하게 되었다. 내가 접했던 세 가지 사례는 '극에서 극(Pole to Pole)', '화산 연구', '빅 프로젝트(Big project)'였다.

극에서 극

'극에서 극'은 7학년들의 학교 도서관 사용을 안내하기 위한 단원이다. BBC에서 제작한 극에서 극(*Pole to Pole*, 1992)이라는 동영상을 초반 흥미유발 자료로 활용한다. 동영상은 북극점에서 어떤 경도를 선택할 것인지를 고민하는 마이클 페일린(Michael Palin)의 모습을 보여 준다. 학생들에게는 그림 4.3의 안내문을 제시한다.

이 단원은 학생들의 도서관 활용 기술을 향상시킬 목적으로 만들어졌지만, 학생들이 경도를 선택하는 대목은 학생들에게 강력한 동기부여가 된다. 몇몇 학생들은 자신들 부모의 고국을 선택하기도 했다(예, 한 학생은 대한민국을 선

> **극에서 극**
>
> 북극에서 남극으로 여행을 하고 있다고 상상해 보자. 여러분은 경도를 따라 여행해야 하며, 최소한 3개 이상의 국가를 거쳐야 한다.
>
> 도서관의 자료들을 활용해 당신이 거쳐 갈 세 국가에 대해 조사해 보자. 인터넷, 여행 브로슈어, 개인적 경험을 이용할 수도 있다.
>
> 여러분이 보았던 장소와 만난 사람들에 대해 기록해야 한다. 각각의 국가에서 집으로 엽서를 보낼 수 있으며, 국가들에 대한 이메일을 보내고 일기를 쓰거나 팟캐스트(podcast)를 만들 수도 있다. 여러분은 여행 기념품을 수집하고 그것들을 결과물에 포함시킬 수 있다. 여행경로를 보여 주는 지도를 반드시 결과물에 포함해야 한다.

그림 4.3: 극에서 극(Pole to pole). 7학년을 위한 활동

택했다). 다른 학생들은 관심 있는 국가들, 예를 들어 축구에 관심이 있다면 브라질을 선택하거나 단지 재미있을 것 같다는 이유로 아는 것이 전무한 국가를 선택하는 학생들도 있었다. 해당 국가에 대해 조사하는 내용이 기초적인 정보여서 지리적 탐구로 보기에는 제약이 있지만 7학년 지리수업을 시작하는 데 흥미로운 방법이 될 수 있다.

화산 연구

'자신들의' 화산 연구를 마무리하고 있는 9학년 학생들의 수업을 참관한 적이 있다. 처음에는 다양한 자료(예, 아틀라스, 사진, 지도, 분출기록 등)의 적용이 가능한 질문 프레임워크를 따라 학급 전체가 한 화산을 공동으로 조사했다. 그런 다음 학생들은 동일한 프레임워크를 활용해 그들이 선택한 화산을 조사했다. 학급 전체 활동을 통해 학생들은 화산을 어떻게 조사해야 하는지, 어떤 질문을 던지고, 어떤 데이터를 활용해야 하는지 알게 된 것이다. 자신들이 조사할 화산을 선택할 수 있다는 사실이 학생들에게 동기를 부여했다. 스스로 정보를 찾을 수 있는 능력이나 과제 평가방법 등을 고려해 학생들이 선택 가능한 화산의 범위를 제한하는 것도 고려할 만하다. 이때 추천할 만한 책이나 웹사이트를 함께 제시할 수 있다.

빅 프로젝트

Learning Through Enquiry(Roberts, 2003)에서 스티브 윌슨(Steve Wilson)이 개발한 프로젝트를 소개한 적이 있다. 프로젝트에서 학생들은 수개월에 걸쳐 발생하는 자연재해를 조사하였다. 학생들은 조사를 시작하기 전 초점이 되는 질문, 수집할 자료의 유형과 자료의 표현 방법을 논의했다. 조사의 대부분은 가정에서의 숙제 형식으로 진행되었고 학생들은 발견한 내용을 폴더에 정리했다. 학생들은 주로 뉴스에 소개되었던 자연재해를 선택했다. 이러한 선택은 학생들에게 동기를 부여했으며, 자료 수집을 위해 부모와 친척들의 도움을 받기도 했다. 학생들은 '자신들의 화산'이나 '자신들의 지진'에 대해 이야기하기 시작했다.

기타 아이디어들

'청소년 지리 프로젝트(The Young People's Geographies Project)'의 웹사이트는 학습하고 싶은 것을 선택한 학생들의 사례를 보여 주고 있다. 학습내용이 외부적 조건이나 학교의 지리교육과정에 의해 결정되는 상황에서도 그 내부에서 학생들이 무엇인가를 선택할 여지는 있다. 적절한 지원이 이루어진다면 학생들 스스로 아래의 사례들을 조사할 수 있을 것이다.:
▲ 빙하
▲ 하천이나 하천유역

- ▲ 열대 사이클론/허리케인
- ▲ 지진
- ▲ 산호초
- ▲ 관광지 – 국가나 특정 지역
- ▲ 상품 사슬 – 원료부터 공정이나 생산을 거쳐 판매까지
- ▲ 국립공원
- ▲ 생태관광의 사례

학생들에게 사례를 선택하게 할 경우 고려해야 할 몇 가지 이슈가 있다. 학생들은 핵심적 특징을 보여주지 않거나 오해의 소지가 있는 사례를 선택할 수 있으며, 또한 복잡한 언어나 통계 등의 이유로 정보에 대한 접근이 쉽지 않은 사례를 선택할 수도 있다. 만일 선택의 폭이 늘어난다면 그만큼 교사가 조사의 정확성을 체크하는 것이 더 어려워진다. 이러한 문제점은 정보를 어디서 쉽게 구할 수 있는지에 대한 안내와 함께 선택할 수 있는 사례들의 목록을 제시함으로써 해결이 가능하다.

요약

만일 학생들이 지리수업을 통해 무엇인가를 배우기 바란다면, 학생들은 배울 내용에 호기심을 가져야 한다. 교사는 여러 가지 방법으로 '알아야 할 이유'를 만들어 낼 수 있다. 가장 중요한 것은 교과와 교과의 지식에 대한 태도를 의미하는 교사의 자세이다. 단원의 시작부에 다양한 종류의 초반 흥미유발 활동이나 추측 활동을 통해 학생들의 관심을 끌어내는 것이 가능하다. 학생들은 그들이 학습할 내용에 대해 선택권을 갖게 될 때 학습동기가 커진다.

연구를 위한 제안

1. 필립스(Phillips)의 역사교육 연구를 지리에 적용하고, 초반 흥미유발 자료가 단원의 시작부와 단원 전체에 걸쳐 어느 정도까지 호기심을 유발하는지 조사해 보자.
2. 학생들로 하여금 추측하게 하는 것이 어느 정도까지 알아야 할 이유를 만들어 내고, 나아가 교사에

게 학생들의 선지식이나 이해를 알려 줄 수 있는지 조사해 보자.

3. 알아야 할 이유를 만들어 내는 4가지 방법 – 자세, 추측, 자극, 선택 – 을 실험해 보자. 알아야 할 이유를 만들었는지 판단하고, 학생들이 더 호기심을 갖게 되었는지 판단하기 위해 어떤 데이터를 수집해야 할까?

참고문헌

Amis, K. (2012) 'Finding the big questions', *Teaching Geography*, 37, 1, pp.10-11.

BBC (1992) *Pole to Pole* (DVD). London: BBC Publications.

Biddulph, M. (2011) 'Articulating student voice and facilitating curriculum agency', *Curriculum journal*, 22, 3, pp.381-99.

Bolton, P. (2008) 'Should I stay or should I go? An enquiry investigating Polish migration to the UK', *Teaching Geography*, 33, 3, pp.125-32.

Bruner, J. (1986) *Actual Minds, Possible Worlds*. Cambridge, MA: Harvard University Press.

Bustin, R. (2011a) 'Thirdspace: exploring the "lived space" of cultural "others"', *Teaching Geography*, 36, 2, pp.55-7.

Bustin, R. (2011b) 'The living city: Thirdspace and the contemporary geography curriculum', *Geography*, 96, 2, pp.60-8.

Davidson, G. (2006) 'Start at the beginning', *Teaching Geography*, 31, 3, pp.105-8.

DfES (2004) *Pedagogy and Practice: Teaching and learning in secondary schools, unit 5: starters and plenaries*. London: Department for Education and Skills.

Durbin, C. (2006) 'Media literacy and geographical imaginations', in Balderstone, D. (ed) *Secondary Geography Handbook*. Sheffield: The Geographical Association.

Firth, R., Biddulph, M., Riley, H., Gaunt, I. and Buxton, C. (2010) 'How can young people take an active role in the geography curriculum?', *Teaching Geography*, 35, 2, pp.49-51.

Firth, R. and Biddulph, M. (2009) 'Young people's geographies', *Teaching Geography*, 34, 1, pp.32-4.

Halocha, J. (2008) 'Geography in the frame: using photographs', *Teaching Geography*, 33, 1, pp.19-21.

Ofsted (2011) *Geography: Learning to make a world of difference*. Available online at *www.ofsted.gov.uk/resources/geography-learning-make-world-of-difference* (last accessed 1 August 2012).

Owen, C. (2011) 'Should Jerzy stay or should he go?', *Teaching Geography*, 36, 2, p. 74.

Phillips, R. (2001) 'Making history curious: using initial stimulus material (ISM) to promote enquiry, thinking and literacy', *Teaching History*, 105, pp.19-24.

Piers, P. (1974) *Alive: The story of the Andes survivors*. Philadelphia, PA: J.B. Lippencott Company.

Ranft, R. (2006) Audio CD: *Rainforest Requiem: Recordings of Wildlife in the Amazon Rainforest.* London: British Library.

Roberts, M. (2003) *Learning Through Enquiry: Making sense of geography in the key stage 3 classroom.* Sheffield: The Geographical Association.

Tickle, L. (2012) 'So you want to be the new Brian Cox? How to become a celebrity academic', *The Guardian*, 15 May. Available online at *www.guardian.co.uk/education/2012/may/14/celebrity-academic-radio-tv-funding* (last accessed 7 May 2013).

US Geological Survey (USGS) 'Real time earthquake map'. Available online at *http://earthquake.usgs.gov/earthquakes/map* (last accessed 14 January 2013).

Worldmapper website: *www.worldmapper.org* (last accessed 14 January 2013).

Young People's Geographies website: *www.youngpeoplesgeographies.co.uk* (last accessed 14 January 2013).

Chapter

05

학생들이 질문하도록 돕기

"지속적이고 많은 질문이야말로 지혜를 얻는 첫 번째 열쇠다. … 의심은 우리를 탐구로 이끌고, 탐구를 통해 진실을 마주하게 된다." – 피터 아벨라드(Peter Abelard, 1079~1142)

도입

탐구적 접근을 위해서는 지식에 대해 질문(의심)하는 태도와 학생들이 질문하도록 돕는 교수법(ped-agogy)이 필요하다. 이 장에서는 아래의 질문들을 다룰 것이다.:

▲ 핵심 질문이 이미 결정되었다면 학생들을 어떻게 참여시킬 수 있을까?

▲ 흔히 활용되는 질문 개발 틀의 장점과 단점은 무엇인가?

▲ 학생들이 질문을 만들 수 있도록 돕는 다른 방법은 무엇인가?

▲ 탐구 기반 접근에 가장 적합한 틀은 무엇인가?

▲ 학생들의 질문을 어떻게 활용할 수 있는가?

▲ 질문 개발 틀의 활용은 어떻게 평가될 수 있는가?

핵심 질문이 이미 결정되었다면 학생들을 어떻게 참여시킬 수 있을까?

미리 선정된 질문들을 소단원 제목으로 활용하고 있다면 아주 좋긴 하지만, 그 질문들은 교사의 질문

이거나 평가기관이 제시한 질문들이다. 학생들이 탐구과정에 참여하길 바란다면 이러한 질문들이 학생들의 것이 되도록 하는 것이 중요하다.

학생들은 단원의 구조를 결정짓는 핵심 질문을 파악해야 한다. 즉 그들이 조사하게 될 것이 무엇인지 정확하게 이해할 필요가 있다. 단순히 질문으로 수업을 시작하거나 수업의 도입부에 학습목표를 알려 주는 방식으로 질문을 보여 주는 것은 충분치 않다. 4장에서 설명한 바와 같이, 학생들이 알아야 할 이유를 갖는 것이 중요하다. 학생들에게 핵심 질문을 공개하기에 앞서 아래 제시된 활동 한두 가지를 활용하면 좋다.:

▲ 학생들을 토픽으로 안내해 줄 흥미유발 자료(예, 사진, 영화, 일화, 물건)를 제시한다.
▲ 학생들에게 조사할 주제의 제목(title)을 제시하고, 이 제목에 대한 학생들의 선지식과 경험을 토론이나 활동을 통해 이끌어 낸다.
▲ 학생들에게 조사할 주제의 제목을 제시하고, 학생들이 토픽에 대한 자신들의 질문을 만든다. 이때 다음 단락에서 소개할 질문 개발 틀을 활용할 수 있다. 학생들이 개발한 질문을 핵심 질문과 연결시킨다.

핵심 질문이 미리 결정되지 않았다면 학생들이 논의를 통해 만들어 낼 수 있다. 이 과정에서 학생들에게 얼마나 권한을 줄 것인가는 어느 정도까지 학생들이 스스로 학습내용을 결정할 수 있는지, 교사는 조사방법에 어느 정도까지 개입하고 싶은지, 다루고자 하는 개념이 무엇인지, 어떤 자료를 조사할 것인지에 달려 있다.

흔히 활용되는 질문 개발 틀의 장점과 단점은 무엇인가?

지리수업에서 학생들은 종종 질문해 보라는 요구를 받는다. 학생들의 생각을 이끌어 내기 위한 방법으로 3가지 틀 – KWL, 5Ws, 콤파스 로즈(Compass Rose[1]) – 이 흔히 활용된다.

---

1) 나침반의 바탕 그림을 의미한다. 역자 주

KWL 및 KWL의 변형

KWL은 세 질문 − 'What do I Know?(무엇을 알고 있나?)', 'What do I Want to know?(무엇을 알고 싶은가?)', 'What have I Learned?(무엇을 배웠는가?)' −을 가리키며, 학생들의 읽기를 도울 목적으로 오글(Ogle, 1986)이 처음 개발하였다. 이후 KWL은 널리 활용되었으며, 레이와 루이스(Wray & Lewis, 1997)의 연구를 통해 알려졌다. KWL은 아래와 같이 변형되거나 확장되기도 했다.:

▲ KWFL은 'Where will I Find the information?(내가 그 정보를 어디서 찾을 수 있을까?)'라는 질문을 추가한 것이다.

▲ THC[What do you Think?(어떻게 생각해?) How can we find out?(어떻게 알아낼 수 있지?) What can we Conclude?(어떤 결론을 내릴까?)]는 KWL의 아이디어를 따라 학생들의 과학 프로젝트를 지원하기 위해 개발되었다(Crowther & Cannon, 2004). 첫 번째 질문은 학생들이 '아는' 것 대신 '생각'을 물어보기 때문에 학생들 입장에서는 덜 당혹스럽다. 두 번째와 세 번째 질문은 단순히 답을 찾아내는 것이 아니라 어떻게 알아낼 수 있는지를 추측해 보도록 권장하고 결론에 도달하는 과정을 포함하고 있어 탐구적 측면을 강조한다.

▲ QUADS[Question(질문), Answer(답), Detail(세부정보), Source(자료)]는 질문을 정리하고 발견한 것을 기록하는 틀이 된다.

KWL이나 THC는 활용하기 쉬울 뿐 아니라 학생들의 선지식이나 경험을 기록할 수 있는 기회를 제공한다. KWFL과 THC는 자료의 조사를 통해 답을 찾는 탐구적 과정에 적용이 가능하며, QUADS는 자료로부터 발견한 내용을 기록할 수 있는 틀이 된다.

그러나 학생들이 토픽에 대하여 제한적인 선지식을 갖고 있다면, 학생들이 많은 질문들을 만들어 낼 수 없을 것이다. 나는 7학년을 대상으로 KWL을 활용해 판자촌(shanty town)에 대해 수업하는 예비교사를 관찰한 적이 있다. 수업의 맨 첫 부분에 학생들에게 판자촌에 대해 알고 있는 내용을 기술하도록 했다. 내 주위에 있는 모든 학생들은 아는 것이 없다고 썼다. 무엇을 알고 싶은지를 묻는 두 번째 칸에는 '판자촌이 무엇인가?', '판자촌은 어디에 있는가?'라고 적었다. 학생들은 더 이상 질문들을 만들어낼 수 없었던 것이다. 그런 다음 학생들은 판자촌에 대한 유튜브 동영상을 시청했다. 동영상은 여러 장의 사진을 활용해 제작한 것으로 중간중간 판자촌에 대한 설명이 곁들여졌다. 이 동영상은 학생들에게 강력한 자극을 주었으며 엄청난 관심을 불러일으켰다. 학생들은 그룹별로 앉아 많은 질문들을 만들어 냈고 그것들을 W칸(무엇을 알고 싶은가?)에 적어 내려갔다. 학생들은 자신들이 만든 질문들을 공유했으며, 유튜브 동영상을 근거로 토론을 진행했다. 그러나 이어서 다른 활동이 소개되었고 발전할 수 있었던 기회는 사라져 버렸다. 이 사례는 제한된 선지식을 갖고 있을 경우 의미 있는 질문을 던질 수 없으며, 이럴 경우 질문 개발 틀보다는 흥미유발 자료를 먼저 활용하는 것이 낫다는 것을 보여 준다.

질문 개발 틀의 또 다른 제한점은 딱히 지리적 질문들을 위해서 개발된 것이 아니라는 점이다. 남아프리카 공화국에 대해 질문한 7학년 학생의 질문에 예비교사의 부탁으로 대신 대답을 한 적이 있다. 내가 최근에 남아프리카 공화국을 방문했었기 때문인데, 그 여학생은 '남아프리카 공화국은 어때요?'라고 물었다. 그때는 아주 유치한 질문이라고 생각했지만, 생각해 보니 어른들도 누군가가 새로운 지역이나 국가를 방문하게 되면 '거기는 어때?'와 같은 질문을 던지곤 한다. 하지만 지리교사는 지역의 지리를 조사하는 혹은 좀 더 구체적인 질문을 학생들이 만들어 낼 수 있도록 해야 한다.

5Ws

그림 5.1은 널리 활용되고 있는 5Ws 템플릿(Nichols & Kinninment, 2000)을 보여 준다. 5Ws는 단순하다는 장점이 있는데 알파벳만 보면 어떤 질문인지 쉽게 이해할 수 있다. 템플릿의 가운데에 사진을 두는 방식이 가장 흔하게 활용되지만, 영화, 그래프 등 다른 종류의 자료를 활용해 질문을 만들거나 설문조사를 위한 질문을 개발하는 것도 가능하다. 5Ws 템플릿은 기술(descriptive)하게 하거나 사실적 정보, 혹은 설명을 요구하는 질문 등 다양한 유형의 질문을 개발할 수 있도록 돕는다.

5Ws의 뚜렷한 한계는 지리의 여러 측면들을 반영한 질문들을 만들어 내지 못한다는 점이다. 예를 들어 5Ws는 기후지리학이나 자연지리학과 같은 분야에는 적합하지 않다. 또한 의사결정과 관련된 질문들(예, 어떤 결정이 내려져야 하는가?)을 지원하지 않는다. 5Ws 템플릿에 프로세스('어떻게?'), 미래적 측면('만일 ~하다면, 어떤 일이 발생할까?'), 윤리적 측면('어떻게 되어야 하나?')을 반영하는 질문들을 추가함으로써 간단하게 변형할 수 있다. 이로써 팔각형의 틀(7Ws와 H)이 만들어진다(그림 5.2).

콤파스 로즈(Compass Rose)

그림 5.3은 많이 활용되고 있는 콤파스 로즈(Birmingham DEC, 1995)를 보여 준다. 질문의 첫 알파벳

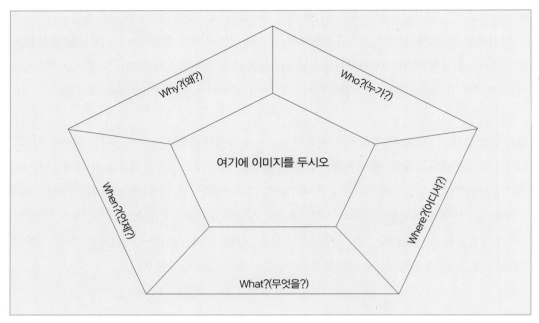

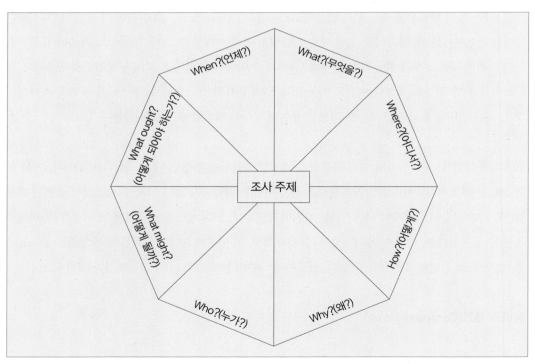

을 활용하는 대신 개발할 수 있는 질문들을 네 범주로 제시한다. 환경적, 사회적, 경제적, 정치적인 측면 등 다양한 측면을 고려하고 있어 상당히 지리적이다. 나침반의 방위를 나타내는 알파벳(N, S, E, W)을 사용하고 있어 기억하기도 쉽다.

여기서 소개된 다른 틀과 마찬가지로 콤파스 로즈 또한 제한점이 있다. 콤파스 로즈를 활용하기 위해서는 학생들이 지리의 환경적, 사회적, 경제적, 정치적 측면을 구분할 수 있어야 하므로 5Ws보다 어렵다. 그러나 지리수업에서 더 많은 것들을 배우고자 한다면 학생들은 이러한 용어를 활용할 수 있어야 하며, 콤파스 로즈의 활용을 통해 이들 용어에 대한 이해를 도울 수 있다. 다른 질문 개발 틀과 마찬가지로, 콤파스 로즈를 통해 만들어 내는 질문들이 모든 단원에 적합한 것은 아니기 때문에 콤파스 로즈의 방위별로 포함될 수 있는 내용들을 제한하거나 구체화함으로써 활용도를 높일 수 있다. 예를 들어, N은 자연환경으로, S의 경우 다양성(예, 젠더, 민족, 계급, 장애)으로 한정 지을 수 있다. 소개된 다른 질문 개발 틀과 달리 콤파스 로즈를 통해 권력관계를 묻는 질문들을 개발할 수는 있지만 이들 질문들이 반드시 미래의 측면, 즉 어떻게 변화되어야 하는가에 초점을 맞춘 것은 아니다. 이러한 측면의 질문

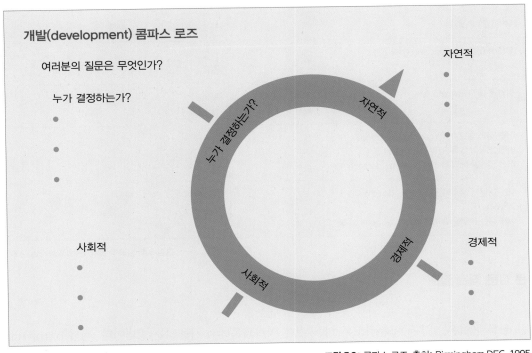

그림 5.3: 콤파스 로즈. 출처: Birmingham DEC, 1995

이 필요하다면, 콤파스 로즈의 각 방위별로 내용을 안내하는 가이드라인을 제시할 수 있다.

학생들이 질문을 만들 수 있도록 돕는 다른 방법은 무엇인가?

탐구의 절차(Route of enquiry)

그림 5.4에 소개된 탐구의 절차(route)는 원래 학생들의 질문, 문제, 이슈에 대한 조사 활동을 지원하기 위해 수행되었던 Schools Council 16-19 Geography Project의 일부분으로 개발된 것이다. 이 틀 또한 5Ws와 같이 질문들의 첫 번째 알파벳이 간단하다는 장점이 있다. 이 틀은 5Ws에 비해 훨씬 폭넓은 질문이 가능하며, 특히 '어떤 결정을 내려야 하는가?', '어떻게 될까?', '어떤 영향이 있을까?'와 같이 이슈를 조사하는 데 적합한 질문들을 포함한다. 탐구의 절차는 '나는 어떻게 생각하는가?'와 같은 질문을 추가함으로써 윤리적 측면을 포괄할 수 있다.

질문	필요한 탐구 기능
무엇이?(What?)	관찰과 인식
무엇이 어디에?(What and Where?)	정의 기술
어떻게 왜?(How and Why?)	분석 설명
어떤 일이 생길까?(What might happen?) 어떤 영향이 있을까?(What impact?) 어떤 결정을 내려야 하는가?(What decision?)	평가 예측 의사결정
나는 어떻게 생각하는가?(What do I think?) 왜?(Why?) 이제 나는 무엇을 할까?(What will I do next?)	개인적 평가 대응

그림 5.4: 탐구의 절차. 출처: Rawling, 2007

큰 질문, 작은 질문

큰 질문과 작은 질문을 구분하도록 하는 것은 역사과목에서 사용되는 방법이다. 버넘(Burnham, 2007)은 자신이 가르치던 12학년 학생들이 적절한 질문을 파악하는 것을 힘들어한다는 사실을 알게 되었다. 버넘에 따르면, 좋은 질문을 만드는 연습은 7학년부터 시작되어야 한다. 그녀는 2차시를 할애하여 7학년 학생들이 이슬람 제국에 관한 단원의 뼈대가 될 수 있는 질문들을 직접 개발하도록 했다. 그림 5.5는 이들 수업의 전체적인 내용을 보여 준다.

버넘이 사용했던 방법은 지리수업에도 적용이 가능하다. 그녀는 아래의 방법을 통해 7학년 학생들이 탐구수업의 전체적인 뼈대를 구성하는 질문들을 개발할 수 있도록 했다.:

▲ 학습할 주제에 대해 오직 세 가지 측면에만 집중함으로써 일관성 있는 단원이 되도록 했다.
▲ 각 주제별로 지도, 그림, 텍스트, 사진, 역할극 등 다양한 유형의 자료를 활용했다.

큰 질문, 작은 질문

버넘(Burnham, 2007)은 7학년 역사수업의 '이슬람 제국 600-1600' 단원을 관통하는 질문들을 학생들과 개발하는 데 총 2차시를 활용한다.

1차시
단원의 일관성을 높이기 위해 버넘은 이슬람 제국의 세 측면에 초점을 맞추기로 결정했다.
▲ 이슬람의 팽창
▲ 이슬람의 의학(이슬람의 학자와 학문에 대한 질문을 유도하는)
▲ 오스만 제국의 술탄(sultan)

각각의 측면에 대한 질문을 개발하기 위해 다양한 역사적 자료를 흥미유발 자료로 선정했다.

활동 1. 작은 질문과 큰 질문 구분하기
'큰(big)' 질문과 '작은(little)' 질문의 의미를 명확하게 하기 위해 학생들이 최근 학습한 중세 관련 질문을 활용했다.

큰 질문	작은 질문
정복왕 윌리엄(William)은 어떻게 헤이스팅스 전투(the Battle of Hastings)에서 승리할 수 있었는가?	영국 국왕 해럴드(Harold Godwinsson)[1]는 어떻게 되었는가?
중세 시대에는 왜 어느 누구도 교회를 무시할 수 없었는가?	왜 욕하는 것은 죄인가?

흑사병은 사람들의 생활을 어떻게 바꾸어 놓았는가?	그 가래톳(buboes)[2]은 얼마나 컸나?
존 왕(King John)에 대한 디즈니의 해석은 얼마나 정확한가?[3]	존 왕은 왜 무딘 칼(Soft-sword)[4] 혹은 실지왕(Lackland)이라 불리는가?[5]

그녀는 무작위로 질문들을 제시한 후 학생들에게 큰 질문이라고 생각하면 두 손을, 작은 질문이라고 생각하면 새끼손가락을 들도록 했다. 그런 후 학생들은 큰 질문과 작은 질문 간의 차이에 대해 논의하였으며, 큰 질문은 답하는 데 더 많은 시간, 가령 몇 차시 정도 필요한 반면 작은 질문은 흥미롭고 짧은 시간 내에 답할 수 있다는 결론을 내렸다.

활동 2. 이슬람의 팽창
버넘은 학생들에게 여러 지도를 보여 주고 질문을 적어 보도록 했다. 이 활동을 통해 몇 개의 좋은 질문들이 만들어졌지만 일부 학생들은 지도가 무엇을 나타낸 것인지 알지 못했다. 이 활동을 통해 그녀는 학생들이 질문을 만드는 첫 번째 활동은 덜 추상적일 필요가 있다는 것을 깨달았다.

1) 헤이스팅스 전투에서 도끼에 맞아 죽었다. 역자 주
2) 염증으로 인해 부어오른 림프선이나 림프절, 주로 사타구니나 겨드랑이에서 발생하며 흑사병의 한 원인이다. 역자 주
3) 디즈니 영화에서 존 왕은 실제 이상의 최악의 폭군으로 등장한다(예, 로빈후드). 역자 주
4) 존 왕의 군사적 무능력과 패배를 의미한다. 역자 주
5) 프랑스와 전쟁을 펼쳐 노르망디를 포함한 영국 왕실 소유의 대륙령을 대부분 잃어버렸기 때문에 실지왕(失地王)이라 불린다. 역자 주

활동 3. 이슬람의 의학

버넘은 자신이 의사 역할을, 보조교사가 환자 역할을 하는 역할극을 준비했다. 지도를 활용하는 것(활동 2)에 비해 역할극을 통해 학생들에게 더 효과적으로 다가갈 수 있었으며 학생들은 훨씬 많은 질문을 만들어 냈다.

활동 4. 오스만 제국의 술탄

학생들에게 1480년에 그려진 술탄 메흐메드* 2세(Sultan Mehmed Ⅱ)의 초상화를 나눠주고 초상화 위에 질문을 적어 보도록 했다. 또한 버넘은 술탄이 거주하던 토프카프 궁전(Topkapi Palace)의 사진을 보여 주었으며, 이를 바탕으로 질문을 추가하도록 했다.

활동 5. 추가 질문 만들기

여러 자료들 중에서 한 장의 사진과 한 개의 텍스트 자료를 2명씩 구성된 짝에게 나눠 주고, 추가적인 질문을 만들어 보도록 했다.

2차시

소그룹별로 자신들이 만든 질문들을 큰 질문과 작은 질문으로 분류했다. 그런 다음 몇 개의 큰 질문을 선별해서 적절한 순서

* 무함마드(Muhammad)의 터키식 표현. 역자 주

대로 배열했으며, 이 질문들은 수업의 진행 순서가 되었다. 또한 표를 만들어 행마다 질문들을 적고, 질문 옆 칸에는 답을 적도록 했다. 한 소그룹에서 선별한 질문들은 아래와 같다.:

▲ 무함마드(Muhammad)는 왜 그토록 중요한가?
▲ 이슬람은 어떻게 빠른 속도로 팽창할 수 있었나?
▲ 이슬람의 학자들은 무엇을 연구했나?
▲ 오스만 제국의 술탄은 얼마나 강력했나?
▲ 이슬람의 육군은 어떻게 성공적일 수 있었나?
▲ 모슬렘과 모슬렘이 아닌 사람들은 서로 얼마나 친한가?

학급의 전체 학생들은 논의를 통해 수업을 위해 활용할 큰 질문들을 선정했다. 버넘은 교사로서 이들 질문들을 다루면서 어떤 개념과 기능을 발달시킬 수 있는지, 그리고 질문별로 어떤 활동을 활용할 것인지를 결정했다.

버넘은 학생들의 질문을 토대로 개발한 단원에 만족했으며, 질문을 만들어 보는 과정을 통해 학생들이 단원에 대한 소유권을 갖게 됐다고 생각했다. 물론 다음 해에도 동일한 수업계획을 활용하는 것이 편하기는 하지만 수업계획을 작성하는 과정도 매우 가치 있기 때문에 같은 수업을 반복할 수 없다고 이야기했다. 그녀는 내년에도 새로운 7학년 학생들과 같은 방식으로 수업하기로 결정했으며, 다른 학년들에게도 적용해 볼 계획이다.

그림 5.5: 역사수업에서 큰 질문, 작은 질문 만들기

▲ 학생들에게 큰 질문과 작은 질문의 차이를 소개했다.
▲ 질문 개발을 위해 학급 전체, 개인, 짝 활동을 활용했다.
▲ 학생들에게 자신들이 개발한 질문들을 평가하고, 적절한 질문들을 선정해서 알맞은 순서대로 배열하도록 했다.

비판적 탐구 장려하기

학생들이 앞서 소개된 틀을 활용해서 질문들을 개발할 때 반드시 데이터나 이슈를 비판적으로 바라볼 수 있는 질문들을 포함하는 것은 아니다. 비판적 사고를 장려하기 위해 학생들은 지리학에서 던질 수 있는 다양한 유형의 질문들을 알고 있어야 한다. 교사가 이런 질문들을 자주 활용할수록 학생들 또한

자료나 이슈에 대해 질문을 던질 가능성이 높다.

자료에 관해 비판적 사고를 장려하는 질문들:

▲ 이 자료는 얼마나 믿을 만한가?

▲ 이 자료의 출처는 무엇인가?

▲ 이 데이터는 왜 만들어졌는가?

▲ 이 데이터를 누가 재정을 지원하여 만들었으며, 왜 지원했는가?

▲ 이 데이터가 보여 주지 않는 것은 무엇인가?

이슈에 관해 비판적 사고를 장려하는 질문들:

▲ 이것은 왜 이슈가 되는가?

▲ 무엇이 이슈를 만들어 냈는가?

▲ 관심 있는 집단은 누구인가?

▲ 그들이 관심을 갖는 이유는 무엇인가?

▲ 이슈를 통해 누가 이익을 보는가?

▲ 누가 손해를 입는가?

▲ 누가 결정권은 갖고 있는가?

▲ 공정한 해결책은 무엇인가?

▲ 이슈가 미래를 위해 던지는 함의는 무엇인가?

▲ 다른 결정을 내린다면 어떤 결과가 나타날까?

정해진 틀 없이 브레인스토밍하기

충분한 흥미유발 자료가 제공된다면 학생들은 질문 개발을 위한 틀 없이도 질문들을 만들어 낼 수 있으며 이 경우 몇 가지 장점이 있다. 질문의 범주가 제한되지 않는다면 자신들의 호기심에서 출발한 좀 더 순수한 질문을 만들어 낼 수 있다. 틀을 제공하지 않았을 때 발생할 수 있는 단점은 질문의 범위가 한쪽으로 치우치거나 반드시 지리적인 질문이 아닐 수 있다는 것이다. 그러나 논의를 통해 학생들의 질문을 조정할 수 있고, 이런 과정을 통해 학생들은 지리적 질문의 특성을 이해하고 나아가 자료나 주제에 적합한 질문을 개발할 수 있게 된다. 대안적으로 질문 개발을 위한 틀을 제공하기 전에 학생들이 질문에 대해 자유롭게 브레인스토밍하는 것도 가능하다.

틀을 활용해 교사가 제공한 질문들 분류하기

학생들에게 앞서 소개한 틀과 함께 교사가 개발한 질문들을 제시할 수 있다. 이들은 단원 도입부의 토론을 위한 보조 질문, 설문조사를 위한 질문, 자료를 분석하는 데 사용될 수 있는 질문일 수 있다. 학생들이 해야 할 일은 제공된 질문들을 분류하고, 교사가 제공한 틀에 맞춰 칸을 채우는 것이다. 이런 활동은 좋은 지리적 질문을 개발하는 데 경험이 부족한 학생들에게 도움이 된다. 또한 지리학자들이 던지는 질문의 유형을 이해하고, 틀에 제시된 범주를 이해하는 데도 유용하다.

탐구 기반 접근에 가장 적합한 틀은 무엇인가?

틀은 중립적이지 않다. 틀은 다른 유형의 질문을 만들어 내고, 다른 유형의 탐구와 지리학습을 유도한다. 각각의 틀은 장점과 제한점을 갖고 있기 때문에 적합한 틀을 선택하기 위해서는 전문가적 판단이 필요하다. 학생들의 능력, 조사내용, 개발된 질문의 활용 방법을 고려해서 틀을 선택하게 된다. 만일 학생들이 보조 질문을 개발하게 된다면 단원의 핵심 질문을 해결하기 위해 언급할 필요가 있거나 그것을 통해 핵심 개념을 이해하는 데 도움이 되는 질문들을 이끌어 낼 수 있는 틀을 활용해야 한다. 만일 학생들이 설문조사를 위한 질문을 만든다면 조사의 목적과 관계된 질문들을 이끌어 낼 가능성이 높은 틀을 선택해야 한다.

학생들의 질문을 어떻게 활용할 수 있는가?

틀 자체는 호기심을 유발하지 않는다는 점을 인식하는 것이 매우 중요하다. 교사는 흥미유발 자료를 활용함으로써 그리고 학생들과 상호작용함으로써 호기심을 유발할 수 있다. 질문 개발을 위한 틀을 연습용 워크시트와 같이 학생들에게 나눠 줘서는 안 된다. 그럴 경우 학생들은 질문에 대해 순수한 관심이 있어서가 아니라 교사가 요구했기 때문에 질문을 작성할 것 같다. 이러한 틀을 활용하는 것이 가치 있고 의미 있다면, 학생들은 자신들이 만들어 낼 질문들이 중요하게 활용될 것이라는 점을 인식하는 것이 중요하다. 만일 학생들이 개발한 질문이 쉽게 무시된다면 질문을 개발하는 과정은 그냥 일상적이고 의미 없는 과정이 된다. 학생들의 질문은 여러 가지 방법으로 활용될 수 있다.:

▲ 영화, 사진, 그래프, 지도 등 특정 자료를 두고 질문을 개발한다면, 질문을 공유하고 논의를 통해 즉시 답을 찾아볼 수 있다. 학생들이 교사가 답을 알지 못하는 질문을 제시할까 봐 걱정하는 예비교사를 본 적이 있다. 제시된 자료를 토대로 학생들이 만들어 낼 것 같은 질문에 답할 수 있어야 하며, 가능한 한 자료(예, 인터넷의 사진, 유튜브의 동영상)에 대해 많은 것을 아는 것이 중요하다.

▲ 설문조사를 위해 질문을 개발한다면, 질문을 공유하고 설문조사의 목적에 비추어 질문의 적합성을 논의할 수 있다(20장 참조).

▲ 핵심 탐구질문을 위한 보조 질문을 개발한다면, 질문을 공유하고, 논의하고, 이어질 조사와 관련 짓는다. 학생들은 개발한 질문들을 몇 개의 범주로 묶고, 각 범주별로 최고의 질문을 선정할 수도 있다. 최고의 질문은 단원에 포함된 개별 차시에 활용될 수 있다.

눈덩이 표집

우드(Wood, 2006; 2008)는 질문의 개발과 활용을 위해 '눈덩이 표집(snowballing)'의 활용을 제안했

다. 하나의 흥미유발 자료를 제시한 후, 학생들은 각자 3개의 질문을 개발한다. 그런 다음 학생들은 짝을 지어 자신들이 개발한 질문들을 논의하고 가장 좋은 질문 3개를 선정한다. 그런 다음 4명이나 6명으로 구성된 그룹을 만들어 역시 3개의 가장 좋은 질문을 선정한다. 그룹별로 자신들이 선정한 질문들을 발표하고 전체 학급은 탐구에 사용할 5~6개의 질문을 선정한다.

눈덩이 표집 방법으로 화산에 대한 질문을 개발했던 10학년 학생들은 최종적으로 아래의 질문들을 선정했다.:

▲ 화산을 유발하는 판구조는 무엇인가?

▲ 각 화산의 유형별 특징은 무엇인가?

▲ 화산 분출의 경고 신호는 무엇인가?

▲ 분출의 1차적, 2차적 영향은 무엇인가?

▲ 화산의 영향을 받는 지역들의 발전 격차는 어떻게 생겨나는가?

질문을 공유하고 논의함으로써 학생들은 학습 주제에 집중할 수 있으며, 지리적 질문을 던지는 방법을 배우게 된다.

질문 개발 틀의 활용은 어떻게 평가될 수 있는가?

무엇인가를 일단 적어 내고 다음 단계로 옮겨 가는 것을 강조하면서 질문 개발 틀 활동을 서둘러 끝내고자 한다면, 그리고 만일 학생들이 적어 낸 질문에 어떠한 관심도 두지 않는다면, 이런 틀을 활용하는 것이 무슨 소용일까? 질문 개발 틀의 활용을 평가하는 데 있어 아래의 질문들을 고려할 만하다.:

▲ 학생들은 진정한 자신만의 질문을 만들어 냈는가?

▲ 그들이 학습할 내용에 대해 더 흥미를 갖게 되었고 궁금해하는가?

▲ 지리학자들이 던지는 질문의 유형에 대한 이해가 향상되었는가?

▲ 학생들의 질문은 뒤이은 탐구활동을 통해 답을 찾거나 논의하는 방식으로 존중되었는가?

요약

탐구적 접근을 통한 지리학습을 위해서는 학생들의 호기심을 유발하고, 더 좋게는 자발적으로 단원에 대한 질문을 던질 만한 이유를 제시해 줄 수 있어야 한다. 학생들은 다양한 틀을 활용해서 지리적 질문을 던지는 방법을 배울 수 있다. 질문 개발 틀은 중립적이지 않으며, 틀에 따라 강조하는 지리의 측면과 만들어지는 질문의 유형이 달라지기 때문에 적합한 틀을 고르기 위해 전문가적 판단이 필요하다. 틀 자체로는 학생들의 호기심을 유발할 수 없으며 데이터나 이슈에 대한 비판적 태도 또한 이끌어 낼 수 없다. 그래서 이러한 틀의 활용에 대한 평가는 주의가 요구된다.

연구를 위한 제안

1. 동일한 학급 내에서 다른 질문 개발 틀을 활용하거나, 동일한 주제나 장소에 대해 다른 질문 개발 틀을 활용함으로써 개발되는 질문의 유형을 조사하라.
2. 버넘(Burnham)의 아이디어를 발전시켜 지리수업에서 큰 질문과 작은 질문 간의 차이를 조사하라.

참고문헌

Abelard, P. (1121) 'Sic et Non, Prologus' (quotation from translation) in Graves, F. (2004) *A History of Education During the Middle Ages and the Transition to Modern Times*. Whitefish, MT: Kessinger Publishing, p. 53.

Birmingham DEC (1995) *The Development Compass Rose*. Birmingham: Development Education Centre. Available online at *www.tidec.org/sites/default/files/uploads/compass%20rose%20text_2.pdf* (last accessed 14 January 2013).

Burnham, S. (2007) 'Getting year 7 to set their own questions about the Islamic Empire, 600-1600', *Teaching History*, 128, pp.11-15.

Crowther, D. and Cannon, J. (2004) 'Strategy makeover:K-W-L to T-H-C'. Available online at *www.nsta.org/publications/news/story.aspx?id=49675* (last accessed 14 January 2013).

Nichols, A. and Kinninment, D. (2000) *More Thinking Through Geography*. Cambridge: Chris Kington Publishing.

Ogle, D. (1986) 'K-W-L: A teaching model that develops active reading of expository text', *The Reading Teacher*,

39, 6, pp.564-70.

Rawling, E. (2007) *Planning your Key Stage 3 Geography Curriculum*. Sheffield: The Geographical Association.

Wood, P. (2006) 'Developing enquiry through questioning', *Teaching Geography*, 31, 2, pp.76-8.

Wood, P. (2008) 'GTIP Think Piece: Questioning'. Available online at *www.geography.org.uk/gtip/thinkpieces/questioning* (last accessed 14 January 2013).

Wray, D. and Lewis, M. (1997) *Extending Literacy: Children reading and writing non-fiction*. London: Routledge.

자료 활용하기: 자료 기반 접근

"지도는 세계관을 표현하는 한 가지 방법에 불과하며, 모든 지도는 세상에 대한 특정 이해만을 보여 준다. 관광 브로슈어, 뉴스, TV의 여행 프로그램 등 다른 것들도 마찬가지이며, 이것들을 통해 우리의 지리적 상상력은 구성된다. 지리적 상상력, 즉 세상에 대한 우리의 이해는 세상 속에서 우리가 어떻게 행동해야 하는지와 밀접하게 관련 있기 때문에 이러한 자료들을 해석할 수 있는 능력은 중요하다." (Massey, 1995, p.41)

도입

이 장에서는 지리수업에서 사용될 수 있는 다양한 자료(resource)와 관련된 이슈들, 그리고 조사를 위한 근거로 자료를 제시하는 방법(그림 6.1)을 다룰 것이다. 나는 지리정보를 포함하고 있는 자원(resources)을 역사에서 종종 사용하는 명칭인 '자료(source)'로 명명하였다[1]. 이 장은 아래와 같은 질문들을 다룰 것이다.:

▲ 1차 데이터와 2차 데이터의 장점과 단점은 무엇인가?

---

[1] 역사적인 맥락으로 보면 사료(史料)로 해석하는 것이 적절하겠지만 이해를 위해 자료로 번역하였다. 역자 주

▲ 지리자료의 활용을 통해 무엇을 배울 수 있는가?

▲ 자료의 활용과 관련한 일반적인 문제점은 무엇인가?

▲ VAK 학습이론을 탐구학습에 적용할 수 있는가?

▲ 어떤 데이터는 다른 것들보다 받아들이기 쉬운가?

▲ 텍스트 자료, 수치 자료, 지도를 근거로 활용할 때 무엇을 고려해야 하는가?

▲ 지리자료의 비판적 검토를 어떻게 지원할 수 있는가?

정보원(Source of information)

이미지

▲ 사진
▲ 그림
▲ 영화
▲ 다이어그램
▲ TV 광고
▲ 위성영상
▲ 구글 스트리트뷰(Google Street View)

텍스트

▲ 교과서 설명
▲ 잡지와 학술지 논문
▲ 신문기사
▲ 편지
▲ 광고
▲ 소설
▲ 시와 노래 가사
▲ 논픽션(예, 여행기)
▲ 브로슈어
▲ 트위터

사운드

▲ 영화 속 내레이션
▲ 녹음된 인터뷰
▲ 음악
▲ 자연의 소리(예, 아마존 열대우림의 소리)

멀티미디어

▲ 텍스트, 사진, 애니메이션, 영화, 오디오

통계자료

▲ 통계표
▲ 그래프(막대, 파이, 선, 홍수 수문곡선, 인구피라미드, 기후)
▲ 등치선도
▲ 유선도
▲ 갭마인더(Gapminder)

지도

▲ 스트리트맵(Street map), 구글지도
▲ 지형도(예, OS 지도)
▲ 아틀라스의 지도(정치, 자연환경, 주제도)
▲ 월드매퍼(Worldmapper)
▲ 기상도
▲ 브로슈어, 신문, 축구 안내 프로그램 등에 포함된 지도
▲ GIS 지도

개인적 지식

▲ 장소에 대한 기억(기억하고 있는 이미지나 사건 포함)
▲ 심상지도(Mental maps)
▲ 감정지도(Affective maps) – 장소에 대한 감정을 지도화

물건

▲ 암석
▲ 식생
▲ 공예품 등 다른 지역에서 온 물건
▲ 쓰레기
▲ 음식

그림 6.1: 다양한 형태의 지리 정보원과 재현

지리자료의 선정 및 왜곡(misrepresentation)과 관련된 이슈들은 7장에서 다루게 된다. 온라인 자료와 관련된 이슈들은 21장에서 다룰 것이다.

1차 데이터와 2차 데이터의 장점과 단점은 무엇인가?

1차 데이터와 1차 데이터 소스(data sources)

1차 데이터(primary data)는 특정 질문에 답할 목적으로 직접 수집한 데이터이다. 학교에서 학생들은 야외조사 기간 동안 관찰이나 측정을 통해, 혹은 설문조사를 통해 양적 데이터를 수집할 기회를 갖게 될 것이다. 또한 학생들은 야외 스케치, 사진, 개방형 설문이나 인터뷰 등을 통해 비수리적인(non-numerical) 질적 데이터도 수집할 수 있다. 학생들 스스로 1차 데이터를 수집하고 활용하는 데 장점과 단점이 있다(그림 6.2).

학생들은 1차 데이터 소스를 활용하는 것도 가능하다. 가령, 지리학자들이 수집했거나 지리학자들이 연구질문을 개발하고 데이터를 수집해 출판한 논문에 포함된 데이터는 1차 데이터 소스가 된다. 일부 학자들은 자신들의 연구 결과를 *Teaching Geography* 또는 *Geography*와 같은 학술지에 발표한다[예, 스콧(Scott, 2007)은 동부유럽에서 영국으로의 노동력 이동을 발표했다].

장점	단점
데이터는 학생들이 조사하는 특정 질문에 답하기 위해 수집된다. 학생들은 '실세계'에서 데이터가 무엇을 의미하는지 정확하게 알게 된다. 학생들은 데이터를 수집하기 전의 결정들(예, 측정할 변수의 선정, 수리적 분류 기준, 인터뷰 질문, 사진의 초점 등)을 알 수 있다. 이를 통해 학생들은 데이터 수집 과정에 주관성이 개입될 수 있으며, 수집된 데이터가 얼마나 신뢰할 수 있는지도 이해하게 된다. 학생들은 데이터의 수집과 해석 과정을 통해 지리적 지식이 구성되는 과정을 이해할 수 있다. 학생들은 의미 있는 맥락 속에서 데이터 수집, 처리, 분석, 해석하는 방법을 숙달할 수 있다.	수집되는 데이터의 양은 적고, 샘플링이 제한적일 가능성이 있다. 이로 인해 신뢰할 수 없는 결론에 도달할 수 있다. 학생들은 하루, 일주일과 같은 제한된 시간에 데이터를 수집하게 되므로 시간에 따른 변화를 포함해야 하는 데이터(예, 교통량, 하천의 유량)를 수집할 수 없다. 학생들은 그들이 조사하는 모든 질문에 자신만의 데이터를 수집하게 될 것 같지 않다.

그림 6.2: 1차 데이터 및 데이터 소스 활용의 장점과 단점

2차 데이터와 2차 데이터 소스

연구자나 기관에서 그들 자신의 목적을 위해 수집했지만 다른 사람들에 의해 다른 목적으로 사용되는 데이터를 2차 데이터라 한다. 중등학교 교실에서는 1차 데이터 소스보다 2차 데이터 소스를 더 많이 활용할 것 같다. 2차 데이터는 기후 데이터, 센서스 데이터, 세계은행 및 유엔과 같은 정부 및 기관 등에서 수집하는 경제, 사회지표 관련 대규모 데이터를 포함한다. 2차 데이터는 또한 사진, 영화, 위성영상, 일부 인터뷰 자료(예, 영국 국립도서관의 음식 이야기 프로젝트)도 포함한다. 2차 자료를 구할 수 있는 웹사이트, 다른 사람들이 수집한 1차 데이터를 활용한 논문, 다른 목적으로 제작되었지만 지리정보를 추출할 수 있는 다양한 자료들(예, 사진, 위성영상, 광고, 브로슈어, 지도 등)이 2차 데이터 소스가 된다.

2차 데이터 및 데이터 소스의 활용에는 장점과 단점이 있다(그림 6.3).

장점	단점
학생들은 직접 수집하는 것이 불가능한 대규모의 신뢰할 만한 데이터를 수집할 수 있다.	많은 경우 데이터가 크고, 사용이 복잡하다.
온라인에서 획득할 수 있는 많은 데이터들은 주기적으로 업데이트 되어 최신의 데이터를 수집하는 것이 가능하다.	데이터가 어떻게, 언제, 왜 수집되었는지에 대한 정보가 항상 명확한 것은 아니다. 따라서 데이터의 수집과정에 포함된 주관성은 드러나지 않는다.
지리에서 학습하는 모든 장소와 주제에 대한 2차 데이터가 존재한다.	많은 데이터 소스(예, 사진, 광고, 브로슈어, 지도)가 제작되는 목적이 지리교육의 목적과 매우 다르기 때문에 자료에 포함된 정보는 제한적이거나 편향될 수 있다. 따라서 이들 소스를 해석할 때 이러한 점들을 고려해야 한다.
일부 2차 데이터 소스는 학술논문과 같은 1차 데이터 소스에 비해 학생들이 쉽게 접근할 수 있다.	

그림 6.3: 2차 데이터 및 데이터 소스 활용의 장점과 단점

지리자료의 활용을 통해 무엇을 배울 수 있는가?

자료(source)의 활용이 널리 퍼지게 된 것은 1970, 1980년대 진행된 School Council project에서 지리, 역사교사들에게 자료를 배워야 할 정보가 아니라 해석이 필요한 근거로서 활용하도록 장려하면서부터다. 지리교육에서 자료의 활용에 영향을 미친 프로젝트는 Geography for the Young School Leaver Project(Avery Hill Project로도 알려짐), 14-18 Geography Project(Bristol Project로도 알려짐), 16-19 Geography Project이다. 1970년 이전에도 '사례연구(sample studies)'와 1차 데이터 소스들이 지

리와 역사에서 사용되었지만 장소와 과거에 대한 사실과 일반화를 구축하는 데 초점이 맞춰져 있었다. School Council project에 따라 외부자격시험이 자료-반응 문항(data-response questions)의 형태로 바뀌면서 기억하고 있는 정보를 재생산하고 활용하는 능력에서 교육과정의 주제 및 토픽과 관련한 자료해석 능력으로 평가의 초점이 옮겨졌다.

1970년대 이후 출판된 지리 교과서들이 그림, 통계, 그래프, 지도를 단순히 보여 주고 설명을 돕는 용도가 아니라 조사를 위한 데이터로 활용하기 시작했다. 혁신적인 Oxford Geography Project 교과서(Rolfe et al., 1974)에서는 지면의 80% 이상을 본문이 아닌 그림, 다이어그램, 학생활동에 할애했다(Walford, 2001). School Council project에 기초한 지리시험을 위해 출판사들은 교과서와 더불어 센서스 데이터, 신문기사, 대축척지도, 사진, 카툰 등 다양한 2차 데이터를 묶은 링 바인더(ring-binder)를 함께 출판했다.

School Council project의 목표는 장소, 주제, 이슈에 대한 학습을 통해 학생들의 교과지식과 개념적 이해를 향상시키는 것과 함께 자료 분석 및 해석 능력을 기르는 것이다. 기능과 이해의 발달은 모두 중요하게 다뤄졌다. 최근 들어 지식과 이해에 대한 가치절하와 더불어 기능을 학습하기 위한 자료의 활용을 강조하는 분위기이다. 학습을 위한 캠페인(Campaign for Learning)에서 추진하는 '학습방법의 학습(Learning to Learn)', RSA의 오프닝 마인드(Opening Minds)와 같은 이니셔티브의 영향을 받아 영국의 많은 학교에서는 7학년에서 역량 기반 교육과정(skills-based curriculum)을 채택하고 있다. 그러나 기능 혹은 지식에 초점을 두는 것은 잘못된 이분법에 근거한 것이며 국가 수준 교육과정의 검토와 제안을 담당한 패널도 이러한 문제점을 지적하였다.

"일부 교육학자들은 교과지식을 강조하고 교육의 발달적 측면을 배제한다. 동시대의 지식이 너무도 빨리 변화하기 때문에 '학습하는 방법을 학습'하는 것이 우선되어야 한다고 주장하는 사람들이 있는 반면 기능의 발달, 역량, 성향을 강조하는 전문가들도 많다. 그러나 이것은 둘 중 하나를 선택해야 하는 문제가 아니다. '무엇'을 배우는 것과 '학습하는 방법의 학습'이 서로 독립된 형태로 존재할 수 없다. 따라서 지식과 발달이라는 두 요소 모두 필수적이며, 두 요소가 교육 내에서 제공될 수 있도록 정책적 수단이 정교하게 배치되어야 한다는 것이 우리의 입장이다." (DfES, 2001, p.20)

10년 동안 100개가 넘는 교육연구 프로젝트를 분석한 후 효과적인 교육을 위한 10가지 원칙을 찾아낸

Teaching and Learning Research Program(TLRP, 2011) 역시 위의 견해를 지지하고 있다. 두 번째 원칙에 따르면:

"효과적인 교육(pedagogy)은 가치 있는 형태의 지식과 맞물려 있다. 교육은 학생들을 특정 맥락에서 가장 가치 있는 학습의 과정이자 결과물이라 할 수 있는, 빅 아이디어, 핵심 역량과 프로세스, 담론의 유형, 사고와 실천방식, 태도, 관계와 연결시킬 수 있어야 한다. 학생들은 다른 상황하에서도 질, 표준, 전문성을 구성하는 것이 무엇인지 알아야 한다." (James & Pollard, 2011, p.284)

나는 이 원칙에 동의한다. 왜냐하면 탐구를 통한 지리학습은 지리학의 빅 아이디어 및 사고과정과 연결시켜 줄 뿐 아니라 지리자료의 조사, 분석, 해석의 과정에서 다양한 기능들을 발달시킬 수 있기 때문이다.

자료의 활용과 관련한 일반적인 문제점은 무엇인가?

매캘리비(McAleavy, 1998)는 중등학교 학생들이 역사수업에서 자료를 활용할 때 당면하게 되는 문제점들을 조사하였다. 각각의 문제들은 지리수업에서도 동일하게 적용된다(그림 6.4).

또 다른 문제는 O-level Avery Hill 지리 코스를 위해 제작된 링 바인더에 필기를 하던 큰딸이 경험한 것이다. 나는 그녀가 복습하는 것을 도와주고 있었고 우리는 약 30여 개 국가의 개발지표 자료를 보고 있었다. 나는 그녀에게 이들 자료를 외울 필요가 없다고 말해 주었다. 그녀는 절망한 모습으로 링 바인더를 집어던지고는 내게 "어떤 것들은 외워야 하고, 어떤 것들은 외울 필요가 없는지 내가 어떻게 알아?"라며 물었다. 사례연구에 대한 상세한 정보들은 외워야겠지만 분석이나 일반화 능력을 발달시키기 위해 제공된 데이터는 외울 필요가 없다. 학생들이 기억할 필요가 있는 것은 무엇이며, 다른 목적을 위해 활용되는 자료는 무엇인지를 알게 하는 것이 중요하다.

내가 믿는 바와 같이 지리교육의 주목적이 이해를 증진시키는 것이라면, 앞서 제시되었던 이슈들로부터 실천을 위한 몇 가지 원칙을 제시하고자 한다.:
1. 목적이 있는 학습을 위해 자료는 단지 기능을 연습하기 위함이 아니라 탐구와 연계된 형태로 제시되

역사에서 자료 사용에 대한 문제점	지리에서 고려해야 할 것은 무엇인가?
학생들은 제시되는 자료들의 서로 다른 위상을 이해하지 못하여 무비판적으로 모든 것을 사실로 받아들인다. 학생들은 자료로부터 추론을 이끌어 내고 제시된 정보 이상으로 사고할 수 있어야 한다.	학생들은 제시되는 데이터의 성격(예, 데이터의 출처, 신뢰도)을 이해하고, 데이터를 학습할 사실이나 정보가 아닌 근거로 사용할 수 있는가?
학생들은 자료(source)와 근거(evidence)의 차이를 이해하지 못한다. 모든 자료가 근거로서 유용한 것은 아니며, 조사하고 있는 질문이 무엇이고, 자료가 이해에 도움을 주는지 여부에 따라 결정된다.	학생들은 데이터가 특정한 주제를 조사하는 데 얼마나 좋은 근거가 될 수 있는지를 평가하도록 지원받는가?
사건의 목격자들은 정확하다고 간주된다.	지역 주민들은 항상 믿을 만한 자원일까? 말풍선에 제시된 정보들은 얼마나 실제를 반영할까?
몇몇 학생들은 자료를 둘러싼 맥락을 알지 못해 자료를 해석하지 못한다. 이해는 넓은 맥락적 지식에 달려 있다.	학생들은 로컬의 사례를 이해하는 데 필요한 지역적, 국가적 수준의 맥락적 정보를 충분히 갖고 있는가?
자료를 잘 이해하지 못하는 학생들을 위해 많은 역사적 자료들은 정보의 '작은 조각들(small gobbets)' 형태로 간략화되었다. 그러나 조각들은 너무 일부분이어서 탈맥락적으로 제시된다.	지리수업에서는 너무 일부분이어서 근거로 활용할 수 없는 수준의 정보 조각들을 제공하지는 않는가?
일부 역사교사들은 역사적 이해를 발달시키는 것보다 편향(bias)을 찾아내는 것을 지나치게 강조한다.	데이터가 제시하는 지리적 지식보다 데이터의 분석과 표현방법을 더 강조하는 것은 아닌가?

그림 6.4: 역사에 나타난 자료 사용의 문제점과 지리교육에의 함의. 출처: 매캘리비(McAleavy, 1998)의 내용을 참조

어야 한다.

2. 이해를 위한 맥락을 제공하기 위해 교사는 적절한 분량의 배경정보를 추가적으로 제공하거나 지도 등 다른 자료와 함께 활용해야 한다.

3. 자료 속의 정보와 다른 정보(예, 학생들의 선지식)를 연결할 수 있도록 지원한다.

4. 데이터를 제시하고, 분석하고, 해석하는 기능을 발달시키는 것이 초점이라 할지라도 여전히 데이터의 의미에 주의를 기울여야 한다.

5. 학생들은 자료에 제시된 사실적 정보들을 얼마나 많이 기억해야 하는지 알 권리가 있다.

VAK 학습이론을 탐구학습에 적용할 수 있는가?

학습 스타일을 주장하는 학자들은 사람들은 서로 다른 방식으로 배운다고 주장한다. 한 대규모의 연구

(Coffield et al., 2004a; 2004b)는 71개의 학습 스타일과 관련한 이론들을 파악해 조사하기도 했다. 예를 들어 확산적 사고자와 수렴적 사고자, 전체적 사고자와 분석적 사고자, 구체적 학습자와 추상적 학습자, 피상적 학습자와 심층적 학습자에 대한 이론들이다. 지리수업에 가장 큰 영향을 미친 학습 스타일 이론은 시각형(Visual), 청각형(Audio), 신체감각형(Kinaesthetic) 학습자의 구분과 관련이 있다. VAK 이론의 핵심 주장은 시각형 학습자는 시각 정보를 통해, 청각형 학습자는 듣는 방식으로, 신체감각형 학습자는 신체의 움직임을 통해 가장 잘 학습한다는 것이다. 우리는 개인적으로 선호하는 학습 스타일이 있고, 교사들은 학생들 간의 차이를 알고 있기 때문에 VAK 이론은 매우 설득력 있게 들린다. VAK는 영국에서 국가전략(National Strategy)을 통해 장려되었으며 출판사들의 상업적 이익과 맞물려 강조되기도 했다.

VAK 이론에 대한 몇 가지 비판

VAK 이론은 초, 중등학교에서 의심 없이 받아들여져 왔다. 그러나 VAK 이론에 대한 몇 가지 심각한 비판이 있다.

학습 스타일을 판별하기 위해 사용되는 설문조사의 신뢰도와 타당도에 대한 문제이다(Sharp et al., 2008; Coffield et al., 2004a). 단순한 자기보고 방식의 설문을 바탕으로 과도한 주장을 할 뿐 아니라 학습 대상의 종류에 상관없이 동일한 선호가 적용될 수 있다고 전제한다. 또한 교수 스타일을 학습 스타일과 일치시켜야 하는지에 대한 의견이 분분하다. 실증적 연구들은 소규모이며 모순된 결과를 보이기도 했다. 예를 들어 9개의 연구는 교수 스타일과 학습 스타일이 일치될 때 효과적이었던 반면, 다른 9개의 연구는 두 스타일이 같지 않았을 때 효과적이었다(Coffield et al., 2004b, p.45).

몇몇 비판론자들은 교사들이 학생들을 학습 스타일에 따라 분류하는 것만으로 최상의 수업이 될 것이라 믿는 것을 경계한다(ibid., p.31). 학습 스타일에 대한 선호가 고정된 것이라 생각되지만 초등학교에서 VAK를 활용한 샤프와 동료들(Sharp et al., 2008)에 따르면, "학교에서 학생을 시각형, 청각형, 신체감각형 학습자라 딱지를 붙이는 것은 허용될 수 없을 뿐 아니라 잠재적으로 학생들에게 피해를 줄 수 있다."(p.20)

VAK 이론에 따라 학생들 스스로 자신의 학습 스타일을 명명하게 되면서, 학생들은 자신들의 학습 가능 조건을 제한할 수 있다. 코필드와 동료들(Coffield et al., 2004b)은 "나는 낮은 청각형, 신체감각형 학습자입니다. 그래서 책을 읽거나 몇 분 이상 남의 얘기를 듣는 것은 내게 아무 의미가 없어요."(p.55) 라는 학생의 말을 인용하였다.

VAK 이론에 대한 다른 비판은 지리교육에서 '신체감각형'이라는 용어와 관련이 있다. 코필드와 동료 들(Coffield et al., 2004a)이 작성한 용어사전에 따르면, 신체감각형은 "신체 움직임의 자각(awareness of body movement)을 통해 이해하는"(p.171) 것을 의미한다. 신체감각형 학습은 스포츠, 댄스, 악기 연주를 배우는 상황에는 적합할 수 있지만 지리학습에는 적절하지 않다. 교수·학습지도안에서 '신체 감각형'이라 명명된 다수의 활동들을 보아 왔지만, 그들 중 어느 것도 신체 움직임의 자각을 통해 이해 하는 것과는 관련이 없었다. 신체감각형이라는 용어는 '적극적'이라는 의미로 잘못 이해되었으며, 학 생들은 종종 교실 주변을 돌아다니거나 카드 분류와 같은 다른 실천적(practical) 활동에 참여하는 경 우가 대부분이었다. 지리수업에서 실천적 활동이 갖는 장점도 많지만 이들을 신체감각형으로 분류하 는 것은 난센스다. VAK 이론은 학생들의 학습 가능성을 제한할 수 있기 때문에 아래의 방식으로 학생 들의 데이터 및 자료 활용 능력을 증가시키는 것이 바람직하다.:

▲ 모든 학생들이 모든 형태의 데이터를 분석하고 해석할 수 있는 능력을 기르도록 돕는다.

▲ 학생들 각각의 선호하는 학습 스타일과 실제 데이터 활용 능력을 파악한 다음 개별 학생들에게 적 합한 도움을 제공한다.

▲ 매 차시에 다양한 형태의 지리정보를 활용하고, 개별 학생들이 이들 정보를 얼마나 쉽게 받아들이 는지 파악한다.

어떤 데이터는 다른 것들보다 받아들이기 쉬운가?

데이터 형태에 따라 학생들이 느끼는 접근성에 대한 제롬 브루너(Jerome Bruner)의 이론은 VAK 이론 보다 지리교사들에게 훨씬 유익하며 적합하다.

Towards a Theory of Instruction(1966)에서 브루너(Bruner)는 어떤 연령대의 아동이라 할지라도 지 적으로 정직한 형태(intellectually honest form)로 표현하면 모든 개념들을 학습할 수 있다고 주장했 다. 그는 세 가지 형태의 표현 양식(forms of representation)을 구분하였다.:

▲ 행동적(Enactive): 동작을 통해 개념을 표현한다. 가장 쉬운 형태의 표현양식이다.

▲ 영상적(Iconic): 시각적으로 개념을 표현한다. 두 번째로 쉬운 표현양식이다.

▲ 상징적(Symbolic): 단어나 수학적 기호를 통해 개념을 표현한다. 가장 어려운 표현양식이다.

브루너는 그의 아이디어를 시소를 통해 설명하고 있다. 어린아이들은 시소를 타면서 균형이라는 개념을 행동적으로 이해할 수 있고, 더 무거운 아이가 맞은편에 앉을 경우 어떻게 될 것인지 예상할 수 있다. 그러나 균형이라는 개념을 활용하기 위해서는 상징적인 수학적 표현양식을 활용할 필요가 있다. 브루너의 아이디어는 지리교육에도 적용될 수 있으며, 그림 6.5는 연안표류(longshore drift)라는 개념

행동적: 야외조사의 활동을 통해

사진: Ruth Totterdell

영상적: 이미지를 통해

사진: Richard Allaway

물질은 스워시가 진행되는 방향으로 해안에 쌓이게 된다.

파도가 해안으로 접근하는 각도는 항상풍에 의해 결정된다.

연안표류의 방향

백워시 때 물질은 중력의 영향을 받아 바다 쪽으로 운반된다.

상징적: 언어와 숫자를 통해

문자(위키피디아)

연안표류(longshore drift)는 점토, 실트, 모래와 같은 퇴적물이 해안을 따라 운반되는 것을 의미하며, 운반의 각도는 항상풍의 방향, 스워시, 백워시의 영향을 받는다. 연안표류는 조간대(littoral zone)나 쇄파대(surf zone)의 내부 및 인접지역에서 발생한다. 이 작용은 표사(longshore transport) 혹은 연안표사(littoral drift)로도 알려져 있다.

연안표류는 퇴적물의 퇴적과 침식에 크게 영향을 미치는 쇄파대 내부에서 발생하는 프로세스와 함께 해안 시스템의 여러 요인들의 영향을 받는다. 연안류(longshore current)는 비스듬한 방향의 쇄파(breaking waves)를 만들고 결과적으로 연안표류가 발생한다.

통계

자갈해안의 조건에서 K계수를 0.0527에 맞춘 연안류 공식(CERC formula)이며 아래의 형태를 갖는다.

$$Q_{ls} = K \left[\frac{(1+e)}{(p_s - p)} \right] \left[\frac{1}{16} pgH_{sb}^2 C_{nb} sin2\theta_b \right]$$

모든 요소와 값들이 동일한 조건에서, g는 중력가속도 $9.81ms^{-2}$이며, C_{nb}는 쇄파($10ms^{-1}$) 상황에서 파군속도(wave group velocity)이다. 이 값들을 사용할 때 퇴적율은 7시간의 파랑활동을 기준으로 $246kg^{-s}$ 또는 $2400m^3$가 된다.

출처: http://www.sussex.ac.uk/geography/researchprojects/BAR/publish/Phase-1-final-drift%20experiments.pdf

그림 6.5: 연안표류에 적용된 브루너의 표현양식

을 세 가지 표현양식으로 나타낸 것이다.

브루너의 표현양식이 VAK 학습이론과 상당히 유사하지만 결정적인 차이가 있다. VAK 이론은 학생들을 분류하지만 브루너는 표현양식을 분류하였다. 또한 브루너에 따르면 학생들에게 행동적 표현양식이 가장 쉽고, 다음으로 영상적 표현양식이 쉽다. 상징적 표현양식은 높은 수준의 추상성 때문에 가장 어렵다. 브루너의 아이디어는 지리교사들이 경험을 통해 알게 된 사실들과 일치한다. 학생들은 복잡한 개념들도 야외조사에 적극적으로 참여함으로써 쉽게 이해한다. 교실에서 학생들은 문자나 숫자로 표현된 데이터(표, 그래프, 통계지도)를 이용할 때보다 영화나 사진을 활용할 때 더 쉽게 배운다. 요약하자면 문자나 숫자를 활용해 상징적으로 표현된 정보는 학생들이 접근하기 가장 어렵다.

텍스트 자료, 수치 자료, 지도를 근거로 활용할 때 무엇을 고려해야 하는가?

텍스트 자료

텍스트로 표현된 지리 데이터는 아래의 이유들로 많은 학생들이 어렵다고 느낀다.:
▲ 지리는 강수량(precipitation)과 같이 일상생활에서 만나기 어렵거나, 고도(relief)와 같이 다른 뜻[2]이나 의미를 가진 전문용어를 사용한다.
▲ 지리는 종종 높은 독서연령(reading age)을 요하는 다음절(multi-syllabic) 단어와 긴 문장을 사용한다.
▲ 지리 교과서는 딱딱한 문체로 작성된다.
▲ 신문이나 인터넷에서 찾을 수 있는 유용한 지리 기사들 대부분은 어른들이나 높은 독서 연령대의 학생들을 위한 것이다.

브루너(Bruner)의 아이디어에 따르면 텍스트로 표현된 상징적 정보들은 이해하기 어렵기 때문에 교사들이 이를 보완할 수 있는 영상적(시각적) 정보를 추가적으로 제공해야 한다. TV 프로그램이나 뉴스 보도는 항상 이러한 방식을 따르는데, 사진, 영상, 다이어그램을 함께 제시하여 발표 내용을 보조한다.

---

2) relief는 안도, 안심, 원조(援助)를 의미하는 경우가 대부분이다. 역자 주

이것은 일부 시청자들이 '시각적' 학습자여서가 아니라 텍스트로 표현된 정보가 대부분의 사람들에게 어렵기 때문이다.

텍스트 자료를 활용하기에 앞서 교사는 텍스트를 크게 읽거나, 편집하거나, 필요한 어휘를 알고 있는 지 체크하고, 자신들만의 전문용어 사전을 만들게 격려하는 방식으로 학생들을 지원할 수 있다. 교사 는 텍스트 자료를 보완해 줄 수 있는 시각자료를 활용할 수 있으며, 텍스트에 포함된 내용과 학생들의 일상적인 경험을 연결시킴으로써 학생들의 이해를 도울 수 있다.

수치 자료

통계표, 그래프, 일부 지도와 같이 수치적 데이터를 활용한 자료는 학생들이 이용하기 어려울 수 있다. 모든 학생들이 지리수업이 요구하는 수준의 수학적 이해를 갖고 있지는 않다. 예를 들어 일부 학생들 은 소수점, 퍼센트, 음수나 헥타르, 도(degrees Celsius), 기압 등 측정 단위를 이해하지 못한다.

몇몇 학생들은 비율, 밀도, 부피, 상관관계와 같은 수학적 개념을 이해하는 데 어려움을 느끼기도 한다. 일부 자료들은 미터법을 사용하지만 다른 자료들은 영국식 측량법[3]을 사용하기 때문에 학생들은 두 방식을 모두 알아야 한다. 학생들이 측정단위를 항상 체크하는 것은 아니기 때문에 결과적으로 데이터 를 잘못 이해하기도 한다. 예를 들어 학생들은 천 단위로 기록된 숫자를 보고 영(0)이 생략된 사실을 알 지 못하거나, 비율 값이 %가 아니라 ‰로 계산된 것인지 알아채지 못할 수도 있다.

두 축을 활용해 표현된 상관관계는 이해하기 어렵다. 특히 어떤 현상에 대한 밀도와 비율의 상관관계 처럼 두 축의 숫자가 수학적인 계산의 결과인 경우 더욱 그러하다.

이러한 어려움을 이해하고 학생들이 수치 자료를 다룰 때 적절한 도움을 제공하는 것이 중요하다. 지 리교사는 학생들이 수학시간에 무엇을 배웠는지, 학생들 간 수학 능력 차이를 알아야 한다. 측정단위 에 주의하도록 하고, 필요한 수학적 개념을 알고 있는지 파악하고, 수치 자료를 일상생활에서 의미 있 는 숫자와 관련시켜 주는 것이 유용하다. 표현양식에 대한 브루너의 아이디어에 따르면 통계표나 추상

---

3) 예를 들어, pound, feet, yard 등. 역자 주

적 공식은 그래프나 지도의 형태로 표시된 통계에 비해 이해하기 더 어렵다.

지도

지리교육에서 주제나 장소를 조사하기 위해 다양한 종류의 지도(예, 다양한 축척의 지형도, 아틀라스의 다양한 지도, 일기도, 브로슈어에서 볼 수 있는 지도)가 자료로 활용될 수 있다. 학생들이 중등학교에 진학하게 되면 지리과목에서는 지형도와 지도를 사용하는 데 필요한 지도 관련 기능을 가르치는 데 많은 시간을 쏟는다. 내가 놀랍다고 느끼는 점은 이런 기능들이 중요하다고 강조되면서도 주제나 장소를 조사할 때 제대로 활용되지 못한다는 것이다. 교사교육 프로그램에 대한 외부평가자로서의 내 경험을 비추어 보면, 교사들이 벽지도, 지구본, 아틀라스를 쉽게 활용할 수 있고 또한 학습내용과 밀접하게 관련 있었음에도 지도를 자료로 활용하는 사례를 거의 보지 못했다. 만일 이러한 기능(예, 6자리 숫자를 통해 지도상의 위치를 찾는 법)들을 수년 동안 활용하지 않는다면 학생들은 이 기능을 잊어버리게 될 것이다. 그리고 이러한 기능들이 의미 있는 맥락에서 다뤄지지 않는다면 학생들은 아마도 이들의 가치를 인식하지 못할 것 같다.

지도는 정보를 찾기 위한 자료로 활용하기에는 상당히 복잡하다. 지도의 활용과 관련하여 고려할 필요가 있는 이슈들은 아래와 같다.:
▲ 지도상의 정보들은 상당히 처리된 것이다. 즉, 지도에 포함된 정보는 무엇을 포함시키고, 무엇을 배제하고, 어떻게 상징적으로 표현할 것인지에 대한 수많은 의사결정의 결과이다. 이러한 결정의 일부는 범례(예, 지도에서 규모가 다른 도시를 표현하기 위한 기호의 결정)를 보면 명백해진다. 그러나 무엇을 포함하고 혹은 배제하였는지와 관련된 의사결정은 명백하지 않아서 지도의 제작 과정에 포함된 주관성이 감춰질 수 있다(Wiegand, 2006; 2007).
▲ 지도에 어떤 정보를 포함시킬 것인가는 지도의 축척이나 누가 만들었고 목적이 무엇인지에 따라 결정된다. 따라서 학생들은 지도를 읽는 데 필요한 기능적 능력뿐 아니라 지도를 해석하는 데 필요한 이해가 부족하여 어려움을 경험할 수도 있다.
▲ 지도가 정보를 시각적으로 표현하지만 상당히 상징적인 형태이므로 지도는 브루너(Bruner)의 상징적 표현양식에 속한다. 그림지도와는 달리 지도에 포함된 모든 것들은 기호로 표현되기 때문에 학생들은 기호가 실세계에서 무엇을 나타내는지 이해할 필요가 있다. 각각의 기호가 운하와 낙엽수를 나타낸 것임을 알더라도 학생들이 운하와 낙엽수가 무엇인지 모른다면 문제가 된다.

▲ 일부 지도들은 축척에 맞게 제작된 반면 어떤 지도들은 그렇지 않다는 것을 알아야 한다(예, 메르카토르 도법이나 피터스 도법을 따른 세계지도).

▲ 지도가 축척에 맞춰 제작되었다면 학생들은 축척을 활용할 수 있고 축척을 자신들의 거리 관련 지식과 연결시킬 수 있고 또한 축척의 중요성을 이해할 수 있어야 한다.

지리자료의 비판적 검토를 어떻게 지원할 수 있는가?

역사수업에서 흔히 사용되는 추론 레이어(layers of inference, 혹은 의미 레이어) 프레임워크를 활용하면 학생들은 자료를 더 유심히 검토하게 되고 더불어 자료가 어느 정도까지 탐구를 위한 근거로 활용될 수 있는지 판단하는 데 도움이 된다. 역사와 지리수업에서 추론 레이어가 어떻게 사용될 수 있는지는 17장에서 다룰 것이다.

그림 6.6은 자료가 근거가 될 수 있는지를 비판적으로 판단하기 위해 제작된 프레임워크이다.

요약

탐구적 접근은 핵심 질문을 조사하는 과정에서 다양한 지리자료들을 근거로 활용한다. 1차 데이터 소스와 2차 데이터 소스를 활용하는 데는 장점과 단점이 있다. 자료에 대한 학생들의 접근성과 특정 유형의 자료와 관련된 학생들의 어려움을 고려하는 것이 중요하다.

조사할 핵심 질문
자료의 유형(예, 문서, 그래프, 지도, 사진 등)
자료원 a) 저자, 기관 b) 자료를 찾은 곳(예, 책, 논문, 웹사이트 등 구체적으로) c) 자료가 제작된 시기 d) 나는 −한 이유로 자료가 믿을 만하다/혹은 믿을 만하지 않다는 것을 안다. e) 자료는 편향되었는가? 왜? f) 세상이 작동되는 방식에 대한 어떤 가정이 전제되었는가?(시장의 힘, 정부의 역할, 지방 공동체의 역할과 관련하여)
자료는 핵심 질문에 답할 수 있도록 돕는 아래의 증거들을 제시하고 있다.:
이 자료에 대해 궁금한 부분이 있는가? 이 자료에 대해 완벽하게 이해하지 못한 부분이 있는가?
어떤 다른 정보가 필요한가?

그림 6.6: 지리자료의 활용을 위한 기록지

연구를 위한 제안

1. 지리수업에서 자료의 활용과 관련된 이슈를 조사하기 위해 매캘리비(McAleavy)의 논문에 소개된 아이디어를 발전시켜 보라. 자료의 유형에 따라 학생들이 경험한 문제점들을 학생들의 필기자료, 설문지, 인터뷰, 일지(journal)를 활용해 조사하라. 이 과정에서 학생들이 잘못 이해했거나 헷갈렸던 부분 그리고 제대로 이해한 부분들을 파악하게 된다.

2. 학생들의 지도 및 지형도에 대한 이해를 조사할 수 있는 방법을 고안한 위건드(Wiegand, 2007)의 연구를 활용하라.

3. 지리수업에 포함된 활동을 수행하기 위해 요구되는 수리적 기능(numeracy skills)을 조사하라. 이러한 기능들이 수학시간에 언제 가르쳐지는지, 이러한 기능들의 발달과 관련된 이슈들, 이러한 기능에 대한 학생들 간의 차이에 대해 수학교사들과 의논하라. 수리적 기능이 포함된 수업계획과 활동을 연구 측면에서 검토하라.

참고문헌

Bruner, J. (1966) *Towards a Theory of Instruction*. New York: W.W. Norton and Company.

Coffield, F ., Moseley, D ., Hall, E. and Ecclestone, K. (2004a) *Learning Styles and Pedagogy in Post-16 Learning: A systematic and critical review*. London: Learning and Skills Development Agency. Available online at *www.leerbeleving.nl/wp-content/uploads/2011/09/learning-styles.pdf* (last accessed 14 January 2013).

Coffield, F., Moseley, D., Hall, E. and Ecclestone, K. (2004b) *Should We Be Using Learning Styles? What research has to say to practice*. London: Learning and Skills Research Centre. Available online at *http://itslifejimbutnotasweknowit.org.uk/files/LSRC_LearningStyles.pdf* (last accessed 14 January 2013).

DfES (2011) *The Framework for the National Curriculum: A report by the expert panel for the national curriculum review*. London: Department for Education and Skills. Available online at *www.education.gov.uk/publications/eOrderingDownload/NCR-Expert%20Panel%20Report.pdf* (last accessed 14 January 2013).

James, M. and Pollard, A. (2011) 'TLRP's ten principles for effective pedagogy: rationale, development, evidence, argument and impact', *Research Papers in Education*, 26, 3, pp.275-328.

Massey, D. (1995) 'Imagining the world' in Allen, J. and Massey, D. (eds) *Geographical Worlds*. Oxford: Oxford University Press.

McAleavy, T. (1998) 'The use of sources in school history 1910-1998: a critical perspective', *Teaching History*, 91, pp.10-16.

Rolfe, J ., Kent, A., Rowe, C., Grenyer, N. and Dearden, R. (1974) *The Oxford Geography Project*. Oxford: Oxford University Press.

Scott, S. (2007) 'Coming in from the cold: transition in Eastern Europe and labour migration to the UK', *Teaching Geography*, 32, 3, pp.116-120.

Sharp, J., Bowker, R. and Byrne, J. (2008) 'VAK or VAK-uous? Towards the trivialisation of learning and the death of scholarship', *Research Papers in Education*, 23, 3, pp.293-314.

Teaching and Learning Research Programme (TLRP) (2011) 'TLRP's evidence-informed pedagogic principles'. Available online at *www.tlrp.org/themes/themes/tenprinciples.html* (last accessed 14 January 2013).

Walford, R. (2001) *Geography in British Schools 1850-2000*. London: Woburn Press.

Wiegand, P. (2006) *Learning and Teaching with Maps*. London: Routledge.

Wiegand, P. (2007) 'GTIP Think Piece: Using Maps and Atlases'. Available online at *www.geography.org.uk/gtip/thinkpieces/usingmapsatlases/#4691* (last accessed 14 January 2013).

재현과 왜곡

"우리가 단일 스토리(single story)를 거부할 때 그리고 우리가 한 지역에 대해 단일 스토리가 있을 수 없다는 사실을 깨달을 때 우리는 다시금 천국을 얻게 될 것이다."[1] (Adichie, 2009)

도입

생텍쥐페리의 책, 『어린 왕자』(1974)에 등장하는 지리학자는 지리학자의 책이 '증거'가 없다면 '거짓말'을 하는 것이며 그것은 재앙과 같다고 말한다(그림 7.1). 어떤 출판사나 지리교사도 이런 종류의 재앙이 교실에서 발생하도록 하지는 않을 것이다. 그럼에도 불구하고 학생들은 지리교육과정의 내용들, 즉 고정관념, 편견과 '타자화(othering)' 등을 통해 세상에 대한 다양한 종류의 왜곡에 노출되어 있다(124 쪽 참조). 이것은 마치 세계에 대해 전달 가능한 진실이 있다고 말하는 것과 같다. 그러나 세상에 대한 재현은 참과 거짓을 구분하는 것처럼 간단하지 않다.

이 장에서는 아래의 질문들을 다룰 것이다.:

▲ 지리는 세상을 어떻게 재현하는가?

---

1) 나이지리아 출신의 작가 치마만다 아디치에(Chimamanda Adichie)가 TED에서 발표한 내용 중 일부이다. 그녀는 한 지역에 대한 단일 스토리의 위험성에 대해 이야기했다. 그녀는 어렸을 때 영국과 미국에서 출판된 책을 보면서 자랐으며, 자신이 7살 때 썼던 이야기에는 백인들이 등장하고, 눈 속에서 놀고, 사과를 먹으며, 날씨를 이야기한다(그녀는 나이지리아에서 살았다!). 즉 한 지역에 대한 단일 스토리가 반복되면 고정관념이 될 수 있고 그것이 얼마나 위험할 수 있는지를 보여 준다. 역자 주

- ▲ 지리교육과정은 어떻게 세상을 재현하는가?
- ▲ 고정관념은 무엇인가?
- ▲ 사례는 어떻게 오해를 불러일으키는가?
- ▲ 편향(bias)은 무엇인가?
- ▲ '타자화'는 무엇인가?

> **지리학자:** 지리학자는 더 중요한 일을 하기 때문에 그렇게 돌아다닐 수 없어. 지리학자는 연구실을 떠나지 않아. 대신 연구실에서 탐험가를 만나 질문을 하고 탐험가가 찾아낸 것을 조사하는 거야. 그러다가 탐험가가 재미있는 얘기를 하면 그 탐험가의 인품을 조사한단다.
>
> **어린왕자:** 왜요?
>
> **지리학자:** 탐험가가 거짓말을 할 수 있기 때문이지. 그렇게 되면 지리책에 엄청난 문제가 생기거든. 그래서 지리학자들은 탐험가에게 증거를 보여 달라고 요구하지.

그림 7.1: 생텍쥐페리의 『어린 왕자』 중에서

지리는 어떻게 세상을 재현하는가?

세상을 재현하는 방식에 대한 두 가지 접근이 있다. 거울이 사물을 비추는 것처럼 우리는 세상을 정확하게 반영할 수 있다는 생각이다. 이러한 생각은 종종 모방적 재현(mimetic representation) 혹은 모방(mimesis)으로 불리며, 던컨과 레이(Duncan & Ley, 1993, p.2)는 이러한 생각을 "가능한 한 세상을 정확하게 반영할 수 있도록 노력해야 한다는 신념"으로 설명했다. 던컨과 레이는 "세상을 완벽하게 재현하는 것은 불가능"(p.3)하며, "완전한 재현이야 말로 자연스러운 재현이라는 환상을 유지하기 위해 사회는 자신의 역사적 특수성을 감춘다."(p.4)라고 주장한다.

세상을 가능한 한 정확하게 재현해야 한다는 것이 상식적으로 들리지만, 1970년대 이후 사회과학자들은 모방적 재현의 가능성을 의심해 왔다. 학문적 지식은 학문의 역사 내에서 특정 시점의 지식을 반영한다. 많은 지리학자들 또한 이러한 사실을 강조해 왔다.

"인문지리는 '저기 바깥'에 존재하는 실재를 있는 그대로 반영한 것이 아니라 사회적으로 구성된 것이다. 다르게 표현한다면, 어떤 경험, 신념, 가치체계가 공유될 수는 있지만 이들 역시 다양하며 세상에 대한 해석은 시간과 공간의 위치에 따라 달라진다." (Daniel et al., 2012, p.2)

"세상에 대한 우리의 지식은 항상 어떤 관점, 어떤 위치에서 바라본 것이다. 우리는 저기가 아니라 여기에서 세상을 바라본다." (Allen & Massey, 1995, p.2)

"자연에 대한 재현은 복사기처럼 외부에 존재하는 고정된 실재를 거울처럼 보여 주는 중립적인 과정이

아니다. 오히려 우리가 자연을 어떻게 이해하는지를 반영하는 것이다." (Whatmore, 2005, p.9)

지리학자들은 거울에 비치는 세상이 아닌 당시의 학문적, 문화적 사상과 그들의 위치성 및 개인적 관심을 반영하는 렌즈를 통해 세상을 본다. 지리학자들은 이렇게 바라본 것들을 문장과 이미지로 표현하며, 이러한 렌즈를 통해 지리적 의미를 만들어 낸다. 홀(Hall, 1997)에 따르면, 우리는 아래와 같은 것들을 통해 세상에 의미를 부여한다.:

"… 우리가 세상을 재현하는 방식, 우리가 세상을 재현하기 위해 사용한 단어들, 우리가 세상에 대해 말하는 이야기들, 우리가 세상에 대해 만들어 내는 이미지들, 세상과 관계된 우리의 감정들, 우리가 세상을 분류하고 개념화하는 방식들, 우리가 세상에 부여하는 가치들." (p.3)

재현은 "우리의 사고방식과 관련"(Taylor, 2004, p.2) 있으며 우리의 사고방식은 문화에 의해 그리고 위치성을 통해 형성된다. 우리가 거울에 비친 세상이 아닌 다양한 렌즈들을 통해 세상을 바라보고 있다는 사실을 받아들인다면, 재현이라는 것은 중립적일 수 없다. 즉 "각각의 재현[각각의 지리적 상상력(geographical imagination)]은 특정 시선을 가질 수밖에 없다."(Massey, 1995, p.34) 학생들이 세상을 조사하고 기술하는 데 활용되는 렌즈들을 알고, 나아가 지리수업에서 배우는 세상이 세상 그 자체가 아니라 재현이라는 것을 아는 것이 중요하다. 그런 다음에야 비로소 학생들은 지리자료를 비판적으로 바라볼 수 있게 된다.

지리교육과정은 어떻게 세상을 재현하는가?

평평한 종이 위에 세상을 재현하는 것이 불가능하듯 왜곡 없이 세상을 재현할 수 있는 지리교육과정도 존재할 수 없다. 지리가 다루는 범위는 믿을 수 없을 만큼 방대하기 때문에 학교 지리교육에서 모든 것을 다룰 수는 없으며, 세계의 모든 국가들, 모든 주제와 이슈들을 의미 있는 방식으로 학습하는 것은 불가능하다. 교육과정의 계획이라는 거시적 측면에서 단원(scheme of work)이 구조화된 방식을 보면(단원은 종종 주제, 이슈, 지역 혹은 이들의 조합으로 구조화된다), 지리가 무엇이며, 지리가 학생들이 세상에 대해 알고, 이해하고, 인식하는 방식에 어떻게 기여할 수 있는지 알 수 있다. 좀 더 상세한 수준의 교육과정을 계획하려면 어떤 주제나 장소, 혹은 이슈를 학습할 것인지를 선택해야 한다. 예를 들어 학생들은 특정 지역에 대한 상세한 지식까지 알아야 할까? 만일 그렇다면 그 지식은 어떤 것이어야 할까? 영국의 학생들은 빙하지형에 대해 배워야 할까? 인구증가, 물 공급, 기후변화, 국가 및 세계 수준의 불평등과 같은 21세기 세계의 주요 이슈들을 모든 학생들이 학습해야 할까? 결국 지리교육과정에 포함되는 내용들은 선택되는 것이므로 지리교육과정이 세상을 공평하게 재현할 수는 없다.

지리의 핵심적인 교육과정 질문은 다음과 같다.:
▲ 무엇을 학습해야 하는가? 그 근거는 무엇인가?
▲ 누가 결정해야 하는가? 그 근거는 무엇인가?

이런 질문들은 많은 추가적인 질문들을 동반한다. 만일 정부나 평가기관(examination boards)에서 내용을 결정한다면, 이들은 학습할 지역이나 주제를 얼마나 규제할 수 있을까? 어떤 기준을 근거로 내용을 선정할까? 선정된 내용이 학생들의 현재의 삶 혹은 그들의 미래 직업생활을 위해 적절해야 한다는 것은 논쟁적인 아이디어인가? 로컬의 맥락 속에서 이슈를 학습하는 것이 멀리 떨어진 지역의 맥락에서 학습하는 것에 비해 항상 더 적절한가? 학습할 이슈가 얼마나 중요한지가 선택의 중요한 기준이 되는가? 만일 그렇다면 그러한 중요성은 누가 결정하는가? 미국, 중국이 세계에서 경제적, 정치적으로 중요하기 때문에 모든 학생들이 이들 국가에 대해 학습해야 한다는 것은 타당한가? 이러한 질문에 대한 답변은 교육의 목적, 특히 지리교육의 목적이 무엇이라 생각하는지에 따라 달라진다. 이들 질문들은 항상 논쟁거리가 된다. 이들 질문에 대해 어떤 선택을 하느냐에 따라 학생들이 세상을 접하고 세상에 대해 사고하는 방식은 많은 영향을 받는다.

나는 2005년 영국의 중학교 수준의 지리교육과정에서 학습하게 되는 국가들을 조사한 적이 있는데, 결과를 보면 학생들이 학습하는 세상은 극단적으로 왜곡되어 있다(Roberts, 2006). 1991년, 1995년에 걸친 영국 국가 수준 지리교육과정의 개발과 개정을 거치면서도 꾸준히 유지되어 온 아이디어는 몇몇 국가들에 초점을 맞추어야 한다는 것이다. 물론 다른 선택이 가능했겠지만 대다수의 학생들이 '빅4(the big four)'라 불리는 네 국가(일본 또는 이탈리아, 브라질 또는 케냐) 중 두 국가를 상세하게 배운다. 세계의 다른 지역들은 단지 사례연구를 통해서 학습되거나, 주제를 위해 언급되는 수준이라 미국, 중국, 러시아에 대한 내용은 매우 제한적이며, 빅4를 제외한 유럽, 아프리카, 남아프리카, 아시아의 다른 국가들에 대한 내용 역시 미약했다. 학생들이 배우는 지역을 지도에 표시해 보면, 왜곡이 너무 심해 사용할 수 없다고 불평하는 메르카토르 지도보다 더 왜곡된 모습을 볼 수 있다. 지리교육과정을 통해 학생들이 구성하게 되는 세상의 모습은 정적(equal-area)과는 거리가 멀다.

이 연구가 진행된 이후 중국에 더 많은 관심을 쏟게 되는 등 지리교육과정의 내용에 변화가 있었다. 어떤 지역을 선택하느냐에 따라 학생들이 알게 되는 세상이 달라진다. 정확한 선택이 가능하다면 좋겠지만, 지리교육과정이 어떤 내용을 포함하고 배제하느냐에 따라 그리고 지리교육과정이 어떻게 구성되느냐에 따라 왜곡될 수밖에 없다. 따라서 중립적인 지리교육과정이란 있을 수 없다.

고정관념은 무엇인가?

홀(Hall, 1997)은 고정관념(stereotypes)이 어떻게 왜곡된 재현을 만들어 내는지 아래와 같이 설명하였다.:

"고정관념은 사람들을 유사성에 따라 분류하는 과정에서 개개인들을 단순화시키고, 과장된 특징을 가진 사람들로 간략화하며, 어떠한 변화의 가능성도 부정하고, 나아가 이러한 특징들이 선천적인 (natural) 것이라 주장한다. 복잡성이 무시되거나 부정되며, 개인에 대해 알아야 할 모든 것들은 그들에게 부여된 고정관념을 조사함으로써 파악할 수 있다고 주장한다. 요약하자면 고정관념은 '이것이 너이며, 이것은 너에 대한 모든 것이다.'라고 선언하는 것이다." (p.258)

홀(Hall)이 사람에 대해 쓴 내용은 지역에도 적용된다. 물론 우리는 세상을 이해하기 위해 분류할 필요가 있고, 우리의 경험을 새로운 정보와 연결시킬 수도 있어야 한다. 핵심 포인트는 고정관념이 사람이나 지역을 '몇몇의 단순화되고 과장된 특징'으로 간략화시켜 버리는 것이다. 이것은 고정관념이 사실이냐 아니냐를 묻는 것은 아니며, 고정관념도 사실적인 요소를 갖고 있기도 하다. 고정관념의 문제는 복잡성을 무시하는 것에 있다. 고정관념은 우리의 사고와 태도에 영향을 미칠 수 있는 왜곡(misrepresentation)이다. 만일 고정관념이 부정적인 것이라면 고정관념은 악영향을 줄 수 있다.

우리는 어떤 국가나 사람들에 대해 고정관념을 일부러 퍼뜨리지는 않는다. 그러나 우리는 학생들이 어떤 지역에 대해 갖고 있는 고정관념적 이미지를 파악할 필요가 있고, 우리가 활용하는 자료 속에서 그 지역들이 어떻게 재현되고 있는지를 검토해야 한다. 대다수의 학생들은 세계의 여러 지역에 대한 고정된 이미지를 갖고 있다. 나는 아프리카 사례를 들고 있지만, 세계의 다른 지역들을 학습하기 전에 그 지역에 대해 학생들이 갖고 있는 인식을 검토해 보는 것은 의미 있는 일이다. 학생들은 흔히 아프리카를 정글, 가뭄, 사파리, 부족문화, 기아, 빈곤, 질병과 연결시키며(Borowski & Plastow, 2012), 이러한 이미지들은 미디어를 통해 접한 것들이다.

어린아이들을 위해 제작된 것들을 포함한 아프리카에 대한 스토리나 TV 프로그램은, 정글과 야생동물에 대한 것들이 아주 흔하며, 아프리카에 대한 여행 프로그램, 광고, 브로슈어는 사파리나 전통적인 생활방식과 같이 이국적인 것들을 강조하는 경향이 있다. 코믹릴리프(Comic Relief)나 옥스팜(Oxfam)과 같은 자선 프로그램이나 광고는 아프리카의 빈곤과 외부로부터 도움이 필요한 상황을 강조한다. 또한 신문이나 TV의 뉴스는 기아나 분쟁과 같은 재난적 상황에서만 아프리카를 뉴스로 내보낸다.

지역에 대한 모든 고정관념적 이미지들이 사실에 근거하기는 하지만 아래와 같은 방식을 통해 아프리카를 왜곡하고 있다.:
▲ 몇 가지의 특징에 초점을 맞춤으로써
▲ 아프리카의 사람들과 지역이 영국의 지역과 어떻게 다른지(예, 아프리카의 이국적인 측면)를 강조함으로써
▲ 재난을 강조함으로써
▲ 아프리카 대륙 내부 혹은 개별 국가 내의 다양성을 무시함으로써
▲ 영국과의 유사성을 무시함으로써
▲ 아프리카의 지역과 사회의 긍정적인 측면을 무시함으로써

나이지리아 출신 소설가인 치마만다 아디치에(Chimamanda Adichie)는 '싱글 스토리의 위험(The danger of a single story, 2009)'을 경고해 왔다. 그녀가 고국인 나이지리아를 떠나 19살의 나이에 미국의 대학에 왔을 때 그녀의 룸메이트의 태도에 충격을 받았다. "나에 대한 그녀의 기본적인 태도는 오만했고 좋게 말하면 동정이었다. 내 룸메이트는 아프리카에 대한 싱글 스토리, 즉 재난의 스토리를 갖고 있었던 것이다." 아디치에에 따르면, "싱글 스토리는 고정관념을 만들고, 고정관념은 그것이 사실이 아니어서가 아니라 완전하지 않아서 문제가 된다. 싱글 스토리는 고정관념을 유일한 스토리로 만든다."

탐구를 통한 **지리학습**

보로프스키(Borowski, 2011)는 레드 노즈 데이(Red Nose Day)[2]같은 기금조성 이벤트의 의도는 좋지만, "먼 지역에서 살고 있는 사람들에 대한 우리의 인식에 나쁜 영향을 준다"(p.18)고 적고 있다. 자선적 기금조성 이벤트의 부산물은 아프리카에 대한 싱글 스토리, 즉 서방으로부터 도움이 필요한 대륙이라는 단일 스토리를 만들어 내는 것이다.

아프리카에 대한 고정관념적인 이미지는 초기 탐험의 시대로 거슬러 올라갈 만큼 오랜 역사를 갖고 있다. 아프리카는 '검은 대륙(the Dark Continent)' 그리고 '백인의 무덤(White Man's Grave)'으로 불렸다. 아프리카를 탐험했던 탐험가들은 아프리카를 종종 '야만적이고', '원시적이며', '미개하다'고 기술했다. 이런 강력한 이미지는 아프리카에 대한 우리의 생각과 기대를 결정지었다. 영국지리교육협회(GA)의 회장 취임 연설에서 토니 빈스(Tony Binns, 1995)는 자신이 어떻게 아프리카라는 '검은 대륙'에서 박사학위를 위한 연구를 시작했는지 설명했다. 당시에는 아프리카의 기후, 질병, 토양의 '문제점'만 과도하게 강조한 *The Tropical World*(Gourou, 1966) 류의 책들이 보여 준 아프리카에 대한 '미신과 고정관념', 그리고 '낡은 지식'이 팽배했었다(Binns, p.316). 그는 서적을 통해 가나의 농부가 이룬 긍정적인 성취를 알고 있었지만, 정작 아프리카에 대한 그의 고정관념은 서아프리카에서 진행된 야외조사를 통해 깨졌다. 그는 경험을 토대로 시에라리온 사람들이 보여 준 '활력과 친절'에 대해 그리고 가격변동과 시장기회를 잘 이해하고 있던 기업농부에 대해 기술하였다. 천연자원의 지속가능성의 중요성을 이해하고 있었던 북부 나이지리아의 풀라니(Fulani) 족 목축민에 대해서도 기술했다. 그는 또한 가뭄에 대응하는 능력을 가졌던 말리(Mali) 사람들과 토지의 회복력에 대해서도 기술했다. 아프리카에 빈곤과 여러 문제가 존재한다는 사실을 인정하면서도 빈스는 아프리카에 대해 매우 긍정적인 태도를 갖고 있었던 것이 분명하다.

예비 지리교사들과 함께 하면서 나는 빈스가 옳았음을 알게 되었다. 열대 아프리카에서 살거나 공부했던 경험은 아프리카에 대한 미신을 없애는 강력한 힘이 된다. 내가 가르친 학생들 중에는 아프리카에서 성장했거나 공부했거나 가르치는 봉사활동을 했거나 혹은 잔지바르(Zanzibar)에 교환학생을 다녀온 학생들이 있었다. 그들 모두는 자신들이 살았던 국가에 대해 긍정적인 감정을 갖고 있었으며 그 지역의 다양성과 복잡성에 대해 잘 알고 있었다.

---

[2] 자선단체인 코믹릴리프(Comic Relief)가 주최하며, 빨간 옷을 입거나 빨간 코로 분장하고는 전국적으로 자선행사를 하는 날이다. 모금된 성금은 가난하고 소외받은 어린이나 아프리카의 어린이들을 위해 사용된다. 역자 주

중등학교 학생들이 아프리카와 멀리 떨어진 다른 세상에 살면서 미신을 없앤다는 것은 흔치 않기 때문에 이러한 고정관념을 극복하는 것은 여전히 중요하다. 그렇다면 어떤 방법으로 고정관념을 깨뜨릴 수 있을까? 아래 방법들을 고려해 볼 수 있다.:

▲ 학생들이 (특정 지역에 대해) 어떤 인식을 갖고 있으며, 이러한 인식들이 어디서 왔을 것 같은지 찾아보는 것으로 수업을 시작하라. 그런 다음 이러한 고정관념들을 어떻게 다룰 것인지 결정하라.

▲ 다른 국가에서 온 사람들을 교실로 초대할 수 있는지 알아보라. 보로프스키(Borowski, 2011)는 초등학교 수업을 위해 리즈(Leeds) 대학교에서 수학 중이던 아프리카 출신 학생들을 초청했으며, 이 수업은 아프리카에 대한 학생들의 인식을 크게 바꿔 놓았다. 셰필드 대학교(University of Sheffield)의 교사교육 프로그램에서는 다른 국가에서 온 대학생들을 초대하여 학생들이 평소 갖고 있었던 궁금증을 해결할 수 있는 기회를 제공한다.

▲ 학습할 지역에 살다 온 (정형화된 이미지를 강화시키기보다는 깨뜨리고 싶어 하는) 교사나 보조교사를 활용할 수 있는지 알아보라.

▲ 이메일이나 비디오 연결을 통해 학습할 지역의 학생들과 접촉할 수 있는 기회를 찾아보라.

▲ 다른 국가에 살고 있는 사람들의 목소리를 담은 자료, 즉 그들이 직접 찍은 사진이나 글을 활용하라.

▲ 학습할 지역의 다양성을 보여 주는 자료를 활용하라. 테일러(Taylor, 2011)는 단순히 두 가지의 상반된 모습, 예를 들어 가난하고 부유한 브라질의 모습이나 북부와 남부 이탈리아만 제시함으로써 달성할 수 있는 것은 아니라고 지적한다. 오히려 이런 방식은 고정관념을 더 심화시킬 수 있다.

▲ 고정관념을 깰 수 있는 활동을 활용하라(그림 7.2).

사례는 어떻게 오해를 불러일으키는가?

사례(case studies)는 다양한 이유로 지리 교과서에서 활용된다. 사례는 인문적, 자연적 프로세스의 예시뿐 아니라 지리적 요소들이 어떻게 상호작용하는지를 생생하게 보여 줄 수 있다. 일반화된 것보다는 개인이나 로컬 스케일의 사례들이 학생들에게 더 쉽게 다가갈 수 있다. 2011년 일본의 쓰나미나 런던 올림픽과 같이 최근의 이벤트를 활용한다면 현재 세계에서 일어나고 있는 사건들을 이해하는 데 지리가 유용하다는 것을 보여 줄 수 있다.

그러나 사례 속에 등장하는 많은 지역들이 단지 하나의 주제만을 위해 다뤄지기 때문에 의도치 않게

고정관념을 깨뜨리는 활동

다음 활동들은 장소에 대한 고정관념을 없애는 데 활용할 수 있다. 이 활동들을 시작활동으로만 활용하는 것이 아니라 토론을 통해 고정관념을 찾아내고, 장소나 주제에 대한 조사 활동과 통합해서 진행할 경우 최고의 효과를 기대할 수 있다.

세상의 어디?(Where in the world?)

▲ 학습할 지역을 보여 주는 6~20개 정도의 사진을 찾아보자. 일부는 그 지역에 대한 고정관념을 보여 주고, 나머지 사진은 해당 지역에 대한 대안적인 이미지를 보여 주어야 한다. 활용할 사진의 숫자는 활동시간과 이 활동을 어떻게 이용할 것인가에 따라 달라질 수 있다.

▲ 학생들에게 사진을 보여 준다.

▲ 사진에 번호를 매기고, 사진 속의 국가가 어디일지 추측한 후 적게 한다. 만일 학생들이 짝이나 그룹으로 활동한다면 학생들 간의 토론 내용은 흥미로운 추론거리가 될 수 있다.

▲ 사진을 다시 보여 주고, 학생들이 추측한 내용을 확인해 보자. 학생들이 추측한 내용은 추후에 진행될 토론을 위해 적어둘 수 있다.

▲ 소크라테스식 질문법[예, 어떤 것을 추측할 수 있었나? 그렇게 말한 이유는 무엇인가? 그것에 대한 근거(정보)는 무엇인가?]을 활용해 학생들이 추측한 내용을 확인해 보자.

▲ 학생들이 정확하게 추측했던 사진들을 다시 보고 그 이유를 논의해 보자.

▲ 학생들이 잘못 추측했던 사진들을 다시 보고 그 이유를 논의해 보자.

▲ 학생들이 가장 놀라워했던 사진들을 골라 이유를 적어보면서 이 활동을 마무리 할 수 있다.

아마존일까 아닐까?(Amazon or not?)

테일러(Taylor, 2011)가 제안한 이 활동은 '인도일까 아닐까? (India or not?)'와 유사한 형태이며, '세상의 어디?' 활동의 변형이다.

▲ 열대우림을 보여 주는 다양한 사진을 찾는다.

▲ 학생들에게 사진을 제시한다.

▲ 학생들에게 사진 속 지역이 아마존 열대우림인지 묻는다.

▲ 학생들이 추측한 내용을 확인하고, '세상의 어디?' 활동과 같이 학생들이 추측한 내용을 조사한다.

▲ 학생들이 추측한 내용을 활용해 아마존 열대우림 내부에서의 다양성과 아마존 열대우림과 다른 지역 열대우림 간의

차이를 이해시킨다.

어린 학생들을 위해 세계 여러 지역의 숲을 보여 주는 사진들을 포함시킬 수 있으며, 이를 통해 학생들은 열대우림의 특성을 구분해 낼 수 있다.

변형: 중국일까 아닐까?

이 활동은 제시된 사진들이 특정 국가에서 찍은 것인지를 묻는(예, 중국일까 아닐까? 혹은 인도일까 아닐까?) 좀 더 일반화된 형태의 활동이다.

변형: 저개발국가일까 아닐까?

홉커크(Hopkirk, 1998)는 자신이 인도에서 찍은 사진들을 학생들에게 보여 주고 이 사진들이 저개발국에서 찍은 것인지 아닌지를 물어보았다. 그는 이 활동을 통해 인도에 대한 고정관념을 없애 주려 한 것이다. 오늘날 거의 모든 국가들이 발달 관련 지표의 연속선을 따라 배열되기 때문에 세계를 선진국과 저개발국으로 구분하는 것은 쉽지 않다. 따라서 이 활동은 토론을 통해 더 발전될 수 있으며, 국가들이 두 개의 그룹이 아니라 연속선을 따라 배열된 모습을 보여 줄 수 있는 데이터(예, Gapminder)를 활용할 수도 있다.

사진 편집자(Photo editor)

학생들에게 실제 혹은 가상의 시나리오를 제시하고, 제한된 숫자의 사진을 통해 시나리오에 맞는 사진을 선택하도록 한다. 아래와 같은 시나리오를 활용할 수 있다.:

▲ 학교 웹사이트나 브로슈어를 위한 사진

▲ 지역의 전입자나 다른 국가에 있는 펜팔 친구에게 보낼 로컬 사진

▲ 마을을 소개하는 관광 리플릿 제작을 위한 사진

▲ 국가를 소개하는 관광 리플릿 제작을 위한 사진

▲ 옥스팜(Oxfam) 광고를 위한 사진

▲ 와이드월드(Wide World)와 같은 지리 잡지에 실릴 기사를 위한 사진(기사 하나당 사진은 3개 이하)

학생들이 실제로 학교 홍보를 위해 사용된 사진에 의견을 제시하거나, 학생들의 활동 결과(선택한 사진)를 실제 상황과 비교할 수 있다면 이 활동은 실제 시나리오가 되는 셈이다. 반대로 그러한 비교가 불가능하다면 가상의 시나리오가 된다.

▲ 제시된 지역의 다양한 측면을 보여 줄 수 있는 사진을 찾아라.

▲ 시나리오를 설명하라. 이 단계에서 사진을 선정하기 위한 기준을 논의할 수 있다. 학생들이 명료하지 않은 기준을 활용했다면 이후 토론에서 드러나게 된다.

▲ 학생들은 10개 중에서 2~3개 정도의 사진을 선정한다. 로컬 지역을 나타내는 사진은 최대 6개까지 선정할 수 있다.

▲ 사진을 선택하고 나면 각각의 사진에 대해 왜 그 사진을 선택했는지 혹은 선택하지 않았는지 돌아가면서 설명한다. 각각의 사진에 대해 학생들의 찬, 반 의견을 수렴하여 합의를 도출할 수 있다.

▲ 선정된 사진들은 그 지역에 대해 어떤 메시지를 전달하고 있는지, 이러한 메시지가 어느 정도까지 '정확하며' 혹은 왜곡된 것인지를 논의한다.

이러한 방법 이외에도 학생들에게 장소를 긍정적으로 혹은 부정적으로 보여 주는 사진을 선택하게 할 수 있다. 장소에 대한 자신들의 재현을 살펴봄으로써 고정관념을 이해할 수 있게 된다.

그림 7.2: 고정관념을 없애는 활동

이들 지역에 대한 고정관념을 만들 수 있다. 대규모의 홍수 사례를 위해 종종 활용되는 방글라데시가 이 경우에 해당한다. '알아야 할 이유를 만들고(creating a need to know)' 한편으로는 학생들의 선지식을 확인하기 위해 영리한 추측(intelligent guesswork, 13장 참조)이라는 활동을 교사 워크숍에서 수년 동안 활용해 왔다. 나는 이제 이 활동을 학생들의 고정관념을 확인하는 목적으로도 사용한다. 남아프리카 공화국과 방글라데시를 포함하는 15~20개 사이의 국가들 목록을 준비하는 데 방글라데시보다 기대수명이 낮은 국가를 최소한 3곳 이상 포함시킨다.

짝이나 소그룹에 속한 참가자들은 국가별 기대수명을 '추측(guess)'한다. 참가자들에게 기대수명이 가장 길 것 같은 세 국가와 가장 짧을 것 같은 세 국가를 선정하도록 하면, 방글라데시를 항상 기대수명이 낮은 세 국가에 포함시킨다. 그 이유는 바로 홍수 때문이다. 이유를 조사할 때 참가자들은 항상 홍수로 인한 익사와 작물피해, 그리고 질병을 언급한다. 이 활동의 참가자들이 예비 지리교사 혹은 지리교사임에도 불구하고, 불완전한 지식에 기대어 방글라데시의 기대수명이 (홍수만 아니라면) 더 높아질 수 있다고 말한다. 이들은 방글라데시의 기대수명이 65세이며, 반면 더 길 것이라 예상했던 남아프리카 공화국의 기대수명이 54세인 것을 알게 되었을 때 놀라곤 한다. 이러한 결과에 대해 논의해 보면, 이들은 단지 홍수를 위해 방글라데시를 학습했고, 그들의 교과서는 방글라데시를 다른 맥락에서는 전혀 언급하지 않고 있음을 알게 된다. 더구나 방글라데시는 끔찍한 수준의 홍수가 발생한 경우를 제외하고는 뉴스에서도 잘 다뤄지지 않는다. 방글라데시에 홍수가 빈번한 것이 사실이 아닌 것은 아니지만, 이러한 자료는 방글라데시에 대한 고정된 이미지를 낳았고, 기대수명을 추측하는 데도 영향을 미치게 되었다. 아디치에(Adichie, 2009)가 주장했듯이, '민족을 단일하고 유일한 것으로 반복해서 보여 준다면, 그

민족은 그렇게 되어 간다.'

사례는 방글라데시에 대해 한 가지 측면만을 보여 주었고 방글라데시는 싱글 스토리가 되었다. 흔하게 활용되는 다른 사례들도 '싱글 스토리'를 보여 준다. 중등학교의 지리교육에서 멕시코는 미국으로의 이주, 그리고 중국은 '한 자녀 정책'에 대한 싱글 스토리로 다룬다.

지역에 대한 확정적인 스토리들은 이해에 걸림돌이 된다. 이러한 문제점은 다음과 같은 방법으로 피할 수 있다.:

▲ 다른 주제를 위해 동일한 지역을 사례로 활용함으로써 한 지역에 대한 상반된 이미지가 드러나게 한다. 그러나 이럴 경우 보다 적은 수의 지역을 학습하게 된다.

▲ 사례를 넓은 맥락에서 다뤄서 지역의 다른 측면을 파악할 수 있도록 한다.

▲ 아디치에의 동영상 강의인 '싱글 스토리의 위험(The danger of a single story, 2009)'을 전부나 일부 보여 주고, 고정관념의 문제점을 알게 한다.

편향은 무엇인가?

옥스퍼드 온라인 사전에 따르면, 편향되었다는 것은 '어떤 사람이나 사물에 대해 경도되거나 치우친 생각을 드러내거나 느끼는 것'이다(http://oxforddictionaires.com/definition/english/bias). 학생들은 지리수업에서 논쟁적인 이슈를 조사하거나(12장 참조), 그들이 사용하는 지리자료를 통해 편향과 만나게 된다.

역사적 사료와 관련하여 랭(Lang, 1993)이 썼듯이, "모든 사료는 내재적으로 편향적이며, 일부 사료들은 다른 사료들에 비해 뚜렷하고 명백하게 편향적인 경우는 있어도 편향이 없는 사료는 없다. 그러한 편향을 찾아내는 것이 역사학자가 할 일이다."(p.13) 그는 나아가 '이 사료가 편향 되었는가'가 아니라 '이 사료는 어떻게 편향되어 있으며, 우리가 과거를 이해하는 데 어떻게 작용하는가?'(p.10)를 질문해야 한다고 주장했다. 동일한 주장이 지리학의 자료에도 적용될 수 있다. 세상에 대한 모든 재현은 특정 시각을 반영하며(positioned), 정도의 차이는 있지만 모두 편향되어 있다. 따라서 학생들은 '이 재현은 편향되었는가?'가 아니라 '이 재현은 어떻게 편향되어 있는가?'를 질문해야 한다. 학생들은 그들이 사용하는 자료가 어디에서 처음으로 만들어졌고, 누가 만들었으며, 왜 만들었는지를 파악해야 한다.

특정 관점이나 위치성(positionality)을 나타내거나 특정 사례를 옹호하는 방식의 편향은 상황에 대한 잘못된 시각을 전달하는 편향과는 차이가 있다. 예를 들어 일부 교과서가 남부 이탈리아의 농업을 재현하는 방식은 편향되었다기보다는 정확하지 않은 것이다.

사진: Brunosan (CCL)

교과서에 나타난 남부 이탈리아의 재현

사진: dougsyme (CCL)

멕시코와 방글라데시는 많은 사례들 속에서 '싱글 스토리'가 되어 간다. 멕시코는 미국으로의 이주를 위해, 방글라데시는 대규모 홍수를 위해서만 다뤄진다.

2006년 영국의 중학교 수준에서 사용되는 세 지리 교과서(Bowen & Pallister, 2005; Hillary et al., 2001; Waugh & Bushell, 2006)에 나타난 이탈리아 남부지역의 모습을 이탈리아의 초등학교에서 사용되는 지리부도와 비교한 적이 있다(IGA, 2006). 지리 교과서와 지리부도를 정주, 농업, 산업에 초점을 맞춰 분석하였다. 이들 출판물들은 네 주제를 모두 다루고 있었으며, 이들 주제는 텍스트, 이미지, 학생활동을 통해 표현되었다.

이탈리아 남부지역이 의미하는 범위는 다를 수 있지만 일반적으로 캄파니아, 칼라브리아, 풀리아, 바실리카타, 시칠리아, 사르데냐 지역을 포함한다. 한 교과서는 아브루초, 몰리세 지역도 포함하고 있어 이들 지역도 연구대상에 포함시켰다. 타자화(othering), 고정관념(stereotyping), 발달 정도 비교(developmental comparison), 주변화(marginalization) 측면에 초점을 맞추었다.

탐구를 통한 **지리학습**

고정관념

교과서들은 단순화, 과장, 생략을 통해 이탈리아 남부지역에 대한 고정관념을 만들어 냈다. 그들은 이탈리아 남부지역을 하나의 등질지역으로 일반화함으로써 단순화시켰다. 남부지역 내에서의 차이를 기술한 사례는 거의 없었다.

몇 가지 특징들은 종종 과장되기도 했다. 교과서들은 언덕에 위치한 마을의 특징을 과장했는데 정주를 묘사한 9개의 이미지들 중 8개는 내륙에 위치한 언덕 마을을 보여 주고 있었다. 단 한 개의 이미지만 해안가의 마을을 묘사했다. 반면 이탈리아에서 제작된 초등학교 지리부도에는 총 9개의 정주 이미지가 등장했으며 이 중 2개만 언덕 마을에 대한 것이었다. 지리부도는 캄파니아, 풀리아, 칼라브리아, 시칠리아, 사르데냐에 위치한 해안 마을의 사진을 담고 있었다. 사실 이탈리아 남부지역 인구의 대부분은 언덕 마을이 아닌 해안지역에 살고 있다.

두 교과서는 자급농업을 이 지역의 주요 농업형태로 표현함으로써 '이 지역의 농업은 자급 수준이다.'라는 점을 강조하고 있다. '이탈리아 남부지역의 많은 농장들은 소규모이며 가족을 부양할 정도의 식량을 생산한다.'라는 설명을 담은 말풍선도 있었다. 이 교과서들은 '여름철 가뭄', '강렬한 더위', '대부분의 땅이 고지대의 경사지에 위치함', '언덕에는 토양이 부족함'과 같은 언급을 통해 농업의 문제점을 과장하고 있었다. 학생활동 역시 농업의 '문제점'을 기술하는 것이었다. 반면 지리부도에 표현된 이탈리아 남부의 농업은 다른 스토리를 들려 준다. 각 지역마다 다양한 종류의 작물을 보여 주는 지도가 수록되었으며, 사진은 문제점이 아니라 생산의 장면(예, 풀리아의 올리브와 와인, 시칠리아의 오렌지, 캄파니아의 토마토)을 담고 있다. 지리부도에 기술된 내용을 보면, 농업의 장점들, 즉 캄파니아의 비옥한 평원과 온화한 기후, 풀리아의 평탄한 지형을 언급하고 있다. 농업생산 정보를 활용한 지리부도의 활동은 이탈리아에서 가장 농업 생산성이 높은 여섯 곳 중 세 곳이 캄파니아, 시칠리아, 풀리아임을 보여 준다.

이탈리아 남부지역의 산업에 대한 교과서의 서술 역시 '부족한 기술', '고립된', '석탄과 같은 전력생산의 부족' 등의 표현을 통해 남부 이탈리아의 낙후된 산업과 문제점을 과장하고 있다. 지리부도는 다시 한 번 다른 스토리를 들려 준다. 각 지역의 지도와 이를 뒷받침하는 설명들은 정유, 직물, 기계, 도자기, 식품과 토마토 가공, 전자 등 남부 이탈리아의 다양한 산업을 보여 주었다. 반면 교과서는 아브루초의 멜피(Melfi)에 위치한 거대한 피아트(FIAT) 자동차 공장에 대해 언급하지 않았다.

발달 정도 비교

교과서들은 이탈리아 남부를 북부지역과 연결지어 설명했다. 예를 들어 '남부지역은 이탈리아에서 가장 빈곤한 지역이다.'와 같은 설명을 제시하고, '남북격차(the north/south divide)'와 같은 제목을 사용하거나 아니면 북부에 위치한 롬바르디아와 남부의 캄파니아를 비교하는 통계를 제시했다. 세 교과서 모두 북부와 남부의 차이를 언급했지만 두 지역 간의 유사성에 대해서는 어떤 기술도 없었다. 교과서는 남부지역을 북부지역과는 분리된 곳이며, 북부와는 다르다는 것을 강조하는 등 북부의 관점에서 남부를 기술했다. 반면 지리부도에는 이러한 비교가 없었으며, 이탈리아의 각 지역들은 독립적으로 표현되었다.

교과서는 이탈리아 남부를 북부와 다를 뿐 아니라 북부에 비해 낙후되었다고 말하고 있었다. 농업은 '여전히 전통적이고', '현대적인 기계 대신 가축이나 낡은 농업방식에 의존하며 자금이 부족해 비료를 살 수 없다'는 식으로 표현되었다.

교과서는 이탈리아 남부를 외부의 도움을 통해서만 개선될 수 있는 문제지역으로 표현했다. 학생활동을 보면 '남부지역을 위한 기금(Cassa per il Mezzogiorno)'을 위해 일한다고 가정하고, 남부의 문제점을 파악한 후 이를 해결할 수 있는 방법을 제안할 것을 요구하고 있다. EU 기금의 사용을 결정하고 관리하는 과정에서 지역공동체의 참여와 역할에 대한 어떠한 언급도 없었다(주의: 남부지역을 위한 기금은 1986년에 활동을 중지했다). 이 활동은 현재 학생들에게 남부지역의 농부가 당면한 여섯 가지의 문제점을 나열하는 것으로 교체되었다.

주변화

교과서는 '다른 유럽지역으로부터 고립되었으며 이탈리아 북부 및 북서부 유럽의 주요 중심지들로부터 멀리 떨어진'과 같은 설명을 통해 이탈리아 남부지역을 주변화하였다. 반면 지리부도는 칼라브리아와 바실리카타에 대해서만 외떨어져 있다고 언급했으며, 이탈리아의 철도, 도로, 항공교통을 보여 주는 지도를 포함함으로써 남부가 북부와 잘 연결되어 있음을 보여 주었다. 식료품들이 매일같이 세계

곳곳으로 운반되고 산업의 입지가 자유로워지는 세계화의 시점에 이탈리아 남부를 주변으로 묘사하는 것은 오해를 불러일으킨다. 실제로 이탈리아 남부의 농업 및 산업 생산물은 유럽 곳곳에서 발견된다.

몇 가지 코멘트

내가 분석했던 교과서들은 이탈리아 남부에 특정 의미를 부여하고 있었으며, 그것은 이탈리아 남부에 대한 단일하고 부정적인 스토리였다. 이런 스토리를 뒷받침해 줄 수 있는 통계, 사진, 정보들을 찾았으며, 이 지역에 대해 다른 스토리를 말해 주는 정보들(예, 높은 기대수명, 잘 발달된 고속도로망, 긴 경작기간을 가능하게 하는 기후조건, 대규모의 해안 마을, 식품과 제조업 생산품의 성공적인 수출)은 무시되었다. 문제점은 부각시키고 긍정적인 점은 무시하는 부정적인 렌즈를 통해 이탈리아 남부는 타자화되었다. 이러한 교과서에 따라서 학생들은 부유한 북부와 낙후된 남부라는 이분법을 통해 이탈리아를 바라보며(Taylor, 2011), 남부와 북부지역 내부의 다양성보다는 남부와 북부 간의 차이점에 주목하게 된다.

나는 교과서에 대해 두 측면이 염려되었다. 첫째, 교과서는 왜곡과 생략을 통해 이탈리아 남부를 '타자화'했을 뿐 아니라 부정확하기까지 하다. 여전히 판매되고 있는 한 교과서의 경우 이탈리아 남부의 '농업이 자급자족의 수준'이라고 기술하고 있다. 그러나 이 교과서로 배우는 학생들이 지금 당장 영국의 대규모 슈퍼마켓을 방문한다면 이탈리아 남부에서 수입된 다양한 농산품들(예, 토마토 캔, 레몬, 파스타, 올리브 오일, 와인)로 카트를 가득 채울 수 있을 것이다(그림 7.3). 대체 어떤 종류의 자급자족 농업이 영국의 모든 슈퍼마켓 진열대에 상품을 공급한단 말인가? 교과서의 모든 내용이 선택의 결과라 하더라도 과거의 고정된 이미지를 전달하기보다는 정확하고, 검증 가능한 정보를 제시하는 것을 우선시해야 한다.

둘째, 교과서의 학생활동은 학생들이 정보를 검토하고, 해석하고, 평가하도록 요구하기보다는 정보를 재생산하도록 요구하고 있다. 이탈리아 남부에 대한 이미지들은 교과서라는 권위를 통해 제시되었기 때문에 학생들은 이러한 이미지를 받아들이고 재생산하게 된다. 나는 단순히 학생들에게 왜곡되고 부정확한 정보를 재생산하도록 요구하는 것만을 우려하는 것은 아니다. 학생들은 교과서가 제시한 내용을 단순히 재생산할 것이 아니라 비판적으로 검토할 수 있도록 학생활동이 개발되어야 한다.

그림 7.3: 이탈리아 남부의 생산품. 사진: Margret Roberts

이탈리아 남부에 대한 교과서의 재현은 이 지역이 어떻게 받아들여지고, 이 지역에 대해 무엇을 가르치고, 다양한 웹사이트 정보에서 어떤 정보를 찾을 것인지에 막대한 영향을 미친다. 아디치에(Adichie)가 얘기했듯이 싱글 스토리가 확정적인 스토리가 된 것이다. 코스그로브와 도모시(Cosgrove & Domosh)에 따르면, "지리를 기술하는 것은 세상에 의미를 부여하는 인공물을 만드는 것이다."(1993, p.37)

우리는 타자화를 통해, 그리고 긍정적인 것들은 없애 버리는 부정적인 렌즈를 통해 세상의 다른 지역들을 바라봄으로써 우리가 만들어 내는 것이 무엇인지 생각해 볼 필요가 있다.

'타자화'는 무엇인가?

지리에서 장소가 왜곡되는 또 다른 방법은 '타자화(othering)'의 과정을 통해서다. 역사를 돌이켜 보면, 다른 지역들은 항상 '타자'로 재현되었다. 고대 그리스 인들은 그들의 '문명화'된 세상을 야만과 대조시

컸다. 에드워드 사이드(Edward Said)의 영향력 있는 저서인『오리엔탈리즘』(*Orientalism*, 1978)은 서양의 우월성을 고취시키기 위해 서구가 동양(Orient)을 타자로 구성해 온 방식을 밝히고 있다. 타자화 과정에서 한 집단이나 장소는 '우리(us)'로 그리고 다른 쪽은 '그들(them)'로 비춰진다. 타자화는 다양한 방식으로 달성된다.:

▲ 다른 지역은 하나의 획일적인 실체로 명명되고 취급된다.

▲ 다른 지역은 몇 가지 특징들을 과장함으로써 고정관념화된다.

▲ 우리와 타자와의 관계는 발달의 측면에서 표현되며, 종종 퇴보하는/현대의, 원시적인/문명화된, 미개발의/선진의 같은 관련 용어들이 짝으로 사용된다.

▲ 타자는 과거 우리의 모습과 같이, 혹은 현재의 우리보다 열등한 것으로 재현된다.

▲ 타자는 중심과 주변이라는 용어를 통해 주변화된다.

과거 지리 교과서는 '저개발국가', '개발도상국', '제3세계', '가난한 남반구'로 불리는 지역들을 타자화하는 경향이 있었다. 교과서상에서 이 지역들은 이미지나 기술을 통해 열등한 지역으로 재현되었다. 매시(Massey)는 니카라과, 모잠비크와 같은 지역들이 '단지 (발달의) 초기 단계에 있다.'와 같은 기술방식에 대해 언급한 적이 있다. 그녀에 따르면 이런 방식의 설명이 "그 지역들은 자신들만의 발전 궤도가 있을 수 있고, 그들만의 고유한 역사가 있으며, 어쩌면 우리와는 다를 수 있는 그들만의 미래를 위한 잠재력을 갖고 있다는 사실을 우리가 인정하지 않는다는 것을 보여 준다." (Massey, 2005, p.5)

지리 교과서에서 타자화된 또 다른 지역은 이탈리아 남부이다(Roberts, 2008). 메초지오르노(Mezzogiorno)[3]의 역사를 보면, 이 지역은 이탈리아가 통일되기 전인 19세기부터 '타자'로 인식되어 왔다. 이탈리아 북부의 주민들은 남부주의(meridionalismo)라 불리는 반(反)남부지역 정서를 통해 남부지역을 부정적으로 인식했다. 여러 시대에 걸쳐 북부의 주민들은 남부를 미개하고, 무식하며, 원시적이고, 낙후된, 북부에 한참 미치지 못하는 지역으로 이해했다. 이러한 고정관념의 일부는 이탈리아에서 여전히 지속되고 있다. 역사학자들은 이탈리아 남부를 문제로 바라보는 인식을 거부했으며, 나아가 북부의 시선으로 남부를 바라보지 않는 것이 중요하다고 주장했다(Lumley & Morris, 1997). 매시(Massey)가 언급하듯이, 남부주의는 자신들의 고유한 역사 속에서 이해될 필요가 있다. 개인적으로 이탈리아 남부에 대한 내 자신의 경험이 지리 교과서에 재현된 모습과 너무나 달라 이 연구를 수행하게

---

3) 이탈리아 남부지역. 역자 주

된 것이다.

지리학자들은 '다른' 지역과 '다른' 사람들을 기술하는 데 핵심적인 역할을 하기 때문에 다름에 대해 기술할 때 특별한 주의가 필요하다. '타자화'는 다른 지역에 대한 우리의 이해를 방해한다. 우리는 타자를 판단하기보다는 진지하게 받아들이고 이해할 책임이 있다.

요약

세상을 정확하게 재현하는 것은 가능하지 않지만, 선택, 고정관념화, 타자화를 통해 세상을 왜곡하는 것은 가능하다. 학생들은 학교에서 배우는 지리를 통해 부분적으로 세상을 알아 가기 때문에 우리는 세상을 어떻게 재현할 것인지에 대해 주의해야 한다.

연구를 위한 제안

1. 학교 지리교육과정을 통해 학생들이 배우게 되는 세계를 분석하라. 세계의 어느 지역을 배우고, 어떤 국가들을 상세하게 학습하며, 사례를 통해 학습하는 국가들은 어디이고, 전혀 학습하지 않는 국가들은 어디인가? 왜 이 지역들이 선택되었을까? 어느 정도까지 세계는 왜곡되었으며, 이것은 과연 중요한 이슈인가?
2. 지리수업에서 다뤄지는 사례 지역들을 분석해 보라. 사례로 선정된 국가/지역/대륙을 통해 어떤 메시지가 전달되는가? 이러한 사례 지역의 선정과 활용이 지역을 왜곡시킬 수 있을까?
3. 특정 국가(예, 인도)나 대륙(예, 아프리카)에 대한 학생들의 인식을 조사하라. 그들의 인식은 어디에서 생겨난 것일까? 지리학습을 통해 이러한 인식들을 변화시키는 것이 가능할까?
4. 교과서 및 수업자료에 포함된 자료와 학생활동을 통해 국가, 지역, 세계가 어떻게 재현되었는지 조사하라. 어느 정도까지 이들 지역들은 고정관념화, 타자화되었는가?

참고문헌

Adichie, C. (2009) 'The danger of a single story', Technology, Entertainment and Design Conference, Palm Springs, USA. Available online at *www.ted.com/talks/chimamanda_adichie_the_danger_of_a_single_story.html* (last accessed 14 January 2013). Transcript available at *http://dotsub.com/view/63ef5d28-6607-4fec-b906-aaae6cff7dbe/viewTranscript/eng* (last accessed 14 January 2013).

Allen, J. and Massey, D. (eds) (1995) *The Shape of the World: Explorations in human geography*. Oxford: Oxford University Press.

Binns, T. (1995) 'Geography in development: development in geography', *Geography*, 80, 4, pp.303-22.

Borowski, R. (2011) 'The hidden cost of a Red Nose', *Primary Geography*, 75, pp.18-20.

Borowski, R. and Plastow, J. (2012) 'Africans don't use mobile phones: a critical discussion of issues arising from the Leeds University Centre for African Studies (LUCAS) "African Voices" project'. Available online at *www.polis.leeds.ac.uk/assets/files/research/lucas/Galway%20Paper.pdf* (last accessed 14 January 2013).

Bowen, A. and Pallister, j. (2005) *Geography 360 degrees: Core book 2*. Oxford: Heinemann.

Cosgrove, D. and Domosh, M. (1993) 'Author and authority: writing the new cultural geography' in Duncan, J. and Ley, D. (eds) *Place/Culture/Representation*. London: Routledge.

Daniels, P., Sidaway, J., Bradshore, M. and Shaw, D. (2012) *An Introduction to Human Geography*. Harlow: Pearson Education.

Duncan, J. and Ley, D. (1993) *Place, Culture and Representation*. Abingdon: Routledge.

Gourou, P. (1966) *The Tropical World* (4th edition). London: Longman (first published in French in 1947).

Hall, S. (1997) *Representation: Cultural representations and signifying practices*. London: Sage.

Hillary, J., Mickelburgh, J. and Stanfield, J. (2001) *Think Through Geography 2*. London: Longman.

Hopkirk, G. (1998) 'Challenging images of the developing world using slide photographs', *Teaching Geography*, 23, 1, pp.34-5.

lstituto Geografico de Agostini (IGA) (2006) *Atlante Geografico di Base de Agostini per la Scuola Primaria*. Novara: lstituto Geografico de Agostini.

Lang, S. (1993) 'What is bias?', *Teaching History*, 73, pp.9-13.

Lumley, R. and Morris, J. (eds) (1997) *The New History of the Italian South*. Exeter: University of Exeter Press.

Massey, D. (1995) 'Geographical imaginations' in Allen, J. and Massey, D. (eds) *The Shape of the World: Explorations in human geography*. Oxford: Oxford University Press.

Massey, D. (2005) *For Space*. London: Sage.

Roberts, M. (2006) 'Shaping students' understanding of the world in the geography classroom' in Purnell, K., Lidstone, J. and Hodgson, S. (eds) *Changes in Geographical Education: Past, present and future. Proceedings of the International Geographical Union Commission on Geographical Education 2006 Symposium*. Brisbane, Australia: IGU-CGE and Royal Geographical Society of Queensland.

Roberts, M. (2008) 'La rappresentazione del sud d'Italia' (Representations of the south of Italy). Paper presented at

IGU Conference, Universita degli Studi di Milano-Bicocca (published in conference proceedings).

Said, E. (1978) *Orientalism*. Harmondsworth: Penguin.

Saint-Exupery, A. de (1974) *The Little Prince*. Translated by Katherine Woods. London: Pan Books. (First published in French as Le Petit Prince in 1943).

Taylor, L. (2004) *Re-presenting Geography*. Cambridge: Chris Kington Publishing.

Taylor, L. (2011) 'The negotiation of diversity', *Teaching Geography*, 36, 2, pp.49-51.

Waugh, D. and Bushell, T. (2006) *Key Geography: New interactions*. Cheltenham: Nelson Thornes.

Whatmore, S. (2005) 'Culture-nature' in Cloke, P., Crang, P. and Goodwin, M. (eds) *Introducing Human Geographies*. London: Hodder.

주장과 논증을 통한 지리의 이해

"아규먼트(argument)에 참여할 수 있으면 학습은 흥미진진해진다. 아규먼트를 가까이하면 교육과의 관계와 모든 것들이 변하게 된다. 아규먼트를 통해 당신은 다른 사람의 지혜를 수동적이고 지루한 방식으로 받아들이는 존재가 아니라 참여자가 될 수 있다. 즉 사회에 무관심하거나 겁먹은 사람이 아니라 사회를 해석하고 변화시키는 데 적극적으로 참여할 수 있게 된다." (Bonnett, 2008, p.1)

도입

탐구를 통해 지리를 배운다는 것은 단지 질문에 대한 답을 찾는 것을 의미하지는 않는다. 지리적 이해를 발달시키기 위해서는 학생들이 접하게 되는 정보들을 다양한 방식으로 연결하면서 이해하는 것이 중요하다. 즉 기존 지식에 새로운 지식을 연결하거나 흩어져 있는 다양한 조각들의 정보를 서로 연결할 수 있어야 한다. 이해(making sense)는 학문을 배우는 데 있어 핵심이다. 이해했다는 것은 사고(reason)할 수 있고, 아규먼트(argument)[1]를 펼치거나 주장을 평가할 수 있다는 것이다.

이 장은 지리적 아규먼트에 초점을 두고 아래의 질문들을 살펴볼 것이다.:
▲ '아규먼트'는 무엇이며, '아규먼트'가 아닌 것은 무엇인가?

---

[1] 본 장에서 'argument'는 완벽하지는 않지만 타당성 있게 입증하는 사고과정을 가리킨다. Argument를 주장, 논쟁으로 번역할 경우 이러한 의미가 제대로 전달되지 않는 문제가 있어, 원문 그대로 '아규먼트'로 번역하였다. 역자 주

▲ 탐구를 통한 지리학습에서 아규먼트는 왜 중요한가?

▲ 지리학자들은 어떤 종류의 사고를 하며, 어떻게 지리수업에서 개발될 수 있는가?

▲ 논증(argumentation)은 무엇이며, 어떻게 분석될 수 있는가?

▲ 구조화된 학문적 논쟁수업(Structured Academic Controversy, SAC)은 무엇인가?

▲ 시험에서 사용되는 다양한 지시동사들은 어떤 종류의 사고를 요구하는가?

'아규먼트'는 무엇이며 '아규먼트'가 아닌 것은 무엇인가?

'아규먼트(argument)'라는 용어는 다양하게 쓰인다.:

▲ 과열되거나 치열할 수 있는 말다툼이나 의견 교환[예, '그녀는 누군가와 – 에 대해 논쟁(argument)을 벌였다']

▲ 특정 아이디어나 계획을 지지 혹은 반대하는 이유나 증거[예, '우회로 건설을 지지할 충분한 이유(argument)가 있다', '그는 – 와 같은 증거(argument)를 받아들이지 않았다']

▲ 다른 시각에 대한 토론이나 논쟁[예, '그들은 항공료에 더 많은 세금이 부과되어야 하는지를 놓고 논쟁(argument)했다', '당신은 그 토론(argument)의 양쪽 주장을 모두 듣고 싶나요?']

▲ 설득을 목적으로 하는 논쟁[예, 법정에서 '검사는 증거에 기초하여 논쟁(argument)한다']

▲ 사고의 근거로서[예, '논의(argument)를 위해']

이 장에서 '아규먼트'는 논거(이유, 근거)를 갖춘 주장의 의미로 사용되었다. 논거는 토론, 논쟁, 혹은 상대편을 설득하는 데 활용될 수 있지만, 이 장에서는 보넷(Bonnett, 2008)이 학술적 아규먼트라고 부르는 사고와 주장의 측면에 초점을 맞출 것이다.:

"학술적 아규먼트는 학습과 이해의 도구이며, 일종의 지적인 참여에 해당한다. 학술적 아규먼트는 공유된 지식, 통합된 사실과 의견을 토대로 한 일종의 교환에 해당한다. 그것은 뭔가 불안정하고 불확실해야 할 뿐 아니라 항상 전진하려 한다. 아규먼트의 초점은 이기는 것이 아니다." (p.2)

학생들에게 아규먼트가 하나의 말다툼이 아니라 일련의 논거 제시라는 것을 설명할 수 있는 한 가지 방법은 몬티 파이선의 비행 서커스(Monty Python's Flying Circus)[2] 중 '아규먼트 클리닉(Argument

Clinic Sketch)'(BBC, 1972)의 일부를 보여 주거나 역할극으로 따라해 보는 것이다. 유튜브에서 다양한 버전의 이 영상을 찾을 수 있다. 그림 8.1에서 볼 수 있는 바와 같이 아규먼트와 관련하여 중요한 내용들을 알려 주고 있다.:

▲ 아규먼트는 욕이 아니다.

▲ 아규먼트는 ('다른 사람이 말하는 것에 자동적으로 반대하는') 무조건적인 반대가 아니다.

▲ '아규먼트는 어떤 명제(proposition)에 도달하기 위한 일련의 연결된 진술이다.'

▲ '아규먼트는 지적인 과정이다.'

한 사람(Michael Palin)이 논쟁을 하기 위해 돈을 지불했다. 그가 처음에는 잘못된 방으로 들어갔는데 그곳에는 화가 나서 욕하는 사람이 앉아 있었다. 결국 그는 12A라 적힌 방으로 들어가 다른 남자(John Clesse)를 만난다.

12A방 바깥 남자가 문을 두드린다.

다른 남자 들어오세요.

남자 이 방이 아규먼트를 위한 방 맞습니까?

다른 남자 내가 그렇다고 이미 말한 것 같은데요.

남자 아니, 당신은 그렇게 말한 적이 없어요.

다른 남자 아뇨, 분명히 말했어요.

남자 언제요?

다른 남자 방금이요.

남자 아뇨, 당신은 그렇게 말한 적이 없어요.

다른 남자 그렇게 말했다니까요.

남자 아뇨, 당신은 절대로 그렇게 말한 적이 없어요.

다른 남자 지금 먼저 한 가지를 확실히 해 둡시다. 나는 분명히 당신에게 말했다고요.

남자 아뇨, 당신은 말하지 않았어요.

다른 남자 아뇨, 했어요.

남자 이것 보세요. 이건 아규먼트가 아니라고요!

다른 남자 아뇨, 이게 아규먼트죠.

남자 아뇨, 이건 그냥 반대(contradiction)하는 거죠.

다른 남자 아뇨, 그렇지 않아요.

남자 난 좋은 아규먼트를 하려고 왔단 말이오.

다른 남자 아뇨, 그렇지 않아요. 당신은 그저 아규먼트를 하려고 왔을 뿐이라고요.

남자 하지만 아규먼트와 반대는 달라요.

다른 남자 아뇨, 같을 수도 있죠.

남자 아뇨, 같을 수가 없죠. 아규먼트는 명확한 주장을 제시하기 위한 연결된 형태의 일련의 대화를 말합니다.

다른 남자 아뇨, 그렇지 않아요.

남자 아뇨, 내 말이 맞아요. 아규먼트는 단순히 반대만 하는 것이 아닙니다.

다른 남자 이것 보세요. 내가 만일 당신과 아규먼트를 하려 한다면 나는 반드시 반대편에 서야 해요.

남자 반대편에 서는 것과 '아뇨, 그렇지 않아요'만 줄기차게 외치는 것은 다르죠.

다른 남자 아뇨, 맞습니다.

남자 아뇨, 그렇지 않아요. 아규먼트는 지적인 과정입니다. 반대는 그냥 상대편이 무슨 말을 하든지 간에 반박하는 것이죠.

다른 남자 아뇨, 그렇지 않아요.

남자 아뇨, 내 말이 맞아요.

주의: 이 발췌문은 원본의 대화를 대폭 축소한 것으로 원본은 거의 4분 동안 계속된다.

그림 8.1: 몬티 파이선의 비행 서커스 중 '아규먼트 클리닉(Argument Clinic Sketch)' 에피소드의 일부

---

2) 1970년대 영국 BBC에서 방영된 코미디 프로그램. 역자 주

보넷(Bonnett, 2008)은 그가 이름 붙인 '그래서 어쩌라고(so what)'식의 아규먼트와 실질적인 아규먼트를 구분한다. '그래서 어쩌라고'식의 아규먼트는 뭔가를 규정하는 성격이며, 글로 작성된다면 '그래서 어쩌라고'와 같은 반응을 불러올 수 있다. 보넷에 따르면,

"사실을 해석할 수 있는 틀이 주어지지 않는다면 사실들은 결코 아규먼트가 될 수 없다. 사실은 스스로 뭔가를 말해 주지는 않는다. 사실들은 분석되고, 설명되며, 사실에 대한 맥락이 제공되어야 한다. 그렇지 않는다면 사실은 정말 아무런 의미가 없다." (p.7)

실질적인 아규먼트는 특정 주제의 아이디어에 대한 것이며 정확하고 산만하지 않다. 실질적인 아규먼트는 논거를 갖추려 하고 맥락화하려는 경향을 갖고 있으며, 아이디어나 설명, 혹은 정보들이 서로 연결된 방식으로 제시된다. 그림 8.2는 '그래서 어쩌라고'식의 아규먼트와 실질적인 아규먼트(정확하지 않을 수는 있지만 주장해 볼 만한)의 특징을 설명하기 위해 보넷이 활용한 지리적 예시들이다.

'그래서 어쩌라고(so what)'식의 아규먼트	실질적인 아규먼트
세계 인구는 급속하게 증가하고 있다.	신맬서스주의는 세계 인구성장을 예측하는 정확하고 믿을 만한 모델이다.
사막화를 방지하는 16가지 방법이 있다.	현재 사막화를 방지하고 개선하는 데 사용되는 두 가지 주요 방법은 다른 부가적인 조치들과 연계될 때 그 효과가 극대화된다.

그림 8.2: '그래서 어쩌라고(so what)'식의 주장과 실질적인 주장의 예시. 출처: Bonnett, 2008, p.9

탐구를 통한 지리학습에서 아규먼트는 왜 중요한가?

아규먼트는 지리적 지식의 형성에서 중요한 역할을 한다. 지리학자들이 아이디어를 개발하고, 이들을 데이터와 연결하고, 세상에 대해 주장하고, 그들의 해석을 정당화하는 것은 바로 합당한 아규먼트를 통해서이다. 아규먼트는 언제, 어디서 진행되는가와 더불어 아규먼트에 참여하는 연구자의 위치성에 의해서도 영향을 받는다. 그러나 이것이 아규먼트에서의 주장들이 항상 상대적일 수밖에 없다고 말하는 것은 아니다. 모든 주장들은 물질세계와 일치해야 하며, 출판되거나 받아들여지기 전에 학문적인 검증을 통과해야 한다. 지리학에는 다른 이해와 해석이 존재하지만 '모든 해석과 이해가 괜찮다'는 식은 아니다. 지리학자들은 근거를 갖춘 아규먼트를 통해 자신들의 주장을 방어한다.

전통적인 학교교육에서 주장(claims)은 사실(fact) 혹은 옳거나 그른 답변으로 가르쳐졌으며 학생들에게는 그에 대한 설명이 제공되었다. 탐구적으로 지리를 학습한다는 것은 학생들이 지리적으로 사고할 수 있도록 인도하는 것이며, 따라서 지리적 지식이 토론과 반박, 근거를 갖춘 주장 등을 통해 형성되어 왔음을 아는 것이 중요하다. 학생들은 지리적 자료에서 그들이 접하게 되는 아규먼트들을 평가할 수 있어야 한다. 더불어 민주사회에서 미디어에 제시된 아규먼트를 평가하고, 논리적인 주장을 펼치고, 다른 사람과 논쟁할 수 있는 능력은 중요하다.

많은 과학교육 연구들(Osborne, 2010)은 학생들이 논쟁하고, 주장하고, 비판적으로 사고하도록 교육하는 것이 과학적 사고력을 향상시킨다는 것을 보여 주었다. 개념적 이해를 평가하는 시험에서 성적이 향상되었을 뿐 아니라 협력적인 학습은 학생들이 아이디어에 몰입할 수 있게 돕는 것으로 나타났다.

지리학자들은 어떤 종류의 사고를 하며, 어떻게 지리수업에서 개발될 수 있는가?

지리학자인 앨리스터 보넷(Alistair Bonnett)이 쓴 *How to Argue*라는 책은 학부생들이 에세이나 발표 자료를 작성할 때 근거를 갖춘 주장을 하는 데 도움을 준다(Bonnett, 2008). 비록 일반적인 독자들을 겨냥해서 제작되긴 했지만 그가 파악한 주장의 6가지 카테고리는 지리수업에서도 적절하게 활용될 수 있다. 그림 8.3에서 각각의 카테고리가 의미하는 바를 설명해 놓았으며, 이들을 중등학교 지리수업을 통해 개발할 수 있는 방법도 제시하였다.

주장하기 1: 논쟁점 찾기

지리에서 사용되는 용어나 장소의 이름은 색인이나 지도책에서 보이는 것처럼 간단하지 않으며 종종 상충되는 의미를 갖기도 한다. 보넷(Bonnett)은 이러한 상충되는 의미를 갖는 용어들을 두 가지 방식으로 접근할 수 있다고 말한다.
  ▲ 두 진술이 서로 정확하게 반대될 때 상충된다고 할 수 있지만 용어 그 자체로도 상충되는 의미를 가진 것들이 있다(예, 지속가능발전). 이런 종류의 주장에서는 서로 충돌되는 부분들을 확인하고 설명해 준다.

수업에서 주장하기

주장하기 1: 논쟁점(tensions) 찾기

상충되는 의미: 예) 지속가능발전

'지속가능발전(sustainable development)'이라는 용어 속에는 상충되는 의미가 있다. 다른 종류의 틀을 활용해 지속가능발전의 의미를 조사할 수 있으며, 특정 사례(예, 지속가능도시, 지속가능관광)에 적용해 보는 것도 가능하다. 과연 어떤 종류의 발전이 지속가능하며 혹은 지속불가능할까?

학생들은 '지속가능발전'과 관련된 아래의 개념들을 조사할 수 있을 것이다. 아래 내용들은 고프와 스콧(Gough & Scott, 2003) 및 모건(Morgan, 2010, p.80)의 글에서 가져온 것들이다.

▲ 변화와 지속성
▲ 임파워먼트와 규제(prescription)
▲ 나와 우리
▲ 현 세대와 미래 세대
▲ 인간과 자연
▲ 로컬과 글로벌
▲ 부유한, 가난한, 매우 가난한
▲ 단순히 엮여 있는 분절된 사고의 덩어리

위 내용과 관련하여 '위장환경주의(greenwashing)'라는 용어를 검토해 볼 만하다. 이 용어는 조직이나 회사가 광고를 통해 친환경적인 모습을 강조하지만 실제로는 주장만큼 친환경적이지 않은 경우를 말한다.

이 사이트(www.greenwashingindex.com/about- greenwashing)는 학생들이 관련 광고를 검토하는 데 도움이 된다.

의미 해체하기: 예) 유럽, 유럽 인

우리가 당연하게 받아들이는 '유럽(Europe)'과 '유럽 인(European)'의 의미를 검토해 보는 것도 가치가 있다. 사실 '유럽'의 의미는 복잡하다. 유럽의 동쪽 경계가 명확하지는 않지만 러시아와 터키는 유럽에 포함된다. 가끔 '유럽'은 유럽연합(EU)을 의미하기도 하지만, 유럽연합의 회원국은 계속 증가해 왔고 유럽연합의 의미도 변해 왔다. 인도양에 위치한 레지니옹(Reunion)은 프랑스의 27개 레지옹(Region)* 중 하나이기 때문에 유럽연합에 포함된다. 유럽에 속한 모든 국가들이 유럽연합의 회원국인 것은 아니며 유럽연합 소속의 국가들은 각기 다른 방식으로 유럽연합 의회와 연결되어 있다. 유럽 축구 선수권대회(European football)나 유로비전 송 콘테스트(Eurovision song contest)에 참여할 수 있는 국가들은 또 다르다.

'유럽 인' 역시 혼란스럽기는 마찬가지다. 잉글랜드(England)에 사는 학생들은 자신들을 잉글리시(English), 영국인(British), 유럽 인(European)이라고 여길까? 혹은 셋 모두라고 여길까? 왜 그럴까? 이러한 용어에 담긴 의미는 과연 무엇일까? 유럽 인이 된다는 것은 어떤 특징을 말하는 것인가? 다민족으로 구성된 유럽에서 유럽 인이 된다는 것은 어떤 의미일까?

주장하기 2: 원인과 결과

질적인 데이터를 통한 주장: 예) 지난 10년간 폴란드 인의 영국 이주

위와 같은 탐구를 위해서는 유럽연합의 팽창이나 이주자가 판단한 폴란드와 영국에서 얻을 수 있는 기회의 비교 등을 자료로 활용할 수 있다. 양적 데이터를 통해 질적 데이터를 보완할 수 있다.

유용한 표현들: '~은 부분적으로 ~에 의해 설명된다', '어느 정도까지는', '데이터에 따르면', '몇몇 요인들이 ~에 기여한 것으로'

양적인 데이터를 통한 주장: 상관 및 회귀분석: 예) 개발지표

각각의 개발지표들은 어떻게 국내총생산(GDP)이나 인간개발지수(Human Development Index)와 연결되어 있는가? 상관계수를 조사하고, 회귀분석 그래프를 그려 볼 수 있다. 또한 통계 결과를 분석하는 데 있어 유의미함(significance)의 의미를 논의하고 인과관계의 여부를 따져 볼 수도 있을 것이다.

유용한 표현들: '~간에는 중요한 연관성이 있는 것으로 보인다', '~간의 관계는 통계적으로 유의미하지 않다'

---

* 레지옹(Region)은 프랑스의 도에 해당하며, 레지옹은 여러 개의 데파르트망(department)으로 구성된다. 레위니옹과 같이 해외 레지옹은 하나의 데파르트망이 하나의 레지옹을 이룬다. 역자 주

주장하기 3: 가설 검증

예시: 우리 지역의 기후는 점차 이상기후가 되어 가는가?

▲ 영가설: X 지역의 기후 패턴은 지난 10년과 20년 동안을 비교해 볼 때 유의미한 차이가 없다.

▲ 대안 가설: X 지역의 기후 패턴은 지난 10년과 20년 동안을 비교해 볼 때 유의미한 차이가 있다.

데이터는 우리 지역의 기후관측소에서 얻을 수 있다.

유용한 표현들: '데이터는 ~을 가리키고 있다', '데이터는 ~의 아이디어를 뒷받침한다', '데이터는 ~의 아이디어를 뒷받침하지 않는다'

주장하기 4: 용어의 의미와 분류에 대한 주장

예시 1: 세계화는 무엇이며 내가 살고 있는 지역에 어떤 영향을 미치는가?

학생들은 세계화의 여러 정의들(그림 9.9 참조)을 검토하고 논의한 후 자신들이 살고 있는 지역에 적용해 본다.

예시 2: 세계의 국가들은 발달 수준을 기준으로 분류될 수 있는가?

학생들은 경제발달 수준이나 인간개발지수 등 국가들을 분류하는 여러 방법들을 검토한다. 학생들은 '경제적 저개발국(less economically developed)'과 '경제개발국(more economically developed)'의 의미를 갭마인더(Gapminder)를 활용해 검토하고 어떤 카테고리를 활용해 국가들을 분류할 것인지 제안한다.

주장하기 5: 기여와 영향

예시 1: 영국의 전체 에너지 생산에 풍력발전은 얼마나 기여하는가?

학생들은 영국 전체의 에너지 생산 대비 풍력발전의 현재와 미래의 기여 수준을 비교할 수 있다.

예시 2: 2012년 올림픽과 장애인올림픽이 런던에 미친 영향은 무엇인가?

유용한 표현들: '~때문에 X의 기여가 중요했다', '~때문에 X의 영향은 ~이다'

주장하기 6: 비교

예시: 런던과 싱가포르의 혼잡통행료 구역을 어떻게 비교할 수 있을까?

학생들은 혼잡통행료라는 제도가 언제 시작되었고, 해당되는 구역은 어디이며, 얼마나 성공적인지를 통해 두 도시의 유사점과 차이점을 비교할 수 있다.

그림 8.3: 교실수업에서 가능한 6가지 카테고리의 논쟁(Bonnett)

▲ 해체(deconstruction)는 지식이 구성되는 방식을 노출시키고 용어의 의미를 검토하는 것이다. 제시된 카테고리를 당연하게 받아들이기보다는 카테고리 자체를 의심하고 세심하게 살펴본다.

주장하기 2: 원인과 결과

지리학에서 원인과 결과에 대한 주장은 근거와 연결되어야 한다.

"이것이 저것의 원인이 된다는 것은 사실에 대한 진술일 수 있지만 동시에 반박을 제기하거나 수정할 수 있는 주장이기도 하다. 일반적으로 인과관계를 주장할 때는 '명백하다'거나 '상식적인 수준이다'

라고 표현하기보다는 증거를 고려해 볼 때 가능성이 있다는 식으로 주장하는 것이 좋다." (Bonnett, 2008, p.17)

질적 데이터에 기반한 원인과 결과에 대한 주장은 사건, 정치, 프로세스 간의 관계를 이해하고 설명하려는 것이다.

양적 데이터에 기반한 원인과 결과에 대한 주장은 두 가지 혹은 그 이상의 데이터 간의 통계적 관계를 규명하고자 한다. 설명을 시도하기보다는 데이터 간 상관관계의 강도나 성격을 확인하려는 것이다. 상관관계 분석과 회귀분석은 지리수업에서 흔히 활용된다.

상관관계 분석은 두 데이터 간 관계의 강도를 보여 줄 수 있다. 상관계수는 1(완벽한 정의 상관관계)과 −1(완벽한 부의 상관관계) 사이에서 결정되며 이 숫자를 해석하는 데 주의가 필요하다. 두 데이터 간의 강한 상관관계가 반드시 원인과 결과의 관계임을 나타내는 것은 아니다. 로저슨(Rogerson, 2001)은 영국의 석탄 생산량과 남극의 펭귄의 죽음 간에는 강한 상관관계가 있지만, "이 둘을 직접적으로 연결시키는 것은 상상의 나래를 펼치는 것과 같다."(p. 88)고 언급했다.

회귀분석은 두 데이터 간의 관계를 하나의 그래프로 보여 준다. 만일 '최적선(best-fit line)'이 그려진다면 둘 간에 정의 상관관계가 있을 수 있다는 것을 보여 준다. 즉 두 데이터의 증감은 동시에 나타난다. 반대로 부의 상관관계가 있다면, 한 데이터가 증가하게 되면 다른 데이터는 감소한다. 회귀분석은 두 데이터 간의 인과관계를 판별하는 데 활용되며 예외를 보여 주거나 예측을 돕는다.

주장하기 3: 관찰로 시작하기 또는 가설 검증으로 시작하기

데이터의 관찰로부터 시작해서 결론에 도달하는 과정을 귀납(induction)이라 한다. 관찰만으로 보편법칙을 이끌어 내는 것은 불가능하지만 일반적인 패턴을 보여 준다는 식의 제한된 주장은 가능하다.

진실과 거짓을 판단하기 위해 사실에 대한 가설을 세우고 검증하는 과정을 연역(deduction)이라 한다. 가설은 추측적이고 임시적인 성격의 진술이며 조사의 시작점이 된다. 물론 관찰을 통해 가설의 영감을 얻는 것도 가능하다. 가설을 검증하기 위해 두 가지의 대조되는 주장이 사용된다.:

▲ 영가설은 가설에 대한 지지가 없을 것으로 추정한다.

▲ 대립가설은 조사를 통해 입증하려는 가설이다.

데이터는 영가설을 수용하거나 거부하기 위해 수집된다. 만일 영가설이 데이터에 의해 지지되지 않는다면 대립가설을 수용한다.

과학에서의 목표는 만물이 어떻게 작동하는지를 설명하는 보편법칙을 만들어 내는 것이며, 이러한 법칙들은 반대되는 증거가 나타날 때까지 유효하다. 지리적 프로세스의 경우 각기 다른 지역적 맥락에서 작동하기 때문에 결정적인 프로세스를 찾기는 어렵다. 그래서 가설검증의 과정은 보편법칙을 만들어 내기보다는 자연적, 환경적 프로세스에 대한 일반화를 도출하기 위해 활용되는 경우가 대부분이다. 가설 검증과 통계적 방법이 핵심을 이루는 과학적 연구 방법은 인간의 상호작용이나 사회적 프로세스의 복잡함에 대한 주장들을 연구하고 개발하는 데는 상대적으로 적합성이 떨어진다.

주장하기 4: 용어에 대한 주장 – 의미와 분류

지리에서 사용되는 몇몇 용어들(예, 세계화, 지속가능발전, 자연)은 글쓴이에 따라 다른 방식으로 사용되기 때문에 이러한 용어들이 어떻게 활용되고 적용되는지를 이해하는 것이 중요하다. 용어들이 다양한 방식과 의미로 사용되기 때문에 색인에서 확인할 수 있는 간단한 수준의 정의로 축약될 수는 없다. 학생들은 이러한 용어의 의미와 이들 용어가 교과서에서 어떻게 사용되고 있는지 논의할 필요가 있다.

지리학은 카테고리를 활용해 사물과 현상을 분류한다(예, 사막, 지중해성 기후, 선진국/개도국). 합당한 주장에 따라 카테고리에 포함될 것인지 아닌지가 결정된다. 만일 학생들이 분류의 의미를 이해하고자 한다면, 하나의 카테고리에 포함되느냐 그렇지 않느냐를 결정하는 이면의 기준을 이해할 필요가 있고, 나아가 학생들은 이러한 기준들을 스스로 결정할 수 있어야 한다.

주장하기 5: 기여와 영향

사건, 행위, 정치, 의사결정과 같은 요소들이 어떤 일이 발생하는 데 얼마나 기여했는지를 밝히기 위해 각각의 요소들이 기여한 정도를 평가하거나 요소들 간의 기여도를 비교할 수 있다. 예를 들어 세계에서 이산화탄소 배출량의 감소에 유럽 국가들이 얼마나 기여해야 하는지에 대한 주장이 가능하다.

사건, 정치, 의사결정이 장소나 상황에 미치는 영향을 설명하는 것도 지리학에서 흔한 논쟁이다. 영향에 대한 논쟁은 사실을 제시하는 것이라기보다는 상황을 변화시키는 과정을 검토하고 설명하는 것이다. 영향에 대한 주장은 지나친 일반화의 위험이 있기 때문에 영향력의 정도를 정확하게 평가하는 것이 중요하다.

주장하기 6: 비교

비교는 지리학에서 흔히 사용된다. 비교 상황에서 선택을 정당화하는 것이 중요하기 때문에 아래의 질문들은 고려할 필요가 있다.:

▲ 왜 이들 두 지역(혹은 현상)을 비교하는가?

▲ 이것의 어떤 측면들을 비교하며, 그 이유는 무엇인가?

▲ 활용 가능한 유사한 데이터가 있는가? 비교가 가능한가?

▲ 공통된 요소들이 다른 맥락에서 얼마나 변화하는지를 관찰하는 것이 목적인가?

▲ 어떤 측면에서 이들 장소/상황은 유사한가? 왜 그러한가?

▲ 어떤 측면에서 이들 장소/상황은 다른가? 왜 그러한가?

논증은 무엇이며, 어떻게 분석될 수 있는가?

논증(argumentation)은 추론과 데이터를 활용해서 주장하는 바가 진실이라는 것을 주장하는 과정이다. 툴민(Toulmin, 1958)은 논증의 구성요소와 그들 간의 관계를 보여 주는 모델을 개발하였고, 이 모델의 교육적 유용성을 제안했다. TAP(Toulmin's argumentation pattern)이라 불리는 이 모델은 툴민이 파악한 논증의 구성요소를 보여 준다.:

▲ 주장(a claim): 옳다고 여겨지는 (제안이나 주장을 담은) 진술. 주장은 아규먼트의 시작점이자 결론이 된다. 즉 아규먼트의 시작은 펼치고자 하는 주장으로 시작하며, 주장이 받아들여지면 아규먼트는 끝난다.

▲ 논거(a warrant): 자료와 주장(결론) 사이에 논리적 연결을 성립시키는 요인이며, 주장과 자료 간의

연결고리가 된다.

▲ 데이터(사실, 증거)는 논거에 포함되어 주장을 뒷받침한다.

▲ 논거 입증(backing): 기초적인 전제이며 학문 내에서 일반적으로 받아들여지는 내용들이다. 논거의 논리를 뒷받침한다.

▲ 요건(qualifier): 주장이 타당한 것으로 받아들여질 수 있는 조건을 규정한 것이며, 주장이 가진 한계나 주장의 강도(strength) 및 신뢰 정도를 결정한다.

▲ 반박(rebuttal): 주장이 옳지 않다는, 혹은 주장에 반대하는 주장이다. 반박을 위해 추가적인 자료를 활용할 수 있다.

그림 8.4는 TAP가 어떻게 지구온난화와 관련된 아규먼트에서 활용될 수 있는지를 보여 준다. 툴민의 틀이 영국지리교육협회(GA)에서 진행한 지리과 교사연수나 프로젝트에서 활용된 적이 있지만(Morgan, 2006), 과학교육에서 이 분야의 연구를 주도하고 있다. 학교의 과학교육에서 논쟁의 질을 향상시키기 위한 여러 프로젝트들이 시작되었으며, 교사와 학생들에 대한 TAP 방법의 영향을 조사하고자 했다(Driver et al., 2000; Osborne et al., 2004; Erduran et al., 2004; Simon, 2008; Osborne, 2010).
프로젝트가 밝혀낸 결과는 다음과 같다.:

▲ 아규먼트를 위한 전략과 구성요소(예, 주장, 논거, 증거 등)를 가르침으로써 학생들의 사고 능력을 향상시킬 수 있다.

▲ 학생들이 사고하고, 주장하고, 비판적으로 생각하도록 가르침으로써 학생들의 개념적 이해를 향상시킬 수 있다.

▲ 논증을 지원할 수 있는 수업자료와 활동을 교사와 학생들이 함께 만드는 것은 프로젝트에서 중요한 역할을 했다.

▲ 프로젝트의 지원을 받는 교사들은 수업방식을 변화시킬 수 있었을 뿐 아니라 더 많은 토론을 장려했다. 이러한 변화는 1년이 지난 후에도 지속되었다.

▲ 논증을 이해하고 실행할 수 있는 능력을 기르기 위해 교사는 자신의 과거 수업 경험을 반성하고, 말하고 듣는 것의 중요성을 깨닫고, 모델링을 통해 아규먼트의 의미를 전달할 수 있어야 한다.

아더린과 동료들(Erduran et al., 2004)은 교실에서 사용되는 논증의 질을 분석할 수 있는 틀을 개발하였다(그림 8.5). 이 틀은 아규먼트의 내용보다는 논증의 과정에 초점을 맞추고 있다.

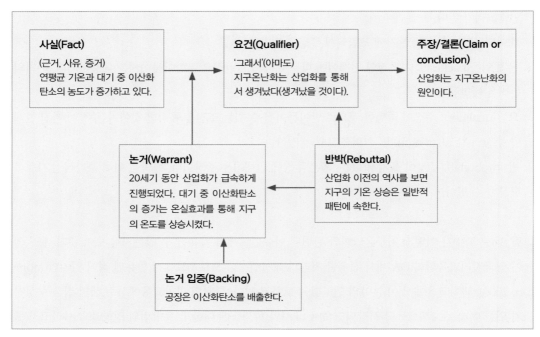

그림 8.4: 지구온난화와 관련한 아규먼트를 분석하기 위해 툴민(Toulmin)의 틀을 활용할 수 있다.

긍정적인 연구 결과가 보고되기도 했지만 과학교육에서 TAP를 활용하는 데 문제점도 있다. 연구자들이 소그룹 토론의 내용을 분석했을 때 아규먼트의 요소들, 예를 들어 논거인지 논거 입증인지를 구분하는 것이 쉽지 않았다. 일부 교사들은 카테고리가 명확하지 않다는 어려움을 토로했다. 툴민(Toulmin)의 틀을 활용해 논증의 구조와 과정을 평가할 수는 있지만(예, 그림 8.5에서 제시한 수준을 활용해서), 아규먼트를 위해 필요한 교과지식의 질이나 교과지식을 얼마나 잘 활용했는지는 평가할 수 없었다 (Driver et al., 2000).

논증의 질 평가하기

수준 1: 단순한 주장(claim) 대 반대 주장, 혹은 주장 대 주장으로만 구성되었다.

수준 2: 아규먼트가 자료, 논거, 논거 입증 자료를 갖추었지만 어떠한 반박도 포함하고 있지 않다.

수준 3: 자료, 논거, 논거 입증 자료를 갖춘 일련의 주장과 반대 주장이 있고, 가끔 미약한 반박이 제시되었다.

수준 4: 주장과 명백한 반박을 갖추었으며, 이러한 논증은 여러 개의 주장과 반대 주장들로 구성되기도 한다.

수준 5: 하나 이상의 반박을 통해 확대된 주장을 보여 준다.

그림 8.5: 논증의 질을 평가하기 위해 활용할 수 있는 분석틀.
출처: Erduran et al., 2004

이와 관련하여 지리교육에서 염두에 둘 부분들이 있다. 즉 TAP를 통해 논증의 구성요소를 쉽게 파악할

조사하려는 핵심 탐구질문이 무엇인가?
세계의 산호초는 위험에 처해 있는가?
주장하는 바가 무엇인가? 이것을 하나의 문장으로 써 보라.
캐리비언 해안의 산호초가 위험에 직면해 있다.
누가 이런 주장을 하였는가? 이러한 주장을 신문기사에서 보았는가 아니면 영화에서 보았는가?
2012년 10월 19일 '가디언(*Guardian*)'지의 헤드라인(http://www.theguardian.com/environment/2012/sep/10/caribbean-coral-reefs-collapse-environment), 기사는 국제자연보전연맹(International Union for the Conservation of Nature)에서 발간한 연구보고서를 기초로 작성됨(cmsdata.iucn.org/downloads/caribbean_coral_report_jbcj_030912.pdf)
이러한 주장의 근거(논거)는 무엇인가?
산호초가 아래 요인으로 인해 피해를 입고 있다.
▲ 오염
▲ 어류의 남획
▲ 고온에 따른 산호초의 백화현상
▲ 바닷물의 높아진 산성도
이러한 주장을 뒷받침할 만한 지리적 근거가 있는가? 상세하게 제시하라(자료, 사실, 증거).
1970년대에는 전체 산호초 중 50%가 살아 있었지만 현재는 10% 이하만이 살아 있다.
이러한 주장을 뒷받침할 수 있는 지리적 프로세스에 대해 무엇을 알고 있는가?
대기 중 이산화탄소의 양은 증가하고 있으며, 이것은 수온의 상승과 바닷물의 산성도를 높이는 결과를 가져왔다.
반대되는 주장(반박)이 있는가? 반대 의견은 무엇이며 누가 그러한 주장을 하는가?
산호초의 피해가 일정하지 않다. 어떤 지역(예, 케이맨 제도)의 경우 산호초의 30%가 살아 있다. 산호초는 회복력이 있으며 피해가 있어도 회복된다.
근거와 논리의 측면에서 볼 때 주장은 충분한 요건을 갖추었는가?
그렇다. 기사는 단지 캐리비언 해안에 대해서만 언급했다. 모든 지역이 영향을 받은 것은 아니며 일부 지역의 산호초는 회복된다. 다음과 같은 표현을 사용한다면 요건을 갖출 수 있다.: "캐리비언 해안의 증거들은 ~을 제시하고 있다.", "캐리비언 해안의 대부분의 지역에서 ~", "이러한 증거를 통해서 볼 때 아마 ~일 것 같다.", "그러나 ~을 보여 주는 증거도 있다."
사유, 근거, 반박을 고려할 때 당신의 결론은 무엇인가?
캐리비언 해안의 증거들로 판단할 때 산호초는 위험에 처해 있다. 그러나 산호초가 줄어들고 있지도 않으며 회복되었다고 알려진 지역들도 있다.
추가적으로 조사가 필요한 부분은 무엇인가?
▲ 세계 다른 지역의 산호초도 위험에 처해 있는가?
▲ 바닷물의 수온과 산성도는 얼마나 상승했는가?
▲ 캐리비언 해안에서 어류의 남획은 무엇을 말하는가?
▲ 캐리비언 해안(혹은 다른 산호초 지역들)은 어떻게 오염되었는가?

그림 8.6: 논증적 글쓰기 프레임워크와 예시

수 있는 장점이 있지만, 툴민이 제안한 카테고리는 그 내용을 명확하게 이해한 경우에만 유용하다.

지리교육에서 중요한 부분은 '논거'와 '논거 입증'을 구분할 수 있느냐 혹은 진술을 적절한 카테고리로 분류할 수 있느냐가 아니라 근거를 갖춘 합당한 주장을 할 수 있어야 한다는 점이다.

학생들이 아규먼트를 잘하기 위해서는 아규먼트의 기술뿐 아니라 교과지식이나 이해가 필요하다는 것이 최근의 연구결과이다. 그러나 과학교육 연구는 여전히 논증의 과정과 구조, 그리고 얼마나 많은 논증의 요소들이 활용되는지를 평가하는 데 초점을 두고 있다. 만일 지리교육에서 학생들의 아규먼트를 평가하고자 한다면 학생들이 주장을 뒷받침하기 위해 지리적 근거를 활용했는지, 자신들의 지리적 지식과 이해를 활용할 수 있는지 평가해야 한다.

연구에 따르면 학생들은 아규먼트에 참여함으로써 다양한 이익을 얻게 된다. 그림 8.6은 지리과목에서 논증적 글쓰기를 위한 프레임워크이다. 틀은 산호초를 다룬 신문기사를 토대로 완성된 것이다.

구조화된 학문적 논쟁수업은 무엇인가?

학생들을 아규먼트에 참여시키는 한 가지 방법은 구조화된 학문적 논쟁수업(structured academic controversy)을 활용하는 것이다. 구조화된 학문적 논쟁수업은 학생들이 이슈에 대해 토론하는 것을 도울 목적으로 미국에서 존슨과 동료들(Johnson et al., 1996)에 의해 개발되었다. 이 전략은 두 가지 상반되는 입장을 가진 이슈[예, 내륙의 풍력발전 단지, 유전자 변형 작물, 런던 히드로(Heathrow) 공항의 확장에 대한 찬반]를 위해, 그리고 이를 위한 적절한 데이터가 있을 경우에 활용된다. 학생들은 처음에는 짝으로 활동을 시작하며, 다음에는 4명, 그리고는 전체 학급에서 그 이슈를 토론한다. 이 전략의 목적은 이슈에 대한 학생들의 이해를 높이고 이슈와 관련된 주장들을 검토할 수 있도록 돕는 것이다. 즉 초점은 논쟁에서 이기는 것이 아니라 이슈를 이해하는 것이다.

구조화된 학문적 논쟁수업에 참여하는 동안 학생들은 지리적 탐구의 전 과정에 참여하게 된다. 즉 학생들은 이슈를 조사하고, 질문을 던지고, 증거를 찾기 위해 데이터를 활용하고, 토론을 통해 이슈를 이해하고, 근거에 기반하여 결론에 도달한다. 정리활동에서 학생들은 자신들이 배운 것을 성찰할 수 있

탐구를 통한 **지리학습**

구조화된 학문적 논쟁수업의 6단계

학생들은 하나의 이슈에 대해 두 가지 다른 관점(A관점, B관점)를 뒷받침하는 정보들(온라인 자료든 아니면 출력된 자료든)에 접근할 필요가 있다. 구조화된 학문적 논쟁수업은 6단계에 걸쳐 진행된다.

1. 학생들에게 이슈를 소개한다. 이슈는 질문이나 일반적인 문장 형태로 표현될 수 있다. 교사는 활동의 목표를 설명하고 활동에 대한 흥미를 불러일으킨다. 필요하다면 학생들에게 약간의 배경정보를 제공할 수 있다. 학생들이 구조화된 학문적 논쟁수업에 익숙하지 않다면 각 단계를 위해 주어진 시간이나 따라야 하는 규칙(아래 참조) 등 정보를 제공한다. 교사는 학생들에게 자신들의 견해를 뒷받침할 수 있는 정보를 제공하거나 아니면 어디서 그러한 정보를 찾을 수 있는지 알려 준다. 4명이 한 그룹이 되고 그 속에서 2명씩 짝을 짓는다. 각 그룹에서 한 짝은 A관점에 다른 짝은 B관점에 집중한다.

2. 학생들은 발표를 준비한다. 짝들은 자신들의 관점을 뒷받침해 줄 수 있는 정보들을 조사한다. 짝들은 핵심 주장과 근거를 찾는다.

3. 학생들은 발표 자료를 만든다. 그룹의 4명이 함께 작성하며, 짝들은 돌아가며 자신들의 의견을 주장한다. 상대편 짝은 주장을 경청하면서 주장하는 바가 무엇인지 파악하고, 이해를 확실히 하기 위해 질문을 던진다. 필요한 내용들은 기록한다.

4. 학생들은 자신들이 주장하는 관점을 바꿔 그룹을 재조직한다. 새 그룹 역시 A관점을 지지하는 짝(2명)과 B관점을 지지하는 짝으로 구성된다. 즉 4단계에서는 3단계에서 자신들이 주장했던 견해와는 상반되는 관점을 옹호하게 된다.

학생들은 자신들이 기억하는 내용과 기록한 내용을 토대로 주장을 펼친다.

5. 학생들은 모든 주장과 근거를 논의한다. 학생들은 원래의 그룹(3단계)이나 현재의 그룹(4단계)에서 A관점과 B관점의 강점을 논의한다. 학생들은 자신들의 의견을 만들고, 근거를 통한 합의에 도달하도록 한다.

6. 교사는 아래의 내용에 대한 피드백을 통해 논의를 요약한다.
   - ▲ A관점에 대한 최고의 주장과 근거
   - ▲ B관점에 대한 최고의 주장과 근거
   - ▲ 각각의 그룹들은 어떤 결론에 도달했으며 이유는 무엇인가?
   - ▲ 명확하지 않거나 이해되지 않았던 부분은 없었는가?
   - ▲ 이슈에 대해 질문하고 싶은 게 있는가?

그룹별로 위에 제시된 내용 중 한 가지 질문에 답변하게 하고, 다른 그룹에게 추가할 내용이 있는지 묻는다. 다른 그룹은 다른 한 가지 질문에 답한다. 이런 방식으로 활동을 마무리할 수 있다.

구조화된 학문적 논쟁수업의 가장 중요한 규칙은 다음과 같다.
- ▲ 모든 학생들이 발표를 경청한다.
- ▲ 상대편 짝의 주장에 대해 질문하고 검토할 수 있다.
- ▲ 이슈를 둘러싼 양쪽의 관점을 이해하려고 노력한다.
- ▲ 주장을 뒷받침할 수 있는 근거를 활용한다.
- ▲ 이슈에 대한 개별 학생들의 의견은 자신들이 속한 그룹 내에서 합의를 도출할 수 있도록 한다.
- ▲ 논쟁에서 이기기보다는 이슈와 관점에 대한 이해에 초점을 둔다.

그림 8.7: 구조화된 학문적 논쟁수업의 6단계

다. 구조화된 학문적 논쟁수업의 6단계는 그림 8.7에 제시되었다.

시험에서 사용되는 다양한 지시동사들은 어떤 종류의 사고를 요구하는가?

외부 자격시험에 출제되는 수많은 질문은 다양한 종류의 사고를 요구한다. 그림 8.8은 지리 시험 문항에 포함된 지시동사(command word)의 목록이다.

지시동사	필요한 사고
설명하라(account for)	~을 위한 이유를 제시하라.
분석하라(analyse)	몇 가지 부분으로 쪼개라.
평가하라(assess)	~의 중요성을 결정하라. 장점과 단점을 논의하라.
분류하라(classify)	범주로 나누라.
비교하라(compare)	비교 형용사를 사용해서 두 경우(사례)의 유사점과 차이점을 파악하라(두 가지를 별도로 진행하는 것이 아님).
대조하라(contrast)	비교 형용사를 활용해 두 경우(사례)의 차이점을 설명하라.
정의하라(define)	단어나 용어의 뜻을 설명하라.
논의하라(discuss)	다른 견해들을 파악하고 그들의 주장을 평가하라.
가려내라(distinguish)	둘 이상의 정보 혹은 개념들 간의 차이점을 찾아내라.
평가하라(evaluate)	주장 혹은 사례의 장점과 단점을 근거로 판단하라.
검토하라(examine)	복잡성이나 감춰진 전제를 드러낼 수 있도록 사례나 주장을 검토하라.
설명하라(explain)	왜, 어떻게 그러한 일이 발생했는지 설명하라.
정당화하라(justify)	결론, 결정, 견해를 뒷받침할 수 있는 이유를 제시하라.
예측하라(predict)	근거를 활용해 어떤 일이 발생할 것인지 제시하라.
어느 정도까지(to what extent)	주장의 강점과 약점을 고려하라.
왜(why)	~의 원인이나 이유를 제시하라.

그림 8.8: 지리시험에서 사용되는 지시동사들

요약

사고를 이해하고 연습하는 것은 탐구를 통한 지리학습의 핵심이다. 지리를 이해하고 그러한 이해를 발전시키기 위해서 학생들은 지리적으로 사고할 필요가 있다. 학생들은 어떻게 사고하고 주장하는지를 배워야 한다. 더불어 학생들은 지리적 주장들이 어떻게 지리적 설명이나 근거와 연결되는지 이해할 필요가 있다.

연구를 위한 제안

1. 과학교육에서 TAP를 활용하여 수행한 연구들을 찾아보자. 어떻게 하면 지리교육에도 적용할 수 있을까? 어느 정도까지 학생들의 아규먼트의 질을 향상시켜 줄까?
2. 지리교육에서 구조화된 학문적 논쟁수업을 활용한 사례를 소그룹 토론의 내용 분석, 설문조사, 인터뷰를 활용해 조사하라.
3. 다양한 지리수업의 맥락(대단원 계획, 교수·학습지도안, 시험의 평가요강)에서 학생들이 활용해야 하는 사고의 유형을 보넷(Bonnett)의 카테고리에 맞춰 분석해 보라.

참고문헌

BBC (1972) *Monty Python's Flying Circus*: Episode 29. Transcript available online at *www.ibras.dk/montypython/episode29.htm#11* (last accessed 16 January 2013).

Bonnett, A. (2008) *How to Argue* (2nd edition). Harlow: Pearson Education Limited.

Driver, R., Newton, P. and Osborne, J. (2000) 'Establishing the norms of scientific argumentation in classrooms', *Science Education*, 84, 3, pp.287-312.

Erduran, S., Simon, S. and Osborne, J. (2004) 'TAPping into argumentation: developments in the application of Toulmin's argument pattern for studying science discourse', *Science Education*, 88, 6, pp.915-33.

Gough, S. and Scott, W. (2003) *Sustainable Development and Learning: Framing the issues*. London: Routledge-Falmer.

Johnson, D., Johnson, R. and Smith, K. (1996) 'Academic controversy: enriching college instruction through intellectual conflict', *SHE-ERIC Higher Education Reports*, 25, 3, pp.1-157. Available online at *http://eric.ed.gov/PDFS/ED409829.pdf* (last accessed 16 January 2013).

Morgan, A. (2006) 'Argumentation, geography education and ICT', *Geography*, 91, 2, pp.126-40.

Morgan, A. (2008) 'GTIP Think Piece: Global Warming'. Available online at *www.geography.org.uk/gtip/think-pieces/globalwarming* (last accessed 16 January 2013).

Morgan, A. (2010) 'Education for sustainable development and geography education' in Brooks, C. (ed) *Studying*

PGCE Geography at M level. London: Routledge.

Osborne, J.F., Erduran, S. and Simon, S. (2004) 'Enhancing the quality of argument in school science', *Journal of Research in Science Teaching*, 41, 10, pp.994-1020.

Osborne, J. (2010) 'Arguing to learn in science: the role of collaborative, critical discourse', *Science*, 328, pp.463-7.

Rogerson, P. (2001) *Statistical Methods for Geography*. London: Sage.

Simon, S. (2008) 'Using Toulmin's argument pattern in the evaluation of argumentation in school science', *International journal of Research & Method in Education*, 31, 3, pp.277-89.

Toulmin, S. (1958) *The Uses of Argument*. Cambridge: Cambridge University Press.

Chapter 09

지리적 탐구를 통한 개념적 이해의 발달

"개념을 직접 가르치는 것이 가능하지도 않고 효과도 없다는 것은 경험을 통해 알 수 있다. 개념을 직접 가르치고자 하는 교사들은 공허한 말장난이나 학생들이 앵무새마냥 따라하는 것 이상을 이룰 수는 없다. 학생들이 지식을 흉내 낸다고 생각하겠지만 실제로는 텅 빈 공간을 채울 뿐이다." (Vygotsky, 1962, p.83)

도입

계획 단계에서 주의하지 않는다면 탐구적 접근은 개념적 이해의 발달을 방해할 수 있다. 단순히 사실적 지식을 축적하는 것이 아니라 지리를 이해하기 위해서는 지리학자들이 세상을 이해하고 아이디어를 공유하는 데 활용하는 다양한 개념들을 습득해야 한다. 학생들은 지리가 사실에 기반한 학문이 아니라 '세상을 바라보는 강력한 방법'인 핵심 개념들을 통해 발전해 온 학문임을 깨달아야 한다(Jackson, 2006, p.203). 이 장에서는 아래 질문들을 다룰 것이다.:

▲ 개념은 무엇인가?
▲ 개념적 이해의 발달은 왜 중요한가?
▲ 개념적 이해를 발달시키는 것은 왜 어려운가?
▲ 문지방 개념 및 관련 아이디어는 지리교육에 유용한가?
▲ 탐구적 접근에서 개념적 발달을 지원하기 위해 무엇을 해야 하는가?
▲ 어떤 활동들이 개념적 이해를 촉진시킬 수 있는가?

개념은 무엇인가?

사실과 개념

지리적 사실들은 구체적이며, 특정 지역이나 특징, 통계, 패턴에 대한 것들이다(예, '파리는 프랑스의 수도다', '2011년 쓰나미는 일본의 일부 지역을 황폐화시켰다'). 사실을 이해하기 위해서 우리는 사실들을 서로 연결시키고, 설명하고, 해석해야 한다. 구체적인 사실들을 넘어 일반화를 시작하는 순간 개념이 필요하다. 네이시(Naish, 1982)는 다음과 같이 적었다.:

"인간은 다양한 경험들을 범주화하는 방식으로 자신들의 경험을 조직하는 능력을 갖고 있다. 이러한 과정을 통해 다양한 경험들은 개념이라 불리는 것 아래에 포섭된다. 이러한 방식으로 우리는 변화무쌍하면서도 다양한 모습을 가진 환경을 이해하고, 경험을 분류하며, 분류된 경험들을 개념적 파일링 시스템 속에 끼워넣는다." (p.35)

개념은 어떤 사물, 현상, 생각에 부여하는 이름과 같다. 개념은 언어로 세상을 재현하는 방식이다. 그렇다고 개념이 단순한 단어만은 아니다. 단어만으로는 어떤 배경지식이나 아이디어들이 개념과 관련되어 있는지 알 수 없다. 개념은 속성과 관련 있고, 개념이 적용될 수 있는 혹은 적용될 수 없는 맥락, 나아가 개념이 생겨난 방식이나 다른 개념들과 연결된 방식과도 관련 있다. 모든 개념은 지식과 이해가 복잡하게 얽힌 모습으로 존재한다. 심지어 '거리(street)'와 같이 단순하고 명확해 보이는 개념도 다양한 아이디어들과 연결되어 있다. 거리의 특징은 무엇인가? 거리는 무엇을 포함하는가? 거리는 도로(road)와 같은 것인가? 도로이면서 거리가 아닌 것이 있는가? '거리'를 포괄적으로 혹은 함축적으로 활용한다면 어떤 의미를 가질 수 있을까? '거리'라는 단어는 전 세계의 다른 지역에서도 같은 방식으로 사용될까?

개념은 다양한 방식으로 분류되어 왔다. 예를 들어 자연발생적(spontaneous) 개념과 과학적(scientific) 개념, 구체적 개념과 추상적 개념, 실체(substantive) 개념과 조직(organizing) 개념, 위계적 포섭(nested hierarchies) 등이 있다.

자연발생적 개념과 과학적 개념

비고츠키(Vygotsky, 1962)는 '자연발생적(spontaneous)' 개념과 '과학적(scientific)' 개념을 구분하였다. 일상생활 개념이라고도 불리는 자연발생적 개념은 일상생활을 통한 세상과의 직접적인 경험으로부터 생겨난다. 자연발생적 개념은 가르쳐진다기보다는 패턴을 인식하거나 사고하는 과정을 통해 습득된다. 아동들을 보면 어린 연령대에서부터 자신들의 경험을 범주화하고, 언덕, 도로, 상점, 공원과 같은 개념들을 이해하는 능력을 갖고 있다(물론 아동들이 사용하는 언덕, 도로, 상점, 공원이라는 개념이 동일하지는 않겠지만). 단어를 잘못 사용하는 아동들을 보면 어른들과는 다른 방식으로 개념을 이해하고 있다는 것을 알 수 있으며, 개념이 발전하기 위해서는 충분한 시간이 필요하다. 우리는 성장하면서 자연발생적 개념들을 지속적으로 획득해 간다. 우리는 일상생활을 통해 개인지리(personal geographies)를 경험하기 때문에 자연발생적 개념들은 지리교육에서 적합하다. 마스덴(Marsden, 1995)은 자연발생적 개념을 '일상적(vernacular)' 개념이라 불렀다.

비고츠키(Vygotsky)는 개별 학문에 의해 개발된 개념들을 과학적(scientific) 개념이라 불렀다. 과학적 개념은 '기술적(technical)' 혹은 '이론적(theoretical)' 개념으로도 불린다.

이 장에서는 자연발생적 개념과 과학적 개념이라는 용어를 대신해 '일상적(everyday)' 개념과 '이론적(theoretical)' 개념을 사용할 것이다.

구체적 개념과 추상적 개념

개념을 구체적 개념과 추상적 개념으로 구분하는 것도 가능하다. 구체적 개념은 우리의 감각을 통해 경험하는(즉 보고, 듣고, 느끼는) 사물, 사건, 현상과 관련이 있다(예, 거리, 바람 등). 몇몇 구체적 개념들은 다른 개념들에 비해 감각을 통해 이해하는 것이 더 쉽다[예, 거리(street)는 광역도시권(conurbation)보다 시각화하기 쉽다].

추상적 개념은 우리의 감각을 통해 경험할 수 없으며, 아이디어와 관련이 있기 때문에 머릿속에서만 재현된다. 몇몇 개념들은 다른 개념들에 비해 더 추상적이다. 즉 '상호의존성(interdependence)'은 '무역(trade)'에 비해 더 추상적이며, '사회정의(social justice)'는 '불평등(inequality)'보다 더 추상적이다.

개념들은 구체적 혹은 추상적 개념으로 분류하는 것이 가능하지만, 이분법보다는 아주 간단한 구체적 개념에서부터 극단적인 추상적인 개념에 이르는 연속선으로 파악하는 것이 유용하다.

구체적 개념과 추상적 개념 모두 그들의 속성에 따라 정의되지만, 모든 정의가 명료한 것은 아니다. 하나의 개념이 무엇을 포함하고 배제하는지가 명료하지 않을 수 있다. 예를 들어 마을(village), 타운(town), 도시(city)의 명확한 차이는 무엇일까? 과학 분야의 '에너지'와 같이 몇몇 추상적 개념들은 하나의 학문 영역 내에서 합의된 정의를 갖기도 하지만, 다른 추상적 개념들은 엄격하게 정의되지 않을 뿐 아니라 정의나 의미가 논쟁의 대상이 되기도 한다(Castree, 2005).

실체 개념과 조직(혹은 2차) 개념

테일러(Taylor, 2008; 2009)는 지리학의 개념들을 '실체 개념(substantive concept)'과 '조직 개념(organizing concept)'으로 구분했다. 실체 개념은 지리적 실체나 내용과 관련 있으며(예, 호수, 기후 등), 조직 개념은 지리학의 틀이 된다(예, 장소, 공간, 스케일 등). 역사 교육과정의 개발은 오랜 기간 동안 조직 개념을 무엇으로 정하느냐에 따라 많은 변화가 있었다[조직 개념은 '2차 개념(second order concept)[1]'으로도 불린다]. 역사교육에서 2차 개념들(예, 변화와 연속성, 연대기, 원인과 결과)은 역사교육의 빅 아이디어가 되며, 역사학자들이 던지는 질문과 그들의 사고방식을 규정하는 지적인 틀이 된다(Counsell, 2011). 역사교육에서 하나 혹은 두 개의 조직 개념은 종종 중간규모(medium term)[2]의 수업계획을 수립하는 데 활용되며, 차시별 핵심 질문 및 학생활동의 내용도 규정한다. 테일러(Taylor, 2008)는 이러한 접근방법을 지리교육에도 적용하였으며(그림 9.1), 저마다 다른 조직 개념의 선정이 아마존 열대우림에 대한 수업을 계획하는 데 어떻게 영향을 미치는지를 보여 주었다.

지리교육의 핵심 개념을 파악하려는 시도가 여러 차례 있었다(그림 9.2). 어떤 개념이 포함되어야 하는가는 항상 논쟁을 불러왔다. 어떤 학자들은 지리학의 입장에서도 중요하지만 다른 학문들과 공유할 수 있는 개념들(예, 패턴, 상호의존성)을 선호한 반면, 다른 학자들은 지리학의 정체성을 보여 주는 개념들을 선호했다. 영국지리교육협회(Geographical Association)에서 제작한 '지리적으로 생각하기

---

1) 본 장의 1차 개념, 2차 개념의 구분은 우리말과는 다른 방식으로 이해되기 때문에 주의가 필요하다. 1차 개념이 지리수업에 등장하는 일반적인 개념들을 지칭한다면, 2차 개념은 이들을 아우를 수 있는 혹은 일반화할 수 있는 개념들을 가리키며 종종 프로세스와 관련이 있다. 역자 주
2) 한 달에서 6주의 기간. 역자 주

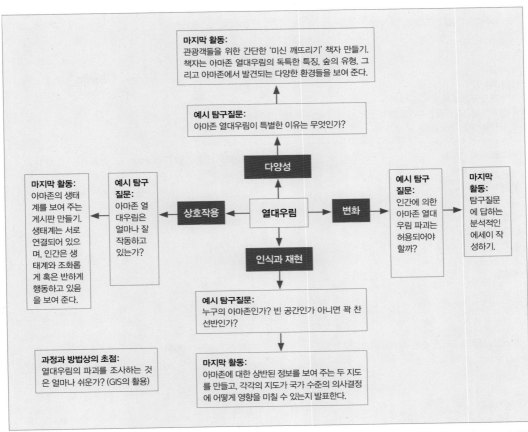

마지막 활동:
관광객들을 위한 간단한 '미신 깨뜨리기' 책자 만들기. 책자는 아마존 열대우림의 독특한 특징, 숲의 유형, 그리고 아마존에서 발견되는 다양한 환경을 보여 준다.

예시 탐구질문:
아마존 열대우림이 특별한 이유는 무엇인가?

다양성

마지막 활동:
아마존의 생태계를 보여 주는 게시판 만들기. 생태계는 서로 연결되어 있으며, 인간은 생태계와 조화롭게 혹은 반하게 행동하고 있음을 보여 준다.

예시 탐구질문:
아마존 열대우림은 얼마나 잘 작동하고 있는가?

상호작용 ← 열대우림 → 변화

예시 탐구질문:
인간에 의한 아마존 열대우림 파괴는 허용되어야 할까?

마지막 활동:
탐구질문에 답하는 분석적인 에세이 작성하기.

인식과 재현

예시 탐구질문:
누구의 아마존인가? 빈 공간인가 아니면 꽉 찬 선반인가?

과정과 방법상의 초점:
열대우림의 파괴를 조사하는 것은 얼마나 쉬운가? (GIS의 활용)

마지막 활동:
아마존에 대한 상반된 정보를 보여 주는 두 지도를 만들고, 각각의 지도가 국가 수준의 의사결정에 어떻게 영향을 미칠 수 있는지 발표한다.

그림 9.1: 어떤 조직 개념을 선정하느냐에 따라 탐구질문과 활동 결과물이 달라진다. 출처: Taylor, 2009

(Thinking Geographically)'(GA, 2012)를 보면, 지리교육의 핵심 개념으로 장소, 공간, 환경의 세 가지 조직 개념을 제시하고 있으며, 이들 각각은 스케일이나 입지와 같은 개념들을 포괄한다고 보았다.

내 자신이 역사학자가 아니기 때문일 수도 있겠지만, 지리교육의 조직 개념들에 비해 연대기, 변화와 연속성 같은 역사의 조직 개념들이 중간 규모의 수업계획에 더 적합해 보인다. 예를 들어 역사시간에 학생들은 연대기에 대한 이해를 지속적으로 발전시킨 다음, 이를 자신들의 과제에도 적용시킬 수 있을 것이다. 그에 반해 장소, 공간, 환경과 같은 개념들은 개념의 복잡성과 다양한 의미로 인해 조직 개념으로 활용하기가 쉽지 않다.

"장소는 지리적 아이디어 중에서 가장 복잡한 것에 속한다." (Clifford et al., 2009, p.153)

국가 수준 지리교육과정(QCA, 2007)	잭슨(Jackson, 2006)
장소 공간 스케일 상호의존성 자연과 인문 프로세스 환경과의 상호작용과 지속가능발전 문화적 이해와 다양성	공간과 장소 스케일과 연계 인접성과 거리 관계적 사고
리트(Leat, 1998)	클리퍼드와 동료들(Clifford et al., 2009)
원인과 결과 분류 의사결정 발전 불평등 입지 계획 시스템	공간 시간 장소 스케일 사회 시스템 환경 시스템 경관 자연 세계화 발전 위험
오스트레일리아 국가 수준 지리교육과정(2012)	테일러(Taylor, 2008)
장소 공간 환경 지속가능성 상호연결성 스케일 변화	다양성 변화 상호작용 인지와 재현
	핸슨(Hanson, 2004)
	인간과 자연의 관계 공간적 변화 서로 연결된 다층 스케일에서 작동하는 프로세스 시공간의 통합적 분석

그림 9.2: 지리교육의 빅 아이디어, 핵심 개념 혹은 조직 개념에 대한 다양한 견해들.
출처: ACARA, 2012; Clifford et al., 2009; Hanson, 2004; Jackson, 2006; Leat, 1998; QCA, 2007; Taylor, 2008

"하나의 개념으로서 '장소'는 간단하면서도 복잡하다." (Lambert & Morgan, 2010, p.83)

"공간은 엄청나게 다양한 방식으로 쓰인다." (Clifford et al., 2009, p.86)

"공간이라는 개념이 의미하는 것을 분류하는 것은 쉽지 않다." (Lambert & Morgan, 2010, p.82)

"자연에 대해 어제는 '진리'였던 것이 여기, 지금의 상황에서는 더이상 진리가 아닐 수 있다. 자연은 계속해서 다양한 방식으로 이해되고 있으며, 이들 중 많은 것들은 서로 양립하지 않는다." (Castree, 2005, p.xviii)

장소, 공간, 환경

장소, 공간, 환경 개념은 수업마다 다른 방식으로 개발될 수 있다.

장소

독특하지만 경계 지어지지 않은 영역으로의 장소

장소의 특징들; 다른 장소들과의 연결성은 경제적, 사회적, 정치적으로 영향을 미치며 해당 장소를 독특하고 특별하게 만든다(상호의존성, 세계화, 공간 개념과 연결되어 있다).

장소에 대한 인간의 애착

(젠더, 연령, 민족, 장애성에 따라 달라지며) (다양성, 정체성과 연결된) 장소에 대한 개인지리(personal geographies)와 정서적 지리(affective geographies); 우리가 장소에 부여하는 의미

변화하는 장소

장소의 발전; 변화와 관련된 이슈들; 장소의 미래(발전, 지속가능성, 지속성, 변화와 연결)

공간

공간적 분포

생산과 소비의 패턴, 상품사슬, GIS(무역, 불균등 발전과 불평등, 생산, 소비, 지속가능성과 연결).

이동의 공간

공간을 가로지르는 이동; 교통과 통신 시스템; 자본, 상품, 인간, 정보의 흐름과 관계된 정책들(무역, 자유무역, 무역그룹, 이주, 디아스포라, 관광의 개념과 연결)

공간적 불평등

인구, 자원, 부, 권력 등의 불균등 분포(불평등, 사회정의, 타자화와 연결); 포섭과 배제의 공간

공간적 재현

선택적 재현으로서의 지도; 시각적 표현; 사진, 영화, 그림; 공간에 대한 미디어의 재현

디지털 공간

인터넷, 소셜네트워킹, 인공위성, 모바일 테크놀로지를 통한 상호연결

환경(사람이 살 수 있는 혹은 살지 못하는 환경): 물리적, 자연, 건조, 사회적 환경

환경 시스템

우리가 살아가는 물리적, 생물적 시스템; 생태계; 대양의 조류; 대기 시스템; 물의 순환

인간-환경 관계

인간에 대한 환경의 영향; 환경에 대한 인간의 영향; 환경관리; 변화와 관련된 이슈들

환경의 질

환경을 지속가능하게 유지하기; 보전, 종다양성, 환경정책

환경적 재해

홍수, 가뭄, 허리케인, 지진, 화산, 적대적 환경(위험이라는 개념과 연결)

그림 9.3: 장소, 공간, 환경의 개념

이러한 이유로 인해 '장소', '공간', '환경'을 조직 개념으로 생각하기보다는 상황에 따라 의미가 변화하는 개념으로 간주하는 것이 낫다고 생각한다(그림 9.3). 개념을 어떻게 이해하느냐에 따라 주제나 이슈를 조사하는 방식도 달라지며, 각각의 방식은 학생들이 새로운 방식으로 세상을 보고 이해할 수 있도록 돕는다.

로링(Rawling, 2008)은 2007년 국가 수준 지리교육과정(이 교육과정에는 장소, 공간, 환경과의 관계라

는 개념이 포함되었다)에서 포함된 지리학자들의 관심을 유형화했으며, 이 개념들의 심층적 이해를 돕기 위한 다양한 경험들을 제안하였다.

포섭(nested) 개념

개념의 위계적 포섭(nested hierarchy)은 러시아의 마트료시카 인형처럼 하나의 개념 속에 다른 개념이 포함된 형태를 말한다. 주소는 위계적 포섭의 좋은 예가 된다. 주소는 집 번호, 거리, 마을, 카운티, 국가, 대륙, 세계, 우주로 구성된다.

개념적 이해의 발달은 왜 중요한가?

개념을 습득해야 하는 가장 중요한 이유는 개념 없이는 생각하거나 의사소통을 할 수 없기 때문이다. 우리는
▲ 일반화하고,
▲ 사실과 아이디어를 서로 연결시키고,
▲ 설명을 발전시키고,
▲ 추상적으로 사고하기 위해 개념이 필요하다.

개념적 이해가 발달하게 되면 학생들은 세상을 다르게 바라보고 해석할 수 있으며 자신들의 개인지리를 넘어서게 된다. 또한 보다 일반화되고 추상적인 방식으로 사고할 수 있게 된다. 일상적 개념과 이론적 개념이 서로 끊임없이 영향을 주고받는 과정 속에서 지리적 개념은 발달하게 된다. 학생들은 이론적 개념을 일상적 개념과 연결지어가면서 이해한다. 클로크와 동료들(Cloke et al., 2005)은 지리전공의 대학생들에게 이러한 연결의 중요성을 강조했다.:

"여러분 자신의 경험으로부터 시작하세요. 인문지리는 여러분들이 먹는 음식에, 여러분이 읽는 뉴스에, 여러분들이 보는 영화에, 여러분들이 듣는 음악에, 여러분들이 보는 텔레비전에 들어 있으며, 또한 이들을 통해 재현되고 있음을 알아야 합니다. 여러분들이 살고 있는, 여행하고자 하는, 또는 바라보고자 하는 장소들에 대해 알아야 합니다. 여러분들이 누구이며, 여러분의 동료들과 여러분이 살고 있는

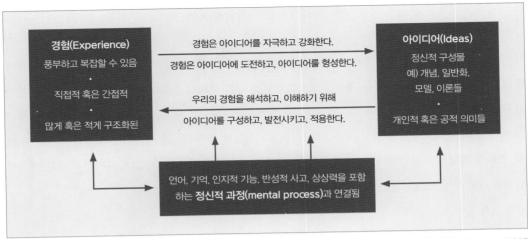

그림 9.4: 이해의 원리. 출처: Bennetts, 2005

사회를 알아야 하며, 여러분과 다른 사람들의 생활, 노동, 여가공간의 본질에 대해서도 알아야 합니다. 그리고 알아 가는 과정 속에서 무엇이 혹은 누가 생략되고, 주변화되고, 타자화되었는지 찾아보세요. … 당신이 책과 신문기사에서 읽은 내용들이 어떻게 당신의 일상생활과 연결되는지 혹은 연결되지 않는지 생각해 보세요. 연결된다면 혹은 연결되지 않는다면 왜 그런지도 생각해 보세요." (p.602)

지리학습을 통해 얻어지는 이론적 개념들은 학생들이 가진 일상적 개념들을 확장시켜 줄 뿐 아니라 학생들이 일생생활 속에서 만나게 되는 세상을 이해하는 방식을 향상시켜 준다. 베넷(Bennetts, 2005)은 이러한 이론적 개념과 일상적 개념 간의 양방향적 관계를 그림으로 표현하였다(그림 9.4). 그림은 경험과 지리적 사고들이 다양한 정신적 과정을 통해 어떻게 발전할 수 있는지 보여 준다.

개념적 이해를 발달시키는 것은 왜 어려운가?

개념적 이해를 습득하거나 발달시키는 것은 사실(fact)을 배우는 것보다 훨씬 어렵다. 사실은 암기할 수 있다. 즉 학생들은 사실을 상기함으로써 자신들이 알고 있다는 것을 증명할 수 있다. 반면 학생들이 개념의 뜻을 기억해 내거나 선다형 문항에서 찾아낼 수 있다고 해서 반드시 그 개념을 이해하고 있는 것은 아니다. 학생들은 운하나 교구(parish) 경계의 의미를 알지 못해도 지도에서 운하나 교구의 경계를 나타내는 기호를 찾을 수 있다. 단어를 알고 뜻을 기억하는 것은 개념을 이해하는 것과는 다르다.

학생들이 개념을 이해하기 위해서는 개념이 실세계에서 표상하는 바가 무엇인지 알아야 하고, 그 개념에 포함되는 것과 포함되지 않는 것을 알고, 그 개념을 다른 사례나 상황에 연결시키고 적용할 수 있어야 한다. 학생들은 개념을 나타내는 단어를 머릿속에 넣어 두고 그 개념을 활용해 사고해야 한다. 개념의 이해 특히 지리교육의 핵심적 개념들은 학생들이 관계된 배경지식과 아이디어를 확대시켜 감에 따라, 그리고 개념의 미묘한 차이에 대해 알아 감에 따라 계속해서 심화될 수 있다. 이러한 이유로 개념적 이해를 간단한 방법으로 평가하는 것은 어렵다.

몇몇 지리적 개념들은 다른 것들에 비해 훨씬 어렵다. 구체적 개념들은 추상적 개념들보다 일반적으로 이해하기 쉽지만 쉬운 정도에도 차이가 있다. 아래의 경우에 해당할수록 개념들은 이해하기 어려운 경향이 있다.:
▲ 개념이 학생들이 경험할 수 있는 범위 이상의 것과 관련이 있을 경우(예, 대부분의 영국 학생들에게 '해변'보다는 '빙하'가 더 어렵다)
▲ 개념이 엄청나게 큰 것과 관련이 있을 경우[예, '연담도시(conurbation)'는 '타운(town)'보다 이해하기 어렵다]
▲ 지리수업에서만 접할 수 있는 개념일 경우(예, 강수량)
▲ 개념에 포함된 단어가 다른 과목이나 일상생활에서는 다른 의미를 가질 경우(예, 에너지)

추상적 개념에 대한 어려움의 정도도 매우 다양하다. 추상적 개념들은 명료하게 정의될 수 있거나[예, 허니폿(honeypot)], 학생들의 일상생활과 연결될 수 있는 경우(예, 기대수명) 이해하기 쉽다. 추상적 개념들은 아래의 경우에 해당할수록 어려워진다.:
▲ 다른 개념에 대한 이해가 선행되어야 하는 경우[예, 바이옴(biome)]
▲ 다양한 의미를 갖고 있거나 상황에 따라 의미가 달라지는 경우(예, 지속가능발전, 세계화)
▲ 매우 추상적인 경우(예, 사회정의)
▲ 개념에 포함된 단어가 사고 수준에 따라 다른 방식으로 활용되는 경우(예, 장소, 공간, 스케일)

문지방 개념 및 관련 아이디어는 지리교육에 유용한가?

문지방 개념(threshold concept)

문지방 개념이라는 아이디어는 대학 강의의 질에 대한 연구를 수행하는 과정에서 탄생했으며 대학교육의 다양한 학문 분야에 적용되고 있다(Cousin, 2006). 메이어와 랜드(Meyer & Land, 2003)는 특정 '문지방' 개념은 한 교과를 완전히 이해하는 데 필수적이라 주장한다.:

"문지방 개념은 사물이나 현상에 대해 새로운 방식, 이전에는 생각지도 못했던 방식으로 사고할 수 있도록 해 준다는 측면에서 포털(portal)과 유사하다. 문지방 개념은 사물을 바라보고, 이해하고, 해석하는 방식의 변화를 의미하며, 문지방 개념없이 이해의 진전은 불가능하다. 문지방 개념을 이해하게 되면, 교과에 대한 이해, 교과와 관련된 배경, 나아가 세계관의 변화를 경험하는 것도 가능하다." (p.412)

어떤 개념이든 새롭게 습득하게 되면 기존 개념에 어느 정도 변화를 줄 수 있지만, 문지방 개념은 다른 개념들과 연결되어 있어 교과 전반을 아우를 수 있는 통합적 사고를 가능하게 해 주는 큰 개념(big concept)이다. 즉 문지방 개념을 습득함으로써 학생들은 큰 그림(big picture)을 볼 수 있게 된다.

커즌(Cousin)은 2010년의 연구에서 한 학생이 언급한 내용을 다음과 같이 소개했다. "무언가를 배웠는데 … 와우, 갑자기 모든 것이 달라 보이는 겁니다. … 이제 전혀 다른 세상을 보게 된 것이죠".

문지방 개념은 블록을 쌓듯이 다른 개념의 옆에 더하는 것이 아니라 개념적 이해의 변화를 이끌어 낸다. 문지방 개념을 이해하기 전 학생들은 교과를 분절된 방식으로 이해하는 경향이 있으며, 이러한 방식으로는 이해의 진전을 기대하기 어렵다. 렌쇼와 우드(Renshaw & Wood, 2001)는 소규모의 지리교육과정 프로젝트를 수행한 후 문지방 개념이 지리교육에도 유용할 수 있다고 제안했다(그림 9.5).

경계적 공간(liminal space)

문지방 개념은 습득하기 어려울 뿐 아니라 시간도 많이 걸린다. 따라서 문지방 개념을 습득하게 되는 과정은 어떤 경계선을 넘어간다기보다는 학습자가 이해하기 위해 몸부림쳐야 하는 어떤 공간으로 입

지리교육에서 문지방 개념

렌쇼와 우드의 프로젝트

렌쇼와 우드(Renshaw & Wood, 2001)는 지리교육과정 (QCA, 2007)에 제시된 핵심 개념들 중 두 개념(상호의존성, 자연적 프로세스)에 초점을 맞춰 소규모의 실험적 교육과정을 개발했다. 그들은 대기, 대양, 화산, 빙하를 배우던 13~14세의 학생들에게 새로운 개념적 틀(conceptual framework)을 제공했다. 그들은 '상호의존성'을 문지방 개념으로 보고, "만일 학생들이 상호의존성을 이해할 수 있다면, 지리를 서로 연결된 하나의 전체로 보게 될 것이며, 지리에 대한 그들의 생각도 바뀔 것이라"(p.367) 생각했다.

기반이 되는 아이디어

위 프로젝트는 '지식을 전체적이고 서로 연관된 것으로 볼 수 있어야 지식을 깊이 있게 이해할 수 있다'는 아이디어에 기반한다. 렌쇼와 우드는 학생들이 아래의 내용을 이해할 수 있기를 원했다.:

- ▲ 그들이 배우고 있는 요소들이 서로 어떻게 연관되어 있는지
- ▲ 상호의존성과 자연적 프로세스라는 개념의 관계적 성격 (즉, 이들 개념을 서로 혹은 다른 개념들과 연결시켜 주는 전체적인 지식의 그물 속에서 바라 볼 수 있어야 한다)

또 하나의 중요한 아이디어는 어려운 개념을 이해하기 위해서는 보다 오랜 기간 동안 해당 개념에 노출될 필요가 있다는 것이다. 이 기간 동안 학생들은 개념을 이해하지 못한 상태에서 이해한 상태로 변해 가는 것이다. 이러한 변화가 발생하는 단계를 '경계적 공간(liminal space)*'이라 부른다. 다시 말해 학생들이 핵심 개념과 내용을 습득하기 위해서는 적절한 시간과 기회를 갖는 것이 중요하다.

교육과정의 내용과 접근법

수업내용(화산, 대기, 얼음, 대양)은 '지구: 역동의 행성(Earth: The power of planet)'이라는 BBC에서 제작한 영상물에서 영감을 받는 것이다. 학생들에게는 각각의 내용영역에 대해 아래의 핵심 질문들이 제시되었다.

- ▲ 지구적 힘의 근간이 되는 자연적 프로세스는 무엇인가?
- ▲ 각각의 프로세스는 세계 기후와 어떻게 연결되어 있는가?

* liminal은 라틴 어인 limens에서 생겨난 단어이며 임계치 (threshold) 혹은 새로운 상태로 전환되기 전의 모호하고 혼란스러운 상태를 의미한다. 역자 주

- ▲ 이들 프로세스는 지구의 경관에 어떻게 영향을 주었는가?
- ▲ 이러한 힘들은 지구에서 생명체가 발생하는 데 어떤 영향을 주었는가?
- ▲ 이러한 힘들은 기후변화나 지구의 미래에 어떤 영향을 주게 될까?

학생들의 이해를 돕기 위한 '경계적 공간'은 두 가지 방식으로 제시되었다.:

- ▲ 탐구적 접근 – 학생들에게 각 수업의 초반부에 질문을 던지게 했으며, 수업이 진행되는 과정에도 질문하도록 장려했다. 나중에 학생들은 자신들이 던졌던 질문들을 다시 생각해 보고 질문에 대해 알게 된 것이 무엇인지를 성찰했다. 앞서 제시된 질문들을 통해 학생들은 스스로 질문을 던지고 생각해 볼 수 있는 기회(space)를 가졌다.
- ▲ 개념도 작성 – 학생들은 개념도를 작성하며 네 가지 지구적 힘 간의 연결성을 파악하였다. 개념도는 매 차시 초반부마다 작성하였으며, 수업이 진행됨에 따라 개념들 간 새로운 연결고리를 추가하였다.

연구결과

2006년부터 2009년까지 진행된 렌쇼와 우드의 프로젝트에는 9학년 13개 학급이 참여하였다. 학급의 교사 및 학급당 2명의 학생들과 인터뷰를 진행하였다. 아래는 렌쇼와 우드(Renshaw & Wood)가 찾아낸 결과이다.:

- ▲ 수업을 계획하고 진행하는 과정에서 상호의존성을 문지방 개념으로 명확하게 강조했던 것이 학생들의 개념 이해에 기여했다.
- ▲ 활용된 두 가지 접근법(탐구적 접근, 개념도 작성)은 학생들에게 인기가 있었다.
- ▲ 학생들이 자신들의 질문을 개발할 수 있게 되기까지는 시간이 걸렸지만, 질문을 통해 학생들은 '상호의존성'이라는 개념을 더 잘 이해할 수 있었다.
- ▲ 개념도 작성을 통해 아이디어와 내용을 상호관계 속에서 조직화할 수 있었으며, 이러한 과정을 통해 지식을 더욱 전체적인 방식으로 이해하기 시작했다.
- ▲ 개념도를 활용하는 것이 특별히 중요했다. 교사들에 따르면 개념도의 활용은 학생들이 '세상을 보는 방식을 근본적으로 바꾸는 데' 기여했다.
- ▲ 상호의존성과 같은 문지방 개념의 이해를 통해 교과에 대한 학생들의 인식이 변화했음을 보여 주는 일부 증거가 있다.

그림 9.5: 지리교육에서 문지방 개념에 대한 연구 사례

장하는 것과 더 유사할 것이다. 이러한 공간은 '경계적 공간(liminal space)'이라 일컬어진다(Meyer & Land, 2005). 만일 학습자가 문지방 개념을 이해하려 한다면, 이해하기 위해 몸부림칠 수 있을 만큼 동기부여가 되어야 하고, 그들이 갖고 있는 오개념과 혼동을 통해 자신들의 사고방식을 반성하고, 보다 통합된 방식으로 사고하도록 준비되어야 한다. 최종적인 목표는 개념의 정의를 암기하거나 제한된 상황에만 개념을 적용할 수 있게 하는 것이 아니라 개념을 깊이 있게 이해하고 이를 교과 전반에 걸쳐 적용할 수 있도록 하는 것이다. 비록 '경계적 공간'이라는 용어가 문지방 개념과 관련하여 개발된 것이지만 어렵고 추상적인 지리적 개념들에도 적용해 본다면 유용할 것 같다. 만일 학생들이 깊이 있게 이해하기를 원한다면, 스스로 질문을 던지고, 아이디어를 논의할 시간과 기회를 갖고, 그 과정에서 혼란을 경험할 수도 있다는 점을 받아들여야 한다.

그림 9.2에 제시된 지리교육의 빅 아이디어들 중에서 어떤 것들이 학교 수준에서 문지방 개념으로 활용될 수 있는지 고민해 보는 것은 의미가 있다. 제대로 이해된다면 이들 개념들 중에서 중등학교 학생들의 지리과목에 대한 인식을 바꿔 줄 만한 것이 있는가? 그러한 변화가 한 차시의 수업 동안에도 발생할 수 있을까? 아마도 장소, 공간과 같은 개념들의 경우 학생들이 한순간 '아하'하고 깨닫기를 기대하기보다는 학교 지리교육을 통해 점차적으로 이해를 심화시켜 나갈 것 같다.

탐구적 접근에서 개념적 발달을 지원하기 위해 무엇을 해야 하는가?

수업을 계획하고 활용하는 과정에서 아래의 10가지 사항을 제안하고자 한다.

1. 수업을 뒷받침하는 지리교육의 핵심 개념이 무엇인지 고려하라(그리고 그 핵심 개념에 따라 탐구질문, 자료, 학생활동을 개발하라).
2. 핵심 질문을 조사하기 위해 이해가 선행되어야 하는 새로운 개념들이 있는지 파악하여 목록을 만들고 대단원 및 차시별 계획에 반영하라.
3. 학생들이 갖고 있을 것 같은 일상적 개념들을 파악하라. 이 개념들은 새로운 지리적 개념들과 어떻게 연결될 수 있는가? 학생들이 갖고 있는 개념에 대한 이해나 오개념을 어떻게 드러내고 또 논의할 수 있을까?
4. 학생들이 특별히 어려워할 만한 개념들을 파악하라. 이들 개념을 학생들의 일상생활과 연결 짓는다면 혹은 사진, 영화, 다이어그램, 지도, 그래프, 사물, 일화를 활용한다면 이해하는 데 도움이 될까?

어려운 개념의 경우 학급 전체가 참여하는 활동이나 토론을 통해 소개하는 것이 최선일 수 있다.

5. 학생들이 개념을 표현하는 용어들을 듣고, 말하고, 쓸 수 있는 기회를 제공하라. 개념적인 어휘가 많이 필요한 지리를 배우는 것은 외국어를 배우는 것과 유사하다. 학생들이 이러한 개념을 의미하는 용어들을 듣고, 전체 학급활동이나 소그룹 활동에서 이러한 새로운 어휘를 사용하도록 장려한다면, 그들은 새로운 개념들을 더 잘 이해하게 될 것이다. 학생들이 이들 어휘를 어떻게 사용하는지 들을 수 있다면 교사는 학생들이 개념에 대해 얼마나 이해하고 있는지 파악할 수 있을 것이다.

6. 외국어 학습에서 새로운 어휘를 습득할 때와 같이 지리교육에서도 새로운 지리 개념에 대해 꾸준히 읽고, 글을 작성해 보고, 수업을 통해 지속적으로 다루는 것이 중요하다.

7. 수업에서 어떤 지리 사례들을 활용하느냐가 개념의 깊이 있는 이해에 영향을 미칠 수 있다.

8. 개념의 이해를 촉진시켜 줄 수 있는 학생활동을 고려하라(그림 9.6).

9. 새로운 개념을 습득하는 과정에서 교사의 역할을 인식하라. 학생들이 비교적 독립적인 방법으로 질문을 조사한다면, 그룹별 혹은 개인별 토론을 통해 스캐폴딩을 제공하라. 학생들이 가진 개념에 대한 이해를 조사할 수 있으며, 개념에 대한 그들의 사고나 논리를 반박할 수도 있다. 이러한 과정에서 불확실하거나 혼란스러울 수 있다는 것을 받아들이도록 하고 나아가 혼란스럽거나 이해하기 어려운 부분이 어디인지 말하도록 하라.

10. 해당 개념에 대한 학생들의 이해 정도를 파악하는 것이 어렵다는 것을 인식하라. 학생들이 자신들의 용어로 개념을 설명할 수 있을까? 학생들은 개념을 새로운 맥락에 적용할 수 있을까? 이런 질문들은 단순한 질문에 정답을 제시하게 하거나 '신호등[3]'을 보여 주는 방식으로는 파악할 수 없다. 개념에 대한 학생들의 이해 정도를 잘 보여 줄 수 있을 것 같은 활동들을 그림 9.6에 제시하였다.

어떤 활동들이 개념적 이해를 촉진시킬 수 있는가?

학생들의 개념적 이해를 촉진시키는 가장 좋은 방법은 11장에서 '학습대화(dialogue of learning)'라고 명명했던 시간(예, 전체학습 토론, 개별학생이나 소그룹과의 대화, 학생 성과물에 대한 코멘트 등) 동안 학생들의 개념 이해에 특별히 집중하는 것이다. 개념은 천천히 발달하며, 학생들이 말하는 것들을

---

3) 학생들이 이해한 정도를 신호등의 색을 통해 발표하게 하는 평가 및 피드백 방식을 일컫는다. 가령 학생들은 배운 내용을 아주 잘 이해했을 경우 녹색, 부분적으로만 이해했을 경우 주황, 전혀 이해하지 못했을 경우 붉은색을 보여 준다. 역자 주

개념적 이해의 발달을 돕는 활동들

터부(Taboo)

터부는 참가자들이 돌아가면서 카드의 상단에 적힌 단어를 설명하고 나머지 참가자들이 맞히는 게임이다. 카드 상단의 단어를 설명할 때 카드에 적힌 5개의 단어는 사용할 수 없다*.

원리: 학생들이 지리적 개념의 의미에 대해 주의 깊게 생각하게 한 다음 개념을 설명하고, 다른 참가자들이 제시된 설명을 바탕으로 개념을 파악하는 것이다. 이 게임을 잘 하기 위해서는 개념에 대한 정확하고 풍부한 이해가 필수적이다. 그래야만 카드에 함께 제시된 다른 단어를 사용하지 않고 설명할 수 있다.

방법(전체 학급 활동이나 소그룹 활동으로 진행): 소그룹이나 학급의 한 학생이 터부 카드를 받으면 카드 상단에 명시된 단어를 설명해야 한다. 이때 함께 제시된 다른 단어들을 활용해서는 안 된다. 단어를 맞춘 학생이 다음 카드를 설명한다.

카드를 위한 정보는 아래 자료에서 찾을 수 있다.
Nichols, A. and Kinninmart, D. (eds)., 2000, *More Thinking Through Geography*. Cambridge: Chris Kington Publishing, p.76. 물의 순환에 대한 11장의 카드 세트

Staffordshire Learning Network website: *www.sln.org.uk/geography/georevision.htm* 날씨와 기후(카드 9장), 해안(카드 18장), 정주(카드 9장) 카드 세트

Thinking Through Geography website: *www.geoworld.co.uk/tabpupil.htm* 판운동과 관련된 48장의 카드 세트

그림 퀴즈(Pictionary)

그림 퀴즈는 다른 참가자가 그린 그림을 보고 특정 단어를 추측하는 게임이다.

원리: 개념의 의미와 개념이 어떻게 그림으로 표현될 수 있는지 생각하도록 장려한다. 이 게임은 그림을 그리는 참가자와 추측하는 참가자 모두에게 상당히 어려울 수 있다. 학생들이 그린 그림을 통해 개념에 대한 이해 정도나 오개념을 파악하는 것도 가능하다.

* 예를 들어 카드 상단에 '강수량'이 적혀 있고, 카드에 물, 비, 눈, 구름, 습도가 나열되어 있다면 강수량을 설명할 때 물, 비, 눈, 구름, 습도를 사용할 수 없다. 역자 주

방법(소그룹 활동이나 전체 학급 활동): 그룹의 한 학생이 단어를 전달받고 이를 종이나 칠판에 그림으로 표현한다. 이때 어떠한 단어도 사용할 수 없다. 단어를 맞힌 학생이 다음 그림을 그리게 된다.

퀴즈에 사용할 단어는 차시 수업과 관련이 있거나 복습할 필요가 있는 단어 혹은 학기에 걸쳐 지속적으로 심화될 필요가 있는 개념이 좋다.

스파이더 다이어그램(Spider diagrams)과 마인드맵 (Mind maps)

15장 참조

개념도(Concept maps)

16장 참조

개념을 그래픽으로 표현하기

수업을 시작할 때 학생들에게 개념을 그래픽으로 표현하게 할 수 있다. 이를 통해 학생들이 개념에 대해 갖고 있는 이해 정도나 선지식을 파악할 수 있다. 예를 들어 학생들에게 그림이나 다이어그램으로 온실효과를 표현하고, 가능한 많은 설명을 포함하도록 할 수 있다. 그런 다음 자신들이 더 알고 싶은 내용이 있거나 확실하게 알지 못하는 부분이 있다면 질문을 추가하거나 별도의 표시를 할 수도 있다.

학생들은 영화나 텍스트 등 지리 관련 자료를 학습한 후 개념을 그림으로 표현할 수도 있다. 19장을 보면 부영양화에 대한 설명을 읽고 이를 그림으로 표현한 DART 활동의 예시를 볼 수 있다.

어린 학생들을 위한 소책자나 프로그램 만들기

원리: 개념에 대한 이해를 명료화하고, 이를 자신들의 언어나 그림을 활용해 개념들을 명료하게 설명하게 한다.

사례를 평가하기 위한 프레임워크

딕비(Digby, 2007)은 4차시에 걸쳐 도시의 지속가능성을 조사하기 위해 그린피스의 '친환경원칙(green rule)'에 바탕을 두고 제작된 프레임워크를 활용했다. 그가 가르친 12학년 학생들은 제공된 프레임워크를 활용해 시드니올림픽이 얼마나 '친환경(green)'적이었는지 조사하였다.

지속가능발전을 평가할 수 있는 많은 평가기준들을 인터넷에

서 찾을 수 있다. 두 가지 예시가 그림 9.7과 그림 9.8에 제시되었으며 각각 도시와 농촌지역에 적용이 가능하다.

평가기준들은 지속가능발전을 위한 정책이 얼마나 복잡한지 혹은 모순적일 수 있는지를 이해하는 데 다양한 방식으로 활용될 수 있다.:

▲ 학생들은 특정 사례에 평가기준을 적용할 수 있다. 딕비(Digby)의 사례와 같이 평가기준의 각 항목에 점수를 부여한 후 해당 프로젝트나 개발 계획이 얼마나 기준을 충족시키고 있는지 평가할 수 있다.

▲ 학생들은 평가기준의 항목들을 경제적, 사회적, 환경적, 기타 측면으로 분류할 수 있다. 학생들은 각 항목의 의미를 조사하거나 예시를 통해 설명하고, 의견이 상충되는 부분들에 대해서는 토론할 수 있다.

▲ 학생들은 평가기준을 비판적으로 검토한다. 학생들은 평가

기준에 대해 얼마나 동의할 수 있는지, 삭제하거나 추가하고 싶은 내용은 없는지 생각한다. 평가기준의 어떤 항목들이 가장 중요한가? 경제적, 사회적, 환경적 목적에 비추어 편향된 항목은 없는가?

정의(definitions) 활용하기

▲ 세계화와 같은 복잡한 개념에 대한 다양한 정의를 수집한다(그림 9.9). 학생들은 개념의 여러 측면들을 스파이더 다이어그램을 통해 표현하고 그 결과 나타난 강조점과 의미를 토론한다.

▲ 개념에 대한 몇몇 정의를 활용한다. 학생들은 핵심 단어를 찾아 밑줄을 긋고, 조사를 하거나 자신들의 지식과 경험을 활용해 제시된 정의에 설명을 덧붙인다.

▲ 개념에 대한 한두 가지 정의를 찾고 이를 특정 사례에 적용한다.

그림 9.6: 개념적 이해의 발달을 지원하는 활동

탐구를 통한 **지리학습**

피크 디스트릭트(Peak District)* 지속가능 발전 기금

"피크 디스트릭트 지속가능발전 기금(The Peak District Sustainable Development Fund)은 피크 디스트릭트 국립 공원의 환경적, 사회적, 경제적, 문화적 이익을 가져올 수 있는 프로젝트를 지원한다. 우리는 특히 기후변화가 피크 디스트릭트 국립공원에 미칠 영향을 최소화하는 데 관심이 높다. 모든 프로젝트는 지속가능발전의 성격을 가져야 하며, 피크 디스트릭트 국립공원과도 명백하게 관련 있어야 한다."

프로젝트는 아래 제시된 기준들을 토대로 평가될 것이다.

1. 지속가능발전이라는 목표를 충족하는가?
▲ 프로젝트는 미래 세대를 위한 장기적 이익을 가져오는가?
▲ 프로젝트는 지속가능한 삶을 위한 모델인가?
▲ 프로젝트는 로컬 지역 및 더 넓은 공동체에서 지속가능발전에 대한 이해를 높여 주는가?

2. 사회적 목표를 충족시키는가?
▲ 프로젝트는 공동체 구성원들의 사회적 요구에 영향을 주고, 사회적 요구를 충족시키는가?
▲ 공동체 내의 집단들이 프로젝트에 직접적으로 참여하는가?
▲ 프로젝트는 새로운 파트너십이나 네트워킹을 만들어 내는가?
▲ 젊은 주민들과 나이든 주민들 모두 프로젝트에 참여하는가?
▲ 프로젝트는 사회적 배제의 문제를 해소하려하는가?

* 영국 더비셔(Derbyshire)에 위치한 국립공원. 역자 주

3. 국립공원과 환경적 목표를 충족시키는가?
▲ 프로젝트는 피크 디스트릭트 국립공원을 보호하고, 공원의 질을 향상시키는가?
▲ 프로젝트는 피크 디스트릭트 국립공원에 대한 이해와 피크 디스트릭트 국립공원이 줄 수 있는 즐거움을 알리는 데 기여하는가?
▲ 프로젝트는 농촌지역 관리(countryside management)를 위한 모델을 제공하는가?
▲ 프로젝트는 피크 디스트릭트 국립공원 및 그 지역의 주민과 공동체에 환경적으로 영향을 미치는가?
▲ 프로젝트는 천연자원 및 재생가능 에너지를 주의 깊게 활용하도록 장려하는가?

4. 경제적 목표를 충족시키는가?
▲ 프로젝트는 개인, 집단, 비즈니스 업체들이 부를 창출할 수 있는 새로운 방법을 찾을 수 있도록 해 주는가?
▲ 프로젝트는 현금이나 다른 자산의 형태로 기금의 규모를 키울 수 있는 기회를 충분히 검토하였는가?
▲ 프로젝트는 새로운 형태의 도시–농촌의 연계를 보여 주는가?

5. 기타 목표를 충족시키는가?
▲ 프로젝트는 문제에 대한 혁신적이고 창의적인 접근법을 제시하는가?
▲ 프로젝트는 피크 디스트릭트 지속가능발전 기금과 상관없이 진행될 수 있는가?
▲ 프로젝트는 피크 디스트릭트 지속가능발전 기금의 지원이 종료된 후에도 계속 유지될 수 있는가?
▲ 프로젝트는 피크 디스트릭트 국립공원의 안이나 밖에서 재현될 가능성이 있는가?

그림 9.7: 프로젝트 평가를 위한 기준 – 피크 디스트릭트 지속가능발전 기금.
출처: 피크 디스트릭트 국립공원(Peak District National Park Authority) 홈페이지

조사할 필요가 있다. 학생들은 학습한 개념을 새로운 상황이나 자신들의 일상생활에 적용할 수 있어야 한다.

그림 9.6에 제시된 활동들은 학생들의 개념 발달을 위한 탐구 기반 수업에도 활용될 수 있다.

대 런던권 계획(The Greater London Plan)

목적:

1. 성장을 이끈다.
2. 경제를 지원한다.
3. 주변지역을 지원한다.
4. 감각을 즐겁게 한다.
5. 환경을 향상시킨다.
6. 접근성/교통을 향상시킨다.

번호	평가 항목
1	기존 개발 지역에서 발전이 생겨날 가능성을 극대화하라
2	주거지역의 밀도를 최적화하라
3	공공용지의 손실을 최소화하라
4	새로운 주택의 공급을 늘려라
5	저렴한 주택의 공급을 늘려라
6	건강 불균형을 감소하라
7	경제활동은 지속시켜라
8	오피스시장(office market)에도 충분한 발전 가능성이 있음을 분명히하라
9	활용 가능한 택지가 충분히 있음을 분명히하라
10	런던 외곽지역의 고용을 증대시켜라
11	고용시장에서 불이익을 겪고 있는 사람들을 위한 고용기회를 확대하라
12	사회간접시설과 관련 서비스의 제공을 늘려라
13-16	승용차에 대한 의존을 줄이고 보다 지속가능한 교통수단의 비율을 늘려라
17	대중교통으로 접근하기 유리한 지역에 일자리의 수를 늘려라
18	종다양성을 위한 서식지를 보존하라
19	2031년까지 재활용되거나 퇴비로 사용되는 쓰레기의 양을 늘리고 매립되는 쓰레기를 줄여라
20	새로운 개발을 통해 탄소 배출량을 줄여라
21	재생가능한 자원으로부터 생산하는 에너지를 늘려라
22	도시를 더욱 푸르게 하라
23	런던의 블루리본 네트워크(Blue Ribbon Network)(하천, 수로, 도크, 저수지, 호수)를 향상시켜라
24	런던의 문화유산과 공적영역을 보존하고 향상시켜라

그림 9.8: 대 런던권 계획(The Greater London Plan) – 목표와 수행 척도. 출처: 런던광역시(Greater London Authority, 2011)

탐구를 통한 **지리학습**

(a) 알 로드한(Al-Rodhan, 2006)에서 발췌된 세계화에 대한 정의들

출처	정의
David Harvey (1989) *The Condition of Postmodernity*. Oxford: Blackwell.	"시공간 압축"
Anthony Giddens (1990) *The Consequences of Modernity*. Cambridge: Polity Press, p. 64	"멀리 떨어진 곳에서 발생한 사건들이 로컬에서 발생하는 일에 영향을 주는 것과 같이 멀리 떨어진 지역들을 서로 연결해 주는 세계적인 사회적 관계들이 강화되는 것이다."
Martin Khor (1995) cited in Jan Aarte Scholte 'The globalization of world politics', in Baylis, J. and Smith, S. (eds) (1999) *The Globalization of World Politics: An introduction to international relations*. New York, NY: Oxford University Press, p. 15.	"세계화는 제3세계에 있는 우리가 식민지라는 이름으로 수 세기 동안 가져왔던 것이다."
Mark Ritchie (1996) 'Globalization vs. Globalism', *International Forum on Globalization*.	"값싼 노동력과 원료 그리고 소비자, 노동, 환경보전을 무시하거나 고려하지 않는 국가를 찾아 기업들이 자금, 공장, 생산품을 그 어느 때보다도 빠른 속도로 전 세계에 이동시키는 과정이다. 이데올로기로서 세계화는 윤리적, 도덕적 고려에서 대체로 자유롭다."
Thomas Friedman (1999) *The Lexus and the Olive Tree*. New York: Farrar, Straus and Giroux, pp. 7-8.	"과거에는 볼 수 없었던 수준의 시장, 국가, 테크놀로지의 거침없는 통합이며, 이를 통해 개인, 기업, 국가는 이전에 비해 세계의 더 먼 곳에, 더 빨리, 더 깊이, 더 값싼 방법으로 도달할 수 있다. 동시에 이러한 시스템에 뒤처지거나 착취당하는 집단들로부터 강력한 반발이 생겨난다. … 세계화는 자유시장 자본주의를 세계의 모든 국가에 확대시키는 것이다."
David Held, Anthony McGrew, David Goldblatt and Jonathan Perraton (1999) *Global Transformations, Politics, Economics and Culture*. Stanford, CA: Standford University Press, p. 2.	"문화에서부터 범죄, 재정, 정신적인 분야에 이르기까지 사회생활의 모든 측면에서 전 세계적인 수준의 상호연결성이 넓어지고, 깊어지고, 가속화되는 것이다."
Tomas Larsson (2001) *The Race to the Top: The real story of globalization*. Washington, DC: Cato Institute, p. 9.	"거리가 감소되고, 모든 것들이 더 가까워짐에 따라 세계가 축소되는 과정이다. 지구의 한쪽 편에 위치한 개인이 반대편에 위치한 개인과 함께 서로의 이익을 위해 상호작용하는 것이 점차 쉬워지는 것과 관련이 있다."
George Soros (2002) *George Soros on Globalization*. Cambridge, MA: PublicAffairs, p. 13.	"국제 금융시장의 발달, 초국적기업의 성장과 국가경제에 대한 초국적기업의 영향력 확대"
International Monetary Fund (2002) *Globalization: Threat or opportunity?* Available online at *www.imf.org/external/np/exr/ib/2000/041200to.htm*	"경제적 '세계화'는 인류의 혁신과 기술의 진보에 따른 역사적 과정이다. 세계화는 특히 무역과 자금의 흐름에 의해 가속화되는 세계적 수준의 경제 통합을 의미한다. 세계화는 국경을 넘나드는 사람(노동력)과 지식(테크놀로지)의 이동을 의미하기도 한다. 또한 넓은 의미에서 문화적, 정치적, 환경적 측면의 세계화를 의미하기도 한다."
OECD (2005) OECD *Handbook on Economic Globalization Indicators*. Paris: OECD, p. 11.	"'세계화'라는 용어는 증가하고 있는 금융시장과 상품 및 서비스시장의 세계화를 나타내기 위해 사용되어 왔다. 세계화는 역동적이고 다양한 측면을 갖는 경제적 통합 과정을 가리키며, 이때 국가의 자원은 점점 더 국경을 넘어 이동이 가능하고 국가의 경제는 점차 상호의존적이 된다."
E Marketing, 21 web resource: *www.manufacturing.net/articles/2010/06/the-pros-and-cons-of-globalization*	"지구 상의 사람들이 점점 더 서로 연결되고 정보와 돈은 더 빠른 속도로 이동한다. 지구의 한 지역에서 생산된 상품과 서비스는 지구의 다른 지역에서도 쉽게 구할 수 있다. 국제적인 의사소통은 흔한 일이 되었으며 이러한 현상은 '세계화'라 명명되었다."

(b) 세계화에 대한 대안적 정의들

Adil Najam, David Runnalls and Mark Halle (2007) *Environment and Globalization: five propositions*. Winnipeg: International Institute for Sustainable Development	"우리가 현재 세계화라고 생각하는 과정들은 환경적 원인에 의한 것이며, 이는 세계화라는 용어가 사용되기 훨씬 이전의 현상이다. 생태적 프로세스가 국경과 무관하게 진행되고, 환경문제는 종종 국경을 넘어 세계적 스케일에서 영향을 미칠 수 있다는 것을 알게 되면서 세계의 환경에 대한 관심이 생겨났다. 인간이 글로벌 스케일에서 생각하고 행동할 수 있게 됨에 따라 지구적 자원뿐 아니라 공정함(fairness)에 대해서도 글로벌 책임감이 생겨났다."
Doreen Massey (2010) 'Is the world getting samller or larger? Available online at *www.opendemocracy.net/ globalization–vision_reflections/world_ small_4354.jsp*	"모든 지역들이 동일한 시간대('짧은 시간')에 도달할 수 있다는 것은 사실이 아니다. … 교통 중심지를 통해 빠른 이동이 가능해졌지만 일부 지역들은 중간에 낀 지역이 되어 오히려 접근하기 더 어렵게 되었다."
	"'우리 모두가' 휴대전화를 사용하고, 스타벅스 커피를 마시기 때문에 이러한 차이들은 간과된다. 조지 부시(George W. Bush)와 토니 블레어(Tony Blair)의 글로벌 프로젝트는, 동시적 공존(contemporaneous coexistence)이 공간적으로 차별화된 '현재(now)'를 만들고 있는, 다양한 스토리들 사이에서 발생하는 (문화적, 경제적, 정치적) 변화들을 이해하지 못하고 있다(혹은 이해하려고 하지 않았다)."
	"세상이 점차 작아지는 것처럼 보인다면 그것은 아마도 부분적으로는 우리가 보지도 듣지도 않거나, (정확하게는) 충분한 시간이 없기 때문이거나, 또는 우리가 나로부터 세상을 바라보기보다는 우리에게 다가오고 있는 세상에만 신경을 쓰기 때문이다. 우리 모두는 자신의 삶을 영위하는 데도 버거워하기 때문에 '지금 현재' 진행되고 있는 다른 모든 스토리를 알 수는 없다. 그러나 이것은 핵심이 아니다. 오히려 핵심은 시각의 문제이며 세상에 대한 자세의 문제(즉, 자신의 상상력을 바깥쪽으로 향하게 할 것인가)이다."
Massey, D. (2006) 'Is the world really shrinking?' First Open University radio lecture, available online at *www.open. edu/openlearn/society/politics–policy– people/geography/ou–radio–lecture– 2006–the–world–really–shrinking*	"세상은 정말 이전에 비해 더욱 연결되었다. 우리는 더욱 상호의존적이 되었지만, 그렇다고 지구와 지구에 살고 있는 사람들의 다양성이 사라지지는 않았으며 마찬가지로 지구 상의 풍요와 어려움(우리는 이러한 차이에 더 많은 관심을 쏟아야 한다)의 차이도 없어지지 않았다. 경제적 불균형은 점차 심화되고 있다."
Harvey Perkins and David Thorns (2012) *Place, Identity and Everyday Life in a Globalizing World*. Basingstoke: Palgrave Macmillan, p.25.	"세계화가 진행되고 있다. 사람들은 이전에 비해 훨씬 다양한 방식으로 서로 연결되어 있다. 지난 50년 동안의 발전을 조사해 보면 과연 우리가 새로운 시대를 살고 있는 것인지 의문이 든다. 세계화에도 불구하고, 지구 상의 사람들 사이에는 깊고 지속적인 차이가 여전히 존재하며, 자원과 서비스의 접근성 측면에서는 불평등이 심화되고 있다. 즉 변화는 불균등하게 영향을 미치고 있다. 이와 동시에 세계화 시대에도 우리의 일상생활은 장소에 대한 로컬적인 경험, 우리가 살고 있는 지역(로컬, 지역, 국가), 그리고 이러한 환경 속에서 얼마나 쉽게 자원이나 기회를 활용할 수 있는가에 따라 결정된다. 따라서 현재 관찰되고 있는 세계적인 변화를 문화적 혹은 경제적 동질성의 확대 정도로 바라보는 함정에 빠져서는 안된다."

그림 9.9: 세계화에 대한 정의들: (a)는 알 로드한(al–Rodhan)에서 발췌했으며, (b)는 대안적 정의들이다.

요약

세상을 지리적으로 보는 이익을 얻으려면 학생들은 자신들이 조사하는 내용과 관련된 혹은 큰 개념 (big concepts)으로 이끌어 줄 수 있는 다양한 지리적 개념들을 이해할 필요가 있다. 개념적 이해를 발달시키는 과정은 시간이 걸린다. 교사는 탐구 기반 수업을 계획할 때 학생들이 일상적 개념들을 어떻게 새롭게 학습한 학문적 개념과 연결시키는지, 또한 어떤 종류의 학생활동이 개념적 발달을 촉진시키는지 파악해야 한다.

연구를 위한 제안

1. 지리교육의 핵심 개념 중 하나를 골라 이 개념이 교육과정이 진행됨에 따라 어떻게 발전해 가는지, 동일한 개념이라 하더라도 학생들에게 제시되는 자료나 활동에 따라 어떻게 의미가 변화하는지 조사하라.
2. 지리교육의 큰 개념(big concepts)을 골라 학생들이 어떻게 이해하고 있는지 조사하라[월시 (Walshe, 2007)와 호프우드(Hopwood, 2007)는 지속가능성에 대한 학생들의 이해를 조사하였고, 픽턴(Picton, 2010)은 세계화에 대한 학생들의 이해를 조사하였다].

참고문헌

Al-Rodhan, N. (2006) *Definitions of Globalization: A comprehensive overview and a proposed definition.* Geneva: Geneva Centre for Security Policy. Available online at *www.sustainablehistory.com/articles/definitions-of-globalization.pdf* (last accessed 22 April 2013).

Australian Curriculum, Assessment and Reporting Authority (ACARA) (2012) *Geography Curriculum (Draft).* Available online at *www.acara.edu.au/verve/_resources/2._Draft-F-12-Australian_Curriculum_ -_Geography.pdf* (last accessed 19 August 2013).

Bennetts, T. (2005) 'The links between understanding, progression and assessment in the secondary school curriculum', *Geography*, 90, 2, pp.152-70.

Castree, N. (2005) *Nature.* London: Routledge.

Clifford, N., Holloway, S., Rice, S. and Valentine, G. (eds) (2009) *Key Concepts in Geography.* London: Sage.

Cloke, P., Crang, P. and Goodwin, M. (2005) *Introducing Human Geographies* (2nd edition). London: Hodder Arnold.

Counsell, C. (2011) 'Disciplinary knowledge for all: the secondary history curriculum and history teachers' achievement', *Curriculum journal*, 22, 2, pp.201-25.

Cousin, G. (2006) 'An introduction to threshold concepts', *Planet*, 17, pp.4-5.

Cousin, G. (2010) 'Neither teacher-centred nor student-centred: threshold concepts and research partnerships', *Journal of Learning Development in Higher Education*, 2, pp.1-9.

Digby, B. (2007) 'Teaching about the Olympics', *Teaching Geography*, 32, 3, pp.73-9.

Geographical Association (2012) 'Thinking geographically'. Available online at *www.geography.org.uk/download/GA_GINCConsultation12ThinkingGeographically.pdf* (last accessed 18 January 2013).

Greater London Authority (2011) *The Greater London Plan: Spatial development strategy for Greater London*. London: Greater London Authority. Available online at *www.london.gov.uk/publication/londonplan* (last accessed 18 January 2013).

Hanson, S. (2004) 'Who are "we"? An important question for geography's future', *Annals of the Association of American Geographers*, 94, 4, pp.715-22.

Hopwood, N. (2007) 'Environmental education: pupils' perspectives on classroom experience', *Environmental Education Research*, 13, 4, pp.453-65.

Jackson, P. (2006) 'Thinking geographically', *Geography*, 91, 3, pp.199-204.

Lambert, D. and Morgan, J. (2010) *Teaching Geography 11-18: A conceptual approach*. Maidenhead: Open University Press.

Leat, D. (1998) *Thinking Through Geography*. Cambridge: Chris Kington Publishing.

Marsden, B. (1995) *Geography 11-18: Rekindling good practice*. London: David Fulton.

Meyer, J.H.F. and Land, R. (2003) 'Threshold concepts and troublesome knowledge: linkages to ways of thinking and practising' in Rust, C. (ed) *Improving Student Learning - Ten years on*. Oxford: Oxford Centre for Staff and Learning Development (OCSLD), pp.412-24.

Meyer, J. and Land, R. (2005) 'Threshold concepts and troublesome knowledge (2): epistemological considerations and a conceptual framework for teaching and learning', *Higher Education*, 49, 3, pp.373-88.

Naish, M. (1982) 'Mental development and the learning of geography' in Graves, N. (ed) *New UNESCO Source Book for Geography Teaching*. Harlow: Longman.

Nichols, A. and Kinninment, D. (2000) *More Thinking Through Geography*. Cambridge: Chris Kington Publishing.

Peak District National Park Authority website: 'SDF criteria - how we assess applications'. Available online at *www.peakdistrict.gov.uk/living-and-working/your-community/sdf/how-to-apply* (last assessed 14 June 2013).

Picton, O. (2010) 'Shrinking world? Globalisation at key stage 3', *Teaching Geography*, 35, 1, pp.10-14.

QCA (2007) *Geography: Programme of study for key stage 3 and attainment target*. London: QCA.

Rawling, E. (2008) *Planning your Key Stage 3 Geography Curriculum*. Sheffield: The Geographical Association.

Renshaw, S. and Wood, P. (2011) 'Holistic understanding in geography education (HUGE): an alternative approach to curriculum development and learning at key stage 3', *Curriculum journal*, 22, 3, pp.365-79.

Taylor, L. (2008) 'Key concepts and medium term planning', *Teaching Geography*, 31, 2, pp.50-4.

Taylor, L. (2009) 'Think Piece: Concepts in geography'. Available online at *www.geography.org.uk/gtip/thinkpieces/concepts/#5821* (last accessed 18 January 2013).

Vygotsky, L. (1962) *Thought and Language*. Cambridge, MA: Massachusetts Institute of Technology Press.

Walshe, N. (2007) 'Year 8 students' conceptions of sustainability', *Teaching Geography*, 32, 3, pp.139-43.

Chapter
10

탐구수업에서 교사의 말하기

"많은 교사들이 학생들의 학습을 도울 수 있는 방식의 대화를 계획하지도 실천하지도 않는다." (Black et al., 2004, p.11)

도입

알렉산더(Alexander, 2000)는 5개국 초등학교의 비교를 통해 교실에는 5가지 유형의 말하기 — 암송, 질문과 대답, 설명, 토론, 대화 — 가 있다는 것을 알아냈다(그림 10.1). 그에 따르면 첫 세 가지 유형의 말하기가 압도적으로 많고 가장 흔하게 사용되고 있다. 본 장에서는 지리학습의 탐구적 접근에서 교사의 말하기의 역할을 검토하고, 아래의 질문들을 다루고자 한다.:

▲ 듣고 말하기는 왜 중요한가?

▲ 교실에서 얼마나 많이 지리를 말하고 있는가?

▲ 탐구적 접근에서 교사의 발표식 말하기는 필요한가?

▲ 대부분의 교실수업에서 가장 흔한 질문의 유형은 무엇인가?

▲ 어떤 유형의 질문이 탐구를 통한 지리학습에 도움이 되는가?

▲ 교사는 질문하는 능력을 어떻게 향상시킬 수 있는가?

탐구를 통한 **지리학습**

듣고 말하기는 왜 중요한가?

탐구를 통한 지리학습에서 대화가 중요한 두 가지 이유가 있다. 첫째는 대화를 통해 학생들에게 지리학의 언어를 소개해 줄 수 있으며, 둘째는 대화를 통해 학생들의 이해를 개발할 수 있다. 첫 번째 이유는 본 장에서 다루며, 두 번째 이유는 다음 장(11장)에서 다루게 된다.

지리학자들은 세상을 바라보고 이해하는 독특한 방법을 발전시켜 왔다. 지리학자들은 특징, 프로세스, 개념들을 명명하기 위해 지리적 어휘를 활용하며, 장소, 패턴, 환경이 왜 지금과 같은 모습을 갖게 되었는지를 설명해 왔다. 만일 지리교육의 목적이 학생들로 하여금 다른 방식으로 세상을 바라보게 하는 것이라면 학생들은 지리학의 언어를 배워야 한다. 학생들은 책에서 지리적 어휘를 만나기도 하지만 대화

교실 속 말하기의 유형
▲ 암송(교사–학급): 지속적인 반복을 통해 사실, 아이디어, 절차를 익히는 것
▲ 질문과 답변(교사–학급 또는 교사–그룹): 예전에 학습한 내용을 묻거나 상기하게 하는 질문을 통해 지식과 이해를 쌓는 것. 질문에 포함된 실마리를 통해 답을 찾게 할 수도 있다.
▲ 설명(교사–학급, 교사–그룹, 교사–개인): 학생들에게 무엇을 해야 하는지 말하고, 지식을 전달하고, 사실·원리·절차 설명하기
▲ 토론(교사–학급, 교사–그룹, 학생–학생): 정보를 공유하거나 문제를 해결하기 위해 정보와 생각을 교환하기
▲ 대화(교사–학급, 교사–그룹, 교사–개인, 학생–학생): 구조화되고 축적되는 질문과 토론을 통해 공통의 이해를 달성하는 것이다. 이때 질문과 토론은 학생들을 인도하거나 격려하고, 선택을 줄여 주고, 위험과 오류의 가능성을 낮추며, 개념과 원리의 전이를 촉진시키는 역할을 한다.

그림 10.1: 알렉산더(Alexander, 2000)가 확인한 교실 속 말하기의 유형

를 통해 훨씬 더 쉽게 지리적 어휘를 접할 수 있다. 현대 언어를 가르치는 교사들은 언어학습의 네 가지 과정 – 듣기, 말하기, 읽기, 쓰기 – 을 강조한다. 지리학 역시 유사한 네 측면을 강조할 수 있을 것이다. 학생들은 지리적 어휘가 어떻게 사용되고 소리 나는지 그리고 지리적 아이디어가 어떻게 표현되는지 듣는 데 익숙해져야 한다. 학생들이 교실에서 발표할 때 지리적 어휘를 사용하도록 장려해야 한다.

교실에서 얼마나 많이 지리를 말하고 있는가?

교사교육자로서 그리고 자격시험 감독관으로서 수백 번 이상 지리수업을 관찰하였다. 가르치던 첫 해부터 나는 지리교육에 사용되는 언어의 역할에 관심이 많았다. 그래서 수업을 관찰할 때마다 전체 학급에서 진행되는 대화든 교사와 소그룹 간에 진행되는 대화든 간에 무슨 대화가 오가는지 귀를 기울였

고, 최대한 많이 대화 내용을 받아 적으려고 노력했다. 수업이 끝난 후에 교육 실습생과 나는 내가 적었던 노트를 함께 살펴보며 수업에서 무슨 일이 있었는지 분석해 보곤 했다. 교실에서의 말하기를 세 가지 유형으로 구분하는 것이 유용해 보였다. 아래 예시들은 내가 참관한 수업에서 기록했던 내용들 중에서 발췌한 것들이다.:

▲ 관리적 말하기(행동): 예) "너희들 둘이 계속 얘기를 하면, 내가 너희 둘을 갈라놓을 거야", "너희 중 몇몇은 잘하고 있어 – 정말 기쁘구나."

▲ 관리적 말하기(활동): 예) "스파이더 다이어그램을 따라 핵심 내용을 적어야 해", "3분 남았으니까 최대한 많이 할 수 있도록 해"

▲ 지리적 말하기: 현재 배우고 조사하고 있는 과목에 대한 이야기. 예) "우리는 그래프를 통해 시간에 따라 고용구조가 어떻게 변화해 왔는지를 알 수 있어", "야노마미(Yanomami) 족의 행동은 과연 지속가능할까?"

세 가지 유형의 말하기가 차지하는 비중은 크게 달라지곤 했다. 어떤 경우엔 '행동을 관리하는' 말하기가 대부분이었다면 어떤 경우엔 활동을 관리하는 대화가 많았다. 그러나 지리적 말하기가 대부분을 차

탐구를 통한 **지리학습**

지하는 수업은 흔치 않았다. 몇몇 수업에서는 충격적일 만큼 지리적 말하기가 적었다. 내가 관찰한 수업들이 교육 실습생들의 수업이었고 그들은 학생들의 행동을 관리하고 그들이 계획한 수업을 완수하는 데 몰두했기 때문에 이런 결과가 나타날 수도 있겠구나 싶었지만 여전히 염려스러웠다. 이것은 마치 교사가 수업 목표가 지리적 이해를 발전시키는 것보다는 계획된 활동을 끝마치는 것임을 암묵적으로 보여 주고 있는 것 같았다.

교실수업에서 지리적 말하기가 얼마나 많은 비중을 차지하는지를 아는 것이 중요했고 그래서 아래의 교사교육 활동을 제안했다.:

▲ 가능하다면 수업을 기록하고 영상으로 녹화하라. 그게 어렵다면 동료에게 교사(자신)가 하는 말을 최대한 많이 적어 달라고 요청하라.

▲ 교사의 말하기를 세 유형(행동 관리, 활동 관리, 지리)으로 구분해 보라.

▲ 말하기 유형의 비율이 적절한지 혹은 바람직한지 생각해 보라.

▲ 말하기를 통해 수업 목적에 관한 어떤 메시지가 학생들에게 전달되었을까?

▲ 교사의 말하기를 통해 지리에 관한 어떤 메시지가 학생들에게 전달되었을까?

탐구적 접근에서 교사의 발표식 말하기는 필요한가?

발표식 말하기(presentational talk)는 교사는 이야기하고 학생들은 듣는 방식을 의미하며, 알렉산더(Alexander)는 이를 '교수용(instructional)' 혹은 '설명식(expositional)' 말하기라고 불렀다. 학생들이 이러한 말하기를 통해 지리적 언어를 접하고, 지리적 어휘나 주장을 전개하는 방식에 친숙해진다. 또한 교사들은 발표식 말하기를 통해 탐구질문에 대해 호기심을 내비치고, 학습할 내용에 대해 관심을 전달하며, 학생들의 열정을 불러일으킨다. 교사의 발표식 말하기는 아래와 같은 목적으로 활용될 수 있다.:

▲ 탐구 혹은 활동을 어떻게 진행할 것인지 설명할 때

▲ 조사할 내용의 배경지식을 제시할 때. 예를 들어 공청회 형식의 역할극(18장 참조)에서 공청회의 의장은 이슈에 대한 맥락적 정보를 제공할 수 있다.

▲ 어려운 개념이나 프로세스를 설명할 때. 일부 아이디어나 프로세스는 자료를 학습하는 것만으로는 이해하기 어렵다. 이슈를 조사하기 전 교사가 설명을 제공함으로써 학생들은 질문할 기회를 갖게 되

고, 또한 자신들이 이해한 내용을 확인해 볼 수도 있다. 예를 들어 학생들이 인도의 지역에 따른 몬순 기후의 영향을 조사하기에 앞서 교사는 지도, 다이어그램, 사진자료를 활용해 그 지역에서 몬순 기후가 나타나는 이유를 설명할 수 있다. 그런 다음 학생들은 지역마다 다른 몬순 기후의 영향을 파악하기 위해 인도의 지역별 기후 그래프를 학습할 수 있다.

▲ 개인적 경험이나 일화를 공유할 때. 많은 지리교사들은 많은 지역을 여행했을 뿐 아니라 학습할 주제와 장소에 대한 직접적인 경험을 갖고 있다. 일부 교사들은 학부나 대학원의 야외조사에서 관련 이슈들을 연구하기도 했다. 예를 들어 나는 일본, 케냐, 가나, 페루, 오스트레일리아 등지에서 일한 경험을 가진 예비교사들과 연구하기도 했으며, 일부 학생들은 네팔에서 산림 벌채나 스위스에서 빙하의 후퇴를 연구했거나, 지진을 경험하고 화산 분출을 관찰한 학생들도 있었다. 교사와 학생들의 이러한 경험은 자료로도 활용될 수 있다. 직접적인 경험에 기초한 교사의 말하기는 교과서의 설명보다 훨씬 생생하고 구체적이며, 학생들로부터 진정한 질문을 이끌어 내기도 한다. 이러한 교사의 말하기를 통해 학생들은 자신들의 개인적 경험이 교실에서 배우는 내용과 적절하게 연결될 수 있다는 것을 깨닫게 된다.

▲ 텍스트를 읽을 때. 학생들이 텍스트를 읽기 전 교사가 큰 소리로 읽어 주는 것은 가끔씩 유용하다. 이를 통해 학생들은 지리적 어휘를 어떻게 발음해야 하는지 어려운 구절을 어떻게 읽어야 하는지 알게 된다. 이는 텍스트와 관련된 활동을 위해서도 권장할 만하다(19장 참조).

▲ 학생들이 듣는 방식으로 학습할 때. 보고서, 날씨 예보, 소설과 논픽션의 발췌문, 시, 노래와 같은 일부 텍스트는 말로써 학생들에게 전달이 가능하다. 학생들에게 들은 내용을 기억하게 하거나, 핵심 포인트를 적고 다이어그램 등으로 표현하게 할 수 있다. 데이비드 리트(David Leat)가 개발한 사고기능 전략(thinking skills strategies)인 '마인드 무비(Mind movies)'와 '스토리텔링(Story telling)' 활동에서는 학생들이 교사가 읽는 문장을 경청해야 한다. 이 활동들은 학생들의 선지식을 알아보고, 개념을 기억하고 발전시킬 수 있도록 설계되었다.

교사의 발표식 말하기는 중요할 수 있다. 따라서 특정 차시에서 발표식 말하기가 필요한지를 미리 고려할 필요가 있으며 만일 필요하다면 교수·학습 계획에 포함시키는 것이 좋다.

대부분의 교실수업에서 가장 흔한 질문의 유형은 무엇인가?

교실에서 교사가 던지는 질문은 매우 중요하다. 연구자들과 교사연수(INSET)[1] 지도자들은 아래 내용들을 조사해 왔다.:

▲ 교사들이 던지는 질문의 유형

▲ 교실에서 질문을 효과적으로 활용하는 방법

▲ 교사들의 질문 기술을 향상시킬 수 있는 방법

발표식 말하기는 종종 '강의(recitation)' 혹은 'IRF[발화(initiation), 응답(response), 피드백(feedback)]'라 불리는 질문과 응답의 과정을 따른다. IRF의 패턴은 아래와 같다.:

▲ 발화: 교사가 질문한다.

▲ 응답: 한 학생이 대답한다.

▲ 피드백: 교사는 응답에 대해 논평한다.

IRF는 전 세계의 교실에서 발견된다(Alexander, 2000). IRF는 교사와 학생들이 관습적, 일반적 규칙을 받아들이는 상황에서만 가능하다. 머서와 도스(Mercer & Dawes, 2008)가 밝혀낸 규칙은 아래와 같다.:

▲ 누가 말해야 하는지는 교사가 결정한다.

▲ 별도의 허락 없이 질문할 수 있는 사람은 교사뿐이다.

▲ 교사만이 학생이 제시한 코멘트(답변)를 평가할 수 있다.

▲ 학생들은 교사의 질문에 답하기 위해 노력해야 하며, 교사의 질문은 적절하고 가능한 한 간략해야 한다.

▲ 교사가 질문했을 때 학생들은 마음대로 답변할 수 없으며, 손을 들고 지명되기를 기다려야 한다.

일반적 규칙이 명확하지는 않지만 수업을 통해 점차적으로 확립되어 간다. 예를 들어 선생님에 따라 특정 학생에게 질문하거나 '발표 전에 손들기'나 '손들기 없이' 말하는 방식을 선호하기도 한다.

---

1) IN SErvice Training의 준말. 역자 주

IRF는 세계적으로 널리 활용되고 있어 교사들은 이 방식이 유용하다고 느낀다. IRF는 아래의 목적으로 활용될 수 있다.:

▲ 학생들의 주의를 관리함으로써 학급 관리를 돕는다.

▲ 학생들에게 수업에 기여할 기회를 제공한다.

▲ 핵심 사실과 정보를 강화할 수 있다.

▲ 학생들의 지식과 이해 정도를 체크하거나 평가할 수 있다.

▲ 일련의 질문들을 개발하여 복잡한 아이디어의 이해를 도울 수 있다.

▲ 진정한 토론으로 발전될 수 있다.

그러나 IRF는 아래와 같은 한계점을 갖는다.:

▲ 교사가 던지는 질문의 대부분은 하나의 정답만 가능하고 정보의 기억을 요구하는 닫힌 성격의 저차적 질문이다.

▲ 간단한 형태의 답변이 반드시 이해를 의미하는 것은 아니다.

▲ 학생들의 참여는 제한적이다. 학생들은 자신이 이해한 지리에 대해 길게 말하거나 불확실하게 말해서는 안 된다. 더불어 자신의 아이디어를 말하거나 질문을 해서도 안된다.

▲ 다른 전략이 고려되지 않는다면(아래 참조) 한 수업에서 모든 학생들이 참여할 수 있을 만큼 시간이 충분하지 않다.

▲ 교사의 피드백은 종종 간략하며 평가적이다(예, '잘했어'). 이러한 피드백은 학생들의 이해를 높이는 데 도움이 되지 않는다.

▲ 직접적인 질문은 사람들이 말하도록 만드는 최상의 방법은 아니다. IRF는 학급 토론을 시작하는 최선의 방법이 아니다.

▲ 학생들이 IRF로부터 충분히 배운다거나 IRF가 학생들의 사고를 자극한다는 증거가 없다.

이러한 제한점에도 불구하고 IRF는 나름의 가치를 갖고 있으며 교실수업에 뿌리 깊게 박혀 있고 학교는 종종 IRF의 활용을 권장하고 있어 앞으로도 계속 활용될 것으로 보인다. 이것이 IRF를 이 책에 포함시킨 이유이다. 따라서 IRF를 어떻게 하면 효과적으로 만들 수 있는지 고민할 필요가 있다.

어떤 유형의 질문이 탐구를 통한 지리학습에 도움이 되는가?

교실 대화 이해하기

교실 대화는 복잡해서 한 차시 동안의 대화에 집중하는 것만으로 교실 대화를 이해하는 것은 불가능하다(Mercer & Littleton, 2007). 교사와 학생들은 대화를 통해 서로 공유한 이해를 쌓아 간다. 그들은 앞 차시에서 다루었던 내용들이나 다음 차시에서 다루게 될 내용들을 알고 있다. 그래서 어떤 특정 질문이 무엇을 의미하는지, 혹은 학생들이 무엇을 이해했는지가 관찰자에게는 명확하지 않을 수 있다. 또한 교사의 질문은 다양한 목적을 위해 활용되며, 교사가 질문을 위해 어떤 용어를 사용하는지보다 가끔은 질문을 던지는 교사의 억양이나 그 질문을 언제 하는지가 더 중요하다. 예를 들어 수업 시작 부분의 질문은 사전 지식을 이끌어 내기 위한 경우가 많고, 같은 질문이 수업의 마지막 부분에 있다면 학습한 내용을 점검하기 위함이다. 그래서 교실 대화의 관찰이나 기록을 해석할 때는 주의가 필요하다.

닫힌 질문과 열린 질문

교실에서 사용되는 대부분의 질문들은 닫힌 질문이다. 닫힌 질문의 경우 교사들이 받아들일 수 있는 정답은 하나이다. 반대로 열린 질문은 하나 이상의 정답이 존재할 수 있다고는 하지만 이 부분은 생각해 볼 필요가 있다. 몇몇 질문들의 경우 여러 개의 답이 있을 수 있지만, 교사가 자신이 생각하는 정답을 미리 정해 두었다면 진정한 열린 질문은 아니다(예, EU에 속한 국가들의 이름 대기). 왜(why), 어떻게(how)로 시작하는 질문이라도 배웠거나 읽었던 내용을 간단하게 기억해서 답하는 것이라면 닫힌 질문이 될 수도 있다. 내 생각으로는 열린 질문의 목적은 학생들의 생각 속으로 파고들어 그들이 무엇을, 어떻게 생각하는지 알고자 하는 것이다.

닫힌 질문에 제한점이 있지만 그렇다고 '닫힌 질문은 모조리 나쁘고, 열린 질문은 전부 좋은' 것은 아니다. 닫힌 질문도 어떻게 활용하느냐에 따라 충분히 정당화될 수 있다. 닫힌 질문들을 통해 이전 시간에 배웠던 사실이나 어휘들을 짧은 시간 내에 확인하고 강화하거나 자료를 활용하는 방법(예, 그래프로부터 수치를 읽어 내거나 지도의 기호를 읽는 법)을 알고 있는지 확인할 수도 있다. 따라서 탐구적 접근에서 닫힌 질문을 무조건 피해야 하는 것은 아니며 언제 사용하는 것이 적절한지를 고려하는 것이 맞다. 열린 질문은 보다 다양하고 확장된 반응을 기대하며, 열린 질문을 통해 교사들은 학생들의 생각을 읽을 수 있게 된다. 학생들에게 열린 질문을 많이 할수록 자신들의 생각이나 의견을 설명하고 수업에 참여할 기회를 더 많이 제공하는 것이다.

저차 질문과 고차 질문

수업 시간의 질문들은 대부분 저차 질문들이며 이들은 사고를 필요로 하지 않는다. 저차 질문에 답하기 위해 학생들은 배운 내용을 단순히 기억해야 하며, 종종 한 단어로 대답하기도 한다. 따라서 저차 질문에 대한 답변을 통해 학생들이 학습하고 있는 내용을 제대로 이해하고 있는지를 확인하는 것은 거의 불가능하다. 고차 질문들은 학생들이 생각하고 사고할 것을 요구한다. 고차 질문에 대한 답변을 통해 학생들이 이해한 내용을 파악할 수 있다.

교사의 질문을 저차와 고차로 구분하는 데 블룸(Bloom)의 교육목표분류학(1956)이 널리 활용된다. 블룸의 분류학은 평가자들의 모임에서 시작되었는데 그 모임에서는 평가 대상이나 용어에 대한 다양한 수준의 이해가 가능하다는 것이 밝혀졌다. 블룸은 교육과정과 평가를 담당하는 사람들이 "훨씬 정확한 수준에서 문제를 논의하고"(p.1) 공통의 이해에 도달하는 것을 돕기 위해 기준이 될 수 있는 정확한 리스트를 만들고 싶어 했다. 분류학에 대한 비판이 있었고 영국에서는 수십 년 동안 주목받지 못했음에도 불구하고 국가전략(National Strategy)을 통해 변형된 모습으로 재탄생했으며 교사들의 질문에 적용되었다.

사람들은 블룸의 분류학을 이야기하지만 현재 사용되고 있는 분류학의 버전들은 블룸의 초기 아이디어와 다르다. 블룸은 그의 분류학을 세 개의 영역으로 구분하였다. 지적인 능력과 관련된 인지적 영역, 감정이나 가치와 관련된 정의적 영역, 신체를 움직이는 능력과 관련된(그러나 결코 완성된 적이 없는) 심동적 영역이 그것이다. 질문과 관련해 사용되는 대부분의 분류학 버전들은 인지적 영역만 활용된다. 블룸의 분류학은 교육목표를 평가방법과 함께 분류한 것이다. 블룸의 분류학은 학생들이 배워야 하는 것들을 교육목표 형식으로 제안한 것일 뿐 교사의 질문을 분석하기 위한 틀로 개발된 것은 아니다.

블룸은 자신의 카테고리(평가, 종합, 분석, 적용, 이해, 지식)를 세부 카테고리로 분류하였다(그림 10.2 참조). 질문을 분석하는 틀은 일반적으로 세부 카테고리를 포함하지 않는다. 가장 낮은 수준의 인지적 목표인 지식(knowledge)은 상기나 회상을 통해 기억해 내는 것이다. 지식 카테고리에는 특정 세부내용(사실이나 용어의 기억)의 지식, 특정 내용을 다루는 방법에 대한 지식(분류, 준거, 경향과 시퀀스, 방법론), 학문 영역에서 보편적이고 추상적인 지식(원리, 일반화, 이론)을 포함한다. 이러한 유형의 지식은 질문을 분석하는 데 활용되는 틀보다 더 다양하고 복잡하다.

두 버전의 블룸의 분류학이 교사의 질문들을 유형화하는 데 사용된다(그림 10.2). 첫 번째는 인지적 목표에 대한 블룸의 초기 아이디어이며, 두 번째는 블룸의 제자였던 앤더슨(Anderson)이 개정한 것이다(Anderson & Krathwohl, 2001). 개정된 분류학을 보면, 명사는 동사로 바뀌었고, 일부 용어가 바뀌었으며[지식(knowledge)은 기억(remembering)으로, 이해(comprehension)는 이해(understanding)로, 종합은 창안(creating)으로 변경되었다], 최상위 두 카테고리의 위치가 바뀌었고, 더불어 카테고리별 내용도 변경되었다(그림 10.3).

학생들의 사고력을 거의 요구하지 않는 저차 질문들과 더 많은 사고력을 요구하는 고차 질문들을 구분하는 데 블룸의 분류학이 유용하기는 하지만, 두 버전 모두 질문을 분석하는 데는 한계점이 있다는 것도 알아야 한다.

블룸의 카테고리	블룸의 정의	블룸의 세부 카테고리	블룸의 카테고리에 맞는 질문의 예시
평가 ↑	목적에 비추어 자료나 방법의 가치를 판단	내적 준거에 의한 평가 외적 준거에 의한 평가	조사에 제시된 데이터는 타당하고 믿을 만한가? 지진에 대한 보고서는 적절한 모든 측면을 다루고 있는가?
종합	부분을 통합하여 새로운 전체를 구성	독특한 의사전달 방법의 창안 계획 수립 가설을 수립할 수 있는 능력	최근 화산폭발에 대한 3분짜리 TV 뉴스를 만든다면 무엇을 포함시키겠는가?
분석	구성요소 분해하기	요소의 분석 관계의 분석 조직원리의 분석	2012년 런던 올림픽과 패럴림픽의 사회적, 경제적, 환경적 영향 및 역사적 의미를 파악하라.
적용	특정한 혹은 구체적인 상황에서 아이디어 활용	(세부 카테고리 없음)	세계화는 이 고장/지역에 어떻게 영향을 미쳤는가? 이 학교는 어떻게 해야 더욱 지속가능해질 수 있을까?
이해	자료에서 의미를 파악하는 능력	번역 해석 추론	이 그래프가 보여 주는 것은 무엇인가? 사진의 내용을 기술하라. 지형도(Ordnance Survey Map)에 제시된 해안지형을 파악하라.
지식	구체적 혹은 일반적 사실의 기억 이전에 학습한 자료의 기억	전문용어 특별한 사실에 대한 지식 경향 분류 방법 평가준거 '탐구'방법에 대한 지식 원칙과 일반화 이론과 구조에 대한 지식	GDP가 무엇인가? 가장 큰 대양은 어디인가? 거기에는 어떤 토양들이 있나? 강수량은 어떻게 측정되었나? 판구조론은 무엇인가?

그림 10.2: 블룸(Bloom)의 교육목표 분류학의 인지적 영역에 기초한 수준

▲ 분류학은 정의적 영역을 포함하지 않기 때문에 이슈나 지리학의 윤리적 측면(예, 근거에 대한 판단이나 가치 등을 묻는)을 조사하는 데 유용한 질문들을 배제하고 있다.

▲ 지식과 '고차의' 지적 프로세스 간의 구분이 '부적절하다.'(Pring, 1971) 무엇을 안다는 것은 가장 단순한 기계적 암기와 달리 실세계에 대한 어느 정도의 이해와 적용을 포함한다. 만일 다른 정보와 연관되지도 않고, 상황에 적용되지도 않는다면 구체적인 사실이나 뜻을 아는 것은 아무런 교육적 가치가 없다.

▲ 지적인 프로세스를 위계적으로 구분하는 방식을 다른 연구들은 지지하지 않는다. 이해, 분석, 적용

인지적 수준	블룸(1956)	앤더슨과 크래스울 (2001)
높은 ↑↓ 낮은	평가	창안하기
	종합	평가하기
	분석	분석하기
	적용	적용하기
	이해	이해하기
	지식	기억하기

앤더슨과 크래스울(Anderson & Krathwohl, 2001)은 블룸의 교육목표 분류학(Bloom's taxonomy)에 대한 개정안을 발표했으며 개정된 카테고리와 세부항목은 아래와 같다.

1.0 기억하다: 장기기억으로부터 관련된 지식을 인출한다.
1.1 인식하기
1.2 회상하기

2.0 이해하다: 구어, 문어, 그래픽을 포함한 수업 메시지로부터 의미를 파악한다.
2.1 해석하기
2.2 예증하기
2.3 분류하기

2.4 요약하기
2.5 추론하기
2.6 비교하기
2.7 설명하기

3.0 적용하다: 특정한 상황에서 절차를 사용하거나 수행한다.
3.1 집행하기
3.2 실행하기

4.0 분석하다: 자료를 구성 부분으로 나누고, 그 부분들이 서로 어떻게 관련 있고, 부분이 전체 구조 및 목적과 어떻게 연관되어 있는지 파악한다.
4.1 구별하기
4.2 조직하기
4.3 귀속하기

5.0 평가하다: 준거나 기준에 따라 판단한다.
5.1 점검하기
5.2 비판하기

6.0 창안하다: 요소(부분)들을 새롭고 일관성 있는 전체로 만들기, 창의적인 산출물 만들기
6.1 생성하기
6.2 계획하기

그림 10.3: 블룸의 교육목표 분류학과 개정안 비교. 출처: Bloom, 1956; Anderson & Krathwohl, 2001; Krathwohl, 2002

은 모두 지적인 프로세스와 관련이 있다. 프링(Pring, 1971)은 이러한 구분이 '논리적으로 받아들일 수 있는 수준이 아니며', '과정에 대한 왜곡을 가져올 수 있다'(p.91)고 설명했다.

▲ 분류학이 위계로 표현되지만 각각의 카테고리 내에도 수준이 다른 어려움이 존재한다. 즉 낮은 수준으로 분류된 질문이 실제로는 높은 수준으로 분류된 질문에 비해 더 어려울 수 있다. 예를 들어 이론을 기억하는 것(낮은 수준의 지식 카테고리)도 학생들이 앵무새처럼 이론을 반복하지 못한다면 어려운 것이다. 복잡한 통계표의 이해와 해석도 아이디어를 학교 운동장에 적용하거나 무엇인가에 영향을 미치는 요소들을 분석하는 것보다 어려울 수 있다.

▲ 분류학은 일반적인 성격의 것으로 학문적 지식의 구조를 고려하지는 않는다. 즉 분류학의 질문들이 지리학의 다양한 측면들을 반영하지 못할 수 있다.

발달을 주제로 한 콤파스 로즈(development compass rose)를 활용한 질문들

질문의 카테고리	버밍엄 발달교육센터(Development Education Centre)의 정의
자연적	에너지, 공기, 물, 토양, 생명체를 포함하는 환경 및 그들 서로간의 관계에 대한 질문들이다. '자연'환경뿐 아니라 인문환경에 대한 질문이기도 하다.
사회적	사람, 그들 간의 관계, 전통, 문화, 삶의 방식에 대한 질문들이다. 젠더, 인종, 장애, 계층과 연령이 사회적 관계에 어떻게 영향을 미치는지 묻는다.
경제적	돈, 거래, 원조, 소유, 판매와 구매에 대한 질문들이다.
누가 결정하는가?	어떤 일이 발생할 것인지를 누가 선택하고 결정하는지, 이러한 결정에 따라 누가 이익을 보고 손해를 입는지, 더불어 손해(이익)의 크기에 대한 질문이다.

탐구의 절차에 따른 질문들(Rawling, 2008)

질문의 시퀀스
무엇이?
언제, 어디서?
어떻게, 왜?
어떤 일이 일어날까? 어떤 영향이 있을까? 어떤 결정을 내려야 할까?
나는 어떻게 생각하는가? 왜? 나는 이제 무엇을 할 것인가?

그림 10.4: 교사의 질문을 분석하기 위한 대안적 틀. 출처: Birmingham DEC, 1995; Rawling, 2008

▲ 초기의 분류학이 절차적 지식(어떻게 하는 것인가에 대한 지식)을 포함하고 있었지만 지식으로 분류되었다. 즉 적용하는 능력이 아니라 기억하는 능력으로 분류된 것이다.

이러한 제약 때문에 저차의 쉬운 질문들과 고차의 어려운 질문들을 구분하고, 특정 질문의 난이도를 이해하기 위해서는 전문가적인 판단이 필요하다. 즉 질문이 고차인지 아니면 저차인지는 질문에 사용된 특정한 동사만큼이나 교과지식의 복잡함에 따라 결정된다.

질문의 유형	험버사이드(Humberside)의 해안침식에 적용	이산화탄소 배출에 적용
(기억 혹은 자료의) 사실적 정보에 초점 사실적 정보의 중요성	해안침식이 급속히 발생하고 있는 곳은 잉글랜드의 어느 지역인가? 해안침식은 일부 사람들에게 왜 중요한가?	지난 ○○○년 동안 이산화탄소의 배출량은 얼마나 증가했는가? 어느 국가가 가장 많이 배출했는가? 이 문제가 왜 중요한가?
개념의 이해에 초점	해안침식/연안표류(longshore drift)에 대해 무엇을 알고 있는가?	'이산화탄소 배출'에 대해 무엇을 알고 있는가? 탄소 배출의 주요 발생원은 무엇인가?
근거로서 지리적 자료에 초점	홀더니스(Holderness)의 해안침식을 보여 주는 근거는 무엇인가? 변화(침식)의 속도를 보여 주는 증거가 있는가?	탄소 배출량이 증가했다는 근거는 무엇인가? 누가 이러한 근거를 출판(주장)했는가? 전망(추측)은 어느 정도까지 데이터를 기반으로 산출되었는가?
프로세스에 대한 추론에 초점	해안침식에 영향을 미치는 요소는 무엇인가? 왜 홀더니스의 해안은 급속하게 침식되는가? 어느 정도까지 침식이 방지될 수 있는가?	지난 150년 동안 탄소 배출량은 왜 증가하였는가? 탄소 배출은 어떻게 감소될 수 있는가?
다른 견해에 초점	해안의 다른 지역에 거주하는 사람들은 왜 해안구조물의 건설에 다른 견해를 갖고 있는가?	어느 정도까지 탄소 배출량을 줄여야 하는지에 대해 왜 국가들마다 견해가 다른가?
전제(assumption) 조사하기	다른 견해에 숨겨진 전제는 무엇인가? 다른 그룹들은 어떻게 세상을 바라보는가? (예를 들어, 시장의 힘, 정부의 역할, 공동체의 역할과 관련하여)	다른 견해에 숨겨진 전제는 무엇인가? 다른 그룹들은 어떻게 세상을 바라보는가? (예를 들어, 시장의 힘, 정부의 역할, 공동체의 역할과 관련하여)
판단이나 결론을 묻기	우리는 자연의 섭리에 맡겨서 해안이 자연스럽게 침식되도록 그냥 두어야 할까?	영국은 탄소 배출량을 줄여야 할까? 그렇다면 혹은 그렇지 않다면 왜?
도덕적 문제에 대한 의견 묻기	해안을 따라 자연보호 특별지정구역을 보호하는 것이 중요한가?	모든 국가들이 균등하게 탄소 배출량을 줄여야 하는가? 전 세계의 부유한 국가들은 가난한 국가들이 탄소 배출량을 줄일 수 있도록 재정적인 지원을 제공해야 하는가?

그림 10.5: 지리학습에서 비판적 탐구를 장려하기 위한 질문의 틀

탐구를 통한 지리학습을 위해서는 교사의 질문을 구체적인 지리적 틀을 활용해 분석하는 것이 더 적절하다. 그림 10.4는 발달(development)과 관련된 질문들이 콤파스 로즈(Birmingham DEC, 1995)와 탐구의 절차(Rawling, 2008)에서 어떻게 분류될 수 있는지를 보여 준다. 이러한 카테고리를 사용하면, 지리학의 다양한 측면에 더 많은 관심을 쏟을 수 있다. 그림 10.5는 지리학습에서 비판적 탐구를 촉진시키기 위해 계획된 대안적 틀을 예시와 함께 보여 주고 있다.

이러한 틀을 이용하는 장점은 질문의 패턴을 밝혀낼 수 있다는 것이다. 하지만 이 틀은 질문의 패턴을 규정하기보다는 더 나은 실천을 안내하기 위한 용도로 활용되어야 한다. 가장 중요한 것은 질문의 유형에 대해 생각해 보고, 이러한 질문들이 어느 정도까지 지리학습을 지원하는지 생각해 보는 것이다.

교사들이 던지는 질문을 통해 지리학이 무엇이며, 지리를 배우는 목적이 무엇인지에 대한 메시지가 전달된다. 예를 들어, 대부분의 질문들이 사실적 정보를 묻고 있다면 이것은 지리가 사실에 대해 학습하는 과목임을 말해 주는 것이다. 만일 교사의 질문이 그래프나 사진 등에 포함된 데이터를 이해할 수 있는지 묻는다면 지리학습은 데이터를 해석하는 능력을 기르는 것임을 말하는 것이다. 만일, 교사의 질문들이 이슈를 분석하고, 관계, 프로세스, 요인들에 대해 생각할 것을 요구한다면 지리는 사고력을 발달시키는 과목임을 말하는 것이다. 만일 교사가 '무엇을 해야 하지?', '어떤 일이 발생할까?', '너는 어떻게 생각해?'와 같은 질문을 다룬다면 지리는 윤리적 측면을 다루는 과목이 된다. 자료와 데이터의 타당성을 조사하는 질문은 증거에 대한 비판적인 태도를 전달한다.

경험이 많은 교사들은 사전에 계획을 세울 필요도 없이 통상적인 질문을 잘 던진다. 그러나 이러한 질문들은 닫힌 형태의 저차적 질문이 될 경향이 높기 때문에 학생들이 핵심 질문, 활용할 근거, 핵심 개념, 필요한 사고의 유형에 집중할 수 있도록 몇몇 질문들은 미리 계획을 세우는 것이 좋다.

교사는 질문하는 능력을 어떻게 향상시킬 수 있는가?

교사의 질문 능력을 향상시키기 위해서는 교실상황에서 질문과 대답의 과정, 그리고 이러한 과정을 운영하는 데 필요한 기술들에 관심을 가져야 한다. 블랙과 윌리엄(Black & Wiliam, 1998) 및 블랙과 동료들(Black et al., 2004)은 질문 능력의 향상을 위해 아래의 방안들을 제안했다.:

▲ 다양한 학생들이 대답할 수 있도록 질문을 분배하라. 단지 소수의 학생들만 자발적으로 질문에 답한다. 특정 학생을 향해 질문을 던질 수도 있으며, 연속된 수업 과정에서 모든 학생들이 질문에 답할 기회를 갖게 할 수도 있다.

▲ 질문을 던진 후에 잠깐 기다려라. 질문을 던진 후 교사들이 대답을 기다리는 시간은 1초도 되지 않으며, 대답하는 학생들이 없을 경우 교사 스스로 답하거나 다른 질문을 던지는 것으로 나타났다(Black et al., 2004). 처음에는 힘들겠지만 학생들의 대답을 기다리는 시간은 최소한 수 초 이상이

되어야 한다.

▲ 질문에 답하기 전에 학생들에게 생각할 시간을 제공하라. 블랙과 윌리엄(Black & William)은 학생들이 생각할 시간을 가져야 한다고 말한다.:

"학생들에게 짝이나 소그룹 내에서 자신들의 생각을 토론하게 하라. 그러면 대답하는 학생은 다른 학생들을 대표해서 말하게 된다. 학생들에게 가능한 답변들 중에서 하나를 선택하게 하거나 투표하게 하라. 모든 학생들에게 한 가지의 답변을 적게 한 후 선택된 몇 가지를 읽어 보게 하라. 중요한 것은 어떤 대화든지 간에 학생들의 진정한 사고를 유발하여 모든 학생들이 참여할 수 있게 하는 것이다." (Black & William, 1998, p.8)

▲ 주의해서 듣고 반응하라. 학생들의 대답에 아래와 같이 대응할 수 있다.:
– 대답 평가하기. '좋아', '훌륭해'와 같은 간단한 반응도 포함된다. 학생들이 자신들의 대답이 정확했는지 혹은 적절했는지를 아는 것은 중요하다. 닫힌 질문일 경우 학생들에게 정답을 제시하고, 열린 질문의 경우 부적합한 대답을 다시 생각해 보게 하거나 다른 제안을 해 볼 것을 요구함으로써 평가할 수 있다.
– 실마리 제공하기. 장소나 단어의 첫 글자를 제공하는 것과 같이 정답에 대한 실마리를 제공하는 것보다는 생각을 안내하는 것이 낫다.
– 대답 조사하기. 대답을 조사하기 위해서는 많은 시간이 필요하지만 그럴 만한 충분한 가치가 있다. 소크라테스식 질문(11장 참조)은 대답을 조사하는 데 유용하다.
– 코멘트하기. 학생의 대답에 덧붙이거나 지리적 코멘트를 제시하라.

가능한 한 많은 학생들이 답변하는 데 참여하는 것이 바람직하다고 다들 생각하지만, 알렉산더(Alexander, 2000)는 러시아의 일부 교실에서 다른 방식을 확인했다. 교사는 한두 명의 학생을 학급의 앞으로 부른 후 일련의 질문에 답하게 했다. 알렉산더에 따르면, "앞으로 나와 큰 소리로 상세하게 문제를 해결하는 학생은 개인적으로 평가받거나 다른 학생들과 비교되기보다는 전체 학생들을 대표하는 것이다. 그 시간 동안 그 학생은 학급이 되고 전체 학생들이 참여하는 것이 된다."(p.454) 그는 학생들이 '지속적인 대화(the sustained discourse)'에 귀 기울임으로써 배운다고 생각했으며, 실수가 부정적으로 비춰지기보다는 배우는 과정의 일부로 받아들여지고 있음을 보았다. 비교문화적 연구에서 재미있는 것은 당연하게 받아들여지는 실천과 조언에 도전해 보는 것이다. 이러한 방식은 과연 다른 국가의

요약

탐구적으로 지리를 학습한다고 해서 교사의 설명이 중요하지 않다는 것은 아니다. 교사의 발표식 말하기는 학생들에게 지리적 어휘와 사고방법을 알려 주거나 읽기를 도울 수 있으며, 나아가 교사의 경험을 활용할 수 있다면 그 자체로도 생생하고 흥미진진한 자료가 된다. 전형적인 패턴의 질문과 답변은 몇 가지 장점이 있지만 이것들이 '토론'은 아니다. 언제 닫힌 질문과 열린 질문을 던지는 것이 적절한가를 고민해 볼 필요가 있다. 질문들을 범주화하는 틀을 활용할 경우 다양한 유형의 질문을 던질 수 있을 뿐 아니라 학생들에게 다양한 사고를 요구할 수 있다. 블룸(Bloom)의 분류학에 기반한 틀이 널리 활용되고 있기는 하지만 지리와 탐구를 위해 고안된 틀을 통해 목적에 부합하는 질문을 던질 수 있다. 연구는 교사들의 질문 능력을 향상시킬 수 있는 다양한 방법을 제시해 왔다.

연구를 위한 제안

일련의 수업을 통해 교사가 하는 말의 본질을 조사하고, 이들이 어떻게 학생들의 학습에 기여하는지 검토하라. 자료 수집을 위해 수업을 녹화, 녹음할 수 있으며, 말의 유형에 대한 분석, 교사의 질문에 대한 분석, 학생들의 대답에 반응하는 교사의 방식을 분석할 수 있다.

참고문헌

Alexander, R. (2000) *Culture and Pedagogy: International comparisons in primary education*. Oxford: Blackwell.

Anderson, L. and Krathwohl, D. (eds) (2001) *A Taxonomy for Learning, Teaching and Assessing: A revision of Bloom's taxonomy of educational objectives*. New York: Addison Wesley Longman.

Birmingham DEC (1995) *The Development Compass Rose*. Available online at *www.tidec.org/sites/default/files/uploads/2c.50%20Compass%20rose_1.pdf* (last accessed 13 March 2013).

Black, P. and Wiliam, D. (1998) *Inside the Black Box: Raising standards through classroom assessment*. London:

King's College.

Black, P., Harrison, C., Lee, C., Marshall, B. and Wiliam, D. (2004) 'Working inside the black box: assessment for learning in the classroom', *Phi Delta Kappan*, 86, 1, pp.9-12. Available online at *http://education.vermont. gov/new/pdfdoc/pgm_curriculum/science/resources/cd_materials/local_assessment/Formative%20Assessment/ WorkingInsidetheBlackBox.pdf* (last accessed 13 March 2013).

Bloom, B. (ed) (1956) *Taxonomy of Educational Objectives, Handbook 1: Cognitive domain*. New York: McKay.

Krathwohl, D. (2002) 'A revision of Bloom's taxonomy: an overview', *Theory into Practice*, 41, 4, pp.212-18.

Leat, D. (1998) *Thinking through Geography*. Cambridge: Chris Kington Publishing.

Mercer, N. and Dawes, L. (2008) 'The value of exploratory talk' in Mercer, N. and Hodgkinson, S. (eds) *Exploring Talk in School*. London: Sage.

Mercer, N. and Littleton, K. (2007) *Dialogue and the Development of Children's Thinking: A socio-cultural approach*. London: Routledge.

Pring, R. (1971) 'Bloom's taxonomy: a philosophical critique', *Cambridge journal of Education*, 1, 2, pp.83-91.

Rawling, E. (2008) *Planning your Key Stage 3 Geography Curriculum*. Sheffield: The Geographical Association.

토론, 대화식 수업, 소크라테스식 질문

"대화식 수업(dialogic teaching)은 지식과 이해가 다른 사람의 생각을 무비판적으로 받아들이기보다는 근거를 검증하고 아이디어를 분석하고 가치를 발견하는 과정에서 생겨난다는 것을 보여 준다." (Alexander, 2011, p.32)

도입

'토론(discussion)'이라는 용어는 일생생활뿐 아니라 교육연구에서도 상당히 느슨하게 사용되고 있다. 토론은 대화나 학급 전체가 참여하는 질의응답 등을 포함한 언어적 상호작용을 의미하는 듯하다. 이 책에서 '토론'은 지리에 초점을 둔 목적이 뚜렷한 학급의 말하기를 의미하며, 동시에 전체 수업시간의 50% 이상은 학생들의 말하기로 채워져야 한다. 본 장에서는 아래의 질문들을 다룰 것이다.:

▲ 토론은 왜 중요한가?

▲ 대화식 수업의 특징은 무엇인가?

▲ 대화식 수업은 교실환경에서 어떻게 촉진될 수 있는가?

▲ 소그룹 내에서의 말하기는 지리탐구에 어떻게 기여하는가?

▲ 소크라테스식 질문은 무엇이며 어떻게 활용될 수 있는가?

토론은 왜 중요한가?

학생들이 토론에 적극적으로 참여할 때 더 효과적으로 배운다는 사실을 보여 주는 많은 연구들이 있다.

학생들의 소그룹 토론을 조사했던 반스와 토드(Barnes & Todd, 1995)는 토론이 '이해를 형성(working on understanding)'하는 데 중요한 역할을 했음을 밝혀냈다. 그들에 따르면 "이해를 형성하는 가장 중요한 방법 중 하나는 학교교육이나 일상생활에서의 말하기를 통해서이다. 사물에 대해 새로운 방식으로 말할 수 있다면 사물을 새롭게 볼 수 있다."(p.12) 반스는 '탐색적 말하기(exploratory talk)'의 가치를 강조한다.:

"탐색적 말하기를 통해 사람들은 자신의 생각을 내뱉고, 어떻게 들리는지 혹은 다른 사람들은 그에 대해 어떻게 생각하는지 알고, 또한 정보나 아이디어를 다른 패턴으로 정리할 수도 있기 때문에 탐색적 말하기는 완결적인 형태가 아니며 주저거리게 된다. 말하기의 두 기능이라 할 수 있는 발표식 말하기와 탐색적 말하기의 차이를 보면, 발표식 말하기의 경우 화자가 주로 언어, 내용, 주제, 그리고 청자의 요구에 초점을 두는 반면, 탐색적 말하기의 경우 화자는 자신의 생각을 정리하는 것이 초점이다." (Barnes, 2008, p.5)

머서와 리틀턴(Mercer & Littleton, 2007)은 교사와 학생들이 교실에서의 대화를 통해 어떻게 지식과 이해를 발전시키는지 연구하였다. 비고츠키(Vygotsky, 1962)의 영향을 받아 머서(Mercer)는 대화의 중요성을 강조했으며, 그는 이를 '지식의 공동 창조(the joint creation of knowledge)'라고 불렀다(2000, p.9). 머서는 '함께 생각하기(Thinking Together)'라는 연구 프로젝트를 수행하였는데, 여기서 그는 학생들의 사고력 향상을 위해 대화 기반의 접근(dialogue-based approach)을 활용했으며, 이러한 새로운 접근이 소그룹 활동에 참여한 개별 학생들의 말하기에 미치는 영향을 조사하였다.

이 프로젝트는 주로 영국과 멕시코의 여러 학급에서 진행되었으며, 프로젝트에 참여한 학생들은 소그룹 활동의 과제에 더 몰입하였고, 학생들의 말하기와 학업성취도 눈에 띄게 향상되었다(Thinking Together project, 2012). 프로젝트 팀은 11~14세 학생들을 대상으로 지리수업에서의 말하기를 향상시키기 위한 활동을 개발하기도 했다(Dawes et al., 2005).

알렉산더(Alexander, 2000)에 따르면 교실에서의 말하기에는 5가지 유형이 있다(그림 10.1 참조). 토론과 대화는 인지적 발달에 가장 크게 기여할 수 있음에도 불구하고 교실에서 좀처럼 사용되지 않는다. 그는 토론과 대화를 모두 아우르고 전체 학급이나 소그룹 토론에서 나타나는 다양한 종류의 교사-학생 간 상호작용을 포함하기 위해 '대화식 수업(dialogic teaching)'이라는 용어를 사용했다. 그는 대화식 수업의 중요성을 아래와 같이 설명했다.:

"대화식 수업은 학생들의 말하기 능력을 강화함으로써 학생들의 사고를 자극하고 확장시키며, 학습과 이해를 발전시킨다. 대화식 수업을 통해 교사는 학생들의 요구를 정확하게 진단할 수 있으며, 학습과제를 조정하고, 학생들의 발전 정도를 평가할 수 있다. 또한 대화식 수업은 학생들이 평생학습자, 그리고 참여하는 시민이 될 수 있도록 돕는다. 그러나 교실에서의 대화는 단순한 말하기가 아니다. 이것은 전통적이고 심지어는 '상호작용적(interactive)' 수업에서도 관찰되는 기계적인 질문-답변 혹은 듣고-말하기와는 다른 것이다. 대화식 수업은 다른 어떤 방식보다 지속적인 탐색과 임파워먼트를 목표로 하며, 일상적인 대화로부터 생겨난다." (Alexander, 2011)

알렉산더(Alexander)는 학교교육 뿐 아니라 사회적 측면에서 대화식 수업의 가치를 다음과 같이 강조한다.: "민주사회는 주장하고, 사고하고, 도전하고, 질문하고, 사례를 제시하고, 평가할 수 있는 시민을 필요로 한다." 그리고 "말하기보다는 듣고, 논쟁하기보다는 순응할 때 민주사회는 쇠퇴한다."(2011, p.54) 대화식 수업에 대한 알렉산더의 생각은 영국의 많은 지방 교육청에서 받아들여졌으며 세계적으로도 관심이 높아지고 있다.

초등학생들의 교실 내에서의 말하기를 연구해 온 웰과 볼(Well & Ball, 2008)은 질문과 근거를 강조하는 '탐구'와 '대화식 자세(dialogic stance)' 간의 관계를 강조했다.:

"가르치는 원리로서 탐구를 받아들이는 것은 질문을 던진 다음 기다리는 시간을 늘리거나 수업에서 학생들이 직접 경험할 수 있는 활동을 늘리는 것 이상을 의미한다. 가르치는 원리로서 탐구를 받아들이는 것은 경험이나 정보를 향해 대화식 자세를 취하는 것이며, 그것은 교사나 학생으로서 기꺼이 호기심을 갖고, 질문을 던지고, 직접 수집하거나 도서관에서 찾은 근거를 통해 질문에 답하고, 자신들이 찾은 답에 대한 평가와 보완을 위해 동료들에게 말하는 것을 의미한다."(p.183)

탐구를 통한 **지리학습**

토론의 가치는 비고츠키(Vygotsky), 바흐친(Bakhtin), 브루너(Bruner)의 연구를 통해서도 뒷받침된다. 비고츠키(Vygotsky, 1962)는 '근접 발달 영역' 내에서 학습자의 이해를 발전시키기 위한 방법으로 학습자와 더 많은 지식을 가진 사람들 간의 대화를 강조했다. 바흐친은 모든 종류의 구어와 문어의 기반에는 대화가 깔려 있다고 주장한다. 그에 따르면 "우리는 사전이 아니라 다른 사람의 입을 통해 단어를 배우며, 단어를 사용할 땐 단어뿐 아니라 이전에 그 단어를 사용했던 사람들이 부여한 의미도 함께 전달한다."(Wegerif, 2008, p.349) 따라서 단어는 과거에 그 단어가 어떻게 사용되었으며 그 단어를 사용했던 사람들이 어떤 가치나 전제를 부여했는지에 따라 다른 의미를 갖게 된다. 바흐친은 대화를 통해 사람들이 단어에 부여한 의미를 파악하고 이해를 발전시킬 수 있다고 주장한다. 그에 따르면 의미의 교환, 획득, 정교화야 말로 교육의 전부이다(Alexander, 2011).

요약하자면, 대화식 수업은 아래와 같은 방식으로 탐구 기반의 지리교육에 도움이 된다.:

▲ 학생들은 자신들이 조사하고 있는 내용에 더 몰입할 수 있도록 토론에 참여한다.

▲ 교사에게 혹은 서로 간에 질문한다.

▲ 자신들의 질문을 만든다.

▲ 기존 지식과 경험을 새로운 아이디어와 연결한다.

▲ 지식의 생성에 참여하고, 지리적 지식의 본질을 이해할 수 있도록 돕는다.

▲ 이해를 발전시키려 노력한다.

▲ 다양한 아이디어와 의견을 듣고 고려한다.

▲ 타인과의 공유를 통해 자신의 아이디어와 의견을 명료화한다.

▲ 높은 수준에서 생각한다.

▲ 문제해결 및 의사결정에 참여하는 것을 돕는다.

대화식 수업의 특징은 무엇인가?

알렉산더(Alexander)에 따르면, '대화식 수업'이라 불리기 위해서는 다섯 가지의 기준이나 원칙이 충족되어야 한다. 대화식 수업은:

▲ 학급 전체든 혹은 그룹이든 교사와 학생들이 함께 학습과제에 대해 말한다는 측면에서 집단적 (collective)이다.

▲ 교사와 학생들이 서로에게 귀를 기울이고, 아이디어를 공유하고, 대안적 관점을 찾는다는 점에서 상호협력적(reciprocal)이다.

▲ 틀린 답변에 대한 걱정 없이 학생들은 자유롭게 자신들의 생각을 명료화하고, 공통의 이해를 위해 서로 돕는다는 측면에서 지원적(supportive)이다.

▲ 교사와 학생들이 서로의 아이디어를 발전시키고, 이를 논리적인 사고와 탐구로 연결시킨다는 측면에서 발전적(cumulative)이다.

▲ 교사는 구체적인 교육의 목적에 따라 교실에서의 대화를 계획하고, 조정한다는 측면에서 목적이 뚜렷하다(purposeful).

코튼(Cotton, 2006)은 논쟁적인 지리적 이슈에 대한 토론을 연구하면서 몇몇 교실에서의 사례를 기록했다. 이들 중 한 대화는 대화식 수업의 좋은 사례를 보여 준다(그림 11.1). 토론의 초점은 남극 대륙을 개발하는 상황에서 비정부기구(NGO)의 역할이다. 대화를 보면, 교사와 학생들 모두 남극이 어떻게 관리되어야 하는지에 대한 토론에 참여하고 있어 집단적이다. 또한 학생들은 서로 경청하고, 서로의 의견에 코멘트를 제시하는 방식으로 점차 자신들의 의견을 발전시켜 나가고 있어 대화는 상호협력적이면서 발전적이다(코멘트 16~30, 40~47). 교사는 명백하게 교실환경을 지원적으로 만들었다. 그러한 분위기 속에서 학생들은 자신들의 의견을 말하고, 다른 친구들의 의견에 동의하지 않거나, 서로가 다른 의견을 이해할 수 있도록 도왔다. 교사는 손을 들게 하는 방법으로 모든 학생들이 자신의 의견을 피력할 수 있도록 했으며(코멘트 34), 학생들이 말한 내용의 의미를 명확히 하기도 했다(코멘트 38, 48).

대화식 수업의 예시

1. 교사: 좋아. 너희들은 그러니까 이것이 국가들만의 책임이라는 것이지? 그렇다면 비정부기구인 NGO는 어때?
2. 댄: 저는 NGO 역시 중요한 발언권이 있다고 생각합니다.
3. 교사: 왜 그렇게 생각하지?
4. 폴: 비정부는 다른 말로 선출되지 않았다는 뜻인가요?
5. 댄: 그렇지, 그들은 가끔 주목할 만한 일들을 하지.
6. 폴: 그들이 선출된 게 아니라면 …
7. 댄: [중간에 끊으며] 그래도 그들은 종종 …
8. 교사: 폴, 폴, 그러니까 포인트가 뭐야?
9. 폴: 그린피스(Greenpeace)와 같은 사람들은 전체를 대표

하는 건 아니고, 그러니까 선출된 것도 아니고, 그들은 그저 자신들의 비즈니스 …
10. 제이크: 아냐, 그들은 시설이나 자원도 없어 … 정부기관들이 갖고 있는 연구소 같은 것도 없고.
11. 로라: 그렇지만 그들이 나쁜 의도가 있는 건 아냐.
12. 제이크: 그걸 어떻게 알아?
13. 폴: 나쁜 의도가 아니라니! 그들도 똑같아.
14. 바네사: [농담처럼 가볍게] 그들은 악마가 아냐, 폴.
15. 교사: 바네사, 그게 무슨 말이지? 왜 지금 그런 말을 하지?
16. 바네사: [웃으며] 저는 그저 … 그들이 국가에 대항하여

… 보호하는 일을 한다고 말하고 싶었어요.

17. 교사: 그 말을 지금 할 필요가 있었을까?

18. 바네사: 음 … 아마도요.

19. 댄: 맞아요.

20. 바네사: 그렇지 않았다면, 아마 [남극은] 약탈되었을 겁니다.

21. 교사: 아마 약탈되었을 것이다? 조약(the Treaty)에 의하면 국가들이 약탈할 것 같지는 않은데.

22. 바네사: 네, 그렇다면.

23. 댄: 아니오. 그건 단지 그린피스가 조약에 발언권이 있기 때문이에요. 그러니까 그들은 일종의 …

24. 폴: 뭐라구? 그린피스는 조약과 아무 상관없어.

25. 댄: 아냐, 그렇지 않아. 그들도 회의에 참석해서 제안도 하고 …

26. 폴: 그래? 그렇다면. 그래도 그들은 영국 내에서만 활동하는 단체야. 그 이상이 아니라고. 그들은 선출된 것도 아니고, 그리고 …

27. 교사: 그래서 …

28. 바네사: 선출된 사람들이 아니라고 해서 멍청하거나 무식하진 않아, 폴.

29. 폴: 음, 내 말은 그들이 선출된 것이 아니라면 세상을 다스릴 권리가 없다는 것이야.

30. 바네사: 우리가 그들에게 세상을 통치할 권리를 주자는 게 아냐.

31. 댄: 폴, 우리가 너에게도 세상을 통치할 권리를 주지 않을 거야!

32. 폴: 뭐라?

33. 제이크: 뭐? … 그건 필요없는 말이야, 댄. [웃음]

34. 교사: 너희들은 그린피스가 이 사건에 대해 열정을 갖고 활동하는 것이 좋다고 생각하니? 그렇게 생각하는 학생들은 손을 들어 보자. [댄, 제이크, 로라, 바네사, 제니가 동의함]

35. 제이크: 녹색과 관련된 것은 좋은 거예요. 그들은 질문을 던지고, 사람들에게 알리고, 어떤 일들이 진행될 수 있도록 하죠. 그렇지만, 이와 같은 사건에 더 많이 발언할 수 있도록 더 큰 권력을 주는 것은 맞지 않아요. 그래서는 안 돼요.

36. 교사: 좋아, 그렇다면 너희들은?

37. 제이크: 대신 그들이 장외에서 로비하게 할 수 있어요.

38. 교사: 그래. 그게 너희가 생각하는 그린피스의 역할이란 말이지? 그렇다면 폴, 너는 어떻게 생각하니? 너는 계속 '반대'였으니까. [웃음]

39. 폴: 글쎄요. 그들이 권력을 가져서는 안 된다는 것은 확실한데, 그렇지만 그들도 자신들의 의견을 표현할 수 있고 …

40. 바네사: 핵심은 … 맞아. 너희가 전혀 개발되지 않은 대륙을 갖고 있다고 하자, 그리고 아무도 살고 있지 않아 …

41. 제이크: 그렇다면 굳이 단체를, 게다가 선출되지도 않은 …

42. 교사: 잠깐, 제이크, 바네사가 말을 끝낼 수 있도록 해 주자 … 제이크!

43. 바네사: 남극은 사람들이 전혀 살지 않는 곳이야, 그래서 너도 들어가서 개발하고 싶고, 모든 자원을 독차지하고 말야. [제이크: 예예] 그들은(그린피스) 남극을 보존하고 싶고 [제이크: 예예] … 그래 그건 당연한거고 … 그러나 그렇다고 그린피스가 남극에서 정치적일 필요는 없어 [명확하지 않음]. 그들이 남극을 다스릴 필요도 없고 … 그렇지만 그렇다고 '괜찮아(OK)'라고 말할 필요도 없어 … 우리가 그들에게 돈을 주면 그들은 그 돈으로 무엇을 해야 할지 전혀 모를 거야. 그건 전혀 맞지 않아.

44. 제이크: 맞아, 그렇다면 왜 우리가 대륙을 다스리는 일을 아마추어에게 맡겨야 하지? [학급의 뒤편에서 혼란스러움으로 웅성거림]

45. 바네사: 그렇지, 그렇지만 …

46. 제이크: 그들은 그러니까 대륙을 … 다스릴 만한 돈이 없어!

47. 바네사: 그렇지만 그건 전혀 다른 …

48. 교사: 제이크, 우리가 남극을 다스리는 얘기를 하고 있을까? 아니면 의사결정 프로세스의 일부가 되는 것에 대해 말하는 걸까?

49. 제이크: 남극을 다스리는 게 힘을 갖는 거고, 남극에 대해 힘을 갖는 것은 … 남극을 다스리는 것이고, 같은 거 아닌가요?

50. 바네사: 맞아, 그렇지만 남극엔 사람이 살지 않아 …

51. 제이크: 글쎄, 사람들이 있을 수도 있지. 중요한 건 땅이야.

52. 폴: 제이크, 너는 물어보지도 않고 남극을 보존해야 한다는 결정을 내리고 있어 …

그림 11.1: 남극의 개발과 관련한 대화식 수업의 예시. 39~40 사이의 빈칸은 일부 대화가 생략되었음을 가리키며, 대화는 다시 번호가 붙여졌다. 출처: Cotton, 2006.

이 대화는 전형적인 질문–답변의 방식과는 확연하게 다르며, 탐색적 말하기의 좋은 예시가 된다. 교사는 학생들에 비해 훨씬 적게 말하고 있으며, 학생들이 말하고 난 다음 끼어들지도 않고, 발언 내용을 평가하지도 않는다. 학생들은 선생님뿐 아니라 다른 학생들을 향해 말하고 있으며, 그들은 서로 질문하고 서로의 생각에 대해 코멘트를 제시한다. 교사는 토론이 자연스럽게 흘러가도록 하면서도, 자신이 덜 참여하는 것이 이런 유형의 토론에는 중요하다는 것을 알고 있다. 교사는 개방형 질문을 던짐으로써 토론을 시작했다. 교사는 학생들의 답변 일부에 대해 추가적으로 논의하거나 답변의 의미를 확인하기도 했다[예, '왜 지금 그런 말을 하지?'(코멘트 15), '그래서 …'(코멘트 27), '… 우리가 남극을 다스리는 얘기를 하고 있을까? 아니면 의사결정 프로세스의 일부가 되는 것에 대해 말하는 걸까?'(코멘트 48)]. 교사는 도움이 될 만한 정보를 제시하기도 했다[예, '조약에 의하면 국가들이 약탈할 것 같지는 않은데'(코멘트 21)]. 또한 교사는 모든 학생들이 자신들의 의견을 제시하고 핵심을 찌르게 했다[예, '잠깐, 제이크, 바네사가 말을 끝낼 수 있도록 해 주자'(코멘트, 42)].

대화식 수업은 교실환경에서 어떻게 촉진될 수 있는가?

교실 문화의 변화

그림 11.1에 제시된 형태와 같은 대화를 쉽게 달성할 수 있는 것은 아니다. 교실에서의 대화에 대해 다시 생각해 보고 학생들이 수업에 어떻게 기여할 수 있는지 이해할 수 있어야 한다. 알렉산더(Alexander, 2011)는 대화식 수업의 5가지 원칙이 모두가 필수적이라 주장하면서 아래와 같이 제시하였다.:

"만일 우리가 가장 유능한 교사들이 아니라 평범한 교사들도 따라할 수 있는 방식으로 교실에서의 대화를 바꾸고자 한다면, 우리는 교실을 역동적이고 애정 어린 분위기로 만드는 데 집중해야 한다. 그것은 바로 교실에서의 대화를 집단적, 상호협력적, 지원적으로 만드는 것이며, 이러한 상황이 조성된다면 다른 두 원칙은 더 쉽게 달성될 수 있다." (p.112)

대화식 수업으로의 변환을 위해서는 교실 문화가 바뀔 필요가 있다. 그러나 전통적인 교실 대화의 패턴이 학교의 모든 과목의 수업에 걸쳐 팽배해 있다면 바꾸기 어렵다. 그러나 기본 원칙이 명백해지고, 구체적인 전략이 채택되고, 구조화된 활동이 사용된다면, 대화식 접근도 성공적일 수 있다는 것을 연구는 보여 준다.

기본 원칙

진정한 토론을 위한 기본 원칙은 전통적인 교실 대화에 적용되는 것(10장에서 제시됨)과는 큰 차이가 있다.

기본 원칙은 명백해야 하고 학생들의 동의도 구해야 한다. 기본 원칙에 포함될 내용들을 만드는 가장 좋은 방법은 학생들의 생각을 활용하는 것이다. 셰필드(Sheffield)에 위치한 킹 에드워드 7세 학교(King Edward VII School)에서 진행된 개인·사회·보건교육(PSHE) 수업은 전체가 토론을 통해 진행되며, 각 교실마다 새로운 기본 원칙이 만들어진다. 학기초에 7학년 학생들은 교실 토론에 대한 자신들의 느낌을 정리하는 질문지를 완성한다(그림 11.2). 교사는 완성된 질문지를 토대로 기본 원칙의 내용을 구성하며, 그 내용은 학급마다 다를 수 있다. 다음 시간에 학생들은 원칙에 포함된 각 내용의 의미에 대해 토론하고, 만일 교사가 중요한 무엇인가가 누락되었다고 판단하면 추가적으로 고려해 볼 것을 제

> 나는 다른 학생들이 … 할 때 가장 기분이 좋다.
> 나는 다른 학생들이 … 할 때 가장 기분이 좋지 않다.
> 나는 다른 학생들이 … 할 때 다른 학생들과 내 감정을 공유하기 쉽다.
> 나는 다른 학생들이 … 할 때 다른 학생들과 내 감정을 공유하기 어렵다.
> 우리 학급에서 나는 … 을 바란다.
> 우리 학급에서 나는 … 을 가장 걱정한다.
> 이 과목에서 내가 얻고 싶은 것은 …
> 나는 다른 학생들이 … 할 때 다른 학생들에게 친근함을 느낀다.
> 내가 이 그룹에게 줄 수 있는 것은 …
> 나는 … 에 대해 토론하고 싶다.

그림 11.2: 토론 기반의 개인·사회·보건교육 수업을 시작하기에 앞서 학생들이 완성해야 하는 질문지

안한다. 학생들의 반응, 수정되거나 추가된 내용들은 기본 원칙에 포함되며 일 년 동안 유지된다. 그림 11.3은 7학년 학생들이 작성한 기본 원칙의 내용이다. 만일 동일한 학생들이 같은 학급으로 진학하게 될 경우에도 8학년 그리고 9학년 초에 기본 원칙을 다시 살펴보고 조정한다. 반면 10학년이 되어 완전히 새로운 학급이 구성된다면 학생들은 기본 원칙을 새로 만들게 된다.

7학년 학생들은 자신들이 직접 기본 원칙을 만들었기 때문에 이를 따르려고 특별히 노력한다. 또한 학생들은 토론에 대한 일반적이고 추상적인 원칙들보다 자신들이 만든 원칙을 더 잘 이해한다. 만일 지리탐구를 위해 학급 토론을 활용한다면 개인·사회·보건교육(PSHE) 수업의 방식을 따를 수 있다. 그

우리는 친구들이	우리는 친구들이
다른 친구들을 끼워 주고	다른 친구들을 비웃고
듣고	괴롭히고
따뜻하게 대하고	낄낄대고
돕고	창피하다고 느끼고
존중하고	못살게 굴고
믿을 수 있게 행동하고	따돌리고
사려 깊고	놀리고
함께 지내며	잔인하게 대하고
협력하고	수줍어하고
자신감 있으며	주목당하게 하고
격려하고	귓속말하고
관심을 표하고	인종차별적이며
이해를 보이고	깎아내리고
관점과 느낌을 공유하고	뒤에서 험담하고
주장을 잘 하며	가지고 놀고
개방적이고	다른 친구들이 배우는 것을 방해하지
즐겁고	**않기를 원한다.**
서로 알게 되기를	
바란다.	

그림 11.3: 개인·사회·보건교육 수업을 듣는 7학년 학생들의 기본 원칙

나는 토론에서 다른 학생들이 … 할 때 가장 기분이 좋다.	…한 상황에서 나는 이해하지 못했다고 말하기 어렵다.
나는 토론에서 다른 학생들이 … 할 때 가장 기분이 좋지 않다.	…한 상황에서 다른 학생들과 의견을 공유하는 것이 쉽다.
…한 상황에서 나는 질문하기 쉽다.	…한 상황에서 다른 학생들과 의견을 공유하는 것이 어렵다.
…한 상황에서 나는 질문하기 어렵다.	…한 상황에서 다른 학생의 의견에 코멘트를 제시하기 쉽다.
…한 상황에서 나는 알지 못한다고 말하기 쉽다.	…한 상황에서 다른 학생의 의견에 코멘트를 제시하기 어렵다.
…한 상황에서 나는 알지 못한다고 말하기 어렵다.	우리 학급에서 나는 … 을 가장 걱정한다.
…한 상황에서 나는 이해하지 못했다고 말하기 쉽다.	나는 내가 발표한 뒤 교사가 … 할 때 기분이 좋지 않다.

그림 11.4: 지리수업에서 활용될 토론의 기본 원칙을 만들기 위한 질문지

림 11.4에 제시된 질문지는 지리탐구에 적절할 것이다. 학기 초에 활용할 수 있으며 학생들의 응답을 토대로 기본 원칙을 만들 수 있다.

학급 토론을 촉진하는 전략

학급 토론은 아래의 조건이 충족될 때 촉진될 것으로 보인다.:

▲ 기본 원칙이 명료화되었고 필요할 경우 학생들에게 기본 원칙을 알려 준다.

▲ 토론할 이슈가 논쟁적이며 흥미유발 자료(stimulus)나 논쟁적인 주장을 통해 제시되었다.

▲ 학생들은 이슈에 대한 증거들을 이미 학습했으며 토론 중간에 활용할 만한 몇몇 데이터를 가지고 있다.

▲ 학생들은 이슈를 다르게 볼 만한 정보를 갖고 있다.

▲ 학급 토론 전에 학생들은 짝으로 혹은 소그룹으로 이슈에 대해 토론할 기회를 가졌다.

▲ 교사는 학생들의 발표 내용에 대한 코멘트나 평가 없이 토론이 진행되도록 한다.

▲ 교사는 학생들이 말하고자 하는 내용을 모두 발표할 수 있게 하고, 다른 학생의 발표를 방해하지 못하게 하며, 여러 학생들이 대화에 참여할 수 있도록 토론을 관리한다.

▲ 교사는 정확하지 않은 내용을 수정하거나 추가적인 정보를 제공해야 할 때만 개입한다.

▲ 교사는 가끔 특정 의견에 누가 찬성하는지 혹은 반대하는지를 손을 들어 보게 하고 왜 찬성 혹은 반대하는지를 묻는다.

▲ 교사는 소크라테스식 문답(Socratic questions)을 통해 학생들이 말하는 내용을 검토한다(아래 참조).

▲ 토론은 특정 절차를 따라 움직이는 구조화된 활동이며 토론을 위한 기본 원칙이 있다(예, 공청회를 위한 역할극).

▲ 토론에 앞서 학생들이 말하고 싶은 것이 무엇인지를 파악하는 활동을 진행한다.

▲ 교실의 자리는 말발굽 모양/컨퍼런스 대형이나 그룹별로 테이블에 앉는 방식으로 모든 학생들이 서로를 잘 볼 수 있도록 배치한다.

토론 기반 활동

내가 관찰한 수업 중 가장 성공적인 사례는 전체 학급이 참여하는 토론 형태의 공청회 역할극이었다(18장 참조). 이 역할극은 다른 유형의 교실 대화가 가능하도록 했다.:

▲ 학생들은 발표를 준비하며 소그룹으로 탐색적 말하기

▲ 그룹별로 전체 학급을 대상으로 발표를 할 때 발표적 말하기

▲ 소그룹별로 서로 질문을 던지며 대화적 말하기

▲ 마무리 단계에서 대화적 말하기

학생들은 도전적인 활동에 참여할 때 종종 말이 많아지며, 마무리를 통해 학생활동의 가치는 높아진다. 탐색적 말하기가 장려되는 상황이라면 마무리는 전체 학생들이 참여하는 단순한 정리 이상의 것이 되어야 한다. 학생들에게 토론을 위한 시간을 줘서 '그들이 이해한 것을 알아보고', 자유롭게 질문을 던지고 확실하지 않은 것에 대해 말하도록 해야 한다. 이와 같은 마무리를 위해서는 시간이 필요하며 아래에 제시된 활동을 활용할 수도 있다.:

▲ 영리한 추측(13장)

▲ 다섯 핵심 포인트(14장)

▲ 개념지도(16장)

▲ 추론 레이어(17장)

▲ 공청회 역할극(18장)

▲ 게임이나 시뮬레이션 활용(예, 무역 게임)

▲ 학생들이 특정 관점이나 선정된 프로젝트의 중요도에 대해 순위를 매기는 활동

소그룹 내에서의 말하기는 지리탐구에 어떻게 기여하는가?

학생들이 자신의 지식, 이해, 혹은 잠정적인 의견까지도 공유할 수 있는 탐색적 말하기는 전체 학급이 참여하는 토론보다는 소그룹 토론에서 나타날 것 같다.

소그룹 관리하기

많은 연구들이 소그룹의 규모나 인원 구성, 활동 시간에 대해 하나의 정답만 있는 것은 아니라고 말하고 있다. 그동안 2명, 3명, 4명, 5명으로 구성된 소그룹은 성공적이었다. 반스와 토드(Barnes & Todd, 1995)는 3~4명으로 구성된 소그룹 활동을 추천하면서도 이보다 적거나 많은 인원으로 구성될 경우의 장점에 대해서도 알려 주고 있다. 소그룹의 규모가 작을수록 모든 학생들이 참여할 가능성이 높아진다. 소그룹의 규모가 커질수록 관점이 다양해지고 아이디어가 많이 나올 가능성이 높아진다. 만일 소

그룹의 규모가 4명 이상이라면 소그룹 내에서 역할을 배정하거나(예, 의장, 비서), 모든 학생들이 토론에 참여할 수 있도록 활동을 구조화하는 것이 좋다.

학생들은 친한 친구들과 소그룹으로 묶일 때 편안함을 느끼지만 이 경우 '이슈에 대해 엄격하게 조사하기 보다는 공통의 결론에 도달하려 한다.'(Barnes & Todd, 1995, p.93) 다른 이들과의 작업을 통해 학생들은 더 많은 새로운 생각과 마주칠 수 있으며 자신들의 생각을 스스로 명료하게 만들게 된다. 교사는 학생들의 능력이나 젠더, 문화적 관점을 고려하여 소그룹의 구성을 조정할 수 있다. 궁극적으로 이러한 조정은 학급과 학생들 개개인을 파악한 교사의 전문적인 판단에서 나오는 것이다. 소그룹 활동은 2분짜리 짝 토론에서부터 몇 차시에 걸친 협동 작업에 이르기까지 매우 다양하다.

소그룹 활동을 위한 기본 원칙

머서와 도스(Mercer & Dawes, 2008)가 제시한 기본 원칙이 소그룹 활동을 위해 적용될 수 있다.:
- ▲ 상대방의 아이디어에 비판적이지만 건설적으로 참여한다.
- ▲ 모두가 참여한다.
- ▲ 잠정적인 아이디어도 존중한다.
- ▲ 함께 고민해 보기로 한 아이디어에 대해서도 의문을 제기한다.
- ▲ 질문에 대한 이유를 제시하고 대안적 아이디어나 이해를 제시한다.
- ▲ 함께 결정을 내리기 전에 의견을 듣고 고려한다.
- ▲ 지식은 공식적으로 믿을 만한 것이어야 한다(주장도 그러해야 한다).

소그룹에 적합한 활동

소그룹 활동은 주제가 구체적이지만 열려 있고 학생들이 적절한 데이터나 구체적인 최종 결과물에 대한 계획을 갖고 있다면 성공할 확률이 높다. 소그룹 활동은 지리교육에서 성공적으로 활용되어 왔다.:
- ▲ 탐구의 틀을 위해 질문이나 보조 질문 개발하기
- ▲ 초청 연사를 위한 질문 만들기
- ▲ 짝으로 수행하는 DARTs 활동(19장 참조)
- ▲ 2~4명이 한 그룹이 되어 개념지도 만들기(16장 참조)

▲ 선호도에 따라 순위 매기기(예, 선호입지, 펀딩 순위)

▲ 전체 학급을 위해 발표 계획하기(예, 역할극, 논쟁)

▲ 계획 세우기(예, 토지의 활용을 위해)

▲ 모델 만들기(예, 하천 분수계)

▲ 전시 계획하기

▲ 지리적인 내용을 연극으로 표현하기

▲ 의사결정을 토의하기

▲ 인터넷에서 적절한 데이터를 찾아 다운받기

소그룹 활동에서 교사의 역할

교사는 소그룹 활동을 지원하는 데 중요한 역할을 한다. 활동을 계획하고 가이드라인을 제공할 뿐 아니라 교사의 관찰과 중재는 소그룹 활동의 중요한 차이를 만들어 낸다. 교사는 아래의 활동을 통해 학생들의 소그룹 활동을 지원할 수 있다.:

▲ 모든 학생들이 소그룹 활동의 목적(무엇을 조사하고 있는지)을 이해했는지 명확하게 한다.

▲ 자신들이 무엇을 해야 하는지 알게 하고 기본 원칙을 지키게 함으로써 소그룹을 관리한다. 필요하다면 교사는 토론에 학생을 참여시키거나 토론을 주도하고 있는 학생을 제지할 수 있다.

▲ 소그룹 활동이 끝난 이후에 수행하면 좋을 것 같은 내용들을 주의해서 듣고 기록한다.

▲ 학생들이 말하는 내용에 관심을 표현한다.

▲ 자신들이 말한 내용을 확대해 보게 하거나 의견을 말하도록 격려한다.

▲ 습관적으로 내뱉는 '멋진(fantastic)', '훌륭한(brilliant)' 같은 코멘트는 피하고 평가적인 코멘트를 분별 있게 활용하며, 학생들이 말한 내용에서 지리적 내용을 찾아 평가적인 코멘트와 연결한다.

▲ 이전에 도달한 결론에 기초하여 토론에 참여하도록 하며, 학생들의 대화가 발전적일 수 있도록 이끈다.

▲ 학생들이 소크라테스식 질문을 던질 수 있도록 격려한다(아래 참조).

▲ 학생들의 이해나 사고를 파악할 수 있는 소크라테스식 질문을 던진다.

▲ 학생들이 요구하거나 오개념을 바로 잡기 위한 정보를 제공한다.

탐구를 통한 **지리학습**

소크라테스식 질문은 무엇이며 어떻게 활용될 수 있는가?

소크라테스식 질문을 활용하면 대화식 수업이 쉬워진다. 소크라테스식 질문은 기원전 477~399년에 살았던 그리스 철학자 소크라테스의 이름에서 따온 것이며, 그는 질문을 통해 교육했다고 전해진다. 소크라테스는 질문을 통해서 학생들이 자신들의 생각을 논리적으로 검토하게 하고 믿을 만한 지식을 만들어 내게 하였다.

폴(Paul, 1993)은 소크라테스의 아이디어를 활용해 비판적 사고의 유형을 분류할 수 있는 '생각바퀴 (wheel of reasoning)'를 개발했다. 나는 폴(Paul)의 아이디어와 소크라테스식 질문법의 틀을 빌려 와 지리탐구에 적합한 질문들을 만들었다(그림 11.5). 이 질문들은 교사와 학생들이:
▲ 이해를 점검하고
▲ 증거에 포함된 암묵적인 전제를 검토하고
▲ 사고 과정이나 근거를 검토하고
▲ 다른 관점에 대해 알고
▲ 함의에 대해 생각하고
▲ 탐구를 관통하는 큰 질문에 주의를 기울이게 해 준다.

전체 학급에서 교사가 시범을 보이는 방법으로 소크라테스식 질문을 제시할 수 있다. 소크라테스식 질 문을 처음 시도한다면 한두 가지 유형의 질문만 사용하는 것이 간단할 것이다. 예를 들어, 어떤 유형의 질문이 활용될 수 있는지를 알려 줄 목적이라면, 방금 시청한 영화에 대해 토의하는 동안 주장과 근거 를 검토하는 질문들을 사용할 수 있을 것이다. 전체 학급 및 소그룹 활동에서도 소크라테스식 질문을 사용하게 할 수 있다.

소크라테스식 질문을 위해 특별히 고안된 기본 원칙은 다음과 같다.:
▲ 학생들은 서로 질문하고 답하도록 장려한다.
▲ 데이터의 의미에 대해 잘 알지 못할 때 반드시 질문해야 한다.
▲ 다른 학생들이 말한 내용을 잘 이해하지 못했을 때 반드시 질문해야 한다.
▲ 질문에 답하거나 답변을 근거와 연관시킬 때 지리정보를 제시해야 한다.
▲ 모든 질문과 답변은 더 명료하게 만들거나 발전시킬 필요가 있는 것으로 간주한다.
▲ 교사와 학생들은 가능하다면 추가적인 질문을 던짐으로써 토론에 기여할 수 있다.

분류를 위한 질문 – 다른 사람들이 무엇을 말하는지 이해해 보자.	생각과 관점에 대한 질문들
그게 무슨 뜻이지? 핵심 포인트가 뭐지? 이것이 핵심 포인트니? 다른 말로 표현할 수 있을까? 예를 들어 줄 수 있을까? 네가 지금 이야기한 것과 이것이 어떻게 연결되지? 좀 더 자세히 설명해 줄 수 있을까?	누구의 입장을 대변하는 거지? 그것을 바라보는 시각에는 어떤 차이들이 존재하지? 그것으로 이익을 보는 사람은 누구지? 누가 손해를 보지? 왜 이것이 그것보다 낫지? 강점과 약점은 무엇이지? 우리가 생각해 봐야 할 다른 관점이 있니? 반대되는 주장은 무엇이지?
전제(assumption)를 검토하는 질문	**함의와 결과를 검토하는 질문**
당신은 …을 전제로 하는 것 같습니다만 그것은 항상 그런 식인가요? 당신의 생각은 …라는 아이디어에 기반한 것인가요? 당신은 …을 당연하게 여기나요? 다른 어떤 것들을 전제로 하나요? 왜 어떤 이들은 이러한 전제를 두나요?	네가 …을 말했을 때 …을 의미했던 거니? 그러나 만일 그런 일이 발생한다면 어떤 결과가 나타날까? 왜 그렇게 생각하지? 그로 인해 어떤 결과가 나타날까? 반드시 발생할까? 아니면 발생할 가능성이 있는 건가? 그것은 어떤 결과를 가져올까? 그것이 주는 함의는 무엇이지?
주장과 근거를 검토하는 질문	**질문에 대한 질문**
그것이 사실인지/정확한지 어떻게 알 수 있지? 왜 그것이 사실이라고 생각하지? 너는 어떤 근거를 갖고 있지? 그렇게 말할 만한 증거를 갖고 있니? 그렇게 말하는 근거는 뭐지? 그것이 충분한 근거가 되니? 왜 그렇게 말하지? 그 증거를 의심할 만한 근거가 있니? 왜 그런 일이 발생했지? 이러한 근거는 충분히 좋은 설명이니? 너의 생각을 설명해 줄 수 있어? 다른 설명이 가능할까?	이 이슈는 왜 중요하지? 어떻게 찾을 수 있지? 우리가 물어볼 다른 질문이 있을까? 우리가 이 질문을 작게 쪼갤 수 있을까? 우리가 얼마나 답변에 가까이 온 거지? 정답에 더 가까이 갈 수 없을까?

그림 11.5: 소크라테스식 질문의 유형

요약

탐색적 말하기와 대화식 수업의 교육적 가치는 많은 연구에 의해 밝혀졌다. 연구의 핵심은 이해를 높이기 위해서는 언어를 사용해야 한다는 것이다. 지리교육 또한 탐색적 말하기와 대화식 수업을 통해 많은 것을 얻을 수 있다. 이 책에 포함된 학생활동의 가치는 활동에 이어 토론을 진행하거나 활동의 의미를 검토하기 위해 소크라테스식 질문을 던진다면 더 높아질 것이다. 소그룹에서 탐색적 말하기는 이해를 높이는 데 도움이 된다.

연구를 위한 제안

교실에서 대화식 수업에 대한 알렉산더(Alexander)의 아이디어를 발전시켜라. 전체 학급이나 소그룹의 대화를 녹음하고 알렉산더의 분석틀을 활용해 대화 내용을 분석하라. 대화식 수업을 촉진시킬 수 있는 조건과 대화식 수업이 어느 정도까지 지리적 이해를 높여 줄 수 있는지 생각해 보라.

참고문헌

Alexander, R. (2000) *Culture and Pedagogy: International comparisons in primary education*. Oxford: Blackwell.

Alexander, R. (2011) *Towards Dialogic Teaching: Rethinking classroom talk* (4th edition). York: Dialogos.

Barnes, D. (2008) 'Exploratory talk for learning' in Mercer, N. and Hodgkinson, S. (eds) *Exploring Talk in Schools*. London: Sage.

Barnes, D. and Todd, F. (1995) *Communication and Learning Revisited: Making meaning through talk*. Portsmouth, NH: Heinemann.

Cotton, D. (2006) 'Teaching controversial environmental issues: neutrality and balance in the reality of the classroom', *Educational Research*, 48, 2, pp. 223-41.

Dawes, L., English, J., Holmwood, R., Giles, G. and Mercer, N. (2005) *Thinking Together in Geography*. Stevenage: Badger Publishing.

Mercer, N. (2000) *Words and Minds: How we use language to think together*. London: Routledge.

Mercer, N. and Dawes, L. (2008) 'The value of exploratory talk' in Mercer, N. and Hodgkinson, S. (eds) *Exploring Talk in Schools*. London: Sage.

Mercer, N. and Littleton, K. (2007) *Dialogue and the Development of Children 's Thinking*. London: Routledge.

Paul. R. (1993) *Critical Thinking: How to prepare students for a rapidly changing world. An anthology on critical thinking and educational reform*. Santa Rosa, CA: Foundation for Critical Thinking.

Thinking Together (2012) Available online at *http://thinkingtogether.educ.cam.ac.uk* (last accessed 21 January 2013).

Vygotsky, L. (1962) *Thought and Language*. Cambridge, MA: Massachusetts Institute of Technology.

Wegerif, R. (2008) 'Dialogic or dialectic? The significance of ontological assumptions in research on educational dialogue', *British Educational Research Journal*, 34, 3, pp. 347-61.

Wells, G. and Ball, T. (2008) 'Exploratory t alk and dialogic inquiry' in Mercer, N. and Hodgkinson, S. (eds) *Exploring Talk in Schools*. London: Sage.

Chapter
12

논쟁적 이슈 다루기

"학교교육에서 지리를 가르치는 이유 중 하나는 세뇌(indoctrination)와 선동(propaganda)으로부터 방어할 수 있도록 하기 위함이다." – 램버트(Lambert), BBC Today와의 인터뷰 중에서

도입

지리교육에서 논쟁적인 이슈를 다루는 것에 대해 말하거나 글을 쓰는 것은 그 자체로 논쟁적이다. 사람들마다 이 문제에 저마다 다르게 대응한다. 이 장에서는 아래의 질문들을 다룰 것이다.:

▲ 논쟁적 이슈란 무엇인가?

▲ 난제(wicked problem)와 엄청난 난제(super-wicked problem)란 무엇인가?

▲ 학교 지리교육에서 왜 논쟁적 이슈를 다뤄야 하는가?

▲ 어떤 논쟁적 이슈가 학교 지리교육과정에 포함되어야 하는가?

▲ 논쟁적 이슈를 조사하는 동안 교사의 역할은 무엇인가?

▲ 논쟁적 이슈에 대한 비판적 접근은 어떻게 촉진될 수 있는가?

▲ 어떤 종류의 교실활동이 논쟁적 이슈의 조사를 지원해 줄 수 있는가?

탐구를 통한 **지리학습**

논쟁적 이슈란 무엇인가?

논쟁적 이슈는 개인이나 집단 간 의견이 일치하지 않는 이슈이다. 이 말이 간단하게 들릴 수도 있지만 세상에는 다양한 논쟁적 이슈들이 있으며, 이들을 조사할 때 고려해야 하는 여러 가지 근거들이 있다.

일부 이슈들은 이론이나 설명을 뒷받침할 증거가 부족하기 때문에 논쟁적이다

예를 들어 판구조론은 1960년대가 되어서야 비로소 이론으로 받아들여졌다. 그전에는 지각의 일부가 움직일 수 있느냐를 두고 치열한 논쟁이 벌어졌었다. 서로 상충하는 이론에 대한 논쟁은 과학계에서는 아주 흔한 일이지만 증거가 쌓이게 되면 결국 해결될 것이라는 기대가 있다. 그래서 과학적 지식이라는 것은 다른 모든 지식들과 마찬가지로 새로운 증거가 나타나게 되면 수정될 수 있다. 또한 과학적 지식도 사회적으로 구성되는 것이기 때문에 항상 임시적인 성격을 갖지만 그렇다고 해서 과학적 지식을 논쟁적이라 부르지는 않는다. 그러나 가끔 하나의 이론에 대해 아주 수많은 과학적 증거들이 나타났음에도(예, 진화론) 받아들이지 않는 사람들이 있으며 그들에게 그 이슈는 논쟁적으로 남게 된다. 과학적 연구를 통해 해결된 많은 이슈들은 사회에 영향을 미치게 된다. 그래서 과학적인 측면이 해결된 경우에도 아래에 제시된 한두 가지의 이유로 인해 다른 측면들은 여전히 논쟁적으로 남기도 한다.

일부 이슈들은 다른 해석 때문에 논쟁적이다

예를 들어 대영제국이 식민지에 미친 영향에 대해 여러 가지 해석이 존재한다. 어떤 해석은 긍정적인 영향을 강조하지만 다른 해석은 부정적인 측면을 강조한다. 이러한 해석들은 대영제국의 어떤 측면을 들여다보느냐에 따라, 어떤 근거들을 가장 중요하게 고려하느냐에 따라, 어떤 목소리에 귀를 기울이느냐에 따라 달라진다. 이 경우, 비록 견해들마다 근거를 갖고 있지만, 견해의 차이는 식민지를 바라보는 관점이나 사고방식에 좌우된다. 이 이슈는 역사교육에 더 적합해 보이지만 사고방식에 대한 논의는 지리교육에도 유용하다. 예를 들어 발전이나 세계화, 지속가능성에 대해 어떤 질문을 던지고, 어떤 근거를 사용하고, 그 근거를 어떻게 해석할 것인지는 결국 사고방식에 달려 있다.

일부 이슈들은 어떤 결정이 내려져야 하는지에 대한 의견이 다르기 때문에 논쟁적이다

의견은 아래와 같은 이유들 때문에 다를 수 있다.:

▲ 어떤 결정을 내리느냐에 따라 집단, 조직, 국가 간에 이익이 상충할 수 있다. 일부는 이익을 얻지만 일부는 피해를 입게 된다. 예를 들어, 히드로(Heathrow) 공항의 확장은 어떤 사람들에게는 이익을 가져다주지만 피해를 입는 사람들도 생기게 된다. 개발로부터 피해를 볼 수 있는 사람들은 그 계획에 반대할 것이다. 이것이 바로 자신의 이익을 보호하는 님비현상(NIMBYism – not in my back yard)의 예시이다.

▲ 집단 간 가치가 상충하는 경우도 있다. 환경에 영향을 줄 수 있는 계획이나 정책 결정은 논쟁적이기 쉽다. 일부 집단은 환경보전을 우선하지만 다른 집단들은 고용이나 다른 경제적 이익을 우선적으로 고려한다. 예를 들어 케냐에서 야생동물 보호구역을 만드는 것은 멸종 위기에 처한 동물들의 생존을 돕지만 야생동물 보호구역에 사는 사람들은 이주해야 하는 문제가 발생한다.

▲ 이데올로기(세상을 바라보고 생각하는 방식)로 인한 분쟁이 있을 수 있다. 예를 들어 일부는 세계경제와 관련된 이슈들을 이해하기 위해서는 서구 자본주의가 전제되어야 한다고 생각하지만, 다른 이들은 그렇게 생각하지 않는다. 사람들은 생산과 소비의 과정에서 시장과 정부의 역할에 대해 심각할 만큼 다른 생각을 갖고 있다.

▲ 의사결정이 미칠 수 있는 영향에 대한 불확실성도 관련이 있다. 미래에 영향을 미치게 되는 의사결정의 경우 결과나 위험요소를 예상하기 어렵다. 어느 수준의 위험을 감수할 수 있느냐에 따라 의견이 달라진다.

일부 이슈들은 윤리적인 이유로 논쟁적이 된다

윤리는 옳고/그름 혹은 좋고/나쁨에 대한 질문을 다룬다. 인권이나 사회정의와 관련된 일부 의사결정과 정책들은 절대적인 의미에서 도덕적으로 옳지 않은 것으로 간주되기도 한다[예, 나는 남아프리카공화국의 아파르트헤이트(apartheid)가 도덕적으로 옳지 않다고 생각한다]. 일부 행위와 정책들은 종교적인 이유로 옳지 않은 것으로 간주된다(예, 가족계획). 일부 이슈들은 그들이 가져올 잠재적인 결과에 따라 옳거나 나쁜 것으로 평가될 수 있기 때문에 윤리적인 성격을 갖는다. 그림 12.1은 지리적 이슈와 관련한 도덕적 딜레마의 사례들을 보여 준다.

도덕적 딜레마

아래 제시된 도덕적 딜레마는 지리수업에서 조사해 볼 만하다. 이들은 어떤 사람들에게는 좋은 결과를 그리고 다른 사람들에게는 나쁜 결과를 가져올 행위들이다. 이러한 이슈와 관련하여 사람들이나 정부가 내리는 의사결정은 지구의 다른 편에 위치한 사람들과 지역, 그리고 이들이 서로 맺고 있는 관계에 영향을 미치게 된다.

- ▲ 밸런타인데이에 케냐에서 수입된 장미를 사야 할까?(Ellis, 2009)
- ▲ 우리는 반드시 장거리 '책임여행(responsible tourism)'을 가야 할까?
- ▲ 아동 노동력으로 제작된 의류를 구매해야 할까?(Pumpkin Interactive, 2011)
- ▲ 우리는 모두 채식주의자가 되어야 할까?
- ▲ 우리는 영국에서 생산된 것만 사야 할까?
- ▲ 가난과 싸울 수 있도록 염소를 살 수 있는 돈을 주어야 할까?(Jackson, 2006)
- ▲ 우리나라 정부에서 인정하지 않은 국가에서 생산된 물품들을 보이콧해야 할까?
- ▲ 그린벨트 지역에 새로운 주택 개발 사업을 벌여야 할까?
- ▲ 영국은 가능한 한 많이 자국의 식량을 생산해야 할까?

출판된 예시들

맥파틀랜드(McPartland, 2006)는 베냉(Benin)에서의 살충제 사용과 관련한 이슈를 토대로 이야기를 만들었다. 그가 보여 주고 있는 딜레마는 '영국에서 화학을 전공하는 대학원생인 네스터(Nestor)가 학업을 중간에 그만두고 고향인 베냉으로 돌아가 살충제 회사에서 일해야 하는가?'이다. 맥파틀랜드는 찬성과 반대의 이유를 분석하였다(pp.175–176).

버스틴(Bustin, 2007)은 수단의 한 마을의 물 공급과 관련된 5명의 인물에 대한 스토리를 완성했다. 학생들은 스토리에 담긴 도덕적 이슈를 조사하면서 순위를 매기는 활동에 참여하였다. 우선 학생들은 기존의 옳고 나쁨의 기준을 활용해 등장인물들을 도덕적 우위에 따라 순서대로 배열한다. 그런 다음 그들의 동기, 즉 어떤 인물의 동기가 가장 숭고한지에 맞춰 재배열한다. 다음으로 등장인물의 행동이 가져올 결과를 보고 다시 순서를 바꾼다. 마지막으로 학생들은 세 가지 방법의 도덕적 추론을 비교하고 각각의 장점과 단점을 파악한다.

그림 12.1: 윤리적 측면을 가진 논쟁적 이슈

과학적 연구와 관련된 첫 번째 논쟁적 이슈들(이론이나 설명을 뒷받침할 증거가 부족하기 때문에 논쟁적인 경우)만이 데이터를 수집하고 증거를 활용함으로써 해결이 가능하다. 논쟁적 이슈들은 다른 해석, 상충되는 이해, 가치, 세계관, 그리고 윤리적인 측면이 포함되기 때문에 근거를 검토하는 것만으로는 충분하지 않다. 서로 다른 견해 뒤에 숨겨진 가치나 이념들을 검토하고 의사결정에 영향을 미칠 수 있는 권력을 가진 사람이 누구인지를 파악하는 것이 중요하다.

난제와 엄청난 난제란 무엇인가?

리틀과 웨버(Rittel & Webber, 1973)는 일부 도시계획과 관련된 문제들을 '난제(wicked problem)'라 불렀다. 그들에 따르면, 정책 입안자들은 과학자들이 문제를 해결하는 방식과 같이 도시계획 문제도 해결할 수 있다고 믿는 착각에 빠져 있다. 그들의 주장은 아래와 같다.:

"도시계획가들이 다루는 문제, 즉 사회적 문제는 과학자 혹은 일부 엔지니어들이 다루는 문제와는 본질적으로 다르다. 도시계획 문제는 본질적으로 난제이다." (p.160)

그들은 실험, 증거, 추론을 통해 해결될 수 있는 과학자들의 '양성(benign)' 문제와 구분하여 악한(vicious) 것을 의미하는 '난제(wicked problem)'이라는 용어를 사용했다. 그들은 난제의 10가지 특징을

난제들

1. 문제를 명료하게 정의하는 것이 불가능하다.

"문제를 이해하는 데 필요한 정보는 그 문제를 해결하고자 하는 사람들의 생각에 달려 있다. … 모든 질문들을 가늠하기 위해서는 가능한 모든 해결책을 알고 있어야 한다."
예) 빈곤

2. 해결책을 찾는 과정이 끝이 없다.

"… 공개 시스템 내에서 서로 영향을 미치는 원인과 결과의 고리가 끝이 없기 때문에 도시계획가는 항상 노력해야 한다. 추가적인 노력을 들인다면 더 나은 해결책을 발견할 가능성이 커진다."

3. 해결책은 옳고 그름(true or false)의 문제가 아니라 좋고 나쁨(good or bad)의 문제이다.

"일반적으로 많은 집단들이 해결책에 관심이 있으며 평가할 권리를 갖고 있다. 그들이 어떻게 평가할지는 그들 집단이나 개인의 이익, 특별한 가치, 이념적 선호에 따라 달라진다."

4. 해결책을 평가하는 즉각적인 방법이나 궁극적인 방법이 존재하지 않는다.

"일단 실행이 되고 나면 어떤 해결책도 장기간에 걸쳐 결과를 가져오게 된다. … 해결책은 기대했던 이익을 넘어서는 부정적인 파급효과를 가져올 수도 있다."

5. 시행착오를 통해 배울 수 있는 것이 아니다. 모든 시도가 중요하다.

"실행되는 모든 시도가 중요하다. 한번 실행되면 되돌릴 수 없는 '흔적'을 남기게 된다. … 많은 사람들의 삶에 되돌릴 수 없는 결과를 가져올 수 있다."
예) 새로운 고속도로 건설

6. 많은 가능한 해결책들이 있다.

"난제를 해결하기 위한 모든 해결책을 고려했는지 알 수가 없다. … 일련의 해결책이 떠오르지만 다른 해결책들은 좀처럼 생각나지 않는다. 이러한 해결책을 추진하고 실행해야 하는지는 판단의 문제이다."
예) 거리 범죄와의 전쟁

7. 모든 난제는 본질적으로 유일무이하다.

"현재의 문제들과 과거 문제들 간의 많은 유사점에도 불구하고 모든 난제는 그 문제를 독특하게 만드는 요인들을 갖고 있다."

8. 모든 난제는 다른 문제의 징후가 된다.

"거리의 범죄는 일반적으로 도덕적 후퇴, 자유방임, 기회의 결핍, 부와 가난 등의 징후가 된다."

9. 난제는 여러 가지 방식으로 설명된다.

"어떤 설명을 선택할 것인가는 임의적이다. … 사람들은 자신들에게 가장 그럴듯해 보이는 설명을 선택한다. … 문제를 분석하는 사람이 갖고 있는 세계관은 난제를 설명하고 난제의 해결책을 결정하는 데 가장 중요한 결정 요인이 된다."
예) 거리 범죄

10. 도시계획가는 틀릴 권리가 없다.

"과학적 세계에서는 가설이 오류로 증명되더라도 받아들여진다. 그러나 도시계획의 세계에서 … 목표는 진리를 발견하는 것이 아니라 사람들이 살고 있는 지역의 조건을 향상시키는 것이다. 도시계획가는 자신이 유발한 행동의 결과에 책임을 져야 한다. 결과는 그 행동에 의해 영향을 받는 사람들에게는 아주 중요한 문제가 된다."

그림 12.2: '난제'의 10가지 특징. 출처: Rittel & Webber, 1973

탐구를 통한 **지리학습**

파악했다(그림 12.2). '난제'라는 용어는 이러한 특징을 가지는 이슈들을 설명하기 위해 흔히 사용되고 있다.

지리에서 다뤄지는 많은 논쟁적인 이슈는 난제다. 이 이슈들은 단지 근거를 토대로 해결되지는 않는다. 많은 논쟁적인 이슈들이 아래와 같은 특징을 갖고 있다는 것을 알아야 한다.:
▲ 논쟁적 이슈를 개념화하는 다양한 방법과 스케일이 있다.
▲ 논쟁적 이슈는 다른 이슈들과 네트워크처럼 연결되어 있다.
▲ 논쟁적 이슈의 해결은 다방면에 영향을 미친다.

레빈과 동료들(Levin et al., 2009)은 '엄청난 난제(super-wicked problem)'라는 새로운 분류를 만들어 냈다. 엄청난 난제는 난제가 갖고 있는 특징 외에도 4가지의 특징을 더 갖고 있다.:
▲ 해결을 위한 시간이 점점 줄어들고 있다.
▲ 문제의 해결에 책임 있는 중앙권력이 약하거나 존재하지 않는다.
▲ 문제를 유발한 사람들이 해결책을 찾고 있다.
▲ 장기간의 정책적 해결책을 위해 당장 조치가 취해져야 하지만 대응은 미래로 미뤄지고 있다.

그들은 기후변화를 엄청난 난제의 사례로 제시했다.

학교 지리교육에서 왜 논쟁적 이슈를 다뤄야 하는가?

학교 지리교육에서 논쟁적 이슈를 다뤄야만 하는 몇 가지 충분한 이유가 있다. 물론 이들 이슈를 다룰 때 가치나 윤리적인 이슈를 함께 다루게 된다.

현재의 지리는 과거에 내려진 결정에 의한 것이다

지리수업에서 배우게 되는 거의 모든 것, 예를 들어 자연경관뿐 아니라 토지와 자원의 이용을 통해 나타난 패턴들 모두가 과거의 의사결정에 의한 것이며, 이러한 결정들 중 많은 수가 논쟁적이다. 현재의 논쟁적 이슈들을 학습함으로써 학생들은 장소나 지리적 주제에 영향을 미치는 프로세스나 요소들이 복잡하다는 것을 알게 된다.

현재의 많은 이슈들은 지리적 측면을 갖고 있다

미디어를 통해 우리는 사람들이 동시대의 이슈들에 대해 다른 견해를 갖고 있다는 사실을 알게 되었으며, 이들 중 많은 이슈들이 지리적 측면을 갖고 있다. 사람들의 의견이 분분하거나 뉴스가 되는 이슈들을 보면 버스노선을 변경하는 로컬 이슈에서부터 탄소거래와 같은 글로벌 이슈에 이르기까지 다양하다. 신문기사, 블로그, 전화 참여 라디오 프로그램, 페이스북이나 트위터 같은 소셜 네트워킹을 통해 수많은 사람들이 자신들의 의견을 표현할 수 있게 되었다. 이를 통해 학생들은 이슈들에 대한 다른 의견들을 더 쉽게 접할 수 있게 되었다. 호프우드(Hopwood, 2007)에 따르면, 지리는 학생들이 '복잡하고 종종 해결되지 않은 이슈들' 속에서 방향을 찾을 수 있게 도울 수 있다.

지리학은 정치적 과목이다

교육과학부 장관인 키스 조지프(Keith Joseph)는 "지리는 여러 측면에서 정치적 과목이며 가치판단적인 과목"(Joseph, 1985, p.292)이라고 인식했다.:

"관찰된 패턴은 인간의 의사결정과 행동의 결과물이다. 관찰 그 자체뿐 아니라 근거에 대한 평가들마저도 개인이 가진 태도나 가치에 의해 영향을 받기 때문에 과학적 방법만으로는 어떤 설명을 선택해야 하는지 결정할 수 없다."(ibid., p.292)

조지프는 "사실적 지식만으로는 충분하지 않고", 학생들이 학습하는 이슈와 문제의 "본질과 복잡성에 민감"할 필요가 있다고 생각했다.

"그러한 문제들은 쉽게 정의되고, 관련된 프로세스가 명료하며, 발생 원인 또한 쉽게 설명할 수 있고, 실천 가능한 해결책이 항상 존재한다는 인상을 학생들에 심어 주고 있다면, 내 생각으론, 교사는 학생들을 제대로 가르치고 있는 것이 아니다. 내가 언급한 이슈들(도시에서 발생하는 변화들, 고용의 지역차, 오염)은 종종 진단, 목표, 전략에 대해 강력한 반대가 존재하므로 논쟁적인 문제들이다." (ibid., p.294)

가치와 이데올로기는 지리적 지식에 내재되어 있다

셔면과 동료들(Sherman et al., 2005)은 지리학이 '논쟁하는 학문(contested discipline)'이라는 점을 강조한다.:

"세상을 알아 가는 방식은 한 가지 이상이며, 단 한 가지 방법만이 옳을 필요는 없다. … 우리가 사실이라고 간주하는 것, 사건이 발생하는 방식, 그리고 사건이나 현상에 대한 우리의 가치체계의 모든 전제들이 상상에 의한 것임을 알게 된다면 놀랄 것이다. 더군다나 동일한 프로세스라 할지라도, 예를 들어 이주노동자에 의한 가사노동을 페미니즘의 관점에서 이해하느냐 혹은 수학적 모델링으로 이해하느냐에 따라 다르게 보인다."

프록터(Proctor, 1998)는 지리학의 윤리적 측면에 대해 기술하면서, "지리학의 실천에 내재된 가치와 지리라는 과목에 내재된 가치 이슈들"(p.8)에 대해 더 많은 관심을 기울여야 한다고 주장했다. 그는 지리학에서 가치는 사실만큼 중요한 부분을 차지한다고 덧붙였다.

슬레이터(Slater, 2001) 또한 비슷한 주장을 했다.

"학교교육에서 지리는, 다른 과목과 마찬가지로, 중립적이지 않다. 지리의 내용은 그 자체로서 가치 판단적이며, 우리가 공간적 혹은 환경적 관계를 어떻게 구성하고 해석하느냐에 따라 달라진다. 그래서 지리학은 가치가 내재된 형태로, 환경에 대한 사람들의 경험, 지각, 인식과 연결된 방식으로, 그리고 사람들이 환경을 어떻게 평가하고 환경 속에서 어떻게 살아가기를 바라는지와 연결해서 이해되어야 한다."(p.43)

지리정보를 위한 자료는 결코 중립적이지 않으며, 그 자료를 생산한 지리학의 종류에 영향을 받는다. 지리적 지식과 무엇을 가르치고 어떻게 가르칠 것인가에 대한 우리의 선택을 뒷받침하는 가치나 이데올로기를 인식하는 것이 중요하다(Slater, 1996).

논쟁적 이슈에 대한 학습은 학생들이 세뇌(indoctrination)에 대응할 수 있도록 해 준다

지리학은 가치에 대한 이해를 높이고 견해를 비판적으로 검토하도록 돕는다. 피엔과 슬레이터(Fien & Slater, 1981)는 지리교육에서 활용 가능한 가치교육의 4가지 접근을 파악했으며, 이들 접근은 각각 다른 교육적 목적을 갖는다(그림 12.3).

가치분석, 가치 명료화, 실천학습은 학생들이 질문이나 이슈, 문제를 조사하는 것을 돕기 위해 개발된 School Council 16-19 Geography 프로젝트의 '탐구의 절차(route for enquiry)'(그림 12.4)를 통해 소개되었다(Naish et al., 1987). 탐구의 절차에 따르면 이슈에 포함된 가치적 요소들을 사실적인 것과 분리된 별개의 것으로 이해하기보다는 더 객관적인(more objective) 자료와 주관적인(subjective) 자료의 측면에서 이해할 것을 주문하고 있다. '가치 명료화'를 통해 학생들은 해당 이슈에 대해 자신들이 어떻게 생각하고 있는지 고려해 볼 수 있다. 마지막으로 이슈에 대해 자신들이 행동을 취할 것인지를 결정하게 된다.

탐구의 절차는 지리적 자료를 철저하게 조사할 것을 강조하며, 이슈에 대한 다양한 견해와 실천할 수 있는 행동에 대해 알려 준다. 탐구의 절차는 어떤 단계에서도 특정 견해를 옹호하지 않는다.

접근	목적
가치분석	하나의 이슈에 대한 여러 관점들을 파악하고 각각의 관점과 관련된 근거를 평가하도록 돕는다.
도덕적 추론	특정 견해를 받아들여야 하는 이유를 논의하도록 돕는다.
가치 명료화	학생들이 논의하는 이슈와 관련하여 자기 자신의 생각을 알 수 있도록 돕는다.
실천학습(action learning)	특정한 사회적, 환경적 이슈와 관련하여 학생들이 직접 행동할 수 있는 근거를 갖도록 하는 데 초점을 맞춘다.

그림 12.3: 가치교육의 접근. 출처: Fien & Slater, 1981

사실 탐구 객관적인 데이터	← 절차와 핵심 질문 →	가치 탐구 주관적인 데이터
인간과 환경과의 상호작용에서 생겨나는 질문, 이슈, 문제에 대해 이해한다.	**관찰과 인식** 무엇을?	질문, 이슈, 문제에 대해 개인과 집단들이 다른 가치와 태도를 갖고 있음을 이해한다.
질문, 이슈, 문제를 개요(outline)하고 정의(define)한다. 적절한 가설을 설정한다. 수집할 증거와 데이터를 결정한다. 데이터와 증거를 수집하고 기술한다.	**정의와 기술** 무엇이? 어디에?	이슈와 관련하여 개인과 집단들이 가질 수 있는 가치를 나열한다. 이 이슈에 대해 개인과 집단의 주장과 행동에 대한 자료를 수집한다. 가치를 유형화한다. 각각의 유형과 관련된 행동들을 평가한다.
데이터를 조직하고 분석한다. 답을 제시하고 설명을 시도한다. 가설을 수용하거나, 거부하거나, 수정한다. 추가적인 혹은 다른 데이터나 근거가 필요한지 결정한다.	**분석과 설명** 어떻게? 왜?	각각의 가치가 얼마나 근거를 갖고 있는지 평가한다(예, 해당 가치는 얼마나 사실적 근거를 갖고 있는가?). 편견이나 부적합한 데이터를 찾는다. 가치가 충돌하는 원인을 파악한다.
탐구의 결과를 평가한다. 예측하고, 일반화를 시도하며, 가능하다면 이론을 만든다. 대안적인 행동을 제안하고 결과를 예측한다.	**예측과 평가** 어떤 일이 생길까? 어떤 영향이 있을까?	가장 강력한 입장(주장)들을 파악한다. 이들 입장들로부터 미래의 대안을 생각해 보고 자신이 선호하는 결정을 찾아본다. 행동할 수 있는 개인과 집단을 파악하고 나타날 수 있는 결과와 영향을 평가해 본다.
사실적 배경과 가치적 상황에 기초하여 내릴 수 있는 의사결정을 인식한다. 의사결정이 가져올 수 있는 가능한 환경적, 공간적 결과를 인식한다.	**의사결정** 누가 결정하지? 어떤 결과를 가져올까?	가치분석의 결과와 사실적 근거에 기초하여 어떤 의사결정이 가능한지 파악한다. 결정이 내려지고 시행될 경우 다른 견해를 가진 사람들의 반응을 예측한다.

개인적 평가와 판단
나는 어떻게 생각하는가? 왜?

어떤 가치가 자신에게 가장 중요한지, 이슈에 대해 어떤 입장을 지지할 것인지 결정한다.
개인적으로 어떤 의사결정과 행동을 받아들일 수 있는지 파악한다.
현재 상황에 대한 영향력을 평가한다.
일련의 행동을 어떻게 정당화하고 방어할 것인지를 생각한다.

개인적 대응
다음에는 어떤 일이 생길까? 나는 무엇을 하지?

탐구의 결과로서 아래의 사항들을 결정한다.:
- 이슈에 대해 나는 다른 사람들과 혹은 혼자서 행동을 취할 것인가?
- 권력을 가진 사람들과 접촉함으로써 이슈에 대한 행동을 촉발시키고 싶은가?
- 미래의 이슈에 영향을 줄 수 있는 나 자신의 생활방식에 변화를 주고 싶은가?
- 당장 실천하지는 않지만 스스로의 감정을 확인하기 위해 추가적인 탐구를 수행할 것인가?

그림 12.4: 탐구의 방법. 출처: Naish et al., 1987

학생들은 현재의 이슈에 관심 있으며 교실에서 이들 이슈에 대해 배우고 싶어 한다

영국지리교육협회를 대신하여 입소스 모리(Ipsos MORI[1], 2009)에서 수행한 설문을 보면, 인터뷰에 참여한 11~14세 학생들의 대부분(93%)은 세계의 다른 지역에 영향을 미치는 이슈들과 세계가 어떻게 변화하고 있는지를 배우는 것이 중요하다고 응답했다. 많은 학생들은(63%) 학교에서 세계에 대해 배울 수 있는 시간이 충분치 않다고 응답했다. 학생들은 다른 과목들보다는 지리과목에서 이러한 이슈에 대해 많이 배우고 있으며, 나아가 경제, 직업, 환경, 빈곤, 기아와 관련된 이슈들을 지리수업을 통해 배울 것을 기대하고 있었다.

이러한 결과는 과거 영국과 오스트레일리아에서 실행된 연구 결과를 뒷받침해 준다. 이들 연구에 따르면 학생들은 자신들의 미래에 영향을 주는 이슈들에 관심이 있고, 그 이슈들에 대해 더 많이 알고 싶고, 학교에서 로컬과 글로벌 이슈들에 대해 배우고 싶어 하며, 이러한 이슈들에 대해 토론하거나 자신의 목소리를 낼 수 있는 기회를 갖고 싶어 한다. 학생들은 정의, 불평등, 환경에 대한 이슈들에 대해 특히 관심이 많다(Hicks, 2007).

학생들은 논쟁적 이슈를 학습함으로써 다양한 기능을 습득할 수 있다

스트래들링(Stradling, 1984)은 논쟁적 이슈를 다루는 두 접근을 구분한 바 있다. 한쪽은 논쟁적 이슈를 학습하는 내재적인 이유를 강조한다. 즉 학생들이 자신들의 생활과 관련 있는 이슈들에 대해 알 필요가 있다는 것이다. 이러한 접근은 이슈에 대한 지식과 이해를 강조한다. 다른 접근은 논쟁적인 이슈를 학습하는 과정에서 배우게 되는 기능을 강조한다. 즉 근거를 수집하고 평가하는 학문적 기능, 다른 사람들과 의사소통하고 프로젝트에서 협업할 수 있는 사회적 기능들이다. 사실 이 두 접근은 서로 배타적인 것이 아니다. 적절한 기능의 개발 없이 지리적 이슈를 가르치는 것은 제한적일 수밖에 없다. 또한 알아야 할 가치가 있는 이슈들에 이러한 기능들을 적용하지 않고서는 기능들을 가르칠 수도 없다.

---

1) 시장조사기관. 역자 주

어떤 논쟁적 이슈가 지리교육과정에 포함되어야 하는가?

일반적으로 적절한 이슈들

국가교육과정이 상세한 부분까지 기술하고 있지 않다면 학교나 개인은 아래의 이슈들을 선택할 수 있다.:

▲ 로컬 지역에서 화제가 되고, 학생들이 추가적인 정보를 얻을 수 있거나 방문할 수 있는 또는 관계된 사람들로부터 의견을 청취할 수 있는 이슈들

▲ 현재 뉴스에 등장하고 있는 로컬, 국가적, 글로벌 이슈들

▲ 교사가 학습이나 여행을 통해 충분한 지식을 갖고 있는 이슈들

▲ 학생들이 선택했거나 특별히 관심을 표현한 이슈들

시험과 교육과정에 명시된 이슈들

논쟁적 이슈에 대한 이해를 개발하는 것이 중요하기 때문에 일부 논쟁적 이슈들은 시험의 평가요강(specification)이나 국가 수준의 지리교육과정에 포함되어 있다. 이러한 이슈들의 범위를 설명하기 위해 현재 영국의 중등학교 졸업 자격시험과 후기중등학교의 A-level 시험을 위한 평가요강에 포함된 이슈들을 뽑아 보았다(그림 12.5). 이들 이슈들은 자연지리, 인문지리, 로컬·국가적·글로벌 이슈, 이론을 둘러싼 논쟁, 지구온난화에 대한 과학적 증거를 둘러싼 논란을 포함한다.

빅 이슈(Big issues)

우리 시대의 일부 빅 이슈들(예, 세계화, 기후변화, 지속가능성과 관련된)은 그 범위가 방대하다. 그러한 이슈들은 다학문적이라 다른 분야에서도 조사하고, 자료를 수집하고, 연구 결과물을 생산한다. 물론 지리학자들도 이러한 이슈에 관심이 있다. 디킨(Dicken, 2004)은 세계화에 대한 글을 쓰면서 아래와 같이 주장했다.:

지리시험	평가요강에서 발췌한 내용
GCSE AQA A*	인구의 노령화에 대응하기 위한 정부의 대응 전략과 출산율을 높이기 위해 제안된 인센티브
GCSE AQA B	해안지역에는 종종 서로 상충하는 요구가 있으며 이를 해결하기 위해 관리전략이 필요하다.
GCSE Edexcel A	사례연구: 물의 이용을 둘러싼 국가 간, 국가 내 지역 간 분쟁
GCSE Edexcel B	주변지역이 해양생태계에 미치는 영향을 조사하라. 해양생태계가 어떻게 관리되어야 하는지를 두고 상충되는 견해들을 검토하라.
GCSE OCR A	최근의 에너지 공급 이슈에 대한 주제적 분석
GCSE OCR B	경제발전과 환경파괴를 두고 대립이 나타나고 있는 특정 개발 사례
GCSE WJEC A	미래에 하천과 홍수 관리에 대한 우리의 접근은 바뀌어야 하는가?
GCSE WJEC B	주거지역의 도시계획 관련 결정에는 누가 참여하는가? 어떻게, 왜 충돌이 발생하는가?
GCE AQA	뜨거운 사막환경과 주변지역의 관리 – 토지이용 및 농업과 관련하여 채택된 전략들을 평가하기
GCE Edexcel	기후변화를 관리하는 핵심 참여자들(정부, 기업, NGO, 개인과 집단)의 상충되는 역할과 시각. 글로벌 협약의 복잡성
GCE OCR	농촌의 변화와 관련한 사회적, 경제적 이슈는 무엇인가?
GCE WJEC	개발의 격차를 줄일 수 있는 전략의 유형에는 어떤 것들이 있으며 이들 전략은 얼마나 효과적인가?

그림 12.5: 영국의 지리시험 평가요강에 포함된 논쟁적 이슈들의 사례

* GCSE는 중등학교 졸업 자격시험(General Certificate of Secondary Education)의 약자이며, GCE는 후기 중등학교의 A-level 시험 (General Certificate of Education Advanced Level)을 가리킨다. 영국에서는 평가기관별 평가요강(specification)이 발표되며 AQA, Edexcel, OCR의 평가요강이 많이 선택된다. GCSE AQA A는 평가기관인 AQA에서 개발한 중등학교 졸업 자격시험의 평가요강을 의미하며, A, B의 두 유형을 개발하는데 그중 A유형이라는 의미이다. 역자 주

"우리(지리학자)는 오늘날 가장 중요한 이슈 중 하나를 다루는 데 중심적인 역할을 담당할 수 없지만[2] (그게 사실이다), 동시에 그렇게 중요하고 본질적으로 지리적인 현상을 연구하는 데 핵심적으로 참여해야 한다(그것 또한 사실이다). 지리학은 전통적으로 '세계를 다루는 학문(world discipline)'이라고 주장해 왔다(대중적으로는 그렇게 이해되고 있다)." (p.6)

세계화, 기후변화, 지속가능성과 같은 빅 이슈들이 학교 지리교육에서 다뤄져야 하는 두 가지 이유가

---

2) 세계화 같은 이슈를 지리학만이 연구할 수 있고 지리학이 가장 잘 연구할 수 있다는 생각을 경계해야 한다는 의미. 역자 주

있다. 첫째, 이들 이슈는 지리적 측면을 갖고 있으며, 지리학은 이들 이슈를 이해하는 데 도움을 준다. 둘째, 이 이슈들은 학교교육에서 다루지 않을 수 없으며 다른 과목들보다는 지리과목에서 다뤄져야 할 것 같다. 지리학자로서 우리는 지리학이 통합적인 과목임을 자랑해 왔으며, 세계화와 같이 지리학의 외연을 확대하는 그런 주제와 역할을 두려워 말아야 한다. 잭슨(Jackson, 1996)에 따르면, "최근의 가장 흥분할 만한 발전은(최소한 사회과학 내에서) 기존 학문의 외연(margins)에서 나타났다."(p.82) 예를 들어, 지리학은 생물학, 물리학, 역사학, 심리학, 그리고 창의적인 예술과의 협업을 통해 발전해 왔다. 과목의 둘레에 엄격한 경계를 만드는 것은 스스로를 제약하는 것이다. 만일 다학문적 성격을 가진 빅 이슈들이 학교에서 다뤄지기를 바란다면, 다른 과목들이 이들 이슈에 대해 무엇을, 어떻게 가르치는지, 그리고 어떻게 협업할 수 있는지를 파악해야 한다.

논쟁적 이슈를 조사하는 동안 교사의 역할은 무엇인가?

논쟁적인 이슈를 가르칠 때 모든 교사들은 '공정(fair)'하려 하고 주입하는 방식을 피하려 하지만 이를 달성하는 방법에는 사람들마다 의견이 다르다. 스트래들링(Stradling, 1984)은 논쟁적 이슈를 다루는 교사들이 취할 수 있는 세 가지 입장 – 균형 잡힌(balanced), 중립적인(neutral), 한쪽을 지지하는 (committed) – 을 파악했다.

균형 잡힌

지리수업에서 균형 잡힌(to be balanced)이란 무엇을 의미할까? 상식적 의미로는 학생들에게 이슈에 대한 대안적인 시각의 정보를 제공해 주어야 한다는 것으로 이해된다. 그러나 이것이 그렇게 간단하지 않다. 학생들에게 이슈에 대한 모든 견해, 즉 인종차별적이고 성차별적인 견해들까지도 제시해야 할까? 학생들이 만일 인종차별주의자라면 그들이 자신들의 의견을 제시할 수 있도록 허용, 혹은 장려되어야 할까? 또한 학생들이 일부 견해에만 동의하는 모습을 보인다면, 교사는 다른 견해에도 관심을 가질 수 있도록 의도적으로 다른 견해를 지지해야 할까? 한 국가의 경제적, 정치적 틀 속에서만 이슈를 고려하는 것이 균형 잡힌 것일까? 아니면 이러한 정치적 시스템에 대해서도 의문을 던져야 하는가? 나아가 단지 소수의 사람들만이 논쟁적이라고 생각한다면 그 이슈는 논쟁적인가? 교실수업에서 기후변화에 대한 회의론에 대해서도 기후변화와 동등한 수준의 관심을 제시해야 하는가? 영국과 오스트레일리아의 TV 뉴스와 토론 프로그램은 기후변화에 대한 대다수의 과학적 견해와 회의적 주장에 대해 동일한 분량의 시간을 제시한 것에 대해 비판받아 왔다.

코튼(Cotton, 2006)의 연구는 균형 잡힌 자세가 결코 쉽지 않다는 것을 보여 준다. 그녀는 남극에서 NGO의 역할에 대한 토론을 진행하는 지리교사를 조사하였다(그림 11.1은 일부 대화를 보여 준다). 교사는 균형 잡힌 자세를 유지하려 했지만 학생들의 견해에 따라 다르게 반응하는 모습을 보였다.

중립적 입장

특별히 두 프로젝트 - 인문학 교육과정 프로젝트(Humanities Curriculum Project)와 어린이 철학(Philosophy for Children) - 는 교사가 중립적 입장을 취해야 함을 강조했다(그림 12.6).

절차적 중립에 대한 일부 비판이 있으며 사람들은 다음과 같이 주장했다.:
- ▲ 인종차별과 같은 일부 이슈에는 적합하지 않다.
- ▲ 교사의 관점은 자료의 선정이나 토론을 어떻게 운영할 것인지에 영향을 미치기 때문에 절차적 중립이 불가능하다.
- ▲ 중등학교의 경우 학생들이 교사의 견해에 영향을 받지 않을 것 같아 절차적 중립이 불필요하다.
- ▲ 교사들은 자신의 권위를 포기했다고 느낀다.

절차적 중립이 토론을 촉진시켜 준다는 것을 보여 주는 일부 근거가 수업과 연구를 통해 발표되었다.

한쪽을 지지하는 방식

한쪽의 견해를 지지하는 방식에는 두 가지 방법이 있다. 학생들이 교사의 견해를 알 수 있도록 하거나 교사가 특정 견해를 옹호하는 방식이다.

학생들이 교사의 견해가 무엇인지 알게 하라.
중립에 대한 대안은 교사가 자신의 견해를 감추지 않는 것이다. 그러나 이러한 순간이 언제, 그리고 왜 필요한지에 대해서는 의견이 분분하다. 일부는 논쟁적 이슈를 다루는 수업의 초반에 알려 주어 학생들

절차적 중립

로렌스 스텐하우스(Lawrence Stenhouse)가 기획한 **인문학 교육과정 프로젝트(HCP)**는 연구 및 교육과정 개발 프로젝트이며 1967년에 시작되었다. 이 프로젝트의 목표는 "사회적 상황과 인간의 행동에 대한 이해와 더불어 이들이 불러올 수 있는 논쟁적 이슈를 이해하는 것이다."(Stenhouse, 1971, p.155) 논쟁적 이슈를 학습하는 접근법에는 세 가지 특징이 있다.:

▲ 학생들은 '교수(instruction)'가 아니라 토론을 통해 이슈를 조사한다.

▲ 근거는 자료의 형태로 제공되며 사진, 그림, 신문기사나 책의 발췌문, 통계표, 광고, 지도, 만화, 음성파일을 포함한다. 러독(Ruddock, 1986)이 언급했듯이 이러한 방법은 '알맹이 없는 수업(the mere pooling of ignorance)'(p.9)을 방지할 수 있다.

▲ 교사는 '중립적(neutral)'이어야 한다. 토론을 주관하는 교사는 스텐하우스(Stenhouse)가 '절차적 중립성(procedural neutrality)'이라고 언급한 역할을 수행해야 한다. 그는 교사들의 편견이나 권위적인 지위가 학생들의 견해에 영향을 미치거나 토론을 방해하는 것을 원치 않았다. 교사의 역할은 수준 높은 합리적인 토론을 촉진함으로써 이슈에 대한 학생들의 이해를 높이고, 학생들로 하여금 근거를 적절하게 활용할 수 있도록 하고, 다양한 견해를 발표할 수 있도록 하는 것이다.

어린이 철학(Philosophy for Children, P4C)은 1972년 매슈 리프먼(Matthew Lipman)에 의해 조직되었으며, 이 접근법은 널리 활용되고 있다. 어린이 철학의 목표는 아동들을 지적으로 호기심 많고 비판적이 되도록 하며, 어른과 아동들이 함께 생각할 수 있도록 돕는 것이다. 리프먼과 동료들(Lipman et al., 1980)에 따르면, 어린이 철학의 접근을 활용하기 위해서는 특정 조건이 만족되어야 한다. 이들은 "사고할 준비, 상호 존중(타인에 대한 아동의 존중, 서로에 대한 아동과 어른의 존중), 세뇌의 폐지"(p.45)이다.

전형적인 어린이 철학 수업에서 학생들은 흥미유발 자료를 통해 토론을 위한 질문들을 만들어 내며, 그 질문들 중 한 가지가 선택된다. 학생들은 그 질문을 '탐구의 공동체(the community of enquiry)'(Lipman et al., 1980, p.45)라 부르는 집단 속에서 논의한다. 교사가 의견을 제시하지 않지만 교사와 학생 모두 질문을 조사하기 위해 소크라테스식 질문을 사용한다. 어린이 철학 접근법은 모어캠 만(Morecambe Bay)에 영향을 미치고 있는 이슈들을 조사하는 환경교육 프로그램에 적용되었으며(Rowley & Lewis, 2003), 이 프로그램은 사고력과 개념적 이해의 발달에 초점을 두고 있다.

그림 12.6: 절차적 중립성의 두 접근

이 교사의 견해를 고려할 수 있도록 해야 한다고 주장한다. 이러한 방식을 택할 것인가는 학생들의 연령과 학생들이 어느 정도까지 교사의 견해를 고려할 수 있는가에 달려 있다. 다른 이들은 자유로운 토론을 위해 절차적 중립성이 중요하지만 수업의 마지막 부분에는 교사의 생각을 알려 주어야 한다고 주장한다.

한쪽 입장 편들기

슐로트만(Schlottman, 2012)은 옹호자를 "공개적으로 특정 이유, 정책, 아이디어를 공개적으로 지지, 추천하는 사람"(p.77)으로 규정했다. 일반적으로 학교가, 특히 지리교사들이 특정 입장을 지지해도 되는 것일까? 이 질문에 대한 답변은 간단하지 않다. 허용이 가능한 수준의 지지에서부터 강제적인 주입에 이르기까지 한쪽 입장을 지지한다는 것의 스펙트럼은 아주 다양하며 이마저도 국가나 학교의 상황에 따라 다르다.

지지가 가능하다고 보는 입장에서는 특정 행동이나 지식의 유형 혹은 수행 방식에 대한 지지가 가능하다. 비록 학교마다 편차가 있을 수는 있지만 학교는 교실과 학교 내에서 수용 가능하다고 판단되는 행위들만 지지한다. 예를 들어 학교는 왕따와 인종차별에 대한 반대 등과 같이 특정 행위를 억누르는 정책을 시행한다. 일반적으로 학교는 학생들이 학교를 상대로 논쟁하거나 도전하는 것을 원치 않는다. 지식이 정착되었다고 판단되면, 예를 들어 판구조론이나 진화론과 같이, 이러한 지식들을 퍼뜨리고 강조하는 것이 허용된다. 동일한 이유로 나는 기후변화에 대한 과학적 합의도 이러한 부류에 속한다고 생각한다. 즉 과학적인 증거를 지지하는 것은 가능한 것이다. 특정 종교와 연결된 학교에서는 특정 종교를 지지하는 것이 허용되지만 그렇지 않은 일반 학교에서 그러한 행위는 세뇌가 될 수 있다. 또한 특정 교육적 가치, 예를 들어 호기심이나 진리에 충실한 마음, 비판적 사고를 장려하는 것은 학교에서 허용될 뿐 아니라 바람직한 것이기도 하다.

교육에서 어느 정도까지 특정 입장을 지지하는 것이 가능한지에 대해서는 이견이 있을 수 있으며, 그러한 논의의 중심에는 1987년 이후 출간된 국제 보고서들(그림 12.7 참조)이 제기하고 있는 환경이나 인권 관련 이슈들이 있다. 이들 보고서는 지구의 미래와 관련하여 우려되는 부분들을 파악했으며 '심대한 변화', '역사의 중대한 기로', '지구 역사의 중요한 순간', '중요한 도전'을 언급하면서 아래와 같은 교육을 통해 이러한 도전에 효과적으로 대응할 수 있다고 제안한다.:

▲ '자연, 행동, 사회과학을 포함하여 활용 가능한 최고의 과학적 정보를 제시하고, 심미적이고 윤리적인 측면을 고려하기(의제 21)
▲ 의사결정에 참여할 수 있는 지식, 가치, 기능 개발하기(UN Decade of Sustainability)
▲ 책임감 고양하기(브룬틀란트 보고서)
▲ 사람들의 태도를 변화시켜 문제를 평가하고 언급할 수 있는 역량을 갖도록 하기(의제 21)
▲ 환경을 관찰, 보존, 향상시키기 위해 학습하기(브룬틀란트 보고서)
▲ 학생들의 역량을 강화하여 지속가능발전에 적극적으로 기여하도록 하기(지구헌장)
▲ 아이디어(예, 쓰레기, 에너지와 관련된) 실천하기[에코 학교 이니셔티브(Eco-Schools Initiative)]
▲ 학생들이 참여하도록(예, 에너지를 절약하거나 쓰레기 감시를 책임지도록) 격려하기[영국 지속가능학교(UK Sustainable Schools)].

1987: 환경과 개발에 관한 세계위원회 '우리 공동의 미래(Our Common Future, 일명 브룬틀란트 보고서)'

"20세기 동안 인간세계와 지구의 관계에는 심대한 변화가 있었다. 20세기가 시작될 무렵, 인간의 수나 테크놀로지는 지구라는 행성의 시스템을 급격하게 바꿀 만한 힘을 갖고 있지 않았다. 그러나 20세기가 끝나갈 즈음 인간의 수와 활동이 급격하게 증가하였을 뿐 아니라, 중요하지만 의도치 않은 변화들이 대기, 토양, 물, 식물, 동물 그리고 이들 간의 관계에서 나타나고 있다. 이러한 변화의 속도는 과학적 학문과 우리의 평가 역량을 넘어서고 있다. 제각기 다르고 분절된 세계에서 성장해 온 정치적, 경제적 주체들의 적응, 혹은 대응 노력은 실망스럽다. 이러한 걱정을 정치적 의제에 포함시키고자 하는 사람에게 이러한 상황은 매우 우려스럽다."(항 1.02, p.26)

출처: www.un-documents.net/our-common-future.pdf

2000: 지구헌장(The Earth Charter)

"우리는 지구 역사의 중요한 순간에 서 있으며, 인류는 어떤 미래를 선택할 것인지 결정해야 한다. 세상은 점점 더 서로 연결되고 한편으로는 연약해지고 있어, 우리의 미래는 당장 위험에 처할 수도 있고 큰 성공을 기대할 수도 있다. 앞으로 나아가기 위해 우리는 엄청나게 다양한 문화와 생명의 형태 속에서 우리가 하나의 가족이며, 공통의 운명을 지닌 지구공동체라는 사실을 인식해야 한다. 자연, 보편적 인권, 경제적 정의, 평화를 존중하는 토대 위에 우리는 지속가능한 글로벌 사회를 구현하는 데 모두 동참해야 한다. 이러한 목적을 위해, 우리는 서로에게, 그리고 미래의 세대와 더 큰 생명의 공동체를 향해 우리의 책임을 선언해야 한다."(서문)

출처: www.unesco.org/education/tlsf/mods/theme_a/img/02_earthcharter.pdf

1992: 의제 21(Agenda 21): 리우 유엔 실천계획

"인류는 역사의 중대한 기로에 놓여 있다. 국가 간, 국가 내에서의 격차가 영속화되고 있으며, 가난, 빈곤, 질병, 문맹률은 더 나빠지고, 인류의 복지에 영향을 미치는 생태계는 지속적으로 악화되고 있다. 그러나 환경과 개발을 함께 고려하는 접근과 이에 대한 관심은 인류의 기본적인 요구를 충족시키고, 모두가 더 나은 삶을 영위하고, 생태계를 보전하고 관리하며, 안정되고 번창하는 미래를 가져오는 데 기여할 것이다. 어떤 국가도 이러한 목표를 혼자서의 힘으로는 달성할 수 없지만 지속가능발전을 위한 글로벌 파트너십을 통해 이뤄 낼 수 있다."(전문)

출처: http://habitat.igc.org/agenda21/a21-01.htm

2000: 유엔 밀레니엄 선언

"오늘날 우리가 당면한 중요한 도전은 세계화가 세계의 모든 사람들에게 긍정적인 힘이 되도록 만드는 것이다. 세계화가 엄청난 기회를 제공하고 있지만, 세계화의 혜택과 세계화에 대한 비용 부담은 매우 불균등한 상황이다. 개발도상국과 경제적 전환기를 맞은 국가들이 이러한 변화의 도전에 대응하기란 쉽지 않다는 점을 이해해야 한다. 따라서 세계화는 공통의 인류애를 바탕으로 공유된 미래를 창조하려는 넓고 지속적인 노력을 통해서만 모두가 혜택을 볼 수 있는 평등한 모습이 될 수 있다. 이러한 노력은 개발도상국과 경제적 전환기를 맞이한 국가들의 요구에 부응할 수 있는 글로벌 수준의 정책과 조치를 필요로 하며 이들 국가들이 효과적으로 참여함으로써 체계화되고 실천된다."

출처: www.un.org/millennium/declaration/ares552e.pdf

그림 12.7: 지구가 당면한 도전에 대한 세계적 관심

이러한 문서들과 관련하여 학교 지리교육의 역할은 무엇일까? 이러한 문서들과 정책들이 제안하는 바를 지지해도 되는 걸까? 어느 정도까지의 공개적인 지지가 허용되며 어디부터가 세뇌일까? 그림 12.8은 활용 가능한 행동 목록을 제시한다. 지지할 수 있는가의 여부가 특정한 로컬이나 글로벌 맥락에 달려 있는가? 예를 들어:

▲ 만일 학교가 국제 에코 학교 이니셔티브(the International Eco-Schools Initiative)에 참여하고 있다면 지리교사는 학교 내에서 학생들의 행동을 변화시키려는 학교의 노력을 지지해야 하는가 아니면 그것에 질문을 던지고 도전해야 하는가?

▲ 지구가 처한 곤경 때문에 어떤 실천이나 행동이 필요하다는 폭넓은 국제적 동의가 있다면 지지해도 될까?

▲ 학생들의 행동을 변화시키려는 노력이 허용되려면 지구에 대한 국제적 우려가 어느 정도까지 심각해야 할까?

허용되는 지점의 반대편에는 세뇌가 있다. 지리교사들은 일반적으로 논쟁적인 이슈(예, 핵에너지, 이주 정책, 혼잡 통행료, 유전자 조작 식량)에 대해 특정 시각을 지지하는 것이 허용되지 않는다고 생각하며 학생들이 다양한 측면의 시각을 학습하길 바란다. 그러나 만일 아래와 같이 행동한다면 의도치

아래의 내용 중 지리수업에서 허용되는 것과 허용되지 않는 것은?	허용되는	확실치 않음	허용할 수 없는
학생들을 환경적 이슈에 대해 알게 하기			
환경을 아끼고 책임지는 태도 장려하기			
환경적 이슈에 대해 어떻게 실천할 수 있는지 알려 주기			
환경을 모니터링하는 일에 참여시키기			
환경을 '개선하는 데' 참여시키기			
학생들이 쓰레기나 에너지와 관련된 아이디어를 학교에서 실천하도록 하기			
학생들이 쓰레기나 에너지와 관련된 아이디어를 학교 밖에서 실천하도록 하기			
심각한 환경적 문제가 있다는 것을 학생들에게 확신시키기			

그림 12.8: 지리교사는 무엇을 지지할 수 있을까?

않게 한쪽을 지지할 수 있다.:

▲ 특정 견해를 무비판적으로 수용하는 것이 장려된다면,

▲ 제공되는 자료들에서 한 가지 견해가 강조된다면,

▲ 모든 자료와 활동이 세상에 대한 하나의 이데올로기나 견해를 뒷받침한다면,

▲ 활동과 토론이 하나의 견해를 받아들이도록 조직된다면,

▲ 비판적으로 바라볼 수 있는 기회 없이 감정을 자극하는 이미지를 학생들에게 제공한다면,

▲ 사실을 중립적인 것으로 제시한다면,

세뇌로부터 방어하기 위해서는 논쟁적인 이슈들이 어떻게 조사되는지, 그 과정에 특정 견해에 대한 어떠한 의도치 않은 혹은 암묵적인 지지가 없었는지를 교사가 성찰하는 것이 중요하다.

논쟁적 이슈에 대한 비판적 접근은 어떻게 촉진될 수 있는가?

교실수업과 관련하여 '비판적'이라는 용어는 비판적 사고(critical thinking) 혹은 비판적 교육학(critical pedagogy)의 두 가지로 사용된다. 두 가지 접근에는 공통점이 있지만 이들이 추구하는 바를 구분하는 것은 의미가 있다.

비판적 사고는 교육에서 엄밀하고 합리적인 추론을 강조하는 접근이다. 학생들이 아래의 내용들을 달성할 수 있도록 하는 것이 비판적 사고의 목적이다.:

▲ 근거를 어떻게 평가할 것인지 배운다.

▲ 근거에 기반하지 않은 주장들을 파악한다.

▲ 잘못된 권위에 바탕을 둔 근거를 파악한다.

▲ 잘못된 주장을 인식한다.

▲ 사실이라고 주장되는 내용의 전제를 조사한다.

▲ 애매한 개념을 조사한다.

▲ 세상을 바라보는 방법, 이유와 근거를 찾으려는 학습 성향을 개발한다.

비판적 사고는 논쟁적인 이슈와 관련하여 학생들이 자신들의 엉성한 생각을 내어놓도록 하고, 추론을

향상시키고, 근거를 엄밀하게 조사할 것을 주문한다.

비판적 교육학은 교육에서 평등과 사회정의를 강조하는 접근이다. 이는 프레이리(Freire)의 연구와 여러 급진적인 사상가들이나 운동에서 출발한다. 눈에 보이지 않는 표면 아래의 구조에 관심이 있으며, 정치적, 경제적, 문화적 맥락과 신념 체계가 어떻게 지식과 사람들에게 영향을 미치는지를 조사한다. 학생들이 아래의 내용들을 달성할 수 있도록 하는 것이 비판적 교육학의 목적이다.:

▲ 이슈의 정치적 본질을 인식한다.

▲ 분쟁에 포함된 사람들이 누구인지를 밝히고 그들의 목적을 알아낸다.

▲ 현재의 상황에 도전하는 질문을 던진다.

▲ 이슈의 윤리적 측면을 고려한다.: 어떻게 결론지어져야 하는가? 정당한 해결책은 무엇인가? 의사
   결정을 통해 이익을 보거나 손해를 보는 사람들은 누구인가?

▲ 데이터나 근거에 대하여 근본적인 질문을 던진다.: 이 근거의 원자료는 무엇인가? 왜 이러한 주장
   이 지금 제기되는가? 누가 이 연구를 지원하였는가? 결과를 널리 알리고자 하는 사람은 누구인가?

▲ 언급되지 않은 내용과 그 이유를 알기 위해 데이터의 숨겨진 의미를 파악한다.

▲ 이슈에 포함된 권력의 관계를 조사한다.: 논쟁에 포함된 집단들이 자신들의 견해를 알리고 결과에
   영향을 주기 위해 어떤 기회를 활용하는가?

▲ 이슈에 영향을 미치는 정치적, 경제적 구조를 고려한다.

▲ 이슈에 대한 다른 관점(예, 젠더적 관점)을 이해한다.

▲ 취할 수 있는 조치에 대해 안다.

특정 정책(예, 지구헌장)을 옹호하기보다 비판적 교육학은 학생들이 이러한 문서들을 비판적으로 볼 수 있도록 하는 것이 목표이다. 비판적 교육학의 목표는 아래와 같다.:

"다양한 정치적 스펙트럼을 대표하는 주장과 정책을 비판적으로 평가하고, 이들 중에서 개인적으로 가장 합리적이고 윤리적으로 옳다고 판단되는 것에 기초하여 행동할 수 있어야 한다. 이러한 주장과 정책들은 시장주의, 보호주의, 규제철폐주의, 세계자유주의, 반자본주의 아이디어를 포함한다." (Huckle, 2010, p.140)

비판적 교육학은 토론, 대화, 비판적 리터러시를 강조한다. 비판적 리터러시와 다른 형태의 읽기 사이

의 차이점은 Open Spaces for Dialogue and Enquiry(OSDE,[3] 2009)에 요약되어 있다.

어떤 종류의 교실활동이 논쟁적 이슈의 조사를 지원해 줄 수 있는가?

이 책의 몇몇 활동들과 틀은 논쟁적 이슈를 조사하는 데 특별히 유용하다.:

▲ 공청회 역할극(18장)

▲ 구조화된 학문적 논쟁(그림 8.7)

▲ 교사의 질문(그림 10.5)

▲ 지리적 자료에 대한 학생들의 기록(그림 6.6)

▲ 개발 프로젝트에서 지속가능성을 평가하는 준거(그림 9.7과 그림 9.8)

다음 활동들은 논쟁적 이슈에 초점을 맞출 수 있다.:

▲ 마인드맵과 스파이더 다이어그램(15장)

▲ DARTs(19장)

▲ 설문조사(20장)

▲ 웹 기반 탐구(Web enquries)(21장)

그림 12.9는 활용 가능한 추가적인 활동을 보여 준다.

요약

지리의 주제와 장소를 학습하다 보면 다양한 이유로 인해 논쟁적인 이슈를 고려할 수밖에 없다. 이러한 문제들은 단순히 근거를 통해 해결할 수 없으며, 논쟁적 이슈의 바탕에는 이데올로기나 가치의 대립이 자리 잡고 있다. 현대의 많은 이슈들은 지리적 측면을 갖고 있으며, 학교 지리교육은 학생들이 이

---

3) 글로벌 이슈에 대해 비판적으로 사고하고 토론할 수 있는 공간(기회)를 제공하려는 교육적 노력으로, 주로 영국, 브라질, 뉴질랜드 등에서 진행되고 있다. 웹사이트는 상호의존성에 초점을 두고 물, 식량, 젠더, 정의, 지속가능성, 테러 등의 주제를 다루는 자료들을 제공한다. 역자 주

논쟁적 이슈 조사하기

다른 관점을 통해 이슈 조사하기

연령, 젠더, 계급, 장애와 관련된 관점을 조사하기. 적합한 예시는 아래와 같다.:

▲ 학교, 도시, 쇼핑센터, 공원, 국립공원의 공간 활용

▲ 안전한 느낌

▲ 공공교통

▲ 소매점의 입지

▲ 관광 개발의 우선순위

의사결정 활동

다양한 자료를 활용해 학생들이 결정을 내리고 자신들의 결정을 정당화한다. 예시는 아래와 같다.:

▲ 개발을 위한 입지 선정

▲ 정책의 선정(예, 해안관리) 및 '지속가능한 발전'을 위한 정책

▲ 개발을 위한 우선순위

▲ 자원의 활용 방법에 대한 분쟁

유용한 자료들과 함께 다양한 의사결정 활동들은 시험위원회(examination boards)의 과거 시험지를 통해 구할 수 있다.

다이아몬드 랭킹(Diamond ranking)

내용이 적힌 9개의 카드를 활용하며, 예시는 아래와 같다.:

▲ 미래 개발의 우선순위

▲ 이슈에 대한 견해

▲ 이슈에 대해 의사결정을 내릴 때 고려해야 하는 요소

▲ 의사결정에 영향을 미치는 사람이나 조직

짝이나 소그룹으로 활용하면 토론을 촉진시킬 수 있다. 학생들은 가장 중요하다고 생각하는 카드를 가장 위에, 가장 중요하지 않다고 생각하는 카드를 가장 아래에 다이아몬드 형태로 배열한다.

프레임워크 활용하기

신문기사, 영화, 자료, 인터넷 정보를 분석하기 위해 아래의 질문들로 구성된 프레임워크(framework)를 활용할 수 있다.

▲ 누가 이슈에 참여하고 있는가?

▲ 그들은 왜 이 이슈에 관심을 갖는가?

▲ 그들이 이슈에 대해 갖고 있는 전제는 무엇인가?

▲ 그들은 어떤 방식으로 의사결정에 영향을 미칠 수 있는가?

▲ 그들이 원하는 결과를 통해 얻을 수 있는 것은 무엇인가?

▲ 그들이 원치 않는 결과를 통해 잃게 되는 것은 무엇인가?

이 이슈는 '난제' 혹은 엄청난 난제인가?

이슈들을 '난제'(그림 12.2)의 속성에 비추어 분석할 수 있다. 이슈에 적용되는 속성들을 스파이더 다이어그램으로 표현할 수 있으며 다이어그램 위에 이슈와 관련된 근거나 아이디어를 적어 넣을 수 있다.

지구온난화와 같은 이슈들은 '엄청난 난제'의 속성을 통해 분석이 가능하다.

그림 12.9: 논쟁적 이슈의 조사를 지원하는 활동

러한 이슈들을 이해할 수 있도록 도와야 한다.

연구를 위한 제안

1. 코튼(Cotton)의 논문을 읽고, 당신의 교실에서 수집한 데이터에 적용해 보고 결과를 비교하라.

2. 지리 교과서가 논쟁적 이슈를 어떻게 제시하고 있는지를 텍스트, 보조 정보, 학생활동을 위한 제안을 검토하는 방법으로 조사해 보라. 어느 정도까지 이슈를 비판적으로 학습할 수 있도록 하는가? 특정 견해를 의도치 않게 지원하고 있음을 보여 주는 근거가 있는가?

참고문헌

Bustin, R. (2007) Whose right? Moral issues in geography', *Teaching Geography*, 32, 1, pp.41-4.

Cotton, D. (2006) 'Teaching controversial environmental issues: neutrality and balance in the reality of the classroom', *Educational Research*, 48, 2, pp.223-41.

Dicken, P. (2004) 'Geographers and "globalisation": (yet) another missed boat?', *Transactions of the Institute of British Geographers*, 29, 1, pp.5-26.

Ellis, L. (2009) *A Thorny Issue: Should I buy a Valentine's rose?* Sheffield: The Geographical Association.

Fien, J. and Slater, F. (1981) 'Four strategies for values education in geography', *Geographical Education*, 4, 1, pp.39-52.

Hicks, D. (2007) 'Lessons for the future: a geographical contribution', *Geography*, 92, 3, pp.179-88.

Hopwood, N. (2007) 'Values and controversial issues', GTIP Think Piece. Available online at *www.geography.org.uk/gtip/thinkpieces/valuesandcontroversialissues* (last accessed 21 January 2013).

Huckle, J. (2010) 'ESD and the current crisis of capitalism: teaching beyond green new deals', *Journal of Education for Sustainable Development*, 4, 1, pp.135-42.

lpsos MORI (2009) *World Issues Survey. Outline findings and PowerPoint presentation.* Available online at *www.geography.org.uk/resources/adifferentview/worldissuessurvey/#top* (last accessed 21January 2013).

Jackson, P. (1996) 'Only connect: approaches to human geography' in Rawling, E. and Daugherty, R. (eds) *Geography into the Twenty-First Century.* Chichester: john Wiley and Sons.

Jackson, P. (2006) 'Thinking geographically', *Geography*, 91, 3, pp.199-204.

Joseph, K. (1985) 'Geography in the school curriculum', *Geography*, 70, 4, pp.290-7.

Lambert, D. (2002) BBC Today Programme: Interview of David Lambert and Alex Standish: 'Does the teaching of geography matter any more?'. Transcript available online at *http://openlearn.open.ac.uk/file.php/2477/!via/oucontent/course/188/geog_sk6_09s_transcript_4.pdf* (last accessed 21 January 2013).

Levin, K., Cashore, B., Bernstein, S. and Auld, G. (2009) 'Playing it forward: path dependency, progressive incrementalism and the "super wicked" problem of global climate change', IOP Conference Series: *Earth and Environmental Science, 50. Available online at http://iopscience.iop.org/1755-1315/6/50/502002* (last accessed 21 January 2013).

Lipman, M., Sharp, A. and Oskanyan, F. (1980) *Philosophy in the Classroom.* Philadelphia, PA: Temple University Press.

McPartland, M. (2006) 'Strategies for approaching values education' in Balderstone, D. (ed) *Secondary Geography Handbook.* Sheffield: The Geographical Association, pp.170-9.

Naish, M., Rawling, E. and Hart, C. (1987) *Geography 16-19: The contribution of a curriculum project to 16-19 education.* London: Longman.

OSDE (2009) 'Critical Literacy'.Available online at *www.osdemethodology.org.uk/critical/literacy.html* (last accessed 21 January 2013).

Proctor, J. (1998) 'Ethics in geography: giving moral form to the geographical imagination', *Area*, 30, 1, pp.8-18.

Pumpkin Interactive (2011) *Issues in Globalisation: How Fair is Fashion?* (DVD). Bristol: Pumpkin Interactive.

Rittel, W. and Webber, M. (1973) 'Dilemmas in a general theory of planning', *Policy Sciences*, 4, 2, pp.155-69.

Rowley, C. and Lewis, L. (2003) *Thinking on the Edge: Thinking activities to develop citizenship and environmental awareness around Norecambe Bay.* Bowness-on-Windermere: Badger Press Ltd.

Ruddock, J. (1986) 'A strategy for handling controversial issues in the classroom' in Wellington, j. (ed) *Controversial Issues in the Curriculum.* Oxford: Blackwell.

Schlottman, C. (2012) *Conceptual Challenges for Environmental Education.* New York: Peter Lang.

Sherman, D., Rogers, A. and Castree, N. (2005) 'Introduction: questioning geography' in Castree, N., Rogers, A. and Sherman, D. (eds) (2005) *Questioning Geography: Fundamental debates.* Oxford: Blackwell.

Slater, F. (1996) 'Values: towards mapping their locations in a geography education' in Kent, A., Lambert, D., Naish, M. and Slater, F. (eds) *Geography in Education: Viewpoints on teaching and learning.* Cambridge: Cambridge University Press.

Slater, F. (2001) 'Values and values education in the geography curriculum in relation to concepts of citizenship' in Lambert, D. and Machon, P. (eds) *Citizenship through Secondary Education.* London: Falmer.

Stenhouse, L. (1971) 'The Humanities Curriculum Project: the rationale', *Theory into Practice*, 10, 3, pp.154-62.

Stradling, R. (1984) 'The teaching of controversial issues: an evaluation', *Educational Review*, 36, 2, pp.121-9.

영리한 추측

"다른 것은 몰라도 우리는 아이들의 사고력, 즉 좋은 질문을 만들어 내고 흥미롭고 영리한 추측을 할 수 있는 능력을 중요하게 생각해야 한다." (Bruner, 1966, p.96)

'영리한 추측(intelligent guesswork)'은 어떤 상황에 대해 학생들이 근거 있는 추측을 하게 하는 전략을 지칭하기 위해 내가 만든 용어이다. 예를 들어, 사진 속 장소 추측하기, 영화에서 본 장소는 실제로 어떨지 추측하기, 통계 추측하기 등이다. 이 장에서는 아래의 질문들을 다루게 된다.:

▲ 영리한 추측을 위해 어떤 종류의 지리자료를 활용할 수 있는가?
▲ 영리한 추측을 활용하는 목적은 무엇인가?
▲ 영리한 추측을 활용하려 할 때 무엇을 고려해야 하는가?
▲ 영리한 추측을 활용하는 일반적인 방법은?

다음으로 이 장에서는 영리한 추측의 두 예시와 함께 활용 방법을 설명할 것이다.:

▲ 기대수명 추측하기
▲ 남극의 패트리어트 힐스(Patriot Hills)[1] 기지는 어떤 모습일까?

---

1) 남극 대륙의 국제기지. 역자 주

영리한 추측을 위해 어떤 종류의 지리자료를 활용할 수 있는가?

영리한 추측 활동은 다른 흥미유발 자료(예, 사진, 영화, 통계, 지도)와 함께 사용할 수 있다. 이전 장에서 소개된 여러 추측 활동들은 영리한 추측을 활용하는 방법이 된다.:

▲ 이것이 어떻게 형성된 것인지 생각해 보기(4장의 예시 참조)

▲ 사실과 숫자를 추측하기(4장의 예시 참조)

▲ 지구상의 어디?(그림 7.2)

▲ 아마존인가 아닌가? 그리고 이 아이디어를 변형한 활동들(그림 7.2)

영리한 추측을 활용하는 목적은 무엇인가?

영리한 추측은 새로운 지식을 학습할 때 학습자가 갖고 있는 기존 지식의 활용을 강조하는 구성주의 학습이론에 근거를 두고 있다. 영리한 추측은 학습자의 선지식이나 이해를 파악하는 데도 유용하다. 영리한 추측이 막 던지는 추측이 되지 않으려면 자신들이 알고 있는 내용을 파악할 필요가 있다. 학생들의 '지식'은 오개념이나 고정관념을 포함하고 있을 수 있으며 마무리 활동을 통해 밝혀내거나 수정할 수 있다.

영리한 추측을 활용하는 또 다른 이유는 궁금증을 불러일으키기 위함이다. 제롬 브루너(Jerome Bruner)도 '적절한 추측(informed guessing)'이라고 명명한 유사한 전략을 활용한 적이 있으며, 1960년대 그가 개발한 인문학 수업인 '인간: 학습과정(Man: A course of study)'에서 활용되었다. 그는 학생들을 좀 더 궁금하게 하고 탐구적으로 만드는 과정의 일부로서 학생들이 가설을 설정하고, 추정하고, 추측하기를 바랐다(Bruner, 1966). 내 경험에 비추어 볼 때 영리한 추측은 학생들을 항상 궁금하게 만들었다.

영리한 추측을 활용하려 할 때 무엇을 고려해야 하는가?

▲ 활동은 핵심 질문과 어떻게 연결되는가? 활동은 학습에 기여하는가?

▲ 학생들이 제시된 질문에 대해 적절한 추측을 할 만큼 충분한 사전 지식과 사고력이 있다고 가정하는 것이 타당한가? 예를 들어 영국의 학생들은 추가적인 정보가 주어지지 않는다면 인도의 주별 인구밀도에 대해 적절하게 추측할 수 없을 것 같다. 그러나 세계의 여러 국가들의 기대수명이나 남극이 어떤 환경일지는 추측할 수 있을 것 같다.

▲ 학생들의 추측을 위해 어떤 종류의 자료를 제시해야 할까?(예, 사진, 영화, 장소 목록, 지도)

▲ 학생들이 추측한 내용을 구조화된 활동지에 적는다면 도움이 될까? 그리고 적은 내용은 토론 활동에 활용될 수 있을까?

▲ 영리한 추측은 단순 추측과 간략한 마무리 활동으로 구성되는 단순 전략인가? 아니면 수업의 대부분의 시간을 추측 활동 및 마무리 활동에 쏟을 만한가?

▲ 추측 활동은 어떻게 마무리해야 하는가?

▲ 추측 활동은 다음 활동과 어떻게 연결되어야 하는가?

영리한 추측을 활용하는 일반적인 방법은?

▲ 모든 학생들이 탐구의 초점에 대해 알게 하라.

▲ 이것이 시험이 아니라는 것을 명확하게 하라. 그리고 학생들의 추측에 정말로 관심을 기울여라.

▲ 학생들에게 개인별로 혹은 소그룹별로 생각해 보도록 요구하라. 학생들이 추측할 수 있도록 충분한 시간을 보장하라.

▲ 학급에서 정보와 아이디어를 모아라. 그리고 위협적인 방법이 아니라 호기심에 찬 모습으로 추측한 내용 뒤에 숨겨진 생각을 검토하라. 만일 오개념이 관찰된다면 기록한 다음, 나중에 언급하도록 하라.

▲ 학생들이 답을 알고 싶은지 물어보라. 대답은 항상 '예스(yes)'다.

▲ 답(들)을 제시하라.

▲ 활동을 마무리하라. 정확하게 추측한 것은 무엇인가? 왜 그러한가? 부정확하게 추측한 것은 무엇인가? 왜 그러한 일이 생겼나? 이 활동은 어떤 방식으로 기존의 지식을 변화시켰는가?

예시: 기대수명 추측하기

이 활동은 개발, 지구적 불평등, 세계 보건 이슈 단원의 일부로 활용할 수 있다. 개발의 다른 지수를 활용할 수도 있다. 나는 이 활동을 자주 활용했으며, 활용 목적, 활용 가능한 시간, 그룹에 따라 절차를 바꾸기도 했다.

첫 번째 일은 최신 데이터를 찾는 것이다. 이 책을 쓰고 있는 지금 기대수명에 대한 유용한 온라인 데이터는 다음과 같다.:

▲ 2009년 추정치를 보여 주는 세계보건기구(WHO)
▲ 2012년 추정치를 보여 주는 중앙정보부[Central Intelligence Agency(CIA)]
▲ 2007~2011년 국가별 추정치를 보여 주는 세계은행(World Bank)
▲ 2011년까지의 추정치를 보여 주는 유엔(United Nations)
▲ 2011년까지의 추정치를 보여 주는 갭마인더(Gapminder)

이들은 공식적인 통계를 바탕으로 계산된 것이며 통계의 출처를 밝히고 있다. 활용한 데이터의 시기가 다르고 추정치를 계산하는 방법이 다르기 때문에 사이트마다 기대수명의 추정치에는 차이가 있다. 데이터를 정기적으로 업데이트하지 않거나 추정치가 어떻게 산출되었는지 설명하지 않았다면, 설령 그 사이트가 지리교사들을 위해 제작된 것이라 하더라도 사용하지 않는 것이 좋다.

그런 다음 16~20개 국가의 목록을 정하는데 이들 국가는 세계의 각 지역을 반영하고 다양한 기대수명을 보여 줄 수 있어야 한다. 또한 학생들이 궁금해하는 국가나 현 교육과정에서 다루고 있는 국가들을 포함시키는 것이 좋다. 예를 들어, 영국에서 나는 주로 브라질, 이탈리아, 일본, 케냐를 포함하는데 이들은 현재 학교에서 많이 다뤄지고 있는 국가들이다. 나는 또한 학생들의 부모나 조부모가 태어난 국가들(예, 폴란드, 자메이카, 파키스탄, 인도, 방글라데시, 소말리아)을 포함시키곤 한다. 싱가포르 교사들과 일할 때는 싱가포르와 함께 캄보디아도 포함했다. 낮은 기대수명을 가진 국가의 예시로 항상 남아프리카 공화국과 다른 아프리카 국가 한 곳을 포함시켰으며, 방글라데시와 함께 방글라데시보다 기대수명이 낮은 국가를 포함시켰다. 나는 항상 방글라데시를 목록에 포함시키는데 학생들은 방글라데시에 대해 고정관념을 갖고 있어서 이를 깨뜨리는 데 유용하다. 높은 기대수명을 가진 국가들의 예시로 항상 미국, 일본, 이탈리아, 오스트레일리아를 포함시켰으며 학생들은 이들 국가들과 관련하여 흥

국가	순위	나의 추정치	통계(데이터를 보고 채울 것임)
오스트레일리아			
방글라데시			
볼리비아			
브라질			
캄보디아			
중국			
이집트			
독일			
인도			
이탈리아			
자메이카			
일본			
케냐			
레소토*			
말라위*			
말레이시아			
멕시코			
파키스탄			
폴란드			
러시아			
사우디아라비아			
싱가포르			
소말리아*			
남아프리카 공화국			
영국			
미국			

그림 13.1: 영리한 추측 – 기대수명. 주의: *표시된 국가들 중 한 곳만 포함시킬 것

미로운 생각을 보여 주었다.

교실 수업이나 워크숍에서 참가자들에게 활동을 소개하고 이 활동이 우리가 조사하고 있는 내용과 어떻게 관련 있는지 설명한 후 활동지를 나눠 준다(그림 13.1). 또한 참가자들이 '기대수명(life expectancy at birth)'의 의미를 이해하고 있는지 확인하거나 아래의 정의 중에서 하나를 제시해 준다.:
▲ "신생아가 태어날 당시의 성별, 연령별 사망률에 비추어 볼 때, 특정 연도, 특정 국가, 영토, 지리적 범위 내에서 신생아가 살아갈 것으로 기대되는 평균 연수" [세계보건기구(WHO) 웹사이트]
▲ "현 사망률 패턴이 동일하게 유지될 경우 신생아가 살아갈 평균 연수" [갭마인더(Gapminder) 웹사이트]

기대수명의 숫자는 평균을 나타내는 것이며 이것이 무슨 의미인지 강조할 필요가 있다. 즉 일부 국민들은 기대수명보다 더 오래 살고 다른 국민들은 그보다 더 오래 살지 못한다는 것 그리고 종종 남녀를 포괄하여 하나의 추정치로 제시된다는 것을 알려 주는 것이 좋다. 이런 내용을 일부 국가의 사례를 통해 설명하는 것도 좋은 방법이다. 학생들은 기대수명에 대해 종종 오개념을 갖고 있다. 예를 들어, 한 국가의 기대수명이 50일 경우 그 국가에는 노인이 없다고 생각해 버린다. 기대수명의 의미에 대한 토론은 추측 활동이 끝난 이후에 진행해도 된다.

나는 종종 학생들에게 몇 분 동안 혼자서 조용히 자신들이 생각하기에 기대수명이 가장 길 것 같은 세 국가와 가장 짧을 것 같은 세 국가를 찾아보게 하는 것으로 활동을 시작한다. 그런 다음 짝이나 소그룹으로 추측해 보고, 기대수명이 가장 긴 세 국가와 가장 짧은 세 국가를 함께 결정해 보도록 한다. 만일 시간이 허락한다면 소그룹에서 전체 활동지를 완성할 수 있다. 소그룹 단위에서 학생들이 말하는 내용을 듣고, 뒤이어 진행될 학급토론을 위해 요점을 찾고, 소그룹마다 어느 국가를 선택하는지 관찰하는 것이 좋다. 이 단계의 활동을 위해 5~10분 정도의 시간을 준다.

기대수명이 가장 길 것이라고 생각한 세 국가들과 짧을 것이라고 생각한 세 국가들을 모아 칠판이나 플립차트에 나열한다. 이 단계에서는 아무런 코멘트도 제시하지 않는다. 학생들에게 제공되는 국가들의 목록에 따라 다르겠지만 기대수명이 긴 국가로는 일본, 이탈리아, 영국, 미국, 오스트레일리아, 싱가포르 등 5개 국가로 정도로 수렴된다. 기대수명이 짧을 것 같은 국가로는 레소토, 캄보디아, 방글라데시, 볼리비아, 케냐 등 5개 국가가 주로 나타난다. 그런 다음 이들 국가에 대한 기대수명의 추정치를 발표하게 한다.

그런 다음 학생들의 선택을 검토하는데 소그룹별로 돌아가면서 한 국가씩 검토하고 그렇게 판단한 이유를 국가 목록에 기록한다. 보통은 '왜 너는 X국가를 선택했니?' 또는 'Y국가를 선택한 이유가 뭐지?' 와 같은 질문으로 시작한다.

만일 학생들이 단답형으로 대답한다면 소크라테스식 질문법으로 그들의 대답을 검토할 수 있다. 학생들이 제시하는 단답형 대답은, 예를 들어 방글라데시-홍수, 이탈리아-올리브 오일, 레소토-분쟁, 오스트레일리아-여유 있는 라이프스타일과 넓은 공간, 일본-식생활, 영국-NHS[2] 등이다(이상은 싱가포르에서 흔히 받아 볼 수 있는 답변들이다).

학생들의 생각을 더 끌어 내기 위해 사용할 수 있는 질문들은 아래와 같다.:
▲ 홍수 또는 올리브 오일이 어떻게 기대수명에 영향을 미치지?

홍수, 식생활 혹은 라이프스타일이 기대수명에 영향을 줄까? 사진: Will Ellis & Ernst Moeksis (CCL)

---
2) 영국의 보건의료제도(National Health Service). 역자 주

▲ 여유로운 라이프스타일과 기대수명은 어떤 연관이 있지?

▲ 일본과 싱가포르의 라이프스타일은 여유로운가?

▲ 그렇게 주장하는 근거는 무엇이지?

▲ 그 이유가 타당하다는 것을 우리는 어떻게 알 수 있지?

▲ 레소토에서 분쟁이 발생하고 있다는 증거는 무엇이지?(레소토에 분쟁이 있다는 것은 오류이며 아프리카에 대한 학생들의 고정관념을 보여 준다)

▲ 너는 레소토가 어떨 것이라고 가정하고 있지?

▲ 지역마다 영향을 미치는 요인들이 다른가?

▲ 가장 중요한 요인은 무엇인가?

▲ 기대수명이 가장 길 것이라고 추측한 세 국가의 공통점은 무엇인가?

▲ 기대수명이 가장 짧을 것이라고 추측한 세 국가의 공통점은 무엇인가?

▲ 부와 빈곤은 기대수명에 어떻게 영향을 미치는가?

토론 중간쯤에 학생들의 국가별 기대수명 추정치를 살펴보며, 이때 기대수명이 평균적인 숫자라는 것을 학생들에게 한 번 더 알려 줄 수 있다. 예를 들어 어떤 학생들은 일본의 100세가 넘은 노인들을 보도한 신문을 근거로 엄청나게 높은 숫자를 일본의 추정치에 넣기도 한다.

학생들이 밝힌 근거를 들어 보고 이를 검토한 후 학생들이 밝힌 내용들을 활용해 기대수명에 영향을 미칠 것 같은 요인들에 대한 일반화를 시도한다. 이때

국가	기대수명
오스트레일리아	82
방글라데시	65
볼리비아	68
브라질	73
캄보디아	61
중국	74
이집트	71
독일	80
인도	65
이탈리아	82
자메이카	71
일본	83
케냐	60
레소토	48
말라위	47
말레이시아	73
멕시코	76
파키스탄	63
폴란드	76
러시아	68
사우디아라비아	72
싱가포르	82
소말리아	51
남아프리카 공화국	54
영국	80
미국	79

그림 13.2: 기대수명. 출처: WHO, 2012

쯤이면 학생들은 점차 더 조바심을 내면서 정답을 알고 싶어 한다. (나는 종종 여러분들이 레소토의 기대수명을 알기 위해 수업에 들어온 것이 아니라고 말해 준다. 이 활동은 항상 알아야 할 이유를 만들어 준다.)

그런 다음 내가 발견할 수 있는 가장 최신의 데이터를 보여 준다. 그림 13.2는 2012년 말에 구할 수 있었던 데이터이며 다양한 범위의 기대수명을 보여 준다. 학생들이 가장 먼저 하고 싶어 하는 것은 소그룹 내에서 서로 코멘트하는 것이다. 다음으로 학생들에게 활동지의 마지막 칸을 실제 데이터로 채우게 한다(그림 13.1).

그런 다음 아래의 질문을 통해 활동을 마무리한다.
▲ 너의 추측은 국가를 선정하거나 추정치를 맞추는 데 있어 얼마나 정확했는가?
▲ 가장 정확하게 추측한 국가와 추정치는 무엇인가? 어떻게 가능했는가?
▲ 가장 놀라운 결과는 어떤 국가인가? 왜 그렇게 생각하는가?

다양한 방식의 추가적 활동이 가능하다.
▲ 학생들은 지도책이나 온라인 지도(예, 세계은행, 세계보건기구, 갭마인더의 웹사이트)를 활용해 기대수명의 세계적 패턴을 조사하여 핵심적인 특징을 파악할 수 있는 자신만의 지도를 만들거나, 패턴을 보여 주거나 혹은 일반화할 수 있는 내용을 정리할 수 있다.
▲ 학생들은 특정 국가의 기대수명에 영향을 미치는 요인들을 조사할 수 있다.
▲ 학생들은 기대수명이 사회적, 경제적 발전을 보여 주는 다른 지표들과 어떻게 연관되어 있는지 조사할 수 있다.

나는 영리한 추측 활동을 통해 대화식 토론이 가능하며, 영리한 추측의 본 활동, 초반 토론, 마무리 활동을 위해 충분한 시간을 제공하는 것이 좋다는 것을 알게 되었다.

예시: 남극의 패트리어트 힐스(Patriot Hills) 기지는 어떤 모습일까?

이 활동은 남극의 여러 측면을 조사하기 위한 도입으로 활용할 수 있다(예, 국가별 남극의 활용이나 목적에 따른 남극의 개발). 학생들이 남극에 대해 이미 알고 있는 것을 끄집어내고 남극에 대한 약간의 지리적 배경 지식을 제공하기 위해 개발되었다. 이 자료를 예비교사들과 일선 학교에서 활용했을 때 상당히 성공적이었다.

활동의 맥락은 BBC 시리즈물인 '극에서 극(Pole to Pole, 1992)'의 마지막 에피소드가 학생들에게 남극 관련 이슈들을 소개하는 데 얼마나 유용한지를 결정하는 것이다. 다음과 같은 절차로 진행할 수 있다.

1. 학생들에게 칠레에서부터 남극의 패트리어트 힐스(Patriot Hills) 기지까지 상상의 여행을 할 것이라 설명한다.

2. 승객들이 칠레에서 비행기를 탑승하고 패트리어트 힐스 기지에 비행기가 막 도착하기 전까지의 영상을 10분 정도로 축약해서 보여 준다. [언제 멈춰야 할 것인지를 정확하게 파악하기 위해 영상을 미리 보는 것이 중요하다. 만일 비행기가 기지에 도착하는 모습을 학생들이 보게 된다면 활동은 무의미해진다. 영상을 멈추기 좋은 지점은 마이클 페일린(Michael Palin)이 비행기 내부에서 남극 지도를 막 보여 주고 난 직후이다.]

3. 영상을 멈춘 다음 학생들에게 패트리어트 힐스가 어떤 모습일지 상상해 보게 한다. 짝이나 소그룹 활동을 통해 생각을 공유하기에 앞서 개인별로 자신의 생각을 적게 한다. 그리고 날씨, 지형, 패트리어트 힐스 기지에 있을 것 같은 것 등으로 카테고리를 제시할 수 있다.

4. 학생들의 아이디어를 모은 다음 아무런 코멘트 없이 적는다. 이때 대체로 경관, 날씨, 패트리어트 힐스, 기지의 건물과 같은 카테고리를 활용하며, 학생들의 답변을 돕기 위해 다음과 같은 질문을 던지기도 한다. - 그들이 도착했을 때 날씨는 어땠을까? 그곳은 얼마나 추울까? 나는 가능한 한 많은 답변을 수집하는데 온도의 경우 학생들의 답변은 영하 5도에서 영하 40도까지 다양하다. 패트리어트 힐스의 모습에 대한 학생들의 답변이 가장 다양하다. 일부 학생들은 멋진 공항과 추위를 막아 줄 수 있게 설계된 첨단의 건물들을 떠올린다. 어떤 학생들은 상점이 있고 심지어는 맥도널드가 있을 것으로 생각한다. 다른 몇몇은 소수의 가건물들만 있을 것이라 생각한다. 왜 그렇게 생각했는지, 과연 패트리어트 힐스는 어떤 모습일지 논의한다.

5. 학생들에게 패트리어트 힐스가 어떤 모습인지 알고 싶은가를 묻는다면, 학생들은 항상 '예스(yes)'라고 답한다. 즉 이 활동은 학생들에게 알고 싶은 이유를 만든 것이다. 멈춘 지점 다음의 영상을 10분 동안 보여 주고 무엇이 보이고 들리는지 집중하게 한다.

6. 경관, 날씨, 건물, 사람들의 카테고리별로 활동을 마무리하고, 학생들에게 가장 놀라웠던 사실이 무

엇인지, 왜 그러한지를 묻는다. 나는 다음의 질문들을 던진다.: '이 영상을 통해 패트리어트 힐스에 대해 얼마나 알게 되었지?', '이 영상이 내용을 잘못 전달할 가능성은 없을까?', '더 알고 싶은 것이 뭐지?'

이 활동이 끝나면 학생들은 2편의 10분짜리 영상을 통해 알게된 모든 내용을 나열하는데 나중에 이를 활용해서 보고서를 작성하게 된다. 보고서를 작성하는 대신 학생들은 패트리어트 힐스에 대한 KWL 활동(5장)이나 '추론 레이어(layers of inference)'(그림 17.1) 활동을 할 수 있다.

학교에서 이 활동을 사용해 본 예비교사들은 학생들에게 에피소드 전체를 보여 주기도 하며 이럴 경우 학생들은 남극에 대한 전반적인 이해를 갖게 된다. 이는 추측 활동이 학생들의 호기심을 불러일으켰기 때문에 가능한 것이다. 영리한 추측은 다른 목적에도 잘 부합한다. 예를 들어 남극에 대한 조사를 이어 가기에 앞서 학생들이 갖고 있는 오개념을 포함한 사전 지식을 파악할 수도 있다.

사진: NASA 고다드 센터의 사진과 비디오 (CCL)

연구를 위한 제안

영리한 추측 활동을 이용해 특정 주제나 지역에 대한 학생들의 선지식과 이해 정도를 조사해 보자.

참고문헌

BBC (1992) *Pole to Pole* (DVD). London: BBC Publications.

Bruner, J. (1966) *Toward a Theory of Instruction*. Cambridge, MA: Harvard University Press.

Central Intelligence Agency (CIA) website: Statistics for life expectancy at birth from *The World Factbook*. Available online at *https://www.cia.gov/library/publications/the-world-factbook/rankorder/2102rank.html* (last accessed 14 February 2013).

Gapminder website: Life expectancy at birth. Available online at *www.gapminder.org/?s=life+expectancy* (last accessed 15 December 2012). Data is presented in three forms:

▲ Spreadsheet: Statistics listed alphabetically by country, 1800 to 2011.

▲ Graph: Life expectancy plotted against GDP (or other chosen indicator) sliding graphics, 1800-2011.

▲ World map of life expectancy at birth sliding graphics, 1700-2011.

United Nations Department of Economic and Social Affairs website: Life expectancy at birth - both sexes (also separate statistics for male and female) spreadsheets, listed by area, region and country. Available online at *http://esa.un.org/wpp/Excel-Data/mortality.htm* (last accessed 15 December 2012)

World Bank website: Statistics for life expectancy at birth. Available online at *http://data.worldbank.org/indicator/SP.DYN.LEOO.IN* (last accessed 15 November 2012).

World Health Organisation (2012) Life expectancy data table. Available on line at *http://apps.who.int/gho/data/?vid=710* (last accessed 14 February 2013).

World Health Organisation website: Map of life expectancy at birth. Available online at *http://gamapserver.who.int/mapLibrary/Files/Maps/Global_LifeExpectancy_2009_bothsexes.png* (last accessed 15 December 2012).

다섯 가지 핵심 포인트

"세상의 질서를 발견하려는 바람은 인간의 기초적인 욕망이다." (Bonnett, 2008, p.9)

"왜 데이터를 보고 있는지 알지 못한다면, 무엇이 중요한 것인지 알지 못한 채 스토리를 찾기 위해 데이터를 보고 있다면 아마도 당신은 실수하고 있는 것이다. … 어떤 일이 발생했는지 파악하고 결정하려 하기 전에 당신이 왜 그것을 찾는지 알고 있어야 한다." (Dorling, 2005, p.249)

'다섯 가지 핵심 포인트(Five Key Points)'는 학생들이 지리자료를 검토한 후 핵심 내용을 찾아 문장의 형태로 정리하는 데 활용하는 전략이다. 포인트의 수는 자료에 따라 변경할 수 있다. 이 장에서는 아래의 내용을 다룰 것이다.:

▲ 다섯 가지 핵심 포인트 활동에 어떤 지리자료를 사용할 수 있을까?
▲ 다섯 가지 핵심 포인트 활동의 목적은 무엇인가?
▲ 다섯 가지 핵심 포인트 활동을 계획할 때 무엇을 고려해야 할까?
▲ 다섯 가지 핵심 포인트 활동의 일반적 절차는?

다음으로 다섯 가지 핵심 포인트 활동의 두 예시와 함께 그들을 어떻게 활용해야 하는지에 대한 코멘트를 제시할 것이다.:

▲ 아세안(ASEAN) 국가별 관광객 수
▲ 기후 그래프 해석하기

다섯 가지 핵심 포인트 활동에 어떤 지리자료를 사용할 수 있을까?

이상적인 자료는 교과서나 웹사이트 저자들에 의해 너무 많이 '가공되지(processed)' 않은, 즉 핵심 내용이 드러나지 않은 형태여야 한다. 다양한 유형의 지리자료들을 다섯 가지 핵심 포인트 활동에 사용할 수 있다.:

▲ 한 장의 사진이나 여러 장의 사진 세트

▲ 영화

▲ 통계

▲ 그래프

▲ 지형도

▲ 지도(예, 행정지도, 분포도, 자연환경 지도)

▲ 월드매퍼(Worldmapper) 지도(그림 14.1)

▲ 갭마인더(Gapminder) 지도(그림 14.2)

다섯 가지 핵심 포인트 활동의 목적은 무엇인가?

다섯 가지 핵심 포인트 활동의 주요 목적은 학생들이 자신만의 힘으로 지리자료를 검토하고 해석하게 하는 것이다. 다섯 가지 핵심 포인트 활동 및 연결된 토론을 통해 학생들은 자료를 활용하는 기술을 향상시키고, 지리에 대한 지식과 이해를 높이고, 독립적으로 자료를 활용할 수 있는 자신감을 얻게 된다.

다섯 가지 핵심 포인트 활동을 계획할 때 무엇을 고려해야 할까?

▲ 이 활동은 지리탐구의 핵심 질문과 어떻게 연결되는가? 이 활동은 학습목표를 달성하는 데 기여하는가?

▲ 학생들은 독립적으로 활동을 시도할 만한 충분한 기술을 갖고 있는가? 활동을 처음 시도하기 전 학생들에게 스캐폴딩을 제공해야 하는가?

▲ 데이터는 이 활동에 적합한가? 최소한 다섯 가지의 포인트가 발견되는가?

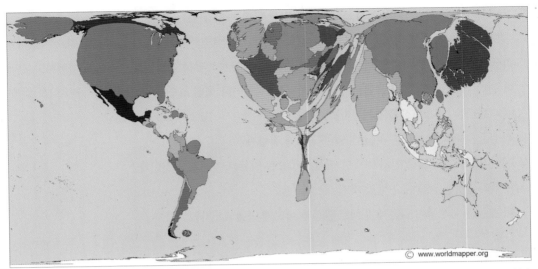

그림 14.1: 월드매퍼(Worldmaper)가 제작한 세계 부(富) 지도(2002). 면적의 크기는 세계 전체의 부에 대한 국가의 비율을 표시한다. 국가별 구매력 지수가 고려되었다. 출처: SASI Group(University of Sheffield) & Mark Newman(University of Michigan)

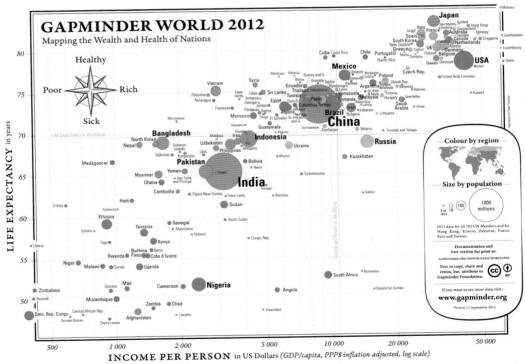

그림 14.2: 갭마인더(Gapminder) 세계지도(2012). 그래프는 국가별 임금 수준과 보건 간의 상관관계를 보여 준다. 유엔 소속의 모든 회원국과 인구 1백만 명 이상의 국가들을 포함했다. 출처: Gapminder(www.gapminder.org)

▲ 핵심 포인트는 무엇인가? 핵심 포인트는 파악할 만한 가치가 있는가?

▲ 얼마나 많은 핵심 포인트를 학생들이 발견할 것이라 기대하는가(반드시 다섯 가지일 필요는 없다)? 학생들의 데이터 분석과 해석을 돕는 것이 활동의 주요 목표임을 학생들은 명백하게 이해하고 있어야 한다. 찾아야 할 핵심 포인트가 딱 다섯 개만 있다거나 핵심 포인트에 대해 모두가 동의할 수 있어야 한다는 식의 인상을 갖지 말아야 한다.

▲ 학생들은 핵심 포인트를 찾는 데 얼마나 오래 걸릴까?

▲ 개인적으로 수행할 것인가 아니면 짝이나 소그룹 활동으로 진행할 것인가?

▲ 마무리 활동을 어떻게 진행할 것인가?

▲ 이 활동은 학생들이 다음에 수행할 활동과 어떻게 연결되는가?

다섯 가지 핵심 포인트 활동의 일반적 절차는?

▲ 학생들은 탐구활동의 전반적인 초점에 대해 잘 이해하고 있어야 한다.

▲ 학생들에게 자료를 주의해서 보게 한다. 필요하다면 자료에 포함된 용어에 대해 설명해 주거나 측정 단위, 지도의 스케일 등에도 주의를 기울이게 한다.

▲ 학생들에게 혼자 혹은 짝을 구성해 다섯 가지의(3~10개 사이가 적절하다) 핵심 포인트와 이들 내용을 설명할 수 있는 사례를 적게 한다. 주의집중이 필요하기 때문에 적은 수의 핵심 포인트를 찾게 하는 것이 좋으며 다른 핵심 포인트는 토론 시간에 추가할 수 있다.

▲ 다른 학생들과 혹은 소그룹 내에서 아이디어를 공유하게 하고 모두가 합의할 수 있는 핵심 포인트를 찾도록 한다. 학생들은 핵심 포인트를 칠판이나 발표용 종이에 옮겨 적도록 한다. 그런 다음 다른 그룹과 비교해서 추가할 내용이 있는지 확인한다.

▲ 한 그룹으로부터 한 가지씩의 핵심 포인트를 받아 적는다. 새로운 핵심 포인트가 없을 때까지 이 과정을 반복한다. 발표된 핵심 포인트는 칠판이나 발표용 종이에 기록한다. 더 이상 추가할 내용이 없는지 확인한다.

▲ 학급 전체 활동으로 기록된 핵심 포인트에 대해 토론한다. 어떤 핵심 포인트가 가장 중요한가? 왜 그렇게 생각하는가? 이 핵심 포인트가 좋다는 것을 보여 주는 사례가 있는가? 어떤 핵심 포인트가 덜 중요한가? 왜 그렇게 생각하는가? 학생들이 파악하지 못한 핵심 포인트가 있다면 이제 추가해야 한다.

▲ 다른 지리자료를 활용해 일반화를 도출하는 마무리 활동을 진행할 수 있다. 일반화는 어떻게 정당화될 수 있을까?

▲ 전체 학급에서 동의한 핵심 포인트들을 정리하게 한다.

다섯 가지 핵심 포인트 활동을 중등학교 학생들이나 예비교사들을 대상으로 수차례 활용해 왔다. 아래는 교사들에게 적용해 본 가장 최근의 예시들이다.

예시: 아세안 국가별 관광객 수

싱가포르 지리교사들과의 워크숍 활동을 위해 동남아시아에 위치한 10개국의 연합체인 아세안(ASEAN)의 국가별 관광객 수를 나타낸 통계(그림 14.3)를 활용했다. 본 워크숍은 최근 탐구적 접근을 기초로 개정된 싱가포르 O-level 지리교육과정을 준비하기 위해 진행된 것이다. 지리교육과정이 다루는 6개의 주요 내용영역 중 하나가 '글로벌화 되어 가는 관광(global tourism)'이다. 이 내용 영역에서는 관광의 유형, 글로벌 관광의 경향, 장·단기 여행의 목적지, 장소별·시기별 변동을 다루게 된다. 또한 교육과정은 표나 그래프로부터 정보를 추출해 내는 능력을 포함하고 있다. 다섯 가지 핵심 포인트 활동을 활용하는 목적은 교육과정에 맞춰 정리된 형태의 자료를 제시하는 것이 아니라 다섯 가지 핵심 포인트 활동과 같은 유형의 교수·학습 전략, 덜 가공된 종류의 데이터, 그리고 교실에서 제시될 법한 이슈를 다뤄보는 데 있다.

우선 활동의 내용을 교육과정의 핵심 질문인 '왜 관광은 점차 글로벌한 현상이 되어 가는가?' 및 글로벌 관광의 경향과 변동이라는 하위 질문과 연결했다. 관광객 통계를 제시하기 전 아세안의 회원국과 이들의 위치를 보여 주는 지도를 제시하였으며, 소그룹 활동을 통해 가장 관광객이 많고, 적을 것 같은 국가를 추측하게 했다. '영리한 추측'을 3분 동안의 흥미유발 활동으로 활용한 것이다. 나는 모든 참여자가 아세안의 회원국을 알기를 바랐으며, 더불어 호기심을 불러일으키고 싶었다. 중등학교 학생들과는 해 볼 만하겠지만, 그룹별로 선정한 국가들에 대해 상세하게 논의해 보고 싶은 의도는 없었다.

다음으로 통계를 제시한 후 숫자가 천 단위로 제시되었다고 알려줬다. 영리한 추측 활동이 호기심을 불러일으켰기 때문에 모든 그룹들은 즉시 자신들의 추측이 맞는지를 확인했으며 서로 코멘트하는 모

국가	2007			2008			아세안 ?
	아세안 국가 간	아세안 국가 이외	합계	아세안 국가 간	아세안 국가 이외	합계	
브루나이 다루살람	85	94	179	98	128	226	
캄보디아	410	1,605	2,105	553	1,573	2,126	
인도네시아	1,523	3,982	5,506	2,775	3,654	6,429	
라오스	1,273	351	1,624	1,286	719	2,005	
말레이시아	15,620	4,616	20,236	16,637	5,416	22,053	1?
미얀마	53	679	732	463	198	661	
필리핀	236	2,856	3,092	254	2,885	3,139	
싱가포르	3,725	6,563	10,288	3,571	6,545	10,117	
태국	3,755	10,709	14,464	4,125	10,472	14,598	
베트남	661	3,488	4,150	516	3,738	4,254	
합계	27,341	34,943	62,285	30,276	35,329	65,606	3?

습도 관찰되었다. 그들은 이미 관광객 수에 관심이 많았던 것이다.

개인별로 아세안 국가별 관광객 수를 보여 주는 통계에서 발견할 수 있는 가장 중요한 핵심 포인트를 다섯 가지씩 찾아보게 했다. 그들은 통계표에 무엇인가를 적거나, 핵심 포인트와 관련된 숫자에 동그라미를 표시하기도 했다. 개인별로 파악한 핵심 포인트와 근거들을 소그룹 내에서 공유하도록 했으며 제시된 핵심 포인트들을 발표용 큰 종이에 기록하게 했다. 한 그룹을 골라 자신들이 작성한 핵심 포인트를 발표하게 했으며, 다른 그룹들에게는 추가할 내용이 있는지 물었다. 내가 진행한 모든 워크숍에서는 다섯 가지 이상의 핵심 포인트들이 발표되었다. 그들이 찾은 핵심 포인트들은 중요한 개별 수치나 경향과 관련된 것이었다.

중요한 개별 수치는 다음과 같다.:
▲ 최고, 최저 관광객 수
▲ 가장 많은 관광객이 방문하는 국가
▲ 가장 적은 관광객이 방문하는 국가

2009		2010			2011		
...안 국가 이외	합계	아세안 국가 간	아세안 국가 이외	합계	아세안 국가 간	아세안 국가 이외	합계
80	158	110	104	214	124	118	242
1,469	2,162	853	1,655	2,508	1,101	1,781	2,882
4,222	6,324	2,339	4,664	7,003	3,259	4,391	7,650
397	2,008	1,991	522	2,513	2,191	532	2,724
5,260	23,646	18,937	5,640	24,577	18,885	5,829	24,714
239	763	512	279	791	100	716	816
2,762	3,017	298	3,222	3,520	332	3,586	3,918
6,030	9,681	4,780	6,859	11,639	5,372	7,799	13,171
10,075	14,150	4,534	11,402	15,936	5,530	13,568	19,098
3,453	3,772	466	4,584	5,050	838	5,176	6,014
33,987	65,680	34,820	38,933	73,753	37,733	43,496	81,229

그림 14.3: 아세안 국가별 관광객 수(2012년 6월 30일 기준). 출처: 아세안 웹사이트. 주의: 반올림으로 인해 항목의 합이 합계와 일치하지 않을 수 있음.

▲ 아세안 국가들이 가장 많이 방문하는 국가

▲ 아세안 국가들이 가장 적게 방문하는 국가

▲ 아세안 이외의 국가들이 가장 많이 방문하는 국가

▲ 아세안 이외의 국가들이 가장 적게 방문하는 국가

경향과 관련된 핵심 포인트들은 2007년과 2011년 사이에 대한 것으로 아래와 같다.:

▲ 전반적 변화

▲ 아세안 국가들 간 관광객 수의 전반적 변화

▲ 아세안 이외의 국가에서 온 관광객 수의 전반적 변화

▲ 관광객 수 변화의 전반적인 경향과 차이를 보여 주는 국가

▲ 특정 국가에서 전반적인 경향과 차이가 나타나는 연도

▲ 전체 합계나 차지하는 비율 측면에서 관광객이 가장 급격하게 증가한 국가

▲ 관광객이 가장 적게 증가한 국가

활동을 마무리하기 위해 다음과 같은 질문을 던졌다.: 어떤 것이 가장 중요한 포인트일까? 어떤 유형의 포인트를 찾으려 했는가(최대, 최저, 경향, 예외)? 가장 놀랍게 다가온 수치는 어떤 것인가? 포인트를 뒷받침해 주는 것은 무엇인가?

활동으로부터 한 발짝 뒤로 물러선 다음 활동을 가르치게 될 교사의 입장에서 활동을 마무리했다. 학생들에게 이러한 활동을 하게 했을 때 어떤 가치를 기대할 수 있을까? 이러한 종류의 데이터를 활용할 때 학생들은 어떤 어려움에 봉착하게 될까? 교사들은 학생들이 데이터에 집중하는 점, 통계로부터 추출 가능한 포인트의 유형을 고려하게 된 점을 활동의 가치로 꼽았다. 한편 통계가 일부 학생들에게는 너무 복잡할 수 있어 이 활동을 처음 하게 될 학생들에게는 더 간략한 통계를 사용하는 것이 좋겠다는 의견도 제시되었다.

학생들은 아래의 활동을 이어갈 수 있다.:
▲ 다섯 가지 핵심 포인트와 근거 자료를 지도 위에 표시하기
▲ 제시된 국가들 중 한 국가의 관광 조사하기. 교사가 해당 국가를 선정하고 학생들에게 관련 데이터를 제시해 주거나, 교사가 제시하는 웹사이트를 통해 학생들이 원하는 국가의 사례를 조사할 수 있다.
▲ 아세안 웹사이트 이외의 자료를 통해 관광객의 출발 국가 파악하기

예시: 기후 그래프 해석하기

기후 그래프는 지리정보를 담은 중요한 자료이며 학생들은 기후 그래프를 해석할 수 있어야 한다. 기후 그래프를 활용한 다섯 가지 핵심 포인트 활동과 뒤이은 토론은 정확한 지시문에 맞춰 그래프를 해석하기보다는 독립적으로 그래프를 해석할 수 있게 해 준다.

다섯 가지 핵심 포인트 활동에서 사용할 기후 그래프는 탐구활동을 위해 학생들이 조사하고 있는 주제와 관련될 필요가 있다. 예를 들어 세계의 특정 지역을 조사하면서 아래의 주제들을 조사할 수 있을 것이다.:
▲ 기후가 식생에 미치는 영향

▲ 관광지로서의 가능성
▲ 몬순이 인도에 미치는 영향

학생들은 왜 자신들이 기후 그래프를 검토하고 해석할 수 있어야 하는지 이해해야 한다. 또한 학생들은 측정 단위나 그래프상의 평균값이 계산되는 방식에 대해 설명이 필요할 수 있다. 즉 학생들은 평균 기온 값(매일 매일의 기온을 한 달을 기준으로 평균하고, 그 값을 다시 일 년을 기준으로 평균한다)과 평균 강수량(매달의 총 강수량을 구한 다음, 이 값을 일정 기간을 기준으로 평균한다)이 다른 방식으로 계산된다는 것을 알아야 한다. 몇몇 기후 그래프를 읽기 위해서는 음수에 대한 이해가 필요하다.

절차

학생들은 짝을 이뤄 다섯 가지 핵심 포인트를 찾는다. 다음으로 두 학생은 포인트를 공유하는데 다섯 개의 포인트에 대해 서로 합의해야 할 뿐 아니라 그래프에서 포인트를 뒷받침해 줄 수 있는 부분을 찾아야 한다. 그런 다음 다섯 가지 핵심 포인트를 전체 학급에서 공유한다.

학생들은 기후 그래프에서 추출할 수 있는 포인트들의 유형에 대해 논의하고, 각각의 핵심 포인트들은 근거를 통해 뒷받침되고 검토될 필요가 있다. 다음은 학생들이 찾을 수 있는 핵심 포인트들이다.:
▲ 최고 기온
▲ 최저 기온
▲ 기온의 계절적 변화
▲ 기온의 변동 범위
▲ 연중 강수량 분포
▲ 총 강수량
▲ 강수량 패턴과 기온 패턴과의 관계
▲ 강수량과 기온을 통해 해당 지역에 대해 알수 있는 것

기후 그래프를 활용한 다섯 가지 핵심 포인트 활동에 이어서 토론을 진행할 수 있으며 이를 통해 학생들은:
▲ 어떻게 기온과 강수량이 계산되는지 그리고 이들이 의미하는 바가 무엇인지 이해할 수 있다.

▲ 기온과 강수량의 수치들을 자신들의 경험과 연결 지을 수 있다.

▲ 기후와 날씨의 차이를 이해할 수 있다.

▲ 기후 그래프를 읽을 수 있는 능력을 길러 혼자서도 읽을 수 있다.

▲ 특정 지역의 기후에 대한 지식을 습득할 수 있다.

기후 그래프를 찾을 수 있는 곳은 많다(예, 아틀라스, 웹사이트). 지리학이나 아틀라스에서 일반적으로 제시되는 방식을 따르는 기후 그래프를 찾아보는 것이 좋다. 예를 들어, 기후 그래프의 Y축에는 기온이나 강수량의 척도를 제시하고, 기온은 섭씨(Celsius)를, 강수량은 밀리미터(millimeters) 단위를 사용하고, 월 평균 기온은 하나의 선 그래프로 표시한다. 만일 월별 최고 기온과 최저 기온을 동시에 표현하는 것이 필요하다면 두 개의 선 그래프를 활용할 수 있으며, 월별 총 강수량은 막대그래프로 나타낸다.

연구를 위한 제안

다른 유형의 지리자료를 활용한 다섯 가지 핵심 포인트 활동을 조사해 보자. 학생들의 결과물, 마무리 활동, 설문조사나 인터뷰를 통해 데이터를 수집하고 분석해 보자. 다섯 가지 핵심 포인트 활동이 학생들의 이해를 돕는 데 어떻게 기여하는지 평가해 보자.

참고문헌

ASEAN website: *www.aseansec.org*. Statistics for 2007-10 taken from *www.aseansec.org/Stat/Table28.pdf* (last accessed 27 September 2012), updated with 2011 statistics from *www.asean.org/images/pdf/resources/statistics/table%2028%20n.pdf* (last accessed 3 December 2012).

Bonnett, A. (2008) *What is Geography?* London: Sage.

Darling, D. (2005) 'Counting and measuring' in Castree, N., Rogers, A. and Sherman, D. (eds) *Questioning Geography*. Oxford: Blackwell.

"나는 항상 큰 그림을 보는 것에 어려움을 겪어 왔는데 이것은 내가 다양한 정보들을 함께 다룰 수 있도록 해 준다."
– 한 대학 신입생, 로이드와 동료들(Lloyd et al., 2010, p.185)에서 인용

마인드맵(Mind Maps)은 토니 부잔(Tony Buzan)이 학생들의 수업 필기를 도울 목적으로 개발한 것이다. 마인드맵과 관련한 그의 아이디어는 1974년 출판된 자신의 책 *Use Your Head*에 처음 소개되었다. 그는 마인드맵을 교육과 비즈니스 맥락에서 어떻게 활용할 수 있는지를 지속적으로 연구하였으며, 1995년에는 첫 번째 '마인드맵 북(*Mind Map Book*)'을 출판했다. '어린이를 위한 마인드맵(*Mind Maps for Kids*)'(Buzan, 2003)을 포함한 여러 다른 책들도 뒤이어 출판되었다. 마인드맵만을 위한 웹사이트가 있으며, 이곳에서는 마인드맵을 위한 소프트웨어도 구매할 수 있다.

이 장에서는 아래의 질문들을 다룰 것이다.:
▲ 스파이더 다이어그램, 마인드맵, 개념지도의 차이점은 무엇인가?
▲ 마인드맵의 특징은 무엇인가?
▲ 마인드맵과 스파이더 다이어그램은 어떻게 활용할 수 있는가?
▲ 마인드맵을 활용하려 한다면 무엇을 고려해야 할까?
▲ 마인드맵 활동의 일반적 절차는?
▲ 마인드맵 활동의 장점과 단점은 무엇인가?

다음으로 5개의 마인드맵 예시를 활용 방법에 대한 코멘트와 함께 제시할 것이다.:

▲ 지구온난화를 막기 위해 무엇을 할까?

▲ 하천, 홍수, 홍수 관리

▲ 물

▲ 싱가포르의 미래

▲ 해수면 상승

스파이더 다이어그램, 마인드맵, 개념지도의 차이점은 무엇인가?

스파이더 다이어그램, 마인드맵, 개념지도라는 용어는 지리교육 관련 책과 저널에서 종종 구분 없이 사용된다. '마인드맵(mind maps)'이나 '개념지도(concept maps)'는 매우 구체적인 목적을 위해 개발되기는 했지만, 이들 용어들이 사용되는 방식으로 인해 구분되지 못하고 있다. 그러나 이 세 가지 그래픽 오거나이저(graphic organizer)는 지리교육에서 서로 다른 목적을 달성하는 데 사용되기 때문에 구

	스파이더 다이어그램	마인드맵	개념지도
어떻게 생겼는가?			
기원	수십 년 동안 일반적으로 활용	토니 부잔(Tony Buzan), 1974	노박(Novak), 1972
어떻게 사용하는가?	정보와 아이디어를 범주와 하위 범주로 구분	정보를 범주와 하위 범주로 구분	개념들 간의 관계를 파악
특징	구체적인 규칙은 없으며, 원하는 대로 활용 가능하다. 필요하다면 하위 범주와 연결(link)한다. 범주를 구분하기 위해 색을 활용할 필요는 없다.	분류를 강조한다. 범주와 하위 범주에 이름을 붙인다. 범주를 구분하기 위해 색을 활용한다. 그림을 활용한다.	개념들 간 연결의 본질을 설명한다. 다이어그램의 노드(node)는 개념이다. 처음 개발될 당시에는 개념들이 위계적으로 제시되었다.

그림 15.1: 스파이더 다이어그램, 마인드맵, 개념지도의 차이

분하는 것이 좋다(Davies, 2011). 그림 15.1은 이들 세 그래픽 오거나이저의 특징을 간략하게 소개한 것이다.

마인드맵은 스파이더 다이어그램과 역할이 같지만, 색과 그림을 활용할 수 있어 스파이더 다이어그램에 비해 정교한 표현이 가능하다. 나는 스파이더 다이어그램을 매우 유용한 그래픽 오거나이저로 생각하지만, 많은 사람들이 이미 스파이더 다이어그램에 익숙하고 더불어 애초에 특별한 규칙을 갖고 개발된 것이 아니므로 별도의 장을 마련하지는 않았다. 그러나 스파이더 다이어그램은 형태가 단순해서 학생들이 활용하기 쉽기 때문에 아이디어를 정리할 때 활용하면 좋다. 그러나 스파이더 다이어그램을 구체적인 목적을 위해 개발된 마인드맵이나 개념지도로 부르는 것은 혼동을 줄 수 있어 이 장과 다음 장에서 이들을 정리하였다.

마인드맵의 특징은 무엇인가?

마인드맵은 위계적 구조를 가진 세련된 형태의 스파이더 다이어그램으로 이해할 수 있으며, 정보나 아이디어를 분류하기 위해 색과 그림을 활용한다. 부잔(Buzan)은 마인드맵을 그리는 방식에 대해 엄격한 규칙을 제시했다.:

▲ 마인드맵은 주제(theme)에 초점을 맞춰야 하며 주제는 그림의 중앙에 위치한다.
▲ 주요 줄기가 중앙으로부터 뻗어 나오는데 각각의 줄기는 주제의 다른 측면을 나타낸다. 각각의 줄기는 다른 색으로 표현되며 이름을 갖는다. 주된 줄기는 굵게 그린다.
▲ 세부 줄기는 주된 줄기로부터 뻗어 나오며 하위 주제를 나타낸다. 세부 줄기는 자신이 뻗어 나온 주된 줄기와 동일한 색으로 표현하며 한 단어로 이름을 붙인다.

마인드맵과 스파이더 다이어그램은 어떻게 활용할 수 있는가?

마인드맵과 덜 구조화된 스파이더 다이어그램은 지리탐구의 다양한 측면에 활용될 수 있다.:
▲ 학생들에게 조사할 주제나 이슈에 대해 마인드맵을 그리게 함으로써 학생들의 선지식과 경험을 연결할 수 있다. 이러한 브레인스토밍 활동은 전체 학급, 소그룹, 개인별로 진행할 수 있다.

▲ 탐구의 초반부에 학생들에게 뼈대가 되는 마인드맵을 제공함으로써 탐구를 위한 스캐폴딩이나 '선행조직자(advanced organizer)'를 제공할 수 있다.

▲ 완성된 마인드맵을 통해 탐구질문을 찾아낼 주제에 대한 개요를 학생들에게 제시할 수 있다.

▲ 학생들은 마인드맵을 필기를 하는 데 활용하거나 신문기사, 영화 등 지리자료에 제시된 정보와 아이디어들을 분류하는 분석 도구로 활용할 수 있다(Lloyd et al., 2010).

▲ 학생들은 DART(19장 참조) 활동을 통해 분석한 정보들을 재구성할 수 있다.

▲ 학생들은 학급의 다른 학생들을 위해 발표할 수 있다.

▲ 학생들은 대단원에서 조사한 내용을 리뷰할 수 있다.

▲ 학생들이 에세이나 보고서에 포함시킬 내용을 계획하는 데 도움을 준다.

▲ 학생들의 지식을 평가할 수 있다.: 대단원을 시작할 때는 진단적으로, 중반에는 형성적으로, 마지막에는 총괄적으로 평가한다.

▲ 공식적인 시험에서 학생들을 평가할 수 있다(Lloyd et al., 2010).

▲ 숙제로 활용할 수 있다.

▲ 이해를 점검하는 복습 용도로 활용하거나 일반적인 필기에 비해 훨씬 기억하기 쉬운 형태의 기록을 제공할 수 있다.

▲ 교사들이 대단원의 수업을 계획하거나 수업에서 다루게 될 핵심 주제/요소들을 파악하는 용도로 활용할 수 있다. 각각의 줄기들을 활용해 지리탐구의 여러 측면들(예, 핵심 질문, 핵심 개념, 알아야 할 이유 만들기, 활용할 데이터, 데이터를 이해하기 위한 활동, 마무리 활동, 평가)을 계획할 수 있으며, 주제가 갖고 있는 다양한 지리적 요소들을 파악함으로써 수업내용과도 연결시킬 수 있다.

마인드맵을 활용하려 한다면 무엇을 고려해야 할까?

▲ 조사할 주제나 이슈가 마인드맵이나 스파이더 다이어그램으로 표현하기에 적합한가? 정보나 이슈들이 범주나 하위 범주로 구분되는가?

▲ 마인드맵을 활용하는 목적은 무엇인가? 학생들의 호기심을 불러일으키기 위함인가? 사전 지식을 끄집어내기 위함인가? 지리적 자료를 분석하게 하기 위함인가? 아니면 평가하기 위함인가?

▲ 지리자료를 활용해 마인드맵을 수행한다면 어떤 범주와 하위 범주로 구분될까?

▲ 활동을 개별로, 짝으로, 소그룹(3, 4명이 최대)으로 진행해야 할까?

▲ 어느 정도까지 학생들은 자신만의 마인드맵을 생성할 수 있을까? 아니면 교사가 가이드(예, 주요 줄기로 활용할 범주들)를 제공하는 것이 도움이 될까?

▲ 학생들에게 어떤 지원을 제공해야 할까?(예, 마인드맵 과정을 시범적으로 보여 주기, 완결된 마인드맵 사례 보여 주기, 뼈대가 완성된 마인드맵 제공하기, 토론을 통해 개인이나 소그룹 돕기)

▲ 마인드맵 활동을 어떻게 마무리할 것인가?

마인드맵 활동의 일반적 절차는?

학생들은 지리탐구의 초점과 마인드맵을 작성하는 이유에 대해 알고 있어야 한다. 학생들이 마인드맵에 대해 익숙하지 않다면 시범을 보여 주거나 마인드맵 작성 과정 동안 안내를 제공할 수 있다. 학생들에게 완성된 모습의 마인드맵을 제시한다면 학생들은 자신들이 작성해야 할 것이 어떤 모습인지 알게된다. 다음의 내용에 대해 명확하게 알려 주어야 한다.:

▲ 마인드맵을 작성할 종이를 가로가 긴 형태로 돌린다.

▲ 모든 방향으로 다이어그램을 확장할 수 있도록 종이의 가운데에 주요 주제를 적는다.

▲ 주요 주제나 아이디어를 작성하기 위해 중심으로부터 뻗어 나오는 곡선 형태의 줄기를 그린다. 주요 줄기의 숫자는 3~6개 사이가 좋으며 주요 줄기들마다 다른 색으로 표현한다.

▲ 주요 줄기로부터 뻗어 나오는 세부 줄기를 추가한다. 이때 세부 줄기는 자신들이 뻗어 나온 주요 줄기와 동일한 색으로 표현한다. 세부 줄기에 이름을 붙인다. 세부 줄기에서 뻗어 나가는 줄기를 추가할 수 있다. 줄기가 추가적으로 뻗어 갈수록 마치 나무 가지의 두께가 줄어들듯이 줄기의 폭은 줄어든다.

▲ 가능하다면 그림을 추가한다.

절차는 바뀔 수 있다. 학생들이 데이터를 분류하는 것이 어렵다면 마인드맵에 포함시킬 범주의 목록을 제시하거나 전체 학급이 참여하는 토론을 통해 포함시킬 범주를 결정할 수 있다. 탐구의 마지막 단계에서 한두 그룹에서는 자신들이 작성한 마인드맵을 전체 학급 앞에서 발표할 수 있다. 이어서 학급 전체가 참여하는 토론을 진행하거나 다른 의견이 있는지 발표할 수 있고, 그렇게 작성한 이유를 조사하거나 불확실한 부분을 발표하게 하고 오개념을 수정할 수도 있다.

부잔(Buzan)은 마인드맵 작성을 위한 엄격한 절차를 제안했지만 다양한 유형의 마인드맵을 작성하는 것도 가능하다. 예를 들어 색을 사용하지 않는 확장된 모습의 스파이더 다이어그램도 매우 유용하다.

마인드맵 활동의 장점과 단점은 무엇인가?

장점

▲ 탐구의 시작과 마지막에 주제에 대한 개요를 제시할 수 있다.

▲ 정보나 아이디어를 구분, 분류하는 데 활용할 수 있다.

▲ 주제나 이슈에 대한 분석적 사고를 장려한다.

▲ 일반적 노트 필기에 비해 기억하기 쉽다.

단점

▲ 마인드맵의 기능은 성격상 제한적일 수밖에 없다.: 마인드맵은 정보나 아이디어를 분류하고 세분류하기 위해 만들어졌을 뿐 정보나 아이디어들 간의 관계에 대해 설명하지는 않는다.

▲ 마인드맵을 그리다 보면 지나치게 복잡해질 수 있으며 이럴 경우 내용을 기억하기 어렵다.

예시: 지구온난화를 막기 위해 무엇을 할까?

탐구의 초점: 지구온난화와 관련하여 무엇을 할 수 있을까?

그림 15.2는 '지구온난화를 해결'하기 위한 몇몇 아이디어를 보여 준다. 학생들과 다양한 방법으로 마인드맵의 작성이 가능하다.:

▲ 학생들에게 마인드맵이 어떻게 생겼는지, 주요 줄기, 세부 줄기, 색, 그림을 어떻게 활용할 수 있는지 보여 줄 수 있다.

▲ 다른 자료를 활용해서 마인드맵에 제시된 각각의 요소들이 얼마나 많은 탄소를 배출하는지 혹은 탄소 배출에서 차지하는 비율을 조사할 수 있다.

▲ 제시된 해결책들의 상대적인 중요성을 논의할 수 있다.

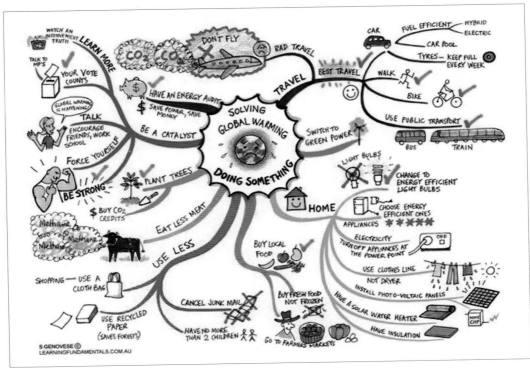

그림 15.2: 지구온난화 문제를 해결하기 위해 개인이 할 수 있는 방법을 보여 주는 마인드맵. 출처: www.learningfundamentals.com.au

▲ 마인드맵에 포함된 전제를 조사할 수 있다(예, 정부나 국제사회보다는 개인이 '지구온난화를 해결' 할 수 있다).

동일한 웹사이트(http://learningfundamentals.com.au/resources)의 다른 마인드맵은 학교에서 실천할 수 있는 에너지 절약 방법과 (온난화 정도에 따른) 지구온난화의 영향을 다루고 있다. 학생들과 함께 제시된 마인드맵을 그려 보는 대신 학생들에게 어떤 종류의 마인드맵을 그릴 수 있는지 보여 줄 수 있다.

예시: 하천, 홍수, 홍수 관리

마인드맵은 주제와 관련하여 학습할 내용을 펼쳐 보여 줄 수 있다. 마인드맵은 주제에 대한 개요를 제

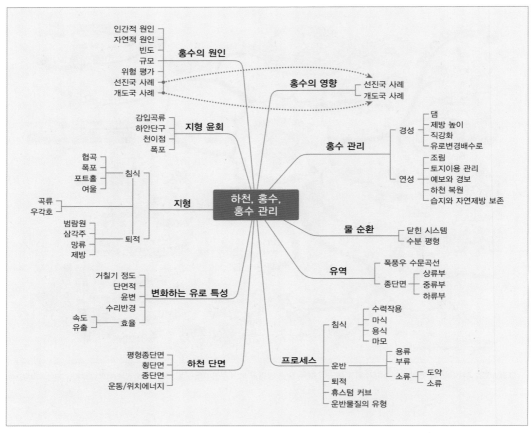

그림 15.3: AQA 지리과목 AS/A2 레벨의 시험요강(2008)에 포함된 내용을 보여 주는 마인드맵

시하고, 선행조직자가 되기도 하며, 조사할 목록을 보여 주기도 한다. 또한 복습의 용도로도 활용이 가능하다. 그림 15.3은 AQA 지리과목 AS/A2 레벨의 시험요강에 포함된 '하천, 홍수, 홍수 관리'를 주제로 제작된 마인드맵을 보여 준다. 제시된 마인드맵은 왜 우리가 부잔(Buzan)의 규칙에 얽매일 필요가 없는지 잘 보여 준다. 그림은 총 10개의 주요 줄기를 갖고 있는데, 이것은 상당히 많은 경우에 속하며, 색과 그림을 활용하지도 않았다. 그러나 이 그림은 학생들에게 마인드맵이 어떻게 생겼는지 보여 주고, 주제를 마인드맵으로 표현해 보는 것이 얼마나 유용한지를 논의하는 용도로 활용할 수 있다.

예시: 물

그림 15.4는 싱가포르의 중등학교 학생들이 작성한 마인드맵이다. 물의 원천을 조사하던 학생들에게 마인드맵 작성을 위한 주요 분류(원천, 중요성, 활용, 재생가능)를 제시한 후 교과서를 통해 얻은 정보를 활용해 마인드맵을 작성하게 했다.

예시: 싱가포르의 미래

그림 15.5의 마인드맵 역시 싱가포르의 중등학교 학생들이 작성한 것으로, 수업은 급변하는 세계 환경 속 싱가포르의 미래에 대한 것이었다. 마인드맵 작성을 위한 주요 줄기(인구, 경제, 디지털시대, 테러리즘)는 미리 제시되었다.

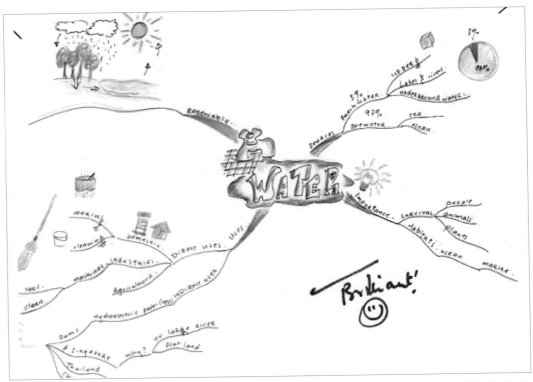

그림 15.4: 물의 원천, 중요성, 활용

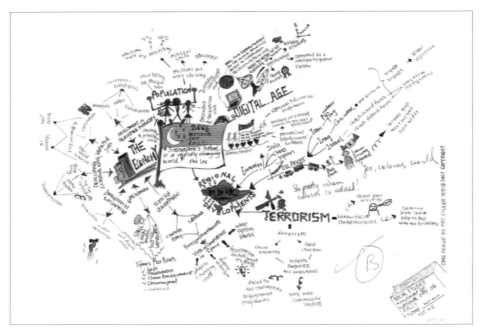

그림 15.5: 급변하는 세계 속에서 싱가포르의 미래를 고민하는 마인드맵

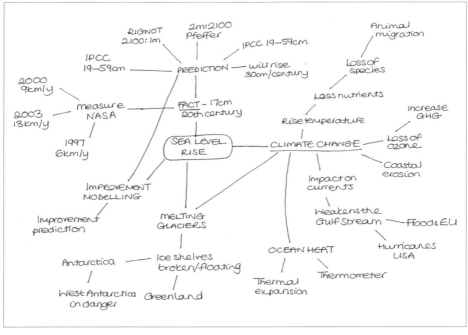

그림 15.6: 해수면 상승에 대한 마인드맵

탐구를 통한 **지리학습**

예시: 해수면 상승

그림 15.6의 스파이더 다이어그램은 오스트레일리아의 서던크로스 대학교(Southern Cross University)의 1학년 학생이 작성한 것이다. 글로벌 환경 이슈를 다루는 강의에서 학생들에게 강의 주제에 적합한 신문기사를 골라 마인드맵을 작성하도록 했다.

연구를 위한 제안

1. 지리교육에서 마인드맵을 활용하는 다른 방법을 조사하고 어느 정도까지 학습에 기여하는지 평가하라.
2. 학생들이 작성한 마인드맵, 설문조사, 인터뷰를 통해 데이터를 수집하라.

참고문헌

Buzan, T. (2003) *Mind Maps for Kids: An introduction*. London: Thorsons.

Buzan, T. (1995) *The Mind Map Book*. London: BBC Books.

Buzan, T. (1974) *Use Your Head*. London: BBC Books.

Davies, M. (2011) 'Concept mapping, mind mapping, argument mapping: what are the differences and do they matter?', *Higher Education*, 62, 3, pp.279-301.

Lloyd, D., Boyd, B. and den Exter, K. (2010) 'Mind mapping as an interactive tool for engaging complex geographical issues', *New Zealand Geographer*, 66, 3, pp.181-8.

마인드맵에 대한 정보를 찾을 수 있는 웹사이트:

iMindMap, Mind Mapping software: *www.thinkbuzan.com/uk;www.thinkbuzan.com/uk/articles*

Mind map of rivers, floods and management,AQA AS/A2 geography, 2008: *http://zigzageducation.co.uk/synopses/2854.asp*

개념지도

"개념지도는 지식을 조직하고 표현하는 그래픽 도구이다. 개념지도는 원이나 박스로 표현되는 개념과, 두 개념을 연결하는 선으로 표현되는 개념 간 관계를 포함한다." (Novak & Cañas, 2008)

개념지도는 1972년 미국의 코넬 대학교(Cornell University)의 조지프 노박(Joseph Novak)과 그의 연구팀에 의해 처음 개발되었다. 이들은 오수벨(Ausubel, 1963)의 유의미 학습이론에 많은 영향을 받았다. 오수벨(Ausubel, 2010)에 따르면 유의미 학습은 "유의미할 수 있는 잠재력을 갖춘 새로운 자료를 학습자의 인지구조 속 적절한 아이디어와 연결시킬 수 있느냐에 달려 있다."(p.4) 노박은 개념지도에 대한 그의 아이디어를 계속 발전시켰을 뿐 아니라(Novak, 2010; Novak & Cañas, 2008) 확산을 위해서도 힘썼다.

이 장에서는 아래의 질문을 다룰 것이다.:
▲ 개념지도의 특징은 무엇인가?
▲ 개념지도를 어떻게 활용할 수 있는가?
▲ 개념지도를 활용하려면 무엇을 고려해야 하는가?
▲ 개념지도를 활용하는 일반적인 방법은?
▲ 개념지도 활용의 장점과 단점은 무엇인가?

개념지도의 특징은 무엇인가?

개념지도는 두 부분으로 구성된다.:
- ▲ 다이어그램의 노드가 되는 개념. 일반적으로 개념을 동그라미나 네모 박스로 감싼다.
- ▲ 개념들을 연결하는 선. 선의 위에는 개념들 간의 관계를 설명하는 단어나 문구가 있다. 관계의 방향성을 가리키기 위해 선의 끝부분에 화살표 마크를 추가할 수 있다.

개념지도는 소수의 개념을 토대로 아주 간단하게 그릴 수도 있고, 25개 정도의 개념과 수많은 연결선을 통해 정교하게 만들 수도 있다. 연결선 위의 단어와 문구는 두 개념들의 관계를 설명하는 문장으로 확대될 수 있다. 개념지도의 활용 목적에 따라 달라지기는 하겠지만 연결선 위의 문구는 추측의 성격이거나 혹은 근거에 기반한 것일 수 있다.

노박의 개념지도는 위쪽으로 갈수록 범위가 넓은 일반적인 개념을, 아래쪽으로 갈수록 하위 개념을 배치하는 방식으로 위계적 구조를 갖고 있었다. 이럴 경우 개념지도는 관계를 보여 줄 뿐 아니라 분류의 기능도 갖게 된다. 물론 개념들을 위계적으로 배치하지 않더라도 개념지도는 교육적으로 가치가 있다.

개념지도를 어떻게 활용할 수 있는가?

개념지도는 지리탐구의 모든 측면에서 적절하게 활용될 수 있다. 개념지도는 아래와 같은 방식으로 활용이 가능하다.:
- ▲ 학생들에게 자신들의 기존 지식을 활용해 개념 간의 관계를 탐색하게 함으로써 호기심을 불러일으킬 수 있다. 예를 들어 발전 수준을 나타낼 수 있는 지표들 간의 관계를 탐색해 볼 수 있다. 이럴 경우 지리탐구의 후반부에 데이터를 활용해 이들 지표들 간 상관관계를 조사해 봄으로써 초반의 탐색이 적절했는지 평가해 볼 수 있다.
- ▲ 탐구의 초반부에 노박(Novak, 2010)이 '전문가 뼈대(expert skeleton)'라 부른 개념지도를 학생들에게 제시할 수 있으며, 이는 탐구를 위한 스캐폴딩 혹은 '선행조직자(advanced organizer)'(Ausubel, 1960)에 해당한다.
- ▲ 보고서, 영화 등 지리자료에 포함된 정보를 개념지도의 형식으로 제시할 수 있다.

▲ 학생들이 탐구를 통해서 배운 내용을 개념지도 형식으로 표현할 수 있다.

▲ 학생들의 개념지도를 분석함으로써 학생들의 이해 정도를 평가하고 오개념을 파악할 수 있다. 수업의 초반부에는 진단적, 중반부에는 형성적, 후반부에는 총괄적 성격의 평가가 된다.

▲ 학생들은 개념지도를 활용해 배운 내용을 복습하거나 자신의 이해를 점검할 수 있다.

▲ 교사는 개념지도를 활용해 수업을 계획하고 수업을 통해 소개할 핵심 개념 및 개념들 간의 관계를 파악할 수 있다.

개념지도를 활용하려면 무엇을 고려해야 하는가?

▲ 개념지도는 학습내용을 이해하는 데 어떻게 기여할 수 있을까? 조사할 주제나 이슈들은 개념들 간의 관계를 파악하는 데 적절한가?

▲ 개념지도는 탐구의 어떤 측면을 지원할 수 있는가? 호기심 불러일으키기, 데이터 이해하기, 학습 반성하기?

▲ 수업자료에 개념지도 활동을 적용한다면 어떤 개념이나 관계가 나타나게 될까?

▲ 활동은 개별적으로, 짝 활동으로, 혹은 소그룹 활동으로 진행되어야 하는가?(3~4명이 최대)

▲ 학생들은 어느 정도의 결정권을 가지며 교사는 얼마나 결정해야 할까?(예, 개념의 목록, 어떤 개념으로 시작할 것인지, 어떤 데이터를 활용할 것인지 등)

▲ 처음에는 몇 개의 개념을 그리고 전체적으로 얼마나 많은 개념을 활용할 것인가?(6~20개의 개념이 적절하다)

▲ 학생들에게 개념을 어떻게 제시할 것인가?(보드나 워크시트에 목록을 적어서, 종이카드에 출력하여, 접착력 있는 레이블에 출력해서, 포스트잇에 학생들이 적게 해서?)

▲ 학생들을 어떻게 지원할 것인가?(작성하는 과정을 예시적으로 보여줌으로써, 완성된 개념지도를 보여줌으로써, 뼈대 개념지도를 제공함으로써, 혹은 토론을 통해 개인과 그룹을 돕는 방법으로?)

▲ 활용할 만한 개념의 목록을 학생들에게 제시해야 할까? 모든 종류의 개념지도 작성에 활용하게 될 것 같은 일반적인 개념들을 제공해야 할까? 아니면 특정 개념지도 작성에 필요한 소수의 개념들을 제공할 것인가? 혹은 아무것도 제공하지 않을 것인가?

▲ 활동을 어떻게 마무리할 것인가?

개념지도를 활용하는 일반적인 방법은?

학생들은 조사해야 할 핵심 질문과 – 학생들은 개념지도의 윗부분에 핵심 질문을 적을 수 있다 – 개념지도를 작성하는 목적을 알고 있어야 한다(예, 사전 지식을 이끌어 내기 위해서나 자료를 분석하기 위해서 등). 학생들이 개념지도에 익숙하지 않다면 시범을 통해 작성 과정을 모델링해 줄 필요가 있다. 부분적으로 완성된 개념지도 즉 일부 개념과 연결선이 이미 작성된 개념지도를 도입 활동으로 제시하거나 개별화(differentiation)를 위한 수단으로 활용할 수 있다.

학생들에게 개념을 목록의 형태나 종이카드 혹은 포스트잇에 적거나 레이블에 출력해서 제시하도록 하자. 일부 개념들은 처음부터 활용하도록 하고 나머지는 대기 장소에 둔다. 개념지도 활동을 지도하는 방식은 다양하지만 아래와 같이 수행이 가능하다.:

▲ 짝으로 수행한다.

▲ 서로 연관 있다고 생각되는 개념 6개를 대기 장소에서 선택한다.

▲ 선택된 개념들을 종이에 배열한다. 이때 개념들 간에 선을 긋고 선에 단어나 문구를 적을 수 있도록 충분한 공간을 둔다.

▲ 개념들 간의 관계를 논의한다.

▲ 서로 동의했다면 관련 있다고 판단한 개념들을 연결하는 선을 긋는다.

▲ 선 위에 개념들이 어떻게 연관되어 있는지를 기술한다(또는 관련성을 표현하는 어구들을 제시한 후 학생들에게 적절한 것을 선택하게 할 수 있다).

▲ 관계의 방향성을 나타내는 화살표 표식을 추가한다.

▲ 처음 선택했던 6개의 개념들 간에 발견할 수 있는 모든 관계를 파악했다면 대기 장소에서 하나의 개념을 선택하고 개념지도의 적절한 위치에 놓는다. 다른 개념들과의 관계를 최대한 파악한 후 연결선을 긋고 관련성을 설명한다. 또 다른 개념을 대기 장소에서 선택하여 이 과정을 반복한다.

짝으로 활동한 다음 자신들의 결과를 다른 짝에게 보여 줄 수 있으며 이들 4명은 전체 학급 토론에서 논의하고 싶은 내용을 적는다. 짝 혹은 두 짝이 합쳐진 소그룹은 전체 학급을 상대로 자신들의 개념지도를 제시한다. 다른 의견이 있는지 말하게 하고, 왜 그렇게 생각했는지 들어 보고, 불명확한 부분이 있는지 발표하게 하고, 학생들의 오개념을 바로잡는 방식으로 학급토론을 진행할 수 있다. 토론의 시간과 초점을 서로 연결한 개념의 개수가 아니라 연결의 질에 둔다면 개념지도의 특성이 강조될 수 있을 뿐 아니라 나중에 훨씬 질 높은 개념지도를 그릴 수 있게 된다.

탐구질문의 맥락에서 개념지도의 작성을 마무리하라. 어떤 개념들이 서로 뚜렷하게 관련 있는 것처럼 보이는가? 연결의 본질은 무엇이고 그 연결은 얼마나 강력한가? 연결은 네트워크 형태인가? 학생들이 확신하지 못하는 관계는 어느 것인가? 어떤 관계는 추가적인 조사가 필요한가?

개념지도 활동이 개념들 간의 연결에 대한 탐색적 성격을 가졌다면 증거를 활용해 연결을 평가할 수 있다. 예를 들어, 만일 발전을 나타낼 수 있는 여러 지표들 간의 연결을 탐색했다면 마무리 활동을 통해 지표들 간의 관계와 관련된 일련의 가설들을 만들 수 있으며 이들 가설은 상관관계 기법이나 데이터 혹은 갭마인더(Gapminder)와 같은 웹사이트를 통해 검증할 수 있다.

개념지도 활용의 장점과 단점은 무엇인가?

장점
▲ 개념지도는 개념들 간의 연계성을 강조하고 깊이 있는 사고와 이해를 장려한다.
▲ 학생들의 참여를 촉진시킨다.
▲ 관계의 이해에서 부족했던 부분이나 관계에 대한 오개념을 밝혀 준다.
▲ 학습자 간 그리고 학습자와 교수자 간 토론의 질을 높여 준다.
▲ 이해의 정도가 향상되었다는 것을 증명해 줄 수 있다.
▲ 많은 학생들은 복잡한 관계들을 문자로 제시하는 것보다 시각적으로 보여 줄 때 쉽게 이해하고 기억한다.
▲ 개념지도는 광범위하게 활용되고 있으며 대학교육(Hay et al., 2008; Davies, 2011) 및 지리교육(Leat & Chandler, 1996)에서도 개념지도의 가치를 보여 주는 연구들이 있다.

단점
▲ 개념지도는 작성하기 어렵다. 깊은 사고를 요구하기 때문에 장점으로도 보이지만, 처음 개념지도를 작성하는 학생들에게는 교사가 많은 도움을 제공해야 한다.
▲ 개념지도는 작성하는 데 많은 시간이 걸리며 철저한 마무리 활동이 필요하다. 마무리 활동을 통해

오개념을 수정하지 않는다면 개념지도를 작성하는 데 활용되었던 오개념은 그대로 유지된다.

▲ 개념지도의 평가는 교사들에게도 많은 시간이 요구된다.

▲ 개념지도는 수많은 연결선을 활용하면 심하게 복잡해질 수 있으며, 이 경우 주제에 대한 이해가 명료해지기보다는 혼란스러워질 수 있다. 복잡한 개념지도는 쉽게 기억할 수 없기 때문에 많은 개념들이 활용될 경우 학생들의 복습을 돕는 것은 작성된 결과물이 아니라 작성 과정이다.

▲ 개념지도는 관계를 시각화하는 도구로 디자인되었기 때문에 모든 지리적 주제나 이슈에 적합한 것은 아니다. 탐구질문이 주장이나 반대 혹은 다른 관점에 대한 것이라면, TAP(8장)이 더 적합할 것이다.

예시: 보건과 질병의 지구적 패턴

이 예시는 O-level 지리교육과정을 준비하던 싱가포르의 지리교사들과 함께 작업하면서 만든 것이다. 당시 싱가포르의 O-level 교육과정은 교실 수준에서의 탐구 기반 접근을 채택하고 있었다. 당시 나는 학생들이 학습하는 내용을 이해하는 데 적극적으로 참여해야 한다는 점을 강조하고 있었으며 이러한 맥락에서 교사들에게 개념지도를 소개하였다. 싱가포르 교사들을 상대로 10여 회에 걸쳐 강의를 진행했을 때 개념지도의 활용을 돌이켜 보고 다른 방식으로 활용해 볼 기회가 생겼다.

나는 개념지도 활동을 교육과정에 제시된 핵심 질문 중 하나인 '보건과 질병의 지구적 패턴은 어떤 모습인가?'에 초점을 맞추었다. 교육과정은 보건에 영향을 미치는 사회적, 경제적, 환경적 요인에 대한 학습을 요구했으며 동시에 학생들이 이해할 필요가 있는 용어나 개념들을 목록으로 제시하고 있었다(그림 16.1). 나는 이 부분을 개념지도로 활용하기로 했다.

건강/보건 관련 개념들

유아사망률
기대수명
하루 권장 섭취 칼로리
위생
백신 접종
의사-환자 비율
환자-병원(침상) 비율
빈곤
풍요
영양실조
비만
라이프스타일
전염병
기생충 관련 질병
퇴행성 질환
유행성 질병

그림 16.1: 보건과 질병 관련 개념 목록.
출처: 싱가포르 O-level 지리교육과정

나는 개념들을 어떻게 제시하는 것이 좋을지에 대해 아이디어를 점차적으로 발전시켜 나갔다. 개념지도를 처음 활용했을 때 나는 단순히 카드에 개념들을 적어 주기만 했다. 참가 교사들은 발표용 종이 위에 제시된 개념들을 적었다. 다음번에는 개념을 적은 목록과 함께 포스트잇을 주고는 자신들이 사용할 개념들을 적게 했다. 포스트잇을 활용하게 되면서 활동은 좀 더 유연해졌다. 개념지도 활동의 초반부에 교사들은 포스트잇에 적힌 개념들을 배열하고 또 재배열할 수 있었다. 그런 다음 개념들을 주소 출력용 레이블에 출력하였다. 이러한 과정은 시간을 줄여 주었으며 출력된 레이블은 개념들이 눈에 잘 띄도록 해 주었다. 레이블은 완전히 붙어 버리기 전이라면 쉽게 재조정이 가능했다.

첫 번째 워크숍에서 무엇을 해야 하는지를 알려 주는 설명이 충분치 않다는 사실을 발견했다. 이어진 워크숍에서 세 개념(예, 유아사망률, 기대수명, 영양실조)을 선택하고 발표용 종이에 적은 후 원으로 테두리를 만들게 했다. 그런 다음 내 생각을 말로 설명해 주었다. 유아사망률과 기대수명 간에 관련이 있는가? 예(Yes), 그렇다면 두 개념을 연결하는 선을 긋겠습니다. 관련성은 방향이 있나요? 유아사망률이 기대수명에 영향을 주기 때문에 기대수명 쪽으로 화살표 표식을 넣어 줍니다. 두 개념은 어떤 관계인가요? 유아사망률이 높으면 기대수명이 낮아집니다. 그래서 이 말을 선 위에 적습니다. 그런 다음 나는 영양실조를 바라봅니다. 그렇습니다. 영양실조는 유아사망률에 영향을 미치기 때문에 두 개념을 선으로 연결합니다. 영양실조가 항상 유아사망률에 영향을 줄까요? 아닙니다. 그래서 적었던 내용을 '영양실조는 유아사망률을 높일 수 있다.'라고 수정하고 영양실조 방향으로 화살표 표식을 추가합니다. 몇 분밖에 걸리지 않았지만, 어떻게 해야 하는지 시범을 보여 주고 생각한 내용을 말로 설명해 주는 방식은 큰 변화를 가져왔다.

교사들은 6명씩 그룹을 만들어 발표용 종이 위에 개념지도를 작성했다(그림 16.2). 그룹의 규모가 작을수록 개인의 참여 정도는 커졌지만 반대로 규모가 클수록 토론은 더욱 활발해지는 모습이었다.

첫 번째 워크숍 때 교사들은 제시된 모든 개념을 활용하려 했었지만 결과적으로 개념지도가 너무 복잡해지는 문제가 발생했다. 이후에 진행된 워크숍에서는 우선 6개의 개념을 선정하고 나머지는 대기 장소에 두고 시간 여유가 있을 경우에만 추가하도록 했다. 워크숍 스케줄에 따른 시간 제약과 마무리 활동으로 인해 교사들은 단 10분 동안 개념지도를 작성해야 했다. 한번은 개념지도 활동이 모두 끝났음에도 여전히 어떤 개념을 사용할 것인지를 논의하는 그룹도 있었다. 또 다른 경우는 정해진 활동시간이 지났음에도 선택한 6개의 개념들을 어떻게 배열해야 할지 논의하는 그룹도 있었다. 이런 일이 학교

에서 벌어졌다면 나는 끼어들었겠지만 그대로 내버려 두었고 대신 이 상황이 학교에서 발생한다면 어떻게 대응할 것인지에 대해 토론했다. 이들 두 그룹은 매우 흥미로운 토론 시간을 갖긴 했지만 이들은 개념들 간의 관계를 탐색하지는 못했다. 일부 교사들은 학생들을 위해 자신들이 6개의 개념을 선택하고 싶어 했다. 또 다른 몇몇 교사들은 만일 개념지도의 주된 목적이 관계를 파악하는 것이라면 개념들을 미리 배열하고 출력해서 제공한다면 앞부분에 소요되는 시간을 줄일 수 있다고 생각했다.

대부분의 그룹들은 매우 빠르게 관계를 논의하고 파악했다. 몇몇 그룹은 관계의 성격을 파악하기보다는 선을 긋는 데 집중했다. 또 다른 그룹은 가능한 한 많은 연결선을 긋고 싶어 했으며 대기 장소에 놓여 있던 많은 개념들을 활용했다. 나는 활동에 참여한 그룹들이 활용한 개념이나 연결한 선의 숫자보다는 개념들 간의 관계에 집중하도록 모니터링과 지원방식을 변경해 갔다.

첫 번째 워크숍에서는 그룹별로 작성한 개념지도를 다른 그룹에서 볼 수 있도록 전시했다. 나중에는 개념지도를 전시하기에 앞서 두 그룹을 선정한 후 이들 그룹이 작성한 개념지도를 전체 앞에서 발표하도록 하고 그들이 연결하고 작성한 관계에 대해 검토했다. 전체 토론으로 확대한 후에는 어떤 연결이

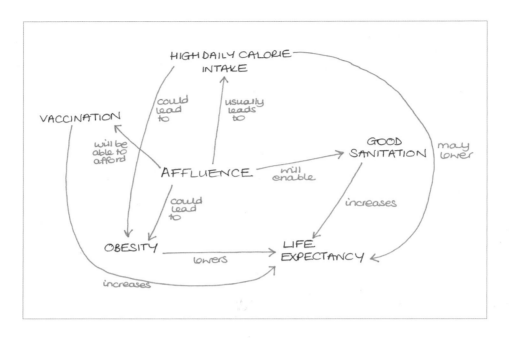

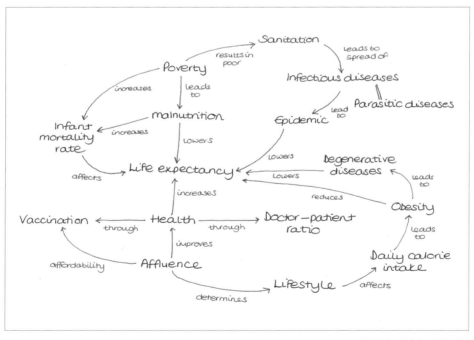

그림 16.3: 개념지도의 두 예시

명확했으며 연결하는 과정에서 어떤 이슈가 발생했는지를 논의했다. 참가자들은 개념지도 활동의 결과물을 발표하고, 마무리하고, 토론하기 전까지는 개념지도 활동의 완전한 가치를 충분히 이해하지 못했었다는 사실을 알게 되었다. 그들이 갖고 있던 오개념과 정확하지 않은 연결에 도전하는 것이 중요하며, 이러한 과정은 결과물을 단순히 발표하는 단계보다는 서로 주의 깊게 듣고, 관찰하고, 대화함으로써 가장 효과적으로 달성할 수 있다는 것을 깨달았다. 마무리 활동에서 몇몇 오개념에 집중하는 것도 유용하다.

연결을 위한 단어들

가리킨다, ~일 수 있다, ~일 때 발생한다, 영향을 미친다, ~을 결정한다, ~에 바탕을 둔, ~에 포함된, ~은 ~에 의해 증가/감소한다, ~을 필요로 한다, ~은 다양하다, ~에 따라, 결국은 ~을 발생시킬 것이다, ~을 유도할지도 모른다, ~에 필요하다.

그림 16.4: 개념지도의 연결선 위에 활용될 수 있는 단어들

학생들에게 활용할 개념의 목록을 제시해 줄 뿐 아니라 개념들 간에 어떤 종류의 관계가 가능한지에 대한 약간의 아이디어를 목록이나 카드 형태로 제공해 주는 것이 좋겠다는 제안도 토론 중간에 나왔다 (그림 16.4).

그림 16.5는 몇몇 지리적 주제와 관련된 개념들 목록이다.

세계화	무역, 민족국가, 국경선, 이주, 관광, 테크놀로지, 생태학, 탄소 배출, 이메일, 인터넷, 재정, 불평등, 질병, TV 프로그램, 패션, 국경을 넘는 오염, 생물다양성, 국제기구, 경쟁, 소비, 음식, 국제적 비정부기구, 상호의존성, 상호연결성, 노동력 공급, 네트워크, 운송, 빈곤, 지속가능성, 다국적기업
식품	주식, 식품소비, 1일 칼로리 섭취량, 가처분소득, 유기농 식품, 비만, 영양부족, 기아, 쓰레기 뒤지기, 식품사슬, 곡물 생산량, 자급농업, 상업농업, 집약, 생산성, 노동, 토지보유권, 토지분할, 다수확품종, 관개, 비료, 살충제, 녹색혁명, GMO, 가축육종, 작물육종, 유기농, 애그리비즈니스, 이상기후, 바이오연료, 식량보조, 식량안보, 비축량, 식량분배, 윤작, 토양보전, 공정무역
해안	파도, 조류, 해류, 지질, 생태계, 마식, 수력작용, 마찰, 용해, 연안표류, 헤드랜드, 절벽, 동굴, 아치, 스택, 해양구조물, 만, 해변, 사취, 육계사주
관광	많은 사람들을 이끄는 장소, 의료관광, 보양관광, 영화 관련 관광, 유적관광, 순례관광, 국내관광, 수요, 대중관광, 틈새관광, 패키지 여행, 근거리 목적지, 원거리 목적지, 생태관광, 저가항공, 가처분소득, 변화하는 생활양식, 생태발자국
화산활동	핵, 맨틀, 대륙지각, 판, 대류, 섭입대, 확장경계, 수렴경계, 변형경계, 화산, 환태평양지진대, 순상화산, 산성화산, 복식화산, 분화구, 칼데라, 분출, 마그마, 마그마 챔버, 용암, 점도, 지진, 진원, 진앙, 쓰나미, 리히터척도, 재해, 여진
날씨와 기후	날씨, 기후, 기온, 위도, 고도, 대륙도, 대륙의 영향, 해양의 영향, 운량, 상대습도, 증발, 응결, 포화, 구름, 강수량, 대류성강우, 지형성강우, 기압, 바람, 육풍, 해풍, 몬순풍, 탁월풍, 풍속, 풍향, 해류

그림 16.5: 개념지도 활동을 위해 선정된 개념 목록

요약

개념지도를 작성하는 것이 쉽지는 않지만 지리적 개념들 간 관계에 대한 가치 있는 사고와 논의를 촉진한다.

연구를 위한 제안

지리적 주제를 선정하자. 개념지도를 활용해 주제와 관련된 개념들 간 관계에 대한 학생들의 선지식과 오개념을 조사해 보자. 가능하다면 학생들의 논의를 기록하고 관찰노트를 작성해 보자. 더불어 완성된 개념지도와 학생 인터뷰를 데이터로 활용하자.

참고문헌

Ausubel, D. (1960) 'The use of advance organizers in the learning and retention of meaningful verbal material', *Journal of Educational Psychology*, 51, 5, pp.267-72.

Ausubel, D. (1963) *The Psychology of Meaningful Verbal Learning*. New York, NY: Grune and Stratton.

Ausubel, D. (2010) *The Acquisition and Retention of Knowledge: A cognitive view*. Dordrecht: Kluwer Academic Publishers.

Davies, M. (2011) 'Concept mapping, mind mapping and argument mapping: what are the differences and do they matter?', *Higher Education*, 62, 2, pp.279-301.

Hay, D., Kinchin, I. and Lygo-Baker, S. (2008) 'Making learning visible: the role of concept mapping in higher education', *Studies in Higher Education*, 33, 3, pp.295-311.

Leat, D. and Chandler, S. (1996) 'Using concept mapping in geography teaching', *Teaching Geography*, 21, 3, pp.108-12.

Novak, J.D. and Cañas, A.J. (2008) 'The theory underlying concept maps and how to construct them', *Technical Report IHMC Cmap Tools 2006-01 Rev 01-2008*. Pensacola, FL: Florida Institute for Human and Machine Cognition. Available online at *http://cmap.ihmc.us/Publications/ResearchPapers/TheoryUnderlyingConcept-Maps.pdf* (last accessed 22 January 2013).

Novak, J. (2010) *Learning, Creating and Using Knowledge: Concept maps as facilitative tools in schools and corporations*. London: Routledge.

Chapter
17

추론 레이어

"지리적 질문에 답하는 것은 그래픽(지도, 표, 그래프)이나 구어, 문어 형태의 내러티브에 저장된 정보에 기초하여 추론할 수 있는 능력과 관련 있다." (Brown & LeVasseur, 2006, p.9)

많은 역사교사들 그리고 상대적으로 소수의 지리교사들은 '추론 레이어(layers of inference)'라는 아이디어에 친숙하다. 이 아이디어는 고고학자들이 자신들이 수집한 증거들을 다루는 과정에서 생겨났다(Collingwood, 1956). 고고학자들이 유물을 조사할 때 유물로부터 직접적으로 알아낼 수 있는 것을 찾고, 알아낸 사실을 이미 알고 있는 사실과 연결시키고(근거가 있는 추측하기, 혹은 추론하기), 유물을 이해하기 위해 더 알아야 하는 것이 무엇인지 결정한다.

이러한 고고학자들의 사고과정을 역사교사들이 초등학교에서 사용할 목적으로 만든 것이 추론 레이어이며(그림 17.1) 4단계의 질문으로 구성된다(Riey, 1999).

이 장에서는 아래의 질문들을 다룰 것이다.:
▲ 어떤 종류의 지리자료가 추론 레이어 활동에 적합한가?
▲ 지리교육에서 추론 레이어를 활용하는 목적은 무엇인가?
▲ 추론 레이어 활동을 계획할 때 무엇을 고려해야 하는가?
▲ 추론 레이어 활동의 일반적인 절차는 무엇인가?

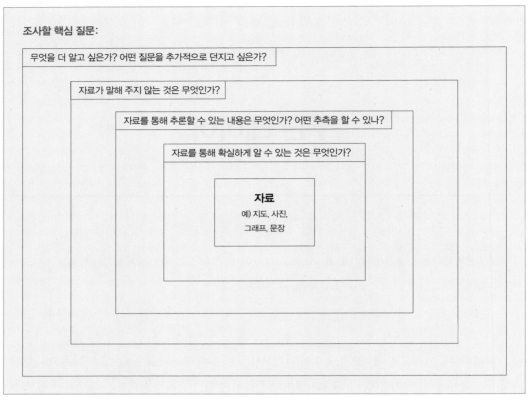

다음으로 추론 레이어를 활용한 두 사례와 함께 활용 방법을 제시할 것이다.:

▲ 역사수업에서의 빅토리아 시대 주거지 조사

▲ 홍수 수문그래프 이해

어떤 종류의 지리자료가 추론 레이어 활동에 적합한가?

그림 17.1에 제시된 질문의 순서는 거의 모든 지리자료(예, 문장, 사진, 지도, 통계, 영상)에 적용할 수 있다. 중요한 것은 자료가 적절하게 검토될 수 있느냐이다. 자료가 적절하게 검토될 수 있다면 별도로 제시하거나 추론 레이어 활동을 통해 제시할 수 있다. 추론 레이어 활동은 그림 17.2와 같이 워크시트의 형태로도 제시할 수 있다.

<table>
<tr><td>조사할 핵심 질문:</td></tr>
<tr><td>자료를 통해 확실하게 알 수 있는 것은 무엇인가?</td></tr>
<tr><td>자료를 통해 추론할 수 있는 내용은 무엇인가?
어떤 추측을 할 수 있나?</td></tr>
<tr><td>자료가 말해 주지 않는 것은 무엇인가?</td></tr>
<tr><td>무엇을 더 알고 싶은가?
어떤 질문을 추가적으로 던지고 싶은가?</td></tr>
</table>

그림 17.2: 추론 레이어를 활용한 워크시트. 라일리(Riley, 1999)에서 채택함

지리교육에서 추론 레이어를 활용하는 목적은 무엇인가?

추론 레이어 활동은 아래와 같은 학생활동을 장려한다.:

▲ 지리자료가 무엇을 보여 주는지 조심스럽게 관찰할 수 있도록 한다.

▲ 추론이나 근거가 있는 추측을 할 수 있도록 자신들의 선지식을 검토하게 한다.

▲ 모든 지리정보들은 부분적인 증거일 뿐이라는 것을 알게 된다.

▲ 호기심을 갖고 질문을 던지게 한다.

▲ 다른 학생들과 아이디어를 논의할 수 있게 한다.

▲ 증거 속에서 알 수 있는 것과 알 수 없는 것을 구분하게 하며, 비판적일 수 있도록 한다.

▲ 이미 학생들이 알고 있는 사실과 오개념을 밝혀 준다.

추론 레이어 활동을 계획할 때 무엇을 고려해야 하는가?

▲ 추론 레이어 활동이 탐구질문을 조사하는 데 기여할 수 있는가?

▲ 추론 레이어 활동을 수행하기에 가장 적절한 시점은 언제인가? 초반부에 호기심 유발 자료로 활용할 것인가? 아니면 특정 자료에 초점을 맞추어 활용할 것인가? 아니면 복습용으로 활용할 것인가?

▲ 모든 학생들이 자료에 대하여 추론하거나 근거가 있는 추측을 할 만큼 충분한 사전 지식이나 사고력을 갖고 있는가?

▲ 어떤 종류의 지리자료가 가장 적절한가? 그룹별로 다른 지리자료를 활용해야 하는가?

▲ 질문을 레이어(그림 17.1)의 형태로 제시하는 것이 좋을까? 아니면 워크시트(그림 17.2) 형태로 제시하는 것이 좋을까?

▲ 추론 레이어 활동을 시작하기에 앞서 학생들에게 배경 정보를 제시해 주어야 할까?

▲ 학생들이 추론 레이어 활동을 해 본 적이 없다면 전체 학급 활동으로 진행해야 할까? 아니면 다른 사례를 통해 시범을 보여 주는 것이 좋을까?

▲ 추론 레이어 활동을 짝 활동이나 소그룹 활동으로 수행하는 것이 좋을까?

▲ 추론 레이어 활동을 어떻게 마무리해야 할까?

▲ 추론 레이어 활동을 이후의 활동과 어떻게 연결시킬 수 있을까?

추론 레이어 활동의 일반적인 절차는 무엇인가?

▲ 학생들이 탐구의 축을 이루는 핵심 질문이 무엇인지 알고 있어야 한다.

▲ 자료에 대한 필요한 배경지식을 제공한다.

▲ 동료와 협력하여 자신들의 생각과 질문을 논의하고 적도록 한다.

▲ 자신들의 생각을 공유할 수 있도록 각각의 질문에 돌아가면서 응답하는 방식으로 활동을 마무리한다. 해석이나 추론에 오류가 있으면 수정하고 질문에 코멘트를 제시하는 것이 좋다.

예시: 역사수업에서의 빅토리아 시대 주거지 조사

첫 번째 예시는 라일리(Riley, 1999)의 9학년 역사수업에서 가져온 것이다. 수업내용 자체가 지리교사들에게 직접적으로 적합한 것은 아니지만 절차나 수업에 대한 코멘트는 매우 유용하다. 라일리(Riley)는 빅토리아 시대의 영국을 학습하던 학생들을 대상으로 추론 레이어 활동을 수행했다. 그녀는 다양한 종류의 시각 및 텍스트 자료를 활용했다. 그녀는 A2 사이즈의 종이에 크기가 다른 네 개의 네모박스를 동심원 모양으로 배치했다. 네모박스의 가운데에는 자료를 넣었으며, 각각의 박스에는 질문들을 배치했다. 그녀는 학생들에게 단원을 관통하는 핵심 탐구질문('빅토리아 시대 도시는 얼마나 위생적이었을까?')을 알려 주었다.

라일리는 학생들이 필요한 기억을 되살리고 자신감을 갖게 하기 위해 빅토리아 시대의 영국에 대해 학생들이 이미 알고 있는 내용들을 개관하는 것으로 수업을 시작했다. 그런 다음 탐구질문에 답하기 위해 자료에서 어떤 종류의 정보를 찾을 필요가 있는지에 대해 브레인스토밍하는 시간을 가졌다. 학생들이 탐구질문을 명확하게 이해했을 때 학생들을 2~3명의 소그룹으로 나누고 각기 다른 자료를 나눠 주었다. 학생들은 자료를 검토하고 제시된 틀에 맞춰 자신들의 생각과 질문을 적었다. 워크시트를 채우는 활동이 끝난 후 작성한 내용을 토대로 토론이 이어졌다. 이후의 수업에서는 전체 토론을 통해 제시된 몇몇 질문들을 조사할 수 있도록 하였다.

라일리는 토론의 수준 및 학생들의 추론과 질문에 만족했다. 탐구에는 적절하지 않은 질문을 만들어 내는 경우도 있었지만 '무엇을 더 알고 싶은가?'라는 질문에 대부분의 학생들은 좋은 의견을 제시했다. 특히 '추론' 질문을 잘 해결했을 뿐 아니라 토론을 하는 동안 '추론하다(infer)'라는 단어를 사용하기도 했다. 일부 학생들이 레이어마다 제시된 질문들을 구분하지 못하는 문제점이 나타나기도 했다. 특히 자료로부터 파악할 수 있는 사실과 추론할 수 있는 내용을 구분하는 것은 쉽지 않았다. 그녀는 명백한 사실과 추론을 적은 카드를 제작한 후 학생들에게 해당 박스에 적절하게 분류하도록 하는 방법을 해결책으로 제시했다.

그림 17.3은 어려운 텍스트 자료를 활용한 추론 레이어 활동의 학생 결과물이다. 학생들이 파악한 사실적 정보와 추론을 어떻게 연결했는지, 그리고 자료가 말해 주지 않는 것과 추가적으로 던지고 싶은 질문을 어떻게 연결했는지를 보면 학생들이 자료를 두고 어떻게 사고했는지 알 수 있다. 학생들에게

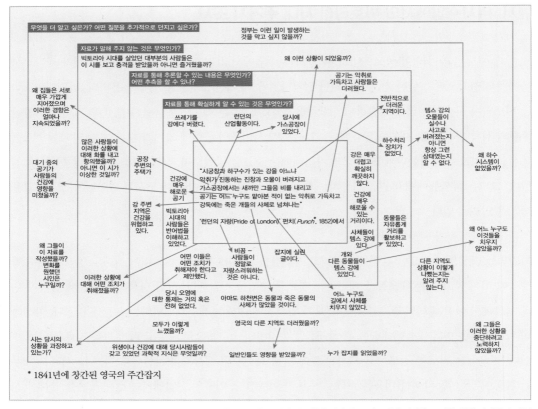

그림 17.3: 추론 레이어를 활용하여 영국 빅토리아 시대를 조사한 학생 결과물의 예시

이러한 유형의 연결을 해 보게 하는 것은 도움이 된다.

이 수업에서 중요한 포인트는 추론 레이어 활동이 탐구질문에 정확하게 초점을 맞추고 있다는 점이다. 라일리는 학생들에게 필요한 배경 정보를 제시하고 더불어 학생들이 어떤 정보를 찾아야 하는지를 브레인스토밍하게 함으로써 이를 달성할 수 있었다.

예시: 홍수 수문그래프 이해

이 사례는 제인 페레티(Jane Ferretti)가 교사연수에서 지리교사들과 함께 활용할 목적으로 만든 것이며 이후에 예비교사들과도 활용하였다. 그녀는 영국지리교육협회 사이트에서 제공한 어크필드

(Uckfield)[1] 홍수 관련 자료(GA, 2012)를 활용했다. 원래 이 자료는 '어크필드의 홍수 위험을 어떻게 관리해야 할까?'라는 핵심 질문을 다루기 위해 마련된 것이다. 그러나 이 사례 속의 활동은 지리탐구의 핵심적인 부분이 아니라 추론 레이어 활동의 가능성을 탐색할 목적으로 활용되었다.

예비교사들은 총 35분에 걸쳐 이 활동을 수행했으며, 더 오랜 시간을 사용할 수도 있었다. 첫 5분 동안에는 역사수업의 사례를 보여 주고, 레이어마다 마련된 다른 유형의 질문들과 수문그래프에 집중하도록 했다. 각각의 그룹은 추론 레이어 활동을 위한 워크시트와 코팅된 수문그래프를 제공받았다. 또한 수문그래프가 기록될 당시에 대한 배경 정보들, 예를 들어 실제로 기록된 지점은 어크필드로부터 3km 하류 쪽에 위치한 아이스필드 위어(Isfield Weir)이며 어크필드의 수문그래프는 이 데이터를 토대로 예측된 것이라는 것을 알려 주었다.

그런 다음 예비교사들은 짝으로 활동을 수행했다. 몇 분이 지난 후 활동을 멈추게 하고 그들이 수문그래프를 제대로 이해했는지를 확인하기 위해 질문할 수 있는 기회를 주었다. 몇몇 교사들은 '강수량은 어디서 알 수 있나요? 보통 이런 그래프에 강수량이 있지 않나요?'와 같은 질문을 던졌다. 그런 다음 활동을 이어 갔다. 몇몇 팀들은 한 질문씩 차례대로 완성해 가는 반면 다른 팀들은 쓸 내용이 생각나는 순서대로 레이어를 채워 갔다. 한 팀에서 작성한 예시는 그림 17.4와 같다.

그런 다음 아이디어를 공유했고, 수문그래프가 명확하게 알려 주는 것은 무엇이며, 그래프를 통해 추론할 수 있는 것과 던지고 싶은 질문과 관련하여 격렬한 토론이 있었다. 추가적으로 던지고 싶은 질문들의 사례를 보면 '도시화된 지역인가?', '물에는 부유물질이 있었나?', '지표면은 이미 포화되었나?', '지역에 홍수 방지 시설이 있나?', '강수량은 얼마였는가?', '하천의 기저유량은 얼마였는가?', '하천은 범람했는가?' 등이다.

예비교사들은 추론 레이어 활동이 '알아야 할 이유'를 만들어 냈으며, 어크필드 사례를 학습하기에 앞서 흥미를 유발하는 자료로 활용될 수 있다고 생각했다. 그들은 또한 추론 레이어 활동은 그래프를 다루는 데 특히 유용하다고 생각했다. 정말로 이 활동은 학생들이 그래프의 의미에 대해 생각하게 만들었다. 몇몇 예비교사들은 사진, 한 국가에 대한 통계(예, 발전 척도), 단계구분도, 목격자 진술(예, 쓰나

---

[1] 잉글랜드 이스트서식스에 있는 타운. 역자 주

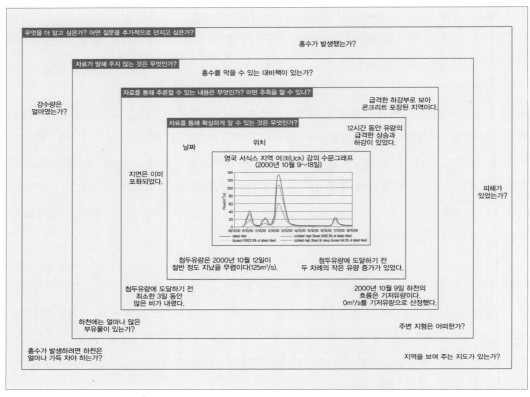

그림 17.4: 예비교사들의 수문그래프를 활용한 추론 레이어 활동 예시

미)과도 잘 어울릴 것 같다고 제안했다. 다른 예비교사들은 사례 학습을 통해 배운 내용들을 정리하는 마지막 활동으로 적합할 것 같다고 생각했다.

연구를 위한 제안

1. 추론 레이어 활동을 향상시키기 위한 참여연구를 수행하라. 추론 레이어 활동이 활용된 수업에 대한 관찰노트를 작성하라. 가능하다면 활동을 시작하기 전 제시되는 설명 부분과 마무리 활동을 동영상으로 기록하라. 어떤 이슈가 관찰되는가? 어떤 부분들을 추가적으로 더 조사해야 하는가? 다른 방식을 통해 추론 레이어 활동을 다시 활용한다면 성찰을 통해 다음 차례의 참여관찰 계획을 수립해 보자.

탐구를 통한 **지리학습**

2. 추론 레이어 활동이 학생들 스스로 자료를 이해하는 데 어느 정도까지 도움을 주는지에 초점을 맞춰 보자. 다른 종류의 자료를 활용하거나 다른 연령대의 학생들을 대상으로 활용해 보자. 완성된 워크시트를 분석해 보자. 워크시트는 학생들이 자료에 대해 사고하는 것을 얼마나 돕는가? 학생들이 만들어 낸 결과물을 통해 그들이 얼마나 이해 혹은 오해했는지 알 수 있는가? 추론 레이어 활동은 얼마나 학생들의 호기심을 유발하는가? 활동은 동일한 연령으로 구성된 그룹에서, 혹은 어떤 유형의 자료들과 더 효과적인가? 마무리 활동은 얼마나 추론 레이어 활동의 가치를 높여 주는가?

참고문헌

Brown, B. and LeVasseur, M. (2006) *Geographic Perspective: Content guide for educators.* Washington, DC: National Geographic Society. Available online at *www.nationalgeographic.com/xpeditions/guides/geogpguide.pdf* (last accessed 22 January 2013).

Collingwood, R. (1956) *The Idea of History.* Oxford: Oxford University Press.

Geographical Association (2012) 'Uckfield case study: maps and data'. Available online at *www.geography.org.uk/resources/flooding/uckfield/mapsdata* (last accessed 22 January 2013).

Riley, C. (1999) 'Evidential understanding, period knowledge and the development of literacy: a practical approach to "layers of inference" for key stage 3', *Teaching History*, 97, pp.6-12.

공청회 역할극

"주제보다 실제 이슈를 배우는 것이 학생들에게는 더 의미 있고 동기부여가 될 뿐 아니라 맥락적이고 연결된 형태로 정보와 아이디어를 제시할 수 있어 교과 내용이 분절적이고 피상적인 모습으로 다뤄지는 것을 막아 준다."
(Stevenson, 1997, p.183)

도입

학년 말에 예비교사들에게 '최고'의 수업은 무엇이었으며 그 이유가 무엇인지 물어본다. 매년 많은 수의 학생들은 '공청회 역할극(public meeting role play)'을 언급한다. 공청회 역할극을 활용하고 역할극에 대해 성찰해 보는 것이 이제는 수업의 필수적인 부분이 되었다. 초반에는 많은 학생들이 꺼려하거나 걱정하기도 했지만 일단 공청회 역할극을 수행하고 나면 대부분의 학생들은 이 활동을 여러 번 활용했다. 이 장에서는 아래의 질문들을 다룰 것이다.:

▲ 공청회 역할극이란?

▲ 공청회 역할극을 활용하는 목적은 무엇인가?

▲ 공청회 역할극은 지리탐구와 어떻게 연결되는가?

▲ 어떤 종류의 지리적 이슈가 공청회 역할극에 적합한가?

▲ 공청회 역할극을 위해 어떤 준비가 필요한가?

▲ 공청회 역할극에서 교사의 역할은 무엇인가?

공청회 역할극이란?

공청회 역할극은 공청회의 절차를 따라 개발된 수업이다. 공청회 역할극은 실제 공청회와 유사한 점과 차이점이 있다(그림 18.1).

공청회와 유사점	공청회와 차이점
논의해야 할 이슈가 있으며 그와 관련하여 결정을 내려야 한다.	실제 공청회에서는 논의되지 않는 이슈일 수 있다. 즉 정부나 기관들의 회의를 통해 해결될 이슈일 수 있다.
공식적인 의사일정(agenda)이 있다.	실제 상황에서는 모든 그룹이 이슈를 논의하는 데 참여하지 못할 수 있다.
회의를 진행하는 데 활용되는 기본 규칙이 있다.	
이슈에 대한 증거들이 제시된다.	공청회 역할극에 소요되는 시간은 실제 공청회에 비해 훨씬 짧아서 발표는 간단해야 한다.
참석자들은 이슈에 대한 자신들의 견해를 발표하고 다른 사람들의 의견에 질문할 기회가 있다.	공청회 역할극에서는 논리적 주장에 근거하여 최종 결정이 내려질 것이라 가정하지만 실제는 결정에 영향을 미치는 많은 기득권이 있다.

그림 18.1: 공청회 역할극과 실제 공청회와의 유사점과 차이점

공청회 역할극을 활용하는 목적은 무엇인가?

그동안 내가 관찰했던 수업들 중 가장 훌륭하고 기억에 남을 만한 몇몇 수업들은 공청회 역할극이었다. 이들 수업을 다른 수업들과 구분 짓는 대목은 수업 내내 학생들이 지리적 내용에 매우 몰입하게 된다는 점이다. 학생들은 거의 매번 이슈에 대해 토론하면서 교실을 나서는데 이런 모습을 자주 볼 수 있는 것은 아니다. 나르마다(Narmada) 댐[1]에 관한 공청회 역할극을 수행한 학교를 2주 만에 다시 방문했을 때에도 한 여학생은 내게 다가와서 나르마다 댐에 관한 논쟁을 이어가고 싶어 했다.

이슈에 대한 지리적 이해를 촉진시킨다는 점에서 공청회 역할극의 가치를 강조하고 싶다. 공청회 역할극에서 학생들은 이슈와 관련한 좀 더 객관적이고 혹은 좀 더 주관적인 증거들을 이해해야 한다. 장소

---

1) 인도 북서부의 나르마다 강에 댐을 건설하여 지역의 물 부족 문제와 함께 전력난을 해결하려는 프로젝트. 그러나 댐 건설을 위해 50만 명을 강제로 이주시켜야 했고, 삼림이 파괴되었으며, 퇴치하려던 말라리아가 오히려 더 창궐하게 되었고, 광범위한 자연파괴가 발생했다. 역자 주

나 환경에 대한 대부분의 의사결정을 위해서는 이슈의 경제적, 사회적, 환경적, 그리고 가끔은 도덕적 측면과 관련된 다양한 종류의 증거들을 고려해야 한다. 이런 이슈들은 복잡하며, 사람들은 저마다의 가치관에 근거한 다른 의견을 갖고 있다. 공청회 역할극 수업은 다른 관점들을 표현하거나 이러한 관점에 도전하는, 더불어 증거에 기반하여 논리적인 주장을 개발할 수 있는 기회를 제공한다. 공청회 역할극 수업은 단지 실험적인 성격의 교수법도 아니고 흥미를 유발하기 위해 활용하는 것도 아니다. 공청회 역할극의 목적은 이슈에 대한 깊이 있는 이해를 가능하게 하는 것이다.

공청회 역할극에는 다른 이점들도 있다. 학생들이 스스로 무엇인가를 이해하는 것은 대화를 통해서임에도 불구하고 대부분의 교실수업에서는 교사가 대화를 주도한다. 공청회 역할극 수업은 학생들이 주도하며 학생들이 사고하도록 촉진한다. 공청회 역할극 수업은 자신 있게 말할 수 있는 기회를 주는 것과 더불어 필기시험에서는 좋은 성적을 받지 못했던 학생들도 자신의 능력을 발휘하고 존중을 받을 수 있는 기회를 제공한다.

공청회 역할극은 21세기를 준비하는 데 필요한 기술들을 개발해 준다(2장 참조). 학생들은 자신들의 연구를 수행하거나 자신들에게 제시된 자료 속에서 정보를 찾는 능력을 개발하고 자신들의 주장을 남들에게 전달하는 데 필요한 자신감을 키울 수도 있다(정보와 의사소통). 학생들은 로컬, 국가, 글로벌 이슈와 관련된 다양한 관점에 대해 더 잘 알게 된다(시민 리터러시, 세상에 대한 이해, 간문화적 기능). 학생들은 증거를 주의 깊게 볼 수 있는 능력, 그리고 주장에 도전할 수 있는 능력을 기를 수 있다(비판적, 창의적 사고).

마지막으로 공청회 역할극은 대부분 재미있다.

공청회 역할극은 지리탐구와 어떻게 연결되는가?

탐구의 모든 핵심적 요소들은 공청회 역할극을 통해 길러질 수 있다.

알고 싶은 이유 만들기/호기심 유발

분명한 질문이 있고 학생들이 근거를 조사한 다음 상황에 대한 자신들의 주장을 제시해야 하기 때문에 자연스럽게 알아야 할 이유가 생겨난다. 공청회 역할극은 강력하게 동기를 유발한다.

지리자료 활용/근거의 활용

공청회 역할극을 준비하기 위해 학생들은 교사가 제시한 자료를 활용하거나 자신들의 입장을 뒷받침할 자료를 직접 조사해야 한다. 자료는 통계, 그래프, 지도, 사진 등을 포함한다.

이해하기/사고 연습

학생들은 자신의 기존 지식과 이해를 활용하며 이들을 새로운 지식과 연결시킨다. 학생들은 지리적 지식을 활용해 자신의 입장에 적합한 주장을 개발할 뿐 아니라 자신들의 주장과 사고과정을 방어한다. 그들은 근거를 조사하고 전제하고 있는 내용에 의문을 제기함으로써 상대편의 주장을 평가하고 나아가 도전한다.

학습에 대한 성찰

마무리 활동에서 교사는 학생들에게 제시된 모든 주장의 장점과 단점에 대해 생각해 보게 하고, 활동을 통해 학습한 내용과 공청회 역할극이 어느 정도까지 교실 밖 실세계를 반영하는지를 검토하도록 한다. 교사는 학생들의 발표에서 나타난 오류를 수정하고 핵심적 내용들이 제대로 이해되었는지 점검한다.

어떤 종류의 지리적 이슈가 공청회 역할극에 적합한가?

국가교육과정을 반드시 따라야 하는 곳이나 모든 학생들이 공적인 자격시험을 치러야 하는 곳이라면 공청회 역할극은 국가교육과정이 지정한 이슈를 다뤄야 할 것이다. 이슈를 선정하는 데 있어 또 다른 고려사항은 자료를 쉽게 찾을 수 있어야 한다는 점이다. 내 경험으로 본다면 이미 결정이 내려졌고 그에 따른 조치가 취해진 이슈들(예, 도시 외곽에 이미 쇼핑센터가 자리 잡았음에도 도시 외곽에 쇼핑센터를 지어야 하는지를 두고 논쟁하는)은 적합하지 않다. 학생들은 결정을 내리기에 앞서 결정이 내려진 상황에 혼란스러울 수 있다.

네 유형의 이슈들이 공청회 역할극으로 적합하다.

Yes/No 결정하기

이 경우 공청회 역할극에서 내려야 하는 결정은 어떤 것에 찬성하느냐 반대하느냐이다. 예를 들어:

▲ 새로운 개발(예, 슈퍼마켓, 풍력발전단지, 새로운 주택단지)을 위해 특정 위치가 적합한가?
▲ 히드로 공항에 세 번째 활주로를 건설해야 하는가?
▲ 탄소 배출을 줄이라는 국제적 요구에 대한 국가의 대답은 무엇인가?

역할을 통해 학생들은 결정에 찬성 혹은 반대의 주장을 편다. Yes/No는 공청회 마지막에 결정된다.

여러 지역 중 한 곳 선정하기

공청회 역할극에서는 여러 곳 중에서 최선의 입지를 선택해야 한다. 예를 들어:

▲ 새로운 공장이나 사업은 어디에 위치해야 하는가(국내 또는 해외)?
▲ 국제 스포츠 이벤트(예, 올림픽 경기, 월드컵)는 어디서 개최되어야 할까?
▲ 어느 도시가 유럽의 문화수도(European Capital of Culture)로 선정되어야 할까?

역할을 통해 학생들은 경쟁 관계에 있는 다른 입지를 대변한다. 입지 선정과 관련된 결정에 도달하는 것이 목표이다.

정책 결정

공청회 역할극에서는 로컬이나 국가적 수준의 정책을 논의하게 된다. 예를 들어:

탐구를 통한 **지리학습**

▲ 국가의 에너지 정책은 어떠해야 하는가? 어떤 유형의 에너지를 장려해야 할까?

▲ 침식으로 인한 해안지역의 후퇴와 관련하여 어떤 정책을 수립해야 하는가? 경성공법(hard engineering)과 연성공법(soft engineering) 중 어떤 방식을 활용해야 할까?

역할을 통해 학생들은 활용 가능한 정책을 골라 주장을 펼치게 된다. 제시된 정책을 선택 혹은 거부하면서 균형 잡힌 판단을 하는 것이 목표이다.

한정된 자원의 분배

공청회 역할극에서는 한정된 재정적 자원의 분배를 논의하게 된다. 예를 들어:

▲ 옥스팜(Oxfam)은 제안된 프로젝트들 중에서 어떤 것들을 재정적으로 지원해야 할까? 지원금은 어떻게 분배되어야 하는가?

▲ 도시의 서비스를 위한 한정된 재정 지출 상황에서 가장 우선적으로 고려해야 할 사항은 무엇인가?

▲ 도시는 다음에 있을지 모를 지진에 대비하기 위해 한정된 재정을 어떻게 지출해야 할까?

역할을 통해 학생들은 우선순위나 특정 프로젝트를 옹호하게 된다. 지원할 하나 혹은 그 이상의 프로젝트를 결정하고 프로젝트별 지원 금액을 분배하는 것이 목표이다.

공청회 역할극을 위해 어떤 준비가 필요한가?

공청회 역할극을 위해서는 많은 준비가 필요하다. 만일 기존에 만들어진 공청회 역할극을 사용하거나 수정해서 활용한다면, 혹은 네크워크를 통해 지리교사들끼리 제작한 자료를 공유하거나 자신들의 아이디어를 전문 교육잡지를 통해 공개한다면 이러한 준비는 줄어들 것이다.

1단계: 목적 선정

공청회 역할극의 목적은 특정 이슈에 대한 이해를 높이는 것이거나 아니면 일반적 혹은 지리적 기능을 개발하는 것일 수 있다. 국가교육과정을 따라야 하거나 공적인 자격시험을 치러야 한다면 보다 구체적인 목적이나 목표들 즉 기억해야 할 지식, 이해해야 할 개념, 습득해야 할 기능 등을 계획 단계에서 고려해야 한다.

2단계: 역할 만들기

이슈를 위해 활용할 역할을 결정해야 한다. 나는 하나의 논쟁을 두고 6개 이상의 역할을 만들지는 않는다. 어떤 결정에 찬성하는 3개의 그룹과 반대하는 3개의 그룹이 될 수도 있고, 6개의 다른 입지나 정책을 대변하는 6개의 그룹이 될 수도 있다. 일부 학생들은 다른 역할을 맡을 수도 있는데, 예를 들어 몇몇은 공청회의 사회를 보아야 한다. 공청회 진행을 잘하는 14살 된 학생을 본 적이 있기는 하지만 보통이 역할은 교사가 수행한다. 또한 결정을 내리는 학생이나 그룹이 필요하다. 이들은 같은 학급의 학생일 수도 있고 다른 교사들이 이 역할을 대신할 수도 있다.

역할들은 동일한 이슈에 대해 다른 이해(예, 환경적, 사회적, 경제적 이해)를 가진 사람들을 대변할 수있어야 한다. 원하는 정보를 습득할 수 있느냐에 따라 개발할 역할이 결정되기도 한다(예, 이벤트나 공장을 위한 새로운 입지).

3단계: 역할 배분하기

각각의 그룹에 제공할 자료들이 수준에 따라 개별화된 것이 아니라면 그룹별로 다양한 능력을 가진 학생들을 묶어 주는 것이 최선이다. 그래야만 뛰어난 문해능력이나 수리력을 가진 학생들이 다른 학생들을 도와줄 수 있다. 또 다른 방법은 그룹에 맞게 자료를 개별화하는 것이다. 학업성취가 높은 학생들에게는 도전적인 자료를 제시하고, 상대적으로 낮은 학생들에게는 평이한 수준의 자료를 제시하거나 활용 방법을 알려 주는 가이드를 추가로 제시할 수 있다.

성별을 섞을 것인지 아니면 단일 성으로 그룹을 구성할 것인지도 고려해야 한다. 남녀로 구성된 그룹에서 남학생들이 활동을 내내 주도하는 것을 본적이 있다. 여학생은 한 명도 발표하지 않았다. 따라서 남학생들이 토론을 지배하는 경향이 있다면 단일 성으로 역할 그룹을 형성해서 남학생과 여학생 모두가 참여할 수 있도록 하는 것이 좋겠다.

탐구를 통한 **지리학습**

어떤 학생들이 함께 잘 어울리는지를 고려하고, 모든 그룹에 발표에 재능이 있는 학생들이 포함될 수 있도록 하는 것도 필요하다.

4단계: 자료 준비

아래의 자료들이 필요하다.:
▲ 모두에게 필요한 일반적인 정보
▲ 각각의 그룹을 위한 역할카드(핵심적인 주장이나 근거를 찾을 수 있는 정보들을 포함할 수 있다)
▲ 학생들이 정보를 찾아야 한다면 도움이 되는 웹사이트 목록
▲ 발표용 자료(예, 지도, 포스터)
▲ 필기를 위한 워크시트
▲ 의사일정(agenda)

5단계: 의사일정(agenda) 만들기

공청회 역할극 이전의 수업을 활용하거나 숙제를 내 주는 방식으로 의사일정을 준비할 수 있다. 의사일정은 아래의 내용을 포함할 것 같다.:
▲ 사회자의 환영 인사: 이슈를 소개하고 참가한 그룹과 결정을 내릴 그룹을 소개한다.
▲ 사회자: 시간 배분 및 기본 규칙에 대한 정보
▲ 그룹별 주장
▲ 그룹별 질문
▲ 의사결정 그룹의 질문
▲ 중간 마무리
▲ 결정 내용 발표
▲ 최종 마무리

6단계: 마무리 활동 계획하기

공청회 역할극 후 진행될 마무리 활동의 목표는 아래와 같다.:

▲ 자신들의 주장과 발표에 대한 성찰

▲ 학습한 내용의 강화(필요하다면 오개념을 수정한다)

▲ 내려진 결정 및 결정의 근거에 대한 성찰

▲ 제시된 모든 주장들과 이들이 얼마나 근거를 갖고 제시되었는지를 성찰해 봄으로써 자신들의 역할
에서 빠져나올 수 있도록 돕는다.

결정이 내려지기 전에 학생들에게 '어떤 방향으로 결정이 내려질 것 같아? 왜 그렇게 생각하지?'라고
물어보는 것이 좋다.

공청회 역할극의 마무리는 매우 중요하다. 결정이 내려진 직후에 마무리 활동을 진행하는 것이 가장
효과적이겠지만 역할극을 통해 노출된 모든 경험들을 포괄하고 싶다면 다음 차시에 마무리 활동을 이
어 가는 것도 필요하다.

역할극 동안 교사가 기록한 내용을 마무리 활동의 질문으로 던질 수도 있지만 몇몇 질문들은 미리 준
비하는 것이 좋다. 실제 질문들은 역할극을 통해 어떤 내용이 논의되었는가에 달려 있기는 하지만 아
래의 질문들을 포함하게 될 것 같다.:

▲ 어떤 찬성 주장이 가장 강력했으며 왜 그렇게 생각하는가? 어떤 반대 주장이 가장 강력했으며 왜 그
렇게 생각하는가?

▲ 각 지역/정책/프로포절을 위해 가장 강력한 주장은 무엇이었으며 왜 그렇게 생각하는가?(이들 주
장들이 얼마나 근거를 갖고 있는지 검토해 보자).

▲ 의사결정자들은 어떤 가치를 가장 중요하게 고려했을까? 왜 그러한가(경제적, 사회적, 환경적)?

▲ 이러한 결정이 미래에 어떤 영향을 미치게 될까? 영향을 받게 될 사람들은 누구일까? 누가 이익을
보고 손해를 보게 될까?

▲ 왜 이런 방향으로 결정되었다고 생각하는가?

7단계: 추가 활동 계획하기

학생들은 마무리 활동 중간이나 끝난 후에 정리용 워크시트를 작성하게 된다. 마무리 단계에서의 토론
은 학생들의 보고서 작성을 돕는다. 보고서는 주장과 근거를 포함해야 한다. 만일 역할에서 빠져나올

수 있도록 하는 것이 주목적이라면 창의적인 과제를 제시할 수 있다(예, 이슈에 대한 상대편의 주장을 토대로 신문사에 편지 쓰기)

8단계: 교실 준비

공청회 역할극을 진행하는 데 가장 좋은 교실 배치는 모든 학생들이 서로 쳐다볼 수 있는 말발굽 모양의 컨퍼런스 대형이다. 그러나 책상을 얼마나 쉽게 재배열하고 원래대로 돌려놓을 수 있는가를 고려해야 한다. 그룹별로 테이블을 제공하고 사회자나 의사결정자들 앞에 테이블을 놓는 방식이 쉬울 것이다. 각각의 그룹을 위한 푯말을 미리 준비하거나 그룹별로 만들게 할 수도 있다. 지도, 포스터, 의사일정은 모두 볼 수 있도록 전시해 둔다. 시간을 측정하기 위해 초침이 있는 시계가 필요하며 정해진 시간이 되었을 때 알릴 수 있는 종이 있으면 좋다.

공청회 역할극에서 교사의 역할은 무엇인가?

교사의 역할은 학생들이 전개하는 주장과 제공된 정보를 어떻게 활용하는지를 주의 깊게 관찰하고, 마무리 활동 시간에 제기할 만한 내용(좋은 지적, 부정확한 내용, 오개념)들을 기록하는 것이다.

더불어 역할극을 잘 운영해서, 발표되는 모든 주장과 질문, 대답들을 학생들이 듣도록 하는 것이다. 기본적인 규칙(예, 공청회 동안에는 한 번에 한 사람만 발표할 수 있다)을 명확하게 하고 모두가 규칙을 따르게 할 필요가 있다. 만일 교사가 사회자 역할을 하게 된다면 사회자의 권위를 이용하여 학생들이 공청회 규칙에 주의를 기울이도록 하기 수월할 것이다.

시간을 관리하는 것도 중요하다. 발표하거나 질문에 답변하는 데 소요되는 시간을 엄격하게 통제하고 발표와 발표 사이에 시간이 허비되지 않도록 한다.

나는 공청회 역할극을 예비교사들과 많이 활용했고 이들은 중등학교 학생들과 많이 활용했다. 아래에 제시한 예시는 싱가포르에서 지역의 교사들과 함께 작업하면서 제작한 것이다.

예시: 모리셔스(Mauritius)는 2020년까지 관광객의 수를 두 배로 늘려야 할까?

배경

싱가포르의 교사들과 함께 사용할 목적으로 공청회 역할극을 고안했다. 당시 싱가포르의 지리교사들은 탐구 기반으로 새롭게 변경된 O-level 교육과정으로 수업하기 위해 준비 중에 있었다. 나는 지리적 이슈를 조사하고 교육과정이 요구하는 핵심 개념과 기능들을 발전시키는 데 공청회 역할극이 얼마나 기여할 수 있는지를 이들 교사들과 함께 파악하고 싶었다.

나는 '이것이 관광이 나아갈 방향인가?'라는 교육과정의 핵심 질문에 맞춰 글로벌 관광에 초점을 맞추었다. 핵심 질문 아래에는 세 가지 보조 질문이 있다.:
▲ 관광의 본질은 지역별로 어떻게 달라지는가?
▲ 관광은 왜 점차 글로벌 현상이 되어 가는가?
▲ 관광을 개발하기: 어떤 비용을 감당해야 할까?

역할

총 6개의 역할이 있다.:
▲ 모리셔스 정부(제안에 찬성하며 경제적 측면에 집중한다)
▲ 모리셔스 관광청(제안에 찬성하며 환경적 측면에 집중한다)
▲ 호텔업자들(제안에 찬성하며 사회적 측면에 집중한다)
▲ '모리셔스를 사랑하는 사람들(We Love Mauritius)' - 비정부기구(제안에 반대하며 경제적 측면에 집중한다)
▲ 지역주민들(제안에 반대하며 사회적 측면에 집중한다)
▲ '모리셔스 산호초 보존회(Reef Conservation Mauritius)' - 환경단체(제안에 반대하며 환경적 측면에 집중한다)

두 개의 역할이 추가될 수 있다.:
▲ 사회자: 이슈를 소개한다.

▲ 의사결정자: 6명으로 구성되며 근거를 판단하고 각 집단에 질문을 던진다. 공청회의 결과로 정부에 어떤 안을 추천할 것인지 결정한다.

모든 그룹이 자신들의 견해에 영향을 줄 수 있는 경제적, 사회적, 환경적 측면에 대해 발표할 수 있지만 그룹별로 한 측면에만 집중하도록 했다. 시간이 부족하기도 했지만 공청회를 통해 모든 측면들이 다루어지길 바랐고 학생들에게 여러 측면들을 구분해 볼 수 있는 기회를 주고 싶었다.

자료

▲ 인도양에서 모리셔스의 위치를 보여 주는 지도 – 스크린에 비춰 준다.
▲ 모리셔스 지도
▲ 모리셔스 사진 – 스크린에 비춰 준다.
▲ 모든 참가자들을 위한 배경 정보
▲ 역할카드
▲ 필기를 위한 워크시트
▲ 공청회를 위한 의사일정

모든 참가자들에게 동일한 배경 정보를 제공한다(그림 18.2). 각각의 그룹에는 핵심적인 주장을 담고 있는 역할카드와 자신들의 주장을 뒷받침할 근거를 찾을 수 있는 정보를 제공한다(부록 1 참조).

의사일정

1. 사회자: 환영 인사와 함께 이슈와 참여 그룹들을 소개한다.

2. 발표(그룹별로 2분씩 발표하고 필요하다면 종을 쳐서 중지시킨다. 아래 순서대로 발표한다.)
▲ 정부 대표
▲ 모리셔스를 사랑하는 사람들
▲ 호텔업자들
▲ 지역주민들
▲ 관광청

모리셔스(Mauritius)의 배경 정보

모리셔스 정부는 자국을 방문하는 관광객의 수를 2011년 98만 명에서 2020년까지 200만 명으로 늘리고 싶어 한다. 정부는 또한 새로운 호텔에 대한 투자를 촉진하고 있다. 인도, 러시아, 중국, 남아프리카 공화국 등 기존 국가들로부터 더 많은 관광객을 유치할 뿐 아니라 더 많은 국가들에서 방문할 수 있도록 다변화하고자 한다. 비전 2020(모리셔스의 국가장기전망연구)에 따르면 호텔 수용 인원은 현재의 5,300개 객실에서 최대 9,000개까지 늘어날 전망이다. 이러한 '녹색한계(green ceiling)*'를 뛰어넘는 이익은 관광객 수의 증가가 아니라 관광객당 지출 증가를 통해 발생할 것이다.

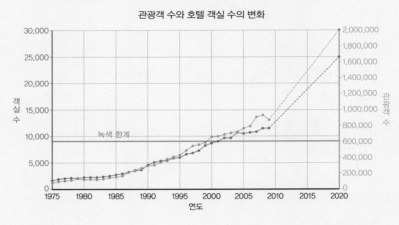

관광객 수와 호텔 객실 수의 변화

모리셔스

모리셔스. 사진: Chrfrenning (CCL)

▲ 유명 관광지인 모리셔스는 하얀색의 모래 해변과 산호초로 유명하다. 모리셔스는 인도양의 마다가스카르 동쪽 해상 북위 20° 동경 57° 지점에 위치해 있다. 모리셔스 섬은 동서로 45km 남북으로 65km의 크기이며, 전체 해안선 둘레는 330km이다. 모리셔스의 수도이자 가장 큰 도시는 포트루이스(Port Louis)이다.

* 모리셔스 섬의 환경을 고려할 때 과도한 개발을 방지할 수 있는 수준의 관광객 수. 여기서는 9,000개의 객실을 의미. 역자 주

▲ 모리셔스는 전형적인 열대기후이며 산지지역은 삼림으로 덮여 있다. 모리셔스는 화산활동으로 생겨났으며 섬 전체는 산호초로 둘러싸여 있어 크리스털처럼 맑은 천연의 석호를 형성한다.
▲ 해안지역의 기온은 겨울철 22℃에서 여름철 34℃ 사이이며 바다의 수온은 22℃와 27℃ 사이에서 변한다. 섬 중앙부의 한낮 기온은 8월의 19℃에서 2월의 26℃ 사이에서 변한다.
▲ 모리셔스에는 약 125만 명이 살고 있으며 인도, 아프리카, 프랑스, 중국으로부터 이주해 온 후손들이 대부분이다. 52%가 힌두교를 믿고, 36%가 기독교, 17%가 이슬람교를 믿는다.
▲ 모리셔스의 경제는 섬유, 관광, 설탕, 서비스의 네 부분으로 구성된다.
▲ 모든 관광시설은 해안 및 해안 주변에 분포한다.

그림 18.2: 모리셔스 배경 정보

▲ 모리셔스 산호초 보존회

5분 동안 상대 그룹에게 던질 질문을 개발한다.

3. 질문 시간(질문과 답변에 각 1분씩)
▲ 각각의 그룹은 질문을 던지고 질문을 받은 그룹은 답변한다.
▲ 의사결정자 그룹은 각각의 그룹에게 질문을 던지고 그룹은 답변한다.

4. 의사결정자들은 최종 결정을 내리기 위해 자리를 떠난다.

5. 결정을 내리는 동안 중간 마무리
▲ 어떤 결정이 내려질 것 같은가? 왜 그렇게 생각하는가?
▲ 어떤 찬성 주장이 가장 강력해 보였는가?
▲ 어떤 반대 주장이 가장 강력해 보였는가?

6. 의사결정자들이 최종결정을 발표하고 이유를 설명한다.

역할극이 끝난 후 마무리

의사결정자들에게 묻는다.:

▲ 여러분이 결정하는 데 가장 중요하게 고려한 이슈는 무엇이었나?

모든 그룹에게 묻는다.:

▲ 내려진 결정이 공정하다고 생각하는가?

▲ 가장 약한 주장은 무엇이었나?

▲ 상대편 주장들 중에서 가장 강력한 것은 무엇이었나?

▲ 만일 관광객이 두 배로 늘어난다면 누가 이익을 얻게 될까?

▲ 누가 가장 많은 손해를 볼까?

▲ 의사결정에 가장 강력하게 영향력을 행사할 수 있을 것 같은 그룹은 어디인가? 왜 그렇게 생각하는가?

▲ 결정에 가장 영향력이 없을 것 같은 그룹은 어디인가? 왜 그렇게 생각하는가?

공청회 역할극이 어떻게 진행되었는지에 대한 성찰

시간 조절은 중요한 이슈이며, 마무리 활동은 수업 시작 후 40분이 지난 다음 시작된다. 준비할 시간을 짧게 갖는 것의 장점은 각각의 그룹이 이슈, 주장, 근거에 쉽게 집중할 수 있다는 것이다. 대부분의 그룹들은 일을 분담하는 데 일부는 2분짜리 발표에 집중하고 나머지는 상대 그룹에 어떤 질문을 던져야 할지를 연구한다. 그러나 대부분의 발표는 종소리와 함께 중단되고, 말하고 싶은 내용의 절반도 발표하지 못한 그룹들도 관찰된다. 어떤 질문을 던지느냐에 따라 달라지지만 대부분의 그룹들은 질문을 하면서 자신들이 하고 싶은 주장을 추가한다.

상대편에 던질 질문을 고민하는 5분은 공청회 역할극을 수차례 시행해 본 다음 추가한 것이다. 이 시간을 통해 학생들은 상대편의 주장을 논의할 수 있게 되었다. 공청회가 생생해지고 학생들이 정말로 주장과 근거에 몰입하게 되는 시기는 질문과 답변을 하는 동안이다. 이때 배정된 시간을 엄격하게 적용할 필요가 있다. 긴 질문은 못하게 했으며 질문에 응답할 시간을 통제하기 위해 종을 활용했다. 공청회 역할극을 위해 더 많은 시간을 사용할 수 있다면 나는 그룹별 발표는 여전히 짧게 유지하면서 질문과 답변을 하는 데 더 많은 시간을 주고 싶다.

그룹별로 자신들의 역할을 준비하는 동안 나는 그들의 논의에 귀를 기울였으며 마무리 활동 때 이야기하고 싶은 내용들을 기록했다. 그리고 각각의 그룹별로 발표를 통해 전달하고 싶은 핵심적인 내용이 무엇인지 물었다. 이를 통해 핵심적인 경제적, 사회-문화적, 환경적 주장들이 명확하게 제기될 수 있었을 뿐 아니라 각 그룹에 자신감을 더해 주었다. 나는 질문에 답했으며 추가적인 정보를 제공하고 일부 오개념을 수정했다.

가끔 공청회 역할극 도중에 필기용 워크시트를 채우는 학생들이 있다. 어떤 때는 마무리 활동 전에 학생들에게 기억할 수 있는 내용을 최대한 살려 필기하게 한다. 놀라운 점은 공청회 역할극 전에는 모리셔스에 대해 아는 학생들이 거의 없었지만 역할극의 논쟁과 논의를 통해 학생들은 지식을 얻고 핵심적인 이슈를 이해했다고 느꼈다는 점이다.

의사결정 그룹은 공청회 역할극에 사용된 모든 자료를 갖고 있었다. 처음 역할극을 시도할 때는 그룹별 역할카드를 제공하지 않았지만 역할카드를 제공했을 때 각 그룹의 주장에 더 집중하고, 그룹별 자료를 연구하고, 발표에 주의를 기울이고, 더 좋은 질문을 생각해 냈다. 이러한 변화는 이들 그룹이 공청회 활동에 더 깊이 참여할 수 있도록 하였다.

중간, 최종 마무리 활동 동안 학생들이 자신들의 역할에서 벗어날 수 있도록 상대편 주장의 강점과 자신들 주장의 약점에 집중하도록 했다.

나는 공청회 역할극에 참여하는 학생들이 '강력한 근거를 통해 가장 훌륭한 주장을 펼친 그룹이 의사결정에 가장 큰 영향을 미칠 것이다.'라는 결론을 내리길 바라지 않는다. 지리적 이슈와 관련한 대부분의 의사결정에서 일부 집단은 다른 집단들에 비해 더 많은 영향력을 행사할 수 있는 권력을 갖고 있다. 이 사례에서도 관광산업의 확대를 주장하는 집단 - 정부, 호텔업자들, 관광청 -은 더 강력하고 돈도 많다. 반면 반대하는 집단 - 모리셔스를 사랑하는 사람들, 지역주민들, 산호초 보존회 -은 규모가 작고 힘이 없으며 재정지원도 적기 때문에 실제로는 의사결정에 많은 영향을 줄 것 같지 않다. 의사결정에 영향력을 발휘하거나 결정할 수 있는 집단을 마무리 활동 시간에 논의하는 것은 중요하다. 그동안 공청회 역할극을 10번 넘게 수행했으며 대체로 관광산업의 확대 쪽으로 결정났다. 반대 주장들도 잘 전달되었음에도 불구하고, 모리셔스의 경제적 필요에 대한 주장들이 고용이나 환경보전에 대한 주장들을 압도하는 모습이었다. 종종 의사결정 그룹은 관광산업의 확대 쪽으로 결정을 내리면서도 산호초 보존 단체 및 지역주민들과 논의하는 절차가 마련되어야 한다는 조건을 제시하기도 했다. 이 내용은 검토하고 논의하기에 매우 유용하다.

요약

공청회 역할극 수업을 통해 학생들은 지리적 이슈를 논의하고 이슈에 얽힌 다양한 주장들과 근거 그리고 가치들을 조사할 수 있다. 학생들은 논의과정을 통해 지식과 이해를 높이며 다양한 탐구 및 일반적 기능을 개발할 수 있다.

연구를 위한 제안

공청회 역할극의 활용을 조사하라. 공청회 역할극을 통해 학생들이 얼마나 복잡한 이슈를 이해할 수 있고 이해집단들이 활용하는 여러 유형의 근거들과 의사결정에서 권력 관계를 얼마나 비판적으로 이해할 수 있는지 조사하라. 역할극을 준비하는 학생들과 역할극 자체 그리고 마무리 활동에 대한 관찰 노트, 동영상과 음성녹음, 학생들의 필기, 설문이나 인터뷰 등의 데이터를 수집할 수 있다.

참고문헌

Stevenson, R. (1997) 'Developing habits of environmental thoughtfulness through the in-depth study of select environmental issues', *Canadian journal of Environmental Education*, 2, pp.183-281. Available online at *http://jee.lakeheadu.ca/index.php/cjee/article/viewFile/361/340* (last accessed 22 January 2013).

DARTs

"복잡한 아이디어를 이해하고, 다양한 측면을 가진 관점을 다루고, 추상적 사고를 처리할 수 있는 능력은 한 개인의 폭넓은 독서 경험과 답이 정해지지 않은 도전적인 토론을 통해 개발된다." (Rosen, 2008)

흔히 DARTs라고 축약되는 텍스트 관련 활동(Directed activities related to text)은 원래 1970년대 읽기의 효과적 활용을 위한 학교 위원회(Schools Council Effective Use of Reading)의 프로젝트를 통해 개발되었다(Lunzer & Gardner, 1979). 교육과정 전반에 걸친 연구를 통해 학교교육이 학생들의 텍스트 읽기를 전혀 도와주지 못하고 있다는 사실이 발견되었다. 대부분의 읽기는 아주 짧은 시간 동안 진행되었으며 이런 방식으로는 이해를 이끌어 낼 것 같지 않았다. 좀 더 긴 시간 동안의 읽기는 종종 숙제로 제시되었다. 일반적인 교실활동은 학생들이 텍스트의 전체적인 의미를 논의할 수 있도록 하기 보다는 텍스트 속에 포함된 정보를 찾아내도록 요구했다. 프로젝트는 텍스트의 구조와 의미에 초점을 둔 다양한 활동들을 개발했다.

이 장에서는 아래의 질문을 다룰 것이다.:
▲ DARTs는 무엇인가?
▲ DARTs를 활용하는 목적은 무엇인가?
▲ DARTs를 활용하려 할 때 무엇을 고려해야 하는가?
▲ DARTs를 활용하는 절차는 무엇인가?
▲ 어떤 이슈들이 DARTs와 관련 있는가?

다음으로 DARTs가 어떻게 활용될 수 있는지를 보여 주는 몇 가지 사례를 보여 줄 것이다.:

▲ 내 아이팟(iPod)은 어디서 만들어질까?

▲ 노퍽브로즈(Norfolk Broads)[1]의 부영양화 해결하기

▲ 드럼린

DARTs는 무엇인가?

DARTs는 구조화된 활동으로 학생들의 텍스트 이해를 돕기 위해 개발되었다. DARTs에는 두 가지 유형이 있다.

재구성 DARTs(Reconstruction DARTs)

재구성 DARTs는 분절된 형태의 텍스트를 학생들이 종합하도록 한다. 재구성 DARTs에는 두 유형이 있다.:

▲ 다이어그램 완성하기: 학생들에게 텍스트(예, 화산의 구조를 설명)와 함께 다이어그램(예, 화산의 구조를 표현)을 제시한다. 다이어그램에는 텍스트로 된 정보들이 모두 삭제되어 있다. 학생들은 제시된 텍스트를 읽고 다이어그램의 삭제된 정보들을 정확하게 기입해야 한다. 이 유형의 DARTs는 구조에 초점을 둔 것이다.

▲ 텍스트 배열하기(역시 다이어그램을 추가할 수 있다): 학생들에게 순서를 기술한 텍스트(예, 산업화 과정, 도시의 성장, 해안 침식)를 제시한다. 이때 텍스트는 각각의 단계별로 분할되어 있다. 학생들은 분할된 텍스트를 올바른 순서에 맞춰 배열해야 한다. 만일 다이어그램이 사용된다면 학생들의 임무는 텍스트를 다이어그램과 연결시키는 것이다. 이 유형의 DARTs는 변화와 프로세스(process)에 초점을 맞춘 것이다.

---

1) 영국 노퍽(Norfolk)에 위치한 총면적 303km²의 습지대로 특별 보호를 받고 있는 지역이다. '브로즈'란 이 일대의 호수를 가리키는 말이다. 노퍽브로즈 내에 7개의 강과 63개의 호수가 있다. 역자 주

분석과 재구성 DARTs(Analysis and reconstruction DARTs)

분석과 재구성 DARTs에서는 학생들에게 텍스트 전체를 제시한다. 이때 텍스트는 학생들이 더 쉽게 이해할 수 있도록 혹은 학생들이 조사하는 내용에 더 적합하도록 변형한다. 분석과 재구성 DARTs에서 학생들은 텍스트에 표시를 해야 한다. 그래서 교과서를 활용할 계획이라면 미리 복사를 해 두어야 한다. 이 유형의 활동은 두 단계로 구성된다.:

▲ 밑줄 긋거나 문단의 첫머리에 기록하는 방식으로 텍스트를 분석한다.
▲ 텍스트를 다른 형태(예, 표)로 재구성한다.

DARTs를 활용하는 목적은 무엇인가?

DARTs를 활용하는 주된 목적은 학생들이 읽은 내용을 이해하도록 하기 위함이다. 제시된 질문에 답하기 위해 텍스트에 포함된 정보들을 찾게 하는 것이 아니라 DARTs는 텍스트 전체를 이해할 수 있도록 해야 한다. DARTs에서는 다양한 지리적 카테고리를 활용해 텍스트를 분석하는 것이 가능하기 때문에 학생들의 지리적 사고를 개발할 수 있다(그림 19.1). 완성된 형태의 재구성 DARTs는 토론을 위한 초점

지리적 텍스트 분석하기	텍스트를 재구성하는 여러 방법들
지리적 텍스트를 다양한 카테고리를 이용하여 다양한 방식으로 분석하는 것이 가능하다. 예를 들어: ▲ 경제적, 사회적, 환경적, 문화적, 정치적, 기술적 (요인이나 영향) ▲ 로컬, 국가적, 국제적, 글로벌 (요인, 영향, 함의) ▲ 원인, 결과, 함의 ▲ 자연적 원인 ▲ 인문적 원인 ▲ 자연의 영향과 인간의 영향 ▲ 단기적 영향과 장기적 영향 ▲ 누가 이익을 얻고 누가 손해를 보는가? ▲ 이익과 손해 ▲ 찬성하는 주장과 반대하는 주장 ▲ 사실과 의견 ▲ 중요한 의견과 중요하지 않은 의견	텍스트를 분석한 뒤 여러 가지 방법으로 재구성할 수 있다. 예를 들어: ▲ 표 ▲ 스파이더 다이어그램 ▲ 마인드맵 ▲ 개념지도 ▲ 플로 다이어그램 ▲ 그림 ▲ 주석이 있는(annotated) 다이어그램 ▲ 스토리보드 ▲ 실물 만들기(예, 모델)

그림 19.1: 분석과 재구성 DARTs

으로도 활용이 가능하다.

DARTs 활동을 통해 다른 텍스트에도 적용할 수 있는 분석기술을 기를 수 있다. DARTs는 학생들에게 텍스트를 기록하는 다양한 방법(예, 표, 다이어그램, 플로 차트)을 소개한다.

DARTs를 활용하려 할 때 무엇을 고려해야 하는가?

▲ DARTs 활동을 학생들에게 어떻게 소개할 것인가? 즉 학생들은 DARTs 활동이 자신들이 조사하고 있는 이슈를 이해하는 데 어떻게 기여할 수 있는지 알아야 한다.

▲ 주제나 이슈를 조사하는 데 활용할 수 있는 좋은 지리적 텍스트 자료가 있는가?

▲ 텍스트를 학생들의 연령이나 문해력에 맞게 적절하게 변형해야 하는가?

▲ 텍스트와 함께 다이어그램을 제공한다면, 재구성 DARTs(텍스트 순서 맞추기, 다이어그램 완성하기)로 활용할 수 있도록 텍스트를 나누거나 다이어그램과 텍스트를 따로 제시하는 것이 좋을까?

▲ 텍스트는 구조가 명확하여 분석하기 쉬운가? 텍스트 분석을 위해 어떤 카테고리를 이용할 수 있을까?(그림 19.1)

▲ 전체적인 의미를 끌어 내려면 텍스트는 어떻게 재구성되어야 하는가?(그림 19.1)

▲ DARTs 활동을 어떤 형태[개인별, 짝, 소그룹(3~4명)]로 진행할 것인가?

▲ 얼마나 오랫동안 학생들은 DARTs 활동을 수행할 것인가?

▲ 학생들에게 어떤 지원을 제공할 것인가? 예를 들어 활동의 과정을 시범적으로 보여 줄 것인가? 다른 텍스트를 토대로 완성된 결과물을 보여 줄 것인가? 아니면 토론을 통해 개인이나 소그룹을 도와줄 것인가?

▲ DARTs 활동을 어떻게 마무리할 것인가?

DARTs를 활용하는 절차는 무엇인가?

학생들은 자신들이 조사하는 핵심 질문과 DARTs를 활용하는 목적을 알고 있어야 한다. 한편 교사는 호기심을 유발할 수 있는 자료를 만들어 학생들이 '알고 싶도록' 만들어야 한다.

일반적으로 학생들은 짝이나 소그룹으로 활동하며 이러한 구성은 텍스트의 의미에 대한 학생들 간의 토론을 촉진시킨다. 학생들에게는 텍스트를 조심스럽게 관찰할 필요가 있는 증거처럼 제시한다. 재구성 DARTs는 봉투에 담아 짝이나 소그룹별로 제시하며 분석과 재구성 DARTs는 자료를 모든 개별 학생들에게 제시한다.

원래 DART 프로젝트에 따르면 교사는 텍스트를 크게 소리 내서 읽어야 한다. 이러한 과정을 통해 학생들은 지리적 언어를 들을 수 있고 텍스트를 분석하기 전에 어휘의 의미를 명확하게 이해할 수 있다. 이 과정은 학업능력이 다른 학생들로 구성된 학급에서 실행할 경우 특히 유용하다.

학생들에게 활용 방법을 제시하되 안내문과 더불어 말로도 설명해 주는 것이 좋다(그림 19.2). 그리고

DART 활용하기

아래의 활용 방법은 텍스트의 성격에 맞춰 조정될 수 있다.

다이어그램 완성하기를 위한 안내

▲ 당신은 다이어그램에서 삭제된 정보를 채워야 한다.
▲ ~에 대한 텍스트를 읽어라.
▲ ~의 구조와 관련된 단어들을 모두 찾아 밑줄 그어라.
▲ ~의 구조와 관련 있는 단어들의 목록을 작성하라(교과서를 사용한다면).
▲ 단어 목록을 보고 다이어그램의 정보를 정확하게 채워라.

텍스트와 그림 배열하기

▲ 봉투 속에는 여러 텍스트와 그림들이 있다.
▲ 텍스트를 그림과 정확하게 연결하라.
▲ 텍스트(혹은 그림)를 정확한 순서대로 배열하라.

분석과 재구성 DART: 문장(paragraph)에 제목 붙이기

▲ ~에 대한 텍스트를 읽어라.
▲ 각각의 문장이 무엇에 대한 것인지 논의하라.
▲ 각각의 문장에 어울리는 제목을 적어라.
▲ 전체 문장에 어울리는 제목을 (텍스트나 종이 위에) 적어라.

▲ 각각의 제목에 적합한 정보를 제시하라. 해당 정보를 동그라미 표시하거나 제목 아래에 적어 보자.

분석과 재구성 DART: 밑줄 긋고 재구성하기

▲ ~에 대한 텍스트를 읽어라.
▲ ~와 관련된 모든 부분을 밑줄 그어라.
▲ ~와 관련된 모든 부분들을 다른 방식으로 밑줄 그어라.
▲ ~와 관련된 모든 부분들을 또 다른 방식으로 밑줄 그어라.
▲ 당신이 밑줄 친 정보들을 활용해 아래 제시된 방법에 따라 수행하라.(택 1):

1. (표를 이용한 재구성) 각각의 범주를 분류 항목으로 활용하여 표를 작성하라. 각각의 분류 항목과 관련된 정보들을 표에 나열하라(부제를 사용할 경우 표를 더 세분할 수도 있다).
2. (마인드맵을 활용한 재구성) 밑줄 그은 부분들을 이용해 마인드맵을 작성하라. 주요 범주들이 마인드맵의 굵은 줄기가 되며 각각의 범주와 관련된 정보들은 가는 줄기가 된다.
3. (그림으로 표현하는 방식으로 재구성) 범주를 활용하여 텍스트를 그림이나 다이어그램으로 표현하라. 텍스트의 모든 정보들이 그림이나 다이어그램에 포함될 수 있도록 노력하라. 주의: 그림을 그린다면 단순한 그림으로 표현하거나 사람을 졸라맨처럼 표현해도 된다. 이 활동을 위해 아티스트가 될 필요는 없다.

그림 19.2: DART 활동을 위한 학생 안내문

활동시간도 알려 준다.

분석과 재구성 DARTs에서 학생들은 텍스트를 재구성하기에 앞서 전체 텍스트를 분석해야 한다. 학생들이 작업하는 동안 교사는 학생들의 논의에 귀를 기울이고 활동의 마무리 시간에 언급하고 싶은 내용들은 기억해 두어야 한다. 필요한 경우 도움을 제공한다.

텍스트의 의미를 물어보는 질문을 통해 활동을 마무리한다. 만일 DART가 정답이 있는 닫힌 형태라면 마무리는 정답이나 정답으로 간주할 수 있는 재구성에 초점을 맞춘다. 만일 DART가 열린 형태라면 학생들은 자신들의 재구성 결과를 학급에서 발표하고 설명할 수 있다. 마무리 활동에서는 학생들이 어떻게 텍스트로 표현했는지, 어느 정도까지 텍스트의 의미를 이해했는지에 초점을 맞춘다. '이 텍스트는 근거로서 얼마나 사실적인가? 이 주제를 위해 어떤 다른 정보들이 필요한가? 이것을 어디서 찾을 수 있을까?'와 같은 질문을 통해 지리탐구의 맥락에서 활동을 마무리하는 것도 가능하다.

학생들이 DARTs와 지리정보 분석을 위한 범주에 익숙하다면 숙제로도 제시할 수 있을 것이다.

어떤 이슈들이 DARTs와 관련 있는가?

DARTs가 정답('right answer')으로 표를 재구성하는 것이라면 학생들은 DARTs를 단순한 연습문제쯤으로 생각할 수 있다. 텍스트를 근거로 활용하고 싶다면, DART 활동이 핵심 질문에 대한 답을 찾는 데 어떻게 기여했는지를 마무리 단계에서 논의할 수 있다. DART 활동을 처음 수행할 때 학생들은 교사가 활동을 설계한 방식으로만 활용한다. DART 활동을 통해 학생들은 스스로 밑줄 긋고 재구성하면서 텍스트를 분석하고, 자신만의 노트를 작성하고, 복습하고, 웹사이트에서 찾은 텍스트를 이해하는 데 활용할 수 있는 전략을 습득할 수 있다.

텍스트는 학생들이 분석할 수 있도록 상대적으로 잘 구조화되어야 한다. 텍스트를 분석함으로써 의미를 명료하게 전달할 수 있는 방식과 주장을 구조화하는 방식을 이해하게 된다. 이러한 경험을 통해 학생들은 자신의 글을 작성할 때 구조와 주장에 대해 생각할 수 있다.

예시들

재구성 DART: 텍스트 배열하기: 내 아이팟(iPod)은 어디서 만들어질까?

영국지리교육협회(GA)에서 GCSE 지리에 맞춰 출간한 *Going Global?*(Owen, 2010)의 두 번째 수업 아이디어는 DART 활동을 포함하고 있다. 이 활동은 아이팟(iPod)의 생산 단계별 지역에 대한 이해를 돕기 위해 만들어졌다. 학생들에게는 한 세트의 카드가 주어지는데 학생들은 카드를 생산 순서대로 배열하고 더불어 1차, 2차, 3차, 4차 생산으로 분류해야 한다. 누가 판매 가격의 얼마만큼을 가져가는지 와 생산 단계별 입지의 특성은 마무리 단계에서 논의하기 좋은 주제이다.

분석과 재구성 DART: 노퍽브로즈(Norfolk Broads)의 부영양화 해결하기

이 DART 활동은 부영영화 개념에 대한 것으로 텍스트를 분석하고 그림 및 다이어그램 형태로 재구성하는 방식이다. 그림 및 다이어그램으로 재구성하는 방식은 텍스트로 재구성하는 것에 비해 더 많은 생각을 요구한다. 이 활동은 창의성이 발현될 여지가 많고 호기심을 자극하며 학생들도 좋아한다.

설명(그림 19.3)을 보면 학생들은 제시된 정보들을 원인, 영향, 해결책으로 구분해 밑줄 긋는 방식으로 텍스트를 분석한다.

이 활동을 활용할 때 나는 소그룹별로 분석한 내용을 그림으로 표현하도록 한다. 몇몇 그룹은 이 활동을 그림으로 표현하는 것으로 이해했고(그림 19.4), 다른 그룹은 마인드맵(그림 19.5) 과제로 이해했다. 또 다른 그룹에서는 다이어그램으로 표현하기도 했다(그림 19.6).

학생들이 재구성하는 동안 나는 그림이 무엇을 나타내는 것인지를 묻거나 학생들이 얼마나 정확하게 이해했는지를 파악했으며 텍스트에 포함되었던 내용들을 전부 표현했는지 확인해 보도록 했다.

DART의 활용에서 흥미로운 부분은 학생들이 텍스트를 여러 번 읽고 세부적인 내용들을 점검해야 한다는 점이다. 재구성 작업이 끝났음에도 학생들은 종종 더 추가할 내용은 없는지 확인하기 위해 텍스트를 다시 읽기도 했다. 이런 방식의 읽기나 이해는 일반적인 수업 상황에서의 읽기보다 강도가 세다.

부영양화

정의: 부영양화는 수중생태계에 영양분이 풍부해진 상태를 의미하며 과도한 식물의 성장과 수중생물에게는 산소량의 감소를 가져온다.

임무

1. 텍스트를 주의해서 읽어라.
2. 부영양화의 원인을 찾아 밑줄 그어라.
3. 부영양화가 미치는 영향을 찾아 다른 방식으로 밑줄 그어라.
4. 부영양화 문제의 해결책을 찾아 또다른 방식으로 밑줄 그어라.
5. 밑줄 그은 내용들을 그림이나 다이어그램으로 재구성하라.

노퍽브로즈(Norfolk Broads) – 강과 호수가 연결된 지역으로 야생동물에게는 귀중한 서식처이며 영국에서 보트 타기로 유명한 지역 중 한 곳이다. 노퍽브로즈의 부영양화 문제는 수년 동안 이 지역의 중요한 이슈였다.

노퍽브로즈 및 수로와 인접한 대부분의 지역은 농지이다. 생산량을 증가시키기 위한 질산염과 같은 화학적 비료의 사용은 지난 60년 동안 급격하게 증가했다. 비가 오면 농지로부터 질산염이 씻겨 내려와 노퍽브로즈로 흘러든다. 게다가 지역 인구와 관광객의 증가로 하수처리장으로부터 노퍽브로즈로 흘러드는 인산염이 증가했다. 이 지역에는 3차 하수처리 시설이 부족해 오폐수에서 인산염을 제대로 제거하지 못하고 있다.

질산염과 인산염은 식물들 특히 빠르게 증식하는 조류에는 훌륭한 영양분이 된다. 노퍽브로즈의 많은 지역은 녹조('algal blooms')로 덮여 물이 녹색으로 보인다. 조류가 빠르게 성장하게 되면 수중의 산소량이 감소할 뿐 아니라 녹조는 햇빛을 차단하게 된다. 부족한 산소와 햇볕으로 인해 많은 수중식물과 동물들은 살 수 없게 된다. 조류를 제외한 다른 생물들은 곧 죽는다. 조류도 빨리 죽는데 이렇게 죽은 조류의 사체는 노퍽브로즈의 바닥에 축적된다. 네크론(necron) 진흙이라 불리는 이 물질은 천천히 분해되면서 산소를 소비한다. 네크론 진흙으로 인해 산소량은 더욱 감소할 뿐 아니라 바닥을 채우면서 수심을 낮추는 역할도 한다. 이에 따라 깊은 수심에 사는 생물들은 자취를 감추게 되고 이러한 상황이 지속될 경우 노퍽브로즈는 네크론 진흙으로 가득 차게 되어 결국엔 사라질 것이다. 게다가 보트 관광객들이 노를 이용해 영양분이 풍부한 네크론 진흙을 저을 경우 부영양화는 가속화된다.

이 문제는 해결될 수 있다. 1990년 이후 하수처리 시설에 대한 투자를 통해 유출되는 인산염의 양이 줄었으며 이를 통해 노퍽브로즈의 영양분 집중 현상도 감소하였다. 결과적으로 조류의 감소를 가져왔을 뿐 아니라 다른 동식물들이 다시 자리 잡을 수 있도록 하였다. 더불어 수질도 깨끗해졌다.

노퍽 야생동물 트러스트(Norfolk Wildlife Trust)는 재생 프로그램을 시작했다. 예를 들어 콕숏브로드(Cockshoot Broad)*의 경우 연결된 다른 하천들의 유입을 막은 다음 바닥에 쌓인 네크론 진흙을 퍼냈다. 1년 후에는 원래 그곳에 살던 동식물을 다시 데려왔다. 보트가 갈 수 없는 곳들이 생기기 때문에 이런 방법이 장점만 있는 것은 아니다.

* 노퍽브로즈의 일부 지역. 역자 주

그림 19.3: DART의 활용을 위한 학생 안내문

매우 다른 모습의 그림을 작성한 두 그룹을 골라 부영양화의 과정에 대해 설명하게 하였다. 학생들은 제시되었던 텍스트를 보지 않고도 설명을 할 수 있을 뿐 아니라 부영양화의 과정에 대해서도 잘 이해하고 있었다. 마무리 활동에서는 몇몇 그룹에서는 강조되었지만 다른 그룹에서는 누락되었던 내용들을 검토하거나, 어떤 아이디어들이 표현하기 어려웠는지, DART 활동을 통해 배운 내용이 무엇인지를 논의하였다.

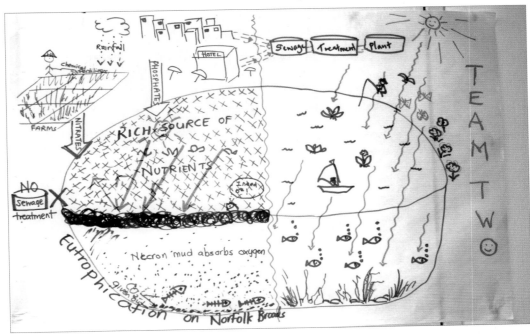

그림 19.4: 부영양화를 그림으로 재구성한 사례. 사진: Margaret Roberts

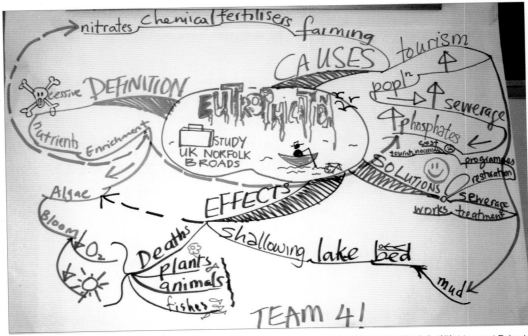

그림 19.5: 부영양화를 마인드맵으로 재구성한 사례. 사진: Margaret Roberts

그림 19.6: 부영양화를 설명하는 텍스트를 다이어그램으로 표현하는 모습. 사진: Margaret Roberts

재구성을 위해 학생들이 작성한 우수한 마인드맵, 그림, 다이어그램은 다른 주제를 다루는 DART 활동을 수행하는 학생들에게 예시로 보여 줄 수 있어서 보관하는 것이 좋다.

드럼린

A-level 학생들은 모형으로 표현할 수 있는 내용들을 골라 밑줄 긋는 방식으로 드럼린에 대한 텍스트(그림 19.7)를 분석하였다. 그런 다음 학생들은 모래를 활용해 모형을 만들고 그곳에 설명을 덧붙이는 방식으로 텍스트를 재구성하였다(그림 19.8).

연구를 위한 제안

1. DART 활동을 개발하고 활용하라. 학생들이 작성한 결과물과 인터뷰를 통해 활용과 관련한 데이터를 수집하라.

드럼린

드럼린은 빙하의 유동 방향과 평행하게 형성된 타원 형태의 구릉지로 표력점토로 구성되며 빙하 또는 빙상 아래에서 형성된 것이다. 드럼린의 규모에 대한 엄격한 기준은 없으며 길이는 수 km, 높이는 50m에 달한다. 과거 빙하로 덮였던 지역에서는 광범위하게 분포하며 특히 캐나다, 아일랜드, 스웨덴, 핀란드에 많다. 드럼린은 플루트(flute), 거대 스케일의 빙하성 선구조(mega-scale glacial lineation), 모레인과 함께 주빙하 지형으로 간주된다. 드럼린의 형성에 대해서는 아직 논쟁의 여지가 있지만 드럼린을 소재로 DART 재구성 활동을 해보는 것은 매우 유용하다. 드럼린은 둥근 언덕을 뜻하는 게일어(Gaelic)에서 유래하였다.

드럼린의 형태는 다양한데 일반적으로는 완만한 유선형 모양의 구릉지며 장축 방향으로 반쯤 땅에 묻힌 계란의 형태를 닮았다. 드럼린은 단독으로 분포하기보다는 수천 개씩 군집으로 분포한다. 군집 속의 드럼린들은 형태와 장축의 방향이 모두 유사하며 서로 떨어진 거리가 장축의 2~3배 정도에 달할 만큼 서로 가깝게 밀집해 있다. 상류 방향 쪽에 가장 고도가 높은 지점이 있고 꼬리 쪽으로 갈수록 완만하게 낮아진다. 상류 방향의 가장 높은 끝 지점을 '스토스엔드(stoss end)'라 하며, 하류 쪽 끝부분을 '리(lee)'라 부른다. 드럼린은 장축과 단축의 길이 비율을 계산하여 형태를 결정하는데 일반적으로 장축과 단축의 비율은 2:1에서 7:1 사이에 속한다. 드럼린은 방추(spindle)를 닮은 형태에서부터 바르한 사구와 같이 두 개의 꼬리를 가진 형태 그리고 완벽한 원 모양을 한 것도 있다.

그림 19.7: 분석 및 재구성 DART를 위한 드럼린 관련 텍스트. 출처: www.sheffield.ac.uk/drumlins/drumlins

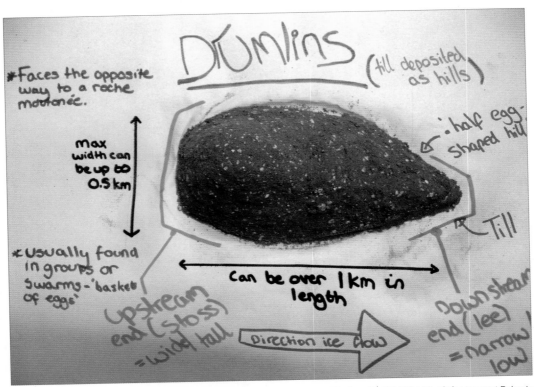

그림 19.8: 모래를 활용해 드럼린에 대한 텍스트를 재구성한 사례. 사진: Margaret Roberts

2. 숙제를 위해 DART를 활용하거나 인터넷에서 발견한 텍스트를 DART로 활용하도록 하라. DART가 얼마나 학습을 지원하는지 평가하라.

참고문헌

Lunzer, E. and Gardner, K. (1979) *The Effective Use of Reading*. Oxford: Heinemann.

Naish, M. and Warn, S. (eds) (1994) *16-19 Core Geography*. Harlow: Longman.

Owen, C. (2010) *Going Global? A study of our interconnected world*. Sheffield: Geographical Association.

Rosen, M. (2008) *'Death of the bookworm', the Guardian*, 16 September.

설문조사 활용하기

"… 구조화된 질문들은 애매함이나 편견 없이 필요한 정보들을 구할 목적으로 조심스럽게 설계되었다. 모든 응답자들이 동일한 방식과 동일한 순서대로 동일한 질문에 답한다. 이는 인터뷰에서 사용되는 개방형 질문과 대비되는 것이다." (Johnston et al., 2000)

설문조사는 종종 야외조사 활동과 연결되지만 교실 내에서의 탐구에도 활용될 수 있다.

이 장에서는 아래의 질문들을 다룰 것이다.:

▲ 지리교육에서 설문조사를 활용하는 목적은 무엇인가?

▲ 설문조사에 적합한 지리적 이슈나 주제는 무엇인가?

▲ 설문조사를 개발하고 활용할 때 무엇을 고려해야 하는가?

▲ 학생들이 좋은 설문지를 만들 수 있도록 어떻게 도울 수 있을까?

▲ 설문조사 방법의 한계는 무엇인가?

지리교육에서 설문조사를 활용하는 목적은 무엇인가?

설문조사를 활용해야 하는 몇 가지 이유가 있다. 학생들이 스스로 데이터를 수집하면, 그들은 데이터가 세상과 어떻게 연결되어 있는지를 알게 된다. 또한 탐구의 전체 과정(질문 찾기, 근거 수집하기, 근거 해석하기, 결론 도출하고 자신들의 조사 평가하기)에도 참여할 수 있다. 학생들은 데이터가 어떻게 수집되었고 어떻게 표현되었는지 알기 때문에 데이터와 결론에 대해 더 비판적일 수 있게 된다.

학생들은 지리적 혹은 일반적 기능들(예, 명료한 지리적 질문 개발하기, 범주 선택하기, 더하거나 평균하는 방식으로 양적 데이터 통합하기, 설문조사에 응답하는 사람들과 의사소통하기, 데이터를 그래픽으로 표현하고 보고서 작성하기)을 실제적인 맥락 속에서 개발할 수 있다. 또한 표본 추출, 신뢰도, 타당도와 같은 개념들을 이해할 수 있다(그림 20.1).

학생들이 교과서나 미디어를 통해 접하게 되는 2차 데이터의 일부는 설문조사를 통해 수집된 것이다. 만일 학생들에게 이러한 유형의 지식이 어떻게 구성되었는지를 알려 주고 싶다면 학생들이 설문조사

표본 추출

특정 질문에 응답할 수 있는 모든 사람들을 조사하는 것은 불가능하다. 그래서 연구자들은 다양한 방법을 이용해서 전체 모집단의 표본으로부터 데이터를 수집한다.

▲ 확률적 표본 추출(Probability sampling)은 선정된 샘플이 모집단을 대표한다는 아이디어에 기초하며, 무작위, 체계적, 층화 표본 추출을 포함한다.

▲ 무작위 표본 추출(Random sampling)은 대규모의 샘플링을 위해 사용되며, 종종 난수(random digits)를 활용한다(예, 전화번호부에서 페이지 수와 줄 수를 이용해 대상자 선정).

▲ 체계적 표본 추출(Systematic sampling)은 무작위 표본 추출과 유사한데, 예를 들어 전화번호부에서 매 x번째 사람을 선택하는 방식이다.

▲ 층화 표본 추출(Stratified sampling)은 대상자에 대한 적절한 카테고리가 반영될 수 있도록 하는 방식이다. 예를 들어, 연령대 및 성비를 반영할 수 있다.

▲ 비확률적 표본 추출(Non-probability sampling)은 설문 대상자의 수가 적거나 특정 목적(예, 기존 지식에 추가적인 정보를 더하거나 사고를 변화시키기 위해)을 위해 일일이 대상자를 선택하는 경우이다.

▲ 편의 추출(Convenience sampling)은 연구자의 편의를 반영한 것으로, 연구자가 대상자를 구하기 쉽기 때문에 선택되지만 엄격한 신뢰를 요구하는 연구에는 사용될 수 없다.

신뢰도

설문조사를 통해 획득된 데이터는, 만일 다른 경우에 적용해도 같은 결과를 얻을 수 있거나 다른 사람이 동일한 설문조사를 실시했을 때에도 결과가 같다면 그 데이터는 신뢰할 만하다. 신뢰도는 설문조사 자체가 믿을 만한지 그 설문조사의 결과가 일관성 있는지에 대한 것이다.

▲ 만일 그 설문을 다른 경우에 사용한다면 동일한 결과를 얻을 수 있을까?

▲ 설문조사의 결과는 다른 정보원으로부터 추출된 정보와 일치할까?

만일 설문을 신뢰할 수 없다면, 그 설문을 통해 획득한 데이터 역시 신뢰할 수 없으며, 데이터로부터 일반화를 도출하는 것도 불가능하다.

타당도

설문조사가 목적한 바를 밝혀내었고 수집된 데이터가 정확하다면 설문조사를 통한 데이터는 유효하다. 고려해야 할 질문은:

▲ 그 설문조사는 원래 의도한 내용을 밝혀냈는가?

▲ 결과는 정확하며 정직한 방식으로 표현되었는가?

그림 20.1: 표본 추출, 신뢰도, 타당도

진단평가

학생들의 선지식을 고려하는 것이 좋다고 여겨지지만 한 반에 속한 모든 학생들의 선지식을 파악하는 것은 어렵다. 새로운 조사(수업)를 시작하기에 앞서 짧은 설문조사를 실시할 수 있다. 학생들은 이 설문조사의 목적이 그들이 이미 알고 있는 것을 이해하는 것이며, 그들이 혹시 갖고 있을지 모를 오개념을 밝혀내 학습을 지원하고자 하는 것임을 알아야 한다.

보로프스키(Borowski, 2011)는 초등학교 학생들의 아프리카에 대한 프로젝트 수업을 시작하기 전 학생들이 아프리카에 대해 갖고 있는 인식을 설문조사를 통해 밝혀냈다. 학생들이 답해야 하는 질문은 다음과 같았다.:

- ▲ 제시된 형용사 중에서 아프리카를 기술하는 데 적절하다고 생각되는 단어들을 골라라.
- ▲ 제시된 이미지 중에서 아프리카를 보여 준다고 생각되는 이미지들을 골라라.
- ▲ 아프리카 사람들의 특징에 대해 기술하라.

설문조사와 더불어 보로프스키는 학생들에게 아프리카의 백지도를 주고 그들이 알고 있는 내용을 쓰거나 그리도록 했다. 그런 다음 설문조사 결과를 토대로 포커스 그룹 인터뷰를 진행했다.

월시(Walshe, 2007)는 8학년 학생들의 지속가능발전에 대한 이해를 조사하기 위해 스파이더 다이어그램을 그리게 하고 인터뷰도 진행했다. 그녀는 파일럿테스트를 통해 학생들은 지속가능 관광과 같이 구체적인 맥락을 통해 지속가능발전을 물어볼 때 더 상세하게 응답한다는 것을 밝혀냈다. 그녀가 활용한 질문의 예시는 아래와 같다.:

- ▲ 지속가능한 관광에 대해 무엇을 알고 있는가?
- ▲ 어떤 종류의 관광이 지속가능하지 않다고 생각하는가?
- ▲ 지속가능한 학교나 도시는 어떤 모습일까?
- ▲ 지속가능하지 않은 학교나 도시는 어떤 모습일까?

그림 20.2: 진단평가를 위해 설문조사 활용하기

를 활용하게 하는 것도 좋다. 그들은 설문조사를 통해 수집된 '사실적' 정보들도 사실은 실제를 선택적으로 반영하는 것이며, 어떤 질문과 어떤 범주를 활용하고, 누구에게 묻고, 언제 어디서 수집했는지에 따라 결과가 달라진다는 것을 알게 된다. 이를 통해 학생들은 설문조사 방식으로 획득된 데이터를 좀 더 비판적으로 볼 수 있게 된다. 설문조사는 학생들의 선지식이나 이해를 파악하기 위한 진단평가로도 활용될 수 있다(그림 20.2).

설문조사에 적합한 지리적 이슈나 주제는 무엇인가?

설문조사를 통해 아래의 정보들을 파악할 수 있다.:

- ▲ 질문에 답하는 사람(예, 연령대)
- ▲ 사람들의 행동(예, 구매 패턴)
- ▲ 사람들의 의견(예, 이슈에 대한 그들의 태도)
- ▲ 사람들의 지식(예, EU에 속한 국가들의 명칭)

설문조사를 통해 사실 뿐 아니라 사람들의 가치, 생각, 태도를 조사할 수도 있다.:

▲ 무엇이? 어디에? 언제? 얼마나 자주? 왜?

▲ 어떻게 생각하는가? 찬성하는가 반대하는가?

▲ 당신에게 가장 중요한 것은 무엇인가?

지리학의 많은 주제와 이슈에 대한 조사는 부분적으로 설문조사를 활용한다. 주제별로 던질 수 있는 질문들을 아래에 제시하였으며, 각각의 질문들은 설문조사에 맞게 조정될 필요가 있다.:

▲ 장소에 대한 인식(다음의 국가/대륙과 어떤 관계가 있는가? 가장 방문하고 싶은 국가는 어디인가? 왜? 가장 방문하고 싶지 않은 국가는 어디인가? 왜?)

▲ 당일치기 여행과 휴가(어디로 갈 것인가? 왜? 얼마나 오래? 어떤 교통수단으로? 무엇을 위해? 어떤 숙소? 어떤 종류의 활동?)

▲ 친척 방문(어떤 친척? 그들은 어디에 사는가? 얼마나 오랫동안 방문할 것인가? 무엇을 위해? 방문과 관련하여 좋은 점과 나쁜 점?)

▲ 학교로 가는 길(학교까지의 거리? 교통수단? 소요시간? 학교로 가는 길과 관련하여 좋은 점과 나쁜 점?)

▲ 쇼핑(쇼핑을 위해 어디로 가는가? 어떤 상점? 얼마나 자주? 무엇을 위해? 상점이나 쇼핑센터와 관련하여 좋은 점과 나쁜 점? 온라인 쇼핑을 하는가? 무엇을 구매하기 위해? 연령별, 성별 쇼핑은 다른가?)

▲ 이사: 흔한 경험으로의 이주(이사한 적이 있는가? 어디에서 살았는가? 왜 이사하였는가? 마지막으로 살았던 지역에 대해 어떻게 생각하는가? 새로 이사 온 지역에 대하여 좋은 점과 나쁜 점은?)

설문조사를 개발하고 활용할 때 무엇을 고려해야 하는가?

설문조사를 개발하고 활용하는 과정을 8단계로 구분할 수 있다.

1단계: 설문의 범위 설정하기

설문조사의 목적은 명확해야 하며, 하나의 핵심 질문 혹은 일련의 질문은 설문조사의 뼈대를 구성한

탐구를 통한 **지리학습**

다. 설문조사의 목적을 명료화하는 과정에 학생들이 참여할 수 있다. 일단 설문조사의 전반적인 목적이 결정되고 나면, 얼마나 많은 수의 설문을 받을 것인지, 누구를 대상으로 할 것인지(예, 일반 대중, 학교의 다른 학급, 학생들의 가족들, 친척들, 특정 연령집단 등), 설문조사의 대상자들이 어느 정도까지 집단의 대표성을 띨 필요가 있는지를 결정해야 한다.

2단계: 질문 만들기

덴스콤비(Denscombe, 2010)에 따르면, 설문조사의 질문에는 8개의 유형이 있으며 크게 폐쇄형과 개방형으로 구분된다(그림 20.3).

폐쇄형 질문은 설문지에 제시된 것들 중에서 체크하거나 선택하는 방식이며(질문 유형 1~5), 개방형 질문에 비해 분석이 쉽다. 단어 및 숫자로 된 답변을 요구하는 '빈칸 채우기(Fill in the blank)' 질문(유형 6) 또한 분석이 용이하다. 폐쇄형 질문과 빈칸 채우기 질문을 통해 양적 데이터가 생산된다.

개방형 질문은 응답자들이 단어, 어구, 목록 혹은 의견을 제시하는 방식으로 질문에 답한다(유형 7, 8). 개방형 질문은 질문을 만든 사람이 예상할 수 없는 다양한 답변이 가능하다. 개방형 질문은 미리 결정된 범주를 통해 응답자의 응답을 제약하기보다는 응답자들이 원하는 방식으로 그들의 생각을 표현할 수 있게 해 준다. 그러나 개방형 질문은 답변을 분석하는 데 많은 시간이 걸린다. 개방형 질문의 답변은 보통 코딩되며, 결과를 발표하기 위해서는 주의가 필요하다.

학생들은 2명씩 짝을 이뤄서 학급 전체가 사용하게 될 표준화된 질문들을 개발할 수 있으며, 그런 다음 4명이서 개발한 질문들에 대해 논의할 수 있다. 질문들을 학급 전체가 공유하고 적합한 질문을 최종적으로 선택하면 된다. 더불어 설문지에 포함될 질문의 순서에도 주의가 요구된다. 짧고 '간단한' 사실적 질문으로 시작하고, 개인적이고 개방적인 질문을 뒤로 배치하는 것이 좋다. 설문은 학급의 학생들을 대상으로라도 미리 테스트를 해서 문제가 없는지 확인할 필요가 있다.

3단계: 설문조사 준비하기

설문조사를 어떻게 수행할 것인지 리허설을 할 필요가 있다. 이러한 과정을 통해 학생들은 설문을 어떻게 소개하고 설명할 것인지, 대중들에게 어떻게 접근하고, 공공장소에서 어떻게 수행할지 고민하게 된다.

4단계: 응답 수집하기

학생들은 설문조사를 위해 적절한 대상자를 찾는다.

5단계: 데이터 종합하기

학급 전체가 동일한 설문지를 활용한다면 학생들이 수집한 응답들을 종합할 필요가 있다. 학생이나 교사가 스프레드시트에 데이터를 입력하거나 구글폼(Google Form)이나 서베이몽키(Survey Monkey)와 같은 온라인 설문도구를 활용할 수 있다. 개방형 질문을 통해 질적 데이터를 수집했다면, 어떤 공통의 주제 혹은 주제와 관련된 사례들이 추출될 수 있는지 연구해야 한다.

6단계: 데이터 제시하기

학생들은 데이터가 어떻게 그래픽이나 표 혹은 보고서에 제시될 수 있는지 고려하며, 적절한 표현 방법을 결정한다.

7단계: 데이터 해석하고 결론 도출하기

중요한 특징을 확인하고 결론을 도출하는 등 학생들은 자신들이 찾아낸 내용을 기술한다. 찾아낸 내용들을 더 폭넓은 대중들을 위해 전시하거나 설문조사에 참여한 사람들에게 보고서를 제출할 수도 있다.

8단계: 설문조사 평가하기

발견한 내용들을 비판적으로 논의한다. 데이터는 어느 정도까지 질문에 답하고 있는가? 데이터가 사실을 왜곡하지는 않는가? 데이터는 어떤 점에서 신뢰할 수 없거나 타당하지 않은가? 설문조사는 어떻게 더 나아질 수 있는가?

질문의 유형

1. 설문지에 제시된 목록 중에서 하나 고르기

Yes/No 형태 예) 지난 12달 동안 영국 이외의 국가를 방문한 적이 있나요?

범주 형태 예) 당신은 어디에 살고 있는가? 테라스 하우스(terraced house); 디태치드 하우스(detached house); 세미 디태치드 하우스(semi-detached house); 아파트(a flat); 이동식 임시주택(a caravan); 기타

그룹형 데이터 형태 예) 당신은 몇 살인가? 16세 미만; 16~40; 41~65; 65세 초과(범주가 중복되지 않도록 유의해야 한다)

2. 목록 중에서 하나 혹은 그 이상의 답안 선택하기

예) 다음 EU 국가들 중 방문한 적이 있는 국가는?

오스트리아; 벨기에; 불가리아; 키프로스; 체코; 덴마크; 에스토니아; 핀란드; 프랑스; 독일; 그리스; 헝가리; 아일랜드; 이탈리아; 라트비아; 리투아니아; 룩셈부르크; 몰타; 네덜란드; 폴란드; 포르투갈; 루마니아; 슬로바키아; 슬로베니아; 스페인; 스웨덴(이 질문을 영국 이외의 지역에서 사용한다면 목록에 영국을 추가할 것)

3. 순위 정하기

예) 휴가지를 선택할 때 가장 중요한 고려사항은? 선호도에 따라 1, 2, 3과 같이 순위를 정하라.

휴가지 특징	선호 순서
날씨	
매력적인 경관	
흥미있는 도시 방문	
스포츠 활동을 위한 기회	
밤 문화	
야생동물을 볼 수 있는 기회	
문화적 이벤트(예술, 박물관, 음악)	

4. 리커트 스케일(Likert scale)을 활용해 찬성/반대 표시하기

1932년 렌시스 리커트(Rensis Likert)가 개발한 리커트 스케일은 제시된 진술에 대해 찬성과 반대의 정도를 표시한다.

진술	매우 반대	반대	찬성도 반대도 아님	찬성	매우 찬성
지리는 11학년까지 필수로 가르쳐져야 한다.					

5. 의미척도법(Semantic differential)

대조적인 두 단어의 쌍이 제시되며 자신의 생각을 스케일(예, 1~10)에 따라 표현한다. 예를 들어, '스미스 거리(Smith Street)는 …'

더럽다	1	2	3	4	5	깨끗하다
지루하다	1	2	3	4	5	흥미진진하다
시끄럽다	1	2	3	4	5	조용하다
위험하다	1	2	3	4	5	안전하다

6. 빈칸 채우기

예) 어떤 국가를 가장 방문하고 싶은가?

예) 지난 달에 몇 차례나 영화관을 방문했는가?

7. 개방형 목록

가능한 응답이 너무 많아 모두 나열하기 어려울 때 활용한다.

예) 지난 12달 동안 어떤 국가를 방문했는가?

8. 개방형 응답

응답을 위한 공간을 제공한다. 공간의 크기는 조사자가 원하는 응답의 길이를 나타낸다.

예) 앞으로 5년 동안 이 도시에서 어떤 변화를 보고 싶은가?

그림 20.3: 설문의 8유형. 덴스콤비(Denscombe, 2010)를 참조함

학생들이 좋은 설문지를 만들 수 있도록 어떻게 도울 수 있을까?

학생들에게는 1~5단계를 생략하고 설문지 활용 방법을 알려 주거나, 그림 20.4에 제시된 것처럼 이미 수집된 데이터를 제시해 줄 수도 있다. 그림 20.4의 자료는 변형된 것이며 피크 디스트릭트 국립공원(Peak District National Park)에서 수집된 것도 아니다. 질문 4의 내용 외에도 이 데이터를 신뢰할 수 없고, 타당하지 않은 이유를 논의할 수도 있다.

만일 학생들이 설문조사를 위한 질문을 개발해 본 적이 없다면, 그림 20.3에 제시된 질문의 유형 중 2~3가지에 초점을 맞추어 이들만이라도 잘 활용할 수 있도록 하는 것도 좋다. 만일 교사가 질문을 개발한다면 어떤 유형의 질문을 사용할 것인지 미리 알려 주어 질문에 친숙하게 하는 것도 필요하다.

설문 예시 (7학년 수업을 위한)

A-level 지리를 선택한 학생이 더비셔(Derbyshire)의 피크 디스트릭트(Peak District)에 위치한 패들리 숲(Padley Woods)에서 연구를 수행했다. 학생은 방문객들이 그 지역을 어떻게 이용하는지 알고 싶었다. 지역을 방문한 1,000명에게 설문조사를 실시했으며 아래는 수집한 데이터의 일부이다.

1. 질문을 위해 수집된 데이터를 적절한 유형의 그래프로 나타내라. 그래프는 제목과 필요하다면 범례를 포함해야 한다.
2. 각각의 그래프가 나타내는 내용을 한 문장으로 기술하라.
3. 설문조사는 여름철 동안 날씨 좋은 두 번의 주말을 이용해 수행되었다. 만일 겨울철에 진행했다면 결과가 어떻게 달라질 수 있는지 설명하라.
4. 설문조사에 포함될 수 있는 다른 질문을 제안하고 왜 그 질문이 유용한지 설명해 보라.

패들리 숲에는 어떻게 왔는가?	자동차 卌	버스 卌 卌 II	기차 卌 III	기타 卌
여기서 무엇을 할 것인가?	걷기 卌 卌 卌 卌 卌 卌 卌 卌 卌 III	피크닉 卌 卌 卌 卌 卌 卌	자전거 타기 卌 I	기타 卌 卌 卌 II
방문객들은 이 지역을 어떤 방식으로 파괴하는가?	쓰레기 卌 卌 卌 卌 卌 卌 I	통행로 침식 卌 卌 卌 卌 卌 III	주차 차량으로 도로변 파손 卌 卌 卌 卌 卌 II	기타 卌 卌 II

그림 20.4: 설문조사를 통해 수집한 데이터 활용하기

설문조사를 위한 좋은 질문과 나쁜 질문의 예시를 학생들과 논의하면서 설문조사에서 흔히 나타나는 문제점들을 알려 줄 수 있다. 그림 20.5는 나쁜 질문들의 유형을 제시한 것이다. 유형별로 나쁜 질문의 사례를 처음부터 보여 주는 대신 학생들이 만들어 낸 질문들을 활용하는 것도 좋은 방법일 수 있다.

설문조사 방법의 한계는 무엇인가?

일반적인 한계

▲ 설문조사는 이슈에 대한 복잡한 생각을 이끌어 내기에는 부족하다. 일반적인 설문조사에는 응답자들이 자신의 응답을 상세화하거나 자신들의 견해가 무슨 의미이며 어떻게 정당화할 수 있는지 설명할 수 있는 공간이 없다.

▲ 구조화된 설문조사는 설문조사를 개발한 사람들의 사고를 반영하며 편견이 내재될 수 있다.

▲ 어느 정도까지 인간의 행위가 양적 데이터와 그에 근거한 일반화를 통해 이해될 수 있는지 논쟁의 여지가 있다.

▲ 애매함을 줄이기 위해 엄청난 주의가 요구된다. 설문 대상자들이 같은 방식으로 동일하게 질문을 이해하도록 하는 것이 중요하다. 설문조사를 파일럿테스트함으로써 이러한 문제를 찾아낼 수 있다. 사람들이 질문을 다르게 이해한다면 결과물은 유효하지 않다.

▲ 설문 대상자들이 질문에 정직하게 응답했다는 보장이 없다.

학교에서 진행하는 설문조사 활용의 한계

▲ 일반적으로 샘플 규모가 작고 학생들이 편리한 시간에 맞춰 데이터가 수집되기 때문에 데이터의 신뢰도가 떨어진다. 그러므로 다시 조사할 경우 동일한 결과를 얻기 어렵다.

▲ 표본의 규모가 너무 작아 일반화가 가능할 것 같지 않다. 학생들은 설문조사의 결과를 신뢰할 수 있는 지식으로 여겨서는 안 된다.

▲ 친구, 이웃, 친척, 교사 및 다른 응답자들이 얼마나 자주 설문조사에 참여해 줄 것이냐와 관련한 한계가 있다.

▲ 일부 상업적인 업체들(예, 백화점, 슈퍼마켓)은 학생들이 건물 밖에 서서 그들의 고객들에게 질문하는 것을 허용치 않는다. 특정 상점의 밖에서 설문조사를 진행한다면 미리 허락을 구하는 것이 좋다.

질문의 유형	예시
답변이 두 개의 범주에 동시에 포함될 수 있는 질문	당신의 연령대는? 0~10; 10~30; 30~50; 50 이상
제시된 범주가 모든 경우를 포괄하지 않으며 동시에 '기타' 범주도 없는 질문	오늘 학교에 어떻게 왔니? 버스; 기차; 트램
하나 이상에 해당하지만 목록에서 하나만 선택이 가능한 경우	오늘 어떻게 학교에 왔니?(하나만 선택) 버스; 기차; 자동차; 트램; 자전거; 도보; 기타
하나 이상의 내용을 포괄하는 이중 질문	도심이 현대적이고 매력적이라고 생각하는가?
연구자가 특정 대답을 원한다는/기대한다는 것을 암시하는 유도 질문	어떤 아이템을 재활용하는가?*
특정 반응을 유도하는 듯한 질문	당신은 영국 사람들의 직업을 가로채는 외국인들이 많다고 생각하는가?
부정 어휘를 사용하는 질문	사람들이 쓰레기를 버려서는 안 된다는 것에 동의하는가? 예/아니오
사람들에 따라 다르게 해석될 수 있는 단어를 사용하는 질문	최근에 영화관에 간 적이 있는가? (피해야 할 단어들: 최근에, 종종, 가끔, 꾸준히, 로컬)
일부 응답자들의 경우 답을 모를 수 있는 질문	지난 12개월 동안 EU 국가를 방문한 적이 있나요? (응답자들은 어떤 국가가 EU에 속해 있는지 모를 수 있다.)
세세한 기억에 지나치게 의존하는 질문	지난해에 몇 차례나 그 도시를 방문했는가?
감정이 상할 수 있거나 개인적인 질문	연봉이 얼마나 됩니까?

그림 20.5: 나쁜 질문의 유형

* 재활용을 해야 한다는 것을 전제하고 있다. 역자 주

요약

설문조사를 수행함으로써 학생들은 지리적 이해를 높이고 다양한 기능을 개발할 수 있다. 학생들은 교과서에서 보게 되는 지리정보와 미디어의 내용들이 어떻게 만들어지는지 알 수 있다. 그리고 이러한 정보를 생산하는 과정에서 주관성이 개입될 수 있다는 것을 알고, 더욱 비판적인 시각을 기를 수 있다. 설문지를 만드는 것은 그렇게 단순하지 않으며 학생들이 물어보게 될 질문의 유형에 맞는 가이드라인을 제시해 주어야 한다. 학생들은 자신들이 진행한 설문조사의 결과가 신뢰할 수 없거나 유효하지 않을 수 있다는 것과 그 이유를 알아야 한다.

참고문헌

Borowski, R. (2011) 'The hidden cost of a Red Nose', *Primary Geography*, 75, pp.18-20.

Denscombe, M. (2010) *The Good Research Guide: For small scale research projects* (4th edition). Maidenhead: Open University Press.

Johnston, R ., Gregory, D., Pratt, G. and Watts, M. (2000) *The Dictionary of Human Geography* (4th edition). Oxford: Blackwell Publishers.

Walshe, N. (2007) 'Year 8 students' conceptions of sustainability', *Teaching Geography*, 32, 3, pp.139-43.

"학생들은 수많은 정보와 지식들이 가득 찬 세상 속에서 자라나고 있기 때문에, 교육 시스템은 학생들이 이들 정보와 지식들에 효과적으로 대응할 수 있도록 도와줄 의무가 있다." (Payton & Williamson, 2008, p.9)

도입

월드와이드웹(WWW)은 1989년 인터넷의 구조를 연구하던 팀 버너스 리(Tim Berners Lee)에 의해 발명되었으며, 이를 통해 세계의 컴퓨터는 서로 연결되었다. WWW는 정보를 담고 있는 웹페이지와 웹페이지 간의 링크를 담고 있는 거대한 집합체이며 경이로운 속도로 성장해 왔다. WWW를 활용하면, 지리적 주제에 대한 정보들, 이들을 가르치는 방법들과 지리교육에 대한 기사들을 찾는 것이 가능하다. 이 장에서는 아래의 질문들을 다룰 것이다.:

▲ 인터넷에서는 어떤 지리정보를 찾을 수 있는가?

▲ 학교 지리수업에서 인터넷을 활용할 경우 무엇을 고려해야 하는가?

▲ 인터넷을 탐구 기반 접근으로 활용하고자 할 때 어떻게 학생들을 지원할 수 있는가?

인터넷에서는 어떤 지리정보를 찾을 수 있는가?

인터넷에서는 다양한 형식의 지리정보를 찾을 수 있다.:

▲ 모든 종류의 지도: 지형도, 주제도, 도로지도, 기후도, 경로도, 월드매퍼(Worldmapper), 갭마인더 (Gapminder) 등

▲ 사진과 다이어그램: 구글이미지(Google Images)를 검색하거나 다른 특정 웹사이트를 활용

▲ 동영상: 예) 유튜브(YouTube), 라이브웹캠(live webcams), TV 프로그램을 통해

▲ 통계: 예) 정기적으로 업데이트 되는 국가적, 국제적 데이터베이스를 통해; 날씨나 기후 관련 데이터; 센서스 데이터

▲ 모든 종류의 사실과 숫자들, 그리고 간단한 질문에 대한 간단한 답변들

▲ 그래프: 예) 기후 그래프; 인구 피라미드; 산포도(Gapminder)

▲ 보고서: 예) 공식보고서; 다양한 조직의 보고서; 라디오와 TV 뉴스 기사; 신문기사

▲ 음악과 목소리: 예) 전문가 의견

▲ 애니메이션: 예) 동영상 지도(animated map), 그래프, 다이어그램

많은 웹사이트는 특정 목적을 위해 제작되었으며(예, 기부, NGOs, Gapminder), 멀티미디어를 활용하고, 텍스트, 오디오, 사진, 애니메이션, 동영상, 상호작용 등 다양한 형태의 콘텐츠를 포함한다.

구글(Google), 구글이미지(Google Images), 구글지도(Google Maps)를 활용한 일반적인 검색과 더불어 영국지리교육협회(Geographical Association)와 왕립지리학회(Royal Geographical Society)의 웹사이트는 지리교사를 위한 엄청난 양의 페이지와 유용한 링크를 갖고 있다. www.geographyalltheway.com 사이트는 교육과정 아이디어와 지리교사들이 개발한, 특히 지리과목의 시험과 관련된 수업자료를 제공한다.

학교 지리수업에서 인터넷을 활용할 경우 무엇을 고려해야 하는가?

너무 많은 정보

인터넷의 정보 양은 엄청나기 때문에 학습하고자 하는 지리적 주제나 이슈에 적합한 정보를 찾으려면 많은 시간이 필요하다. 그림 21.1은 간단한 검색의 결과이며, 30초도 안되는 짧은 시간에 엄청난 검색결과를 얻을 수 있다는 것을 보여 준다. 대부분의 사람들은 검색을 통해 첫 화면에 제시되는 몇몇 페이

검색 단어	검색 도구	결과물의 수
화산(volcanoes)	Google: search	423,000,000
화산(volcanoes)	Google: images	5,150,000
화산 지도(volcano map)	Google: images	2,280,000
베수비우스(vesuvius)	Google: search	6,670,000
베수비우스(vesuvius)	Google: images	2,590,000
베수비우스 지도(vesuvius map)	Google: images	414,000
남극(Antarctica)	Google: search	178,000,000
남극(Antarctica)	Google: images	153,000,000
남극 지도(Antarctica map)	Google: images	3,690,000
어린이 남극 지도(Antarctica map for kids)	Google: images	1,390,000

그림 21.1: 구글 검색을 통한 결과물의 수(2012년 12월 기준)

지만 방문하겠지만, 그 페이지들이 목적에 가장 잘 부합한다는 보장은 없다.

다양한 관심과 관점의 정보

지리 교과서는 지리에 대한 권위 있는 정보 제공을 목적으로 하지만, 인터넷 정보들의 신뢰도는 천차만별이다. 예를 들어, 학생들이 구글에서 '원자력 에너지(nuclear power)'를 검색한다면, 그림 21.2와 같은 정보를 만나게 될 것 같다. 이들 웹사이트 중에서 위키피디아(Wikipedia)와 앤디 다빌(Andy Darville)의 사이트만이 스스로를 중립적이라 표방하고 있으며, 두 사이트 모두 문제가 있지만 학생들은 이들 사이트가 제공하는 정보들을 권위 있는 것들로 받아들일 수 있다. 위키피디아의 정보가 정확할 수는 있지만 학문적 성과물들이 거치는 그런 종류의 검증을 거친 것은 아니며 따라서 항상 믿을 만하다고 할 수는 없다. 다빌(Darville)의 사이트는 원자력 에너지에 반대하는 견해를 비판한 직후 학생들에게 핵에너지 이슈에 대해 자신들의 생각을 결정해야 한다고 제안하고 있다. 또한 위키피디아가 제공하는 그린피스(Greenpeace)의 링크를 클릭하면, 그린피스 웹사이트로 안내되는 것이 아니라 위키피디아가 제공하는 그린피스 정보 페이지로 안내된다.

WWW 정보

구글에서 '원자력 에너지'를 검색하면, 2억 2,700만 개의 결과를 얻을 수 있다. 아래는 검색 결과 첫 페이지에 등장하는 몇몇 웹사이트에서 발췌한 내용들이다. 숫자는 첫 페이지에 등장하는 순서를 가리키며, 2013년 9월의 검색 결과이다.

1. 위키피디아(Wikipedia): http://en.wikipedia.org/wiki/Nuclear_power

"원자력 에너지의 사용과 관련하여 지속적인 논쟁이 있다. 세계원자력협회(World Nuclear Association), IAEA, Environmentalists for Nuclear Energy와 같은 찬성자들은 원자력 에너지가 탄소 배출을 줄여 줄 수 있는 지속가능한 에너지라고 주장한다. 국제 그린피스(Greenpeace)와 NIRS와 같은 반대론자들은 원자력이 사람과 환경에 엄청난 위협이라고 믿는다."

4. 과학교사였던 앤디 다빌(Andy Darville)의 웹사이트: www.darvill.clara.net/altenerg/nuclear.htm

"원자력 에너지에 대한 매우 다양한 의견들이 존재한다. 원자력 에너지에 반대하는 사람들의 대부분은 그들이 무슨 말을 하고 있는지 제대로 이해하고 있는 것 같지 않다. 여러분은 자신만의 생각을 결정해야 한다."

5. 그린피스(Greenpeace): www.greenpeace.org.uk/global

"원자력 에너지는 환경과 인류에 받아들일 수 없는 위험이기 때문에 그린피스는 원자력 에너지에 반대하여 항상 싸워 왔으며 계속해서 힘차게 싸워 나갈 것이다."

6. 미 에너지국(US Department of Energy): www.ne.doe.gov

"원자력 에너지실(The Office of Nuclear Energy)은 국가의 에너지, 환경, 국가안보적 요구를 충족시켜 줄 수 있는 자원으로 원자력 에너지를 지지하며, 연구, 개발, 증명을 통해 기술적, 규제적 장벽을 해결해 나갈 것이다."

7. 허라이즌 원자력 에너지(Horizon Nuclear Power): www.horizonnuclearpower.com

"허라이즌 원자력 에너지는 6,600MW를 생산할 수 있는 새로운 원자력 발전 시설을 건립할 목적으로 2009년 1월 설립되었으며, 안정적이고 지속가능한 저탄소 에너지를 위한 영국의 필요를 충족시키고자 한다."

그림 21.2: 인터넷에서 찾은 다양한 정보의 사례

반면에 그린피스, 미 에너지국(US Department of Energy), 허라이즌 원자력 에너지(Horizon Nuclear Power)의 웹사이트는 자신들의 목적을 반영한 정보를 제시하고 있다. 이들은 그들의 입장을 명확히 밝히고 있으며 학생들에게 원자력 에너지와 관련해 다른 견해를 읽을 수 있는 기회를 준다.

일부 정보는 이용하기 어렵다

인터넷의 많은 내용들은 어른들을 대상으로 작성된 것이며, 높은 독서연령을 요구하기도 한다. 예를 들어, 『가디언』(*Guardian*)이나 『인디펜던트』(*Independent*), 『텔레그래프』(*Telegraph*)와 같은 영국 신문들의 웹사이트에 있는 기사는 종종 20세 이상에만 허용된다. 인터넷에는 많은 유용한 통계정보들도 있지만, 거대한 데이터 세트는 검색과 해석이 힘든 경우가 많다.

가정과 학교에서 컴퓨터 접근 가능성

가정과 학교에서 모두 인터넷 접근성을 고려해야 한다. 최근 몇 년 동안 영국 학교에 보급된 컴퓨터의 수가 증가하였음에도 불구하고, 지리수업에서 필요할 때 항상 컴퓨터의 활용이 가능한 것은 아니다.

인터넷은 지리숙제에도 매우 유용할 수 있다. 밸런타인과 동료들(Valentine et al., 2005)에 따르면, 학생들은 자신들의 집에서 ICT를 활용해 지리수업을 위한 정보를 찾고, 발표 준비를 하고, 복습한다. 그리고 ICT의 활용이 학생들의 학습 동기를 높여 준다는 것도 밝혀냈다. 대부분의 학생들은(89%) 집에 있는 ICT 기기를 활용했으며, 앞으로 이 비율은 점차 높아지겠지만 여전히 집에 컴퓨터가 없거나 ICT를 활용하는 것이 쉽지 않은 학생들도 있을 것이다. 그러므로 학생들에게 인터넷을 활용해야 하는 숙제를 내 주기 전에 학생들이 학교 밖에서도 쉽게 인터넷을 활용할 수 있고, 인터넷 활용을 위한 충분한 안내를 받을 수 있는지 점검할 필요가 있다. 이와 관련하여 밸런타인과 동료들은 다음과 같이 설명했다.:

"교실수업에서 특정 과목에 맞춰 ICT를 활용할 경우 학생들은 집에서 해당 과목의 숙제를 할 때도 ICT를 활용할 가능성이 높다. 이러한 연구 결과는 학생들에게 교실에서는 특정 과목에 맞춰 테크놀로지가 어떻게 사용될 수 있는지, 그리고 집에서는 특정 과목의 숙제를 하는 데 ICT가 어떻게 기여할 수 있는지를 충분하게 알려 줄 필요가 있다는 것을 말해 준다." (2005, p.10)

탐구를 통한 **지리학습**

학생들은 찾은 정보로 무엇을 할 것인가?

인터넷에서 방금 정보를 찾은 학생에게 '이 정보로 무엇을 하려 하니?'라고 물었더니, 학생이 '출력할 거예요.'라고 답한 적이 있다. '그런 다음엔?'이라는 물음에는 '책에 붙일 거예요.'라고 답했다. 이 학생이 모든 학생을 대표하지는 않겠지만, 정보를 찾은 학생들이 더 이상 아무 것도 하지 않을 위험이 있다. 즉, 정보를 조작하고, 토론하고, 해석하고, 비판하는 과정을 통해 내용을 이해하지 않는다는 것이다. 밸런타인과 동료들(Valentine et al., 2005)은 다음과 같이 설명했다.:

"인터뷰를 해 보면 학생들은 인터넷만으로도 필요한 정보를 빠르고 완벽하게 획득할 수 있다고 생각하는 것 같다. 그러나 정보를 검색하는 데 그들이 활용한 전략이 얼마나 효과적이었는지는 명확하지 않다. 학생들과 학부모들이 설명한 검색 전략은 다소 모호하거나 불규칙했으며, 학생들이 정보를 검색하는 과정에 대해 성찰적이었다는 근거는 없었다." (p.34)

인터넷을 탐구 기반 접근으로 활용하고자 할 때 어떻게 학생들을 지원할 수 있는가?

탐구 기반 교육을 위한 인터넷의 가능성은 쉽게 인식되었다. 미국 샌디에이고 주립 대학교(San Diego State University)의 버니 도지(Bernie Dodge)는 '탐구 기반 학습(inquiry based learning)'을 지원하기 위한 웹퀘스트(WebQuest) 모델을 개발했다(그림 21.3). 영국 스태퍼드셔 학습 네트워크(Staffordshire Learning Network, SLN)는 학교 지리교육에서 인터넷을 활용할 수 있는 여러 방법들을 고안했으며, 이들의 웹사이트에서는 '웹 기반 탐구(Web Enquiries)'의 많은 사례들을 소개하고 있다. 피셔(Fisher, 2002)는 웹퀘스트 모델이 지리교육의 의사결정 수업에 어떻게 적용될 수 있는지를 보여 주었다(그림 21.4)

웹퀘스트와 SLN 모두 앞서 제시된 많은 내용들을 언급하고 있다. 학생들이 완전히 독립적으로 인터넷을 활용하게 하기보다는 웹퀘스트와 SLN 모두 밸런타인과 동료들(Valentine et al., 2005)이 필요하다고 여기는 스캐폴딩을 제시하고 있으며, 이럴 경우 장점은 다음과 같다.:
▲ 필요한 정보를 찾아 학생들이 인터넷을 검색하느라 허비하는 시간을 줄일 수 있다.

웹퀘스트(WebQuest)

웹퀘스트 모델은 1995년 미국 샌디에이고 주립 대학교의 버니 도지(Bernie Dodge)에 의해 처음 개발되었다. 도지는 웹퀘스트를 다음과 같이 설명하였다.:

"탐구 기반의 활동에서 학습자들이 활용하는 모든, 혹은 대부분의 정보는 인터넷에서 가져온 것이다. 웹퀘스트는 학습자들이 시간을 효과적으로 활용하고, 정보를 찾기보다는 활용에 초점을 맞추고, 학습자의 '분석, 종합, 평가 수준의 사고'를 지원하도록 설계되었다." (Dodge, 1995)

1995년 모델이 개발된 이후 웹퀘스트는 많은 국가의 다양한 과목에서 적용되었으며, 웹퀘스트를 지원하기 위한 웹사이트도 운영되고 있다.: http://webquest.org

웹퀘스트는 토론을 중요시하는 사회적 구성주의에 기반을 두고 있다. 따라서 웹퀘스트는 그룹 조사(group investigation) 형식으로 설계된다. 웹퀘스트 활동은 교사가 설계한 명료한 구조를 가지며, 학생들이 목적 없이 웹서핑하는 것을 방지하기 위해 상세한 가이드라인이 제공된다. 웹퀘스트는 아래와 같은 구조를 갖는다.:

과제

과제는 학생들이 웹퀘스트를 통해 달성해야 하는 것이다. 과제를 위해 학생들은 수집한 정보를 단순히 재생산하기보다는 변형해야 한다. 과제는 아래의 형태일 수 있다.:
▲ 문제나 미스터리 해결하기
▲ 생산물 디자인하기(예, 브로슈어나 파워포인트 발표자료)
▲ 보고서나 잡지 기사 만들기

과정

학생들의 과제 수행을 돕기 위해 단계별로 활동을 안내한다. 수집된 정보를 어떻게 조직할 것인지 알려 준다.

자료

과제 수행을 위해 활용해야 하는 온라인 자료이며, 해당 자료를 획득할 수 있는 웹사이트의 링크를 제공한다. 가끔은 오프라인 자료도 탐구에 활용될 수 있다.

평가

학생들은 자신들의 결과물이 어떤 측면에서 평가될 것인지 알아야 한다.

결론

과제 수행을 반성해 보고 과제를 어떻게 확대할 수 있는지를 고민해 본다.

웹퀘스트의 구조와 특징적 요소들을 설명하면서 도지는 '성공적인 웹퀘스트의 활용을 위한 5원칙'을 제시했으며, 5원칙의 앞 글자만 따서 FOCUS라 명명했다(Dodge, 2001).:
Find great site (좋은 웹사이트를 찾아라)
Orchestrate your learners and resources (학습자와 자료를 연결하라)
Challenge your learners to think (학습자들이 생각하도록 하라)
Use the medium (매체를 적극 활용하라)
Scaffold high expectations (더 높은 목표를 달성할 수 있도록 조력하라)

그림 21.3: 웹퀘스트

▲ 학생들이 검색하고, 선택할 수 있는 적절한 웹사이트의 링크를 제공할 수 있다.

▲ 학생들에게 선택의 기회를 제공할 수 있다.

▲ 학생들에게 목적이 뚜렷한 맥락을 가진 웹 기반 탐구를 제시할 수 있다.

▲ 인터넷을 활용해 학생들의 지리에 대한 지식과 이해를 높일 수 있는 도전적이고 재미있는 방법을 제시할 수 있다.

▲ 학생들이 과제를 수행할 수 있는 구조와 프레임워크를 제시할 수 있다(예, 보조 질문, 신문의 템플릿).

웹퀘스트 구성요소	설명	예시
도입	배경에 대한 간략한 설명이다. 웹퀘스트 과제에 대한 맥락을 제시한다.	국유림(National Forest) 및 국유림 확장을 위한 계획을 설명하는 문장
과정	과정은 명백하고, 적절한 단계로 구분되어야 한다. 그룹의 개별 구성원들이 수행해야 하는 활동을 안내할 수도 있다. 활동 시간을 명확하게 안내해야 하며, 도전적인 과제를 독립적으로 수행할 수 있도록 시간을 배분한다. 과제를 완수하기 위해 자료를 어떻게 조직해야 하는지를 안내할 수 있다.	국유림의 현재 위치와 국유림의 활용에 대한 연구. 국유림의 주변지역을 파악하고, 주변지역의 특성(토지이용, 지형과 토양, 주거현황, 경제활동, 관광 및 사회기반시설)을 토대로 확장 가능한 지역을 선정한다. 발표를 준비한다. 학급에서 발표한다.
자료	최소한 몇 개의 웹 기반 자료를 포함한다. 이들 자료는 교사가 파악한 것들이며, 이들 웹사이트들은 하이퍼링크를 지원하는 문서(예, 웹페이지나 워드)를 통해 제시하는 것이 이상적이다. 과제를 수행하는 데 필요한 책, 문서, 동영상 등의 자료를 추가하는 것도 가능하다.	웹퀘스트 활동 안내 국유림 웹사이트 관련 웹사이트 영국 육지측량부(Ordnance Survey) 지도, 토지이용도, 아틀라스 위성영상 이미지 국유림 및 주변지역에 대한 문서
평가	평가영역을 제시하여 학생들이 자신들의 과제 수행을 평가할 수 있도록 한다. 과제를 수행하기 위해 자신들이 선택한 접근법과 이 접근법의 효과를 명백하게 이해하도록 독려한다.	각 그룹은 국유림, 자원의 활용, 환경관리와 관련하여 무엇을 배웠는가? 그룹의 발표는 얼마나 효과적이었는가? 각 그룹은 과제를 어떻게 조직했는가?
결론	활동의 마지막 부분으로, 활동을 통해 학습한 내용을 재정리할 수 있다.	어떤 그룹의 발표가 가장 설득력있는가? 국유림을 확대하는 것이 좋은 생각인가? 국유림을 확대할 경우 예상되는 비용과 이익은 무엇인가?

그림 21.4: 지리교육에 적용된 웹퀘스트 프레임워크 사례. 출처: Fisher, 2002, p.27

웹퀘스트와 SLN에 기초하여, 이 책에서는 웹 기반 탐구를 계획하는 데 고려해야 하는 요소들을 그림 21.5와 같이 정리하였다. 웹 기반 탐구에서 교사가 구조를 확정한 프레임워크를 활용할 경우 몇 가지 단점이 있을 수 있다.:

▲ 웹 기반 탐구가 매우 엄격하게 구조화되었을 경우, 학생들의 선택권은 현저하게 줄어들게 되어 자기 자신의 탐구에 몰입하기보다는 교사의 탐구를 대신 수행하고 있다고 느낄 수 있다. 이 경우 그들이 조사하는 내용에 몰입하기보다는 지시를 정확하게 따르는 것이 중요해진다.

▲ 학생들이 독립적으로 인터넷을 활용하기 위해서는 스스로 적절한 웹사이트를 찾는 방법을 배워야한다. 지리수업의 어떤 단계에서는 학생들이 스스로 웹사이트를 선택하게 하고, 자신들의 선택을 뒷받침하게 하는 것이 유용할 것이다.

웹 기반 탐구활동을 계획할 때 무엇을 고려해야 하는가?	설명
핵심 질문과 알아야 할 이유 만들기 도전적이고 해결하고 싶은 핵심 탐구질문을 파악한다. 알아야 할 이유를 어떻게 조성할 것인지 결정한다.	핵심 질문은 웹 기반 탐구의 제목이 된다. 보조 질문들은 전체 탐구의 맥락 속에서 만들 수도 있지만 학생들과 논의하는 것도 가능하다. 보조 질문은 탐구의 경로가 될 수 있다(그림 5.4, 그림 12.4).
탐구를 위한 적절한 맥락 탐구를 위한 사실적이고 목적이 뚜렷한 과제를 고안한다. 과제를 통해 최종 결과물이 생산되어야 한다.	정보를 단순히 재생산하는 것보다 변형하게 함으로써 정보를 이해할 수 있어야 한다(예, 방송이나 신문기자의 역할, 특정 집단을 위한 보고서 준비, 의사결정 상황).
적절한 근거 찾기 아래의 특징을 갖는 웹사이트를 찾고 선정한다.: ▲ 탐구에 적절한 ▲ 근거를 위한 자료가 되는 ▲ 접근과 활용이 쉬운 ▲ 사진, 지도, 애니메이션, 텍스트, 그래프 등 다양한 형태의 ▲ 재미있는 일부 근거나 배경 정보를 위해 온라인이 아닌 자료를 제시할 것인지 결정한다.	제한된 숫자의 웹사이트와 연결된 링크를 제공하여 학생들의 검색 시간을 줄이고 웹자료의 적합성을 높인다. 다양한 웹사이트를 제시한 후 학생들이 선택할 수 있도록 하여 정보를 선택하는 경험을 제공한다.
이해하기 어떤 활동을 통해 학생들이 스스로 정보를 검토하고 이해하도록 할 것인지 결정한다[예, 분석틀 활용하기, 정보의 형태를 바꾸기(예, 텍스트 정보를 지도로)]	학생들이 짝이나 소그룹으로 활동한다면 토론은 이해를 높여 줄 것이다. 웹 기반 탐구에서 교사는 학생들과 상호작용하고, 학생들의 정보 및 핵심 개념에 대한 이해 정도를 파악하고, 최종 결과물에 대한 학생들의 생각을 듣고, 필요할 경우 도움을 제공하는 등 중요한 역할을 수행한다. 학생들의 정보 선택, 분석, 해석을 돕는 안내를 제시하는 것이 필요하다.
학습에 대한 성찰 최종 결과물을 학급의 학생들이나 혹은 더 넓은 범위의 사람들(예, 부모)과 공유할 것인지 고려한다. 탐구활동(과정과 최종 결과물)을 어떻게 평가할 것인지 결정한다. 동료평가를 활용하는 것이 적절한지 판단한다. 웹 기반 탐구의 마무리 활동을 계획한다.	학생들은 자신들의 활동이 어떤 측면에서 평가될 것인지 알아야 하며, 평가영역을 학생들과 협의할 수 있다. 웹 기반 탐구를 마치고 학생들은 아래의 내용을 생각해봐야 한다.: ▲ 인터넷을 통해 탐구에 필요한 근거를 어느 정도까지 찾을 수 있었는가? ▲ 학생들이 찾은 정보는 얼마나 믿을 만한가? ▲ 핵심 질문에 답하기 위해 다른 정보가 필요하지는 않는가?

그림 21.5: 웹 기반 탐구활동 계획을 위한 프레임워크

▲ 인터넷 활용에서 재미있는 부분은 정보에 대한 검색과 유용한 웹사이트를 찾는 것이다. 그런데 교사들이 이러한 재미있는 부분들을 독차지하고 학생들은 아무런 재미도 못 느끼게 해도 되는 걸까? 어떤 주제의 경우 학생들에게 최소한의 지시만 제공하더라도 성공적으로 수행할 수 있는 웹 기반 탐구가 있을까? 아니면 웹 기반 탐구의 특정 부분에서 학생들 스스로 웹사이트를 찾게 할 수 없을까?

연구를 위한 제안

1. 가정에서 학생들의 컴퓨터 사용에 대한 밸런타인과 동료들(Valentine et al., 2005)의 연구를 따라해 보자. 지리교육을 위한 컴퓨터의 활용과 여가 및 다른 과목을 위한 컴퓨터의 활용을 비교해 보자.

2. 관찰노트, 반성, 학생들의 결과물, 그리고 가능하다면 설문지나 포커스 그룹 인터뷰를 통해 웹 기반 탐구를 개발하고 평가해 보자. 웹 기반 탐구는 어느 정도까지 아래의 특징을 만족시키는가?:

▲ 교사의 탐구 혹은 학생의 탐구로 남아 있는가? (그림 3.6)

▲ 오프라인 탐구활동과 비교해 볼 때 다른 유형의 정보들을 접할 수 있도록 하는가? (더 많은, 더 다양한, 오프라인만큼 믿을 만한, 더 흥미로운)

▲ 정보에 대한 사고를 촉진시키는가?

▲ 개념 발달과 이해를 촉진시키는가?

▲ 학생들이 비판적일 수 있도록 돕는가? (그림 10.5 참조)

▲ 엄밀한 평가가 가능한가?

참고문헌

Dodge (1995) 'Some thoughts about WebQuests'. Available online at *http://webquest.sdsu.edu/about_webquests.html* (last accessed 29 April 2013).

Dodge, B. (2001) 'Five rules for writing a greatWebQuest', *Learning and Leading with Technology*, 28, 8, pp.6-58. Available online at *http://webquest.sdsu.edu/focus/focus.pdf* (last accessed 30 January 2013).

Fisher, T. (2002) *Theory into Practice: WebQuests in Geography*. Sheffield: The Geographical Association.

Payton, S. and Williamson, B. (2008) *Enquiring Minds: Innovative approaches to school reform*. Bristol: Futurelab. Available online at *www.enquiringminds.org.uk/pdfs/Enquiring_Minds_year4_report.pdf* (last accessed 22 January 2013).

Staffordshire Learning Network: *www.sln.org.uk/geography/enquiry/listing.htm* (last accessed 18 March 2013).

Valentine, G., Marsh, J. and Pattie, C. (2005) *Children's and Young People's Home Use of ICT for Educational Purposes: The impact on attainment at key stages 1-4*. London: DfES. Available online at *www.education.gov.uk/publications/eOrderingDownload/RR672.pdf* (last accessed 22 January 2013).

모리셔스 공청회 역할극을 위한 역할카드

모리셔스 정부

당신의 역할은 관광산업의 확대에 대한 찬성 주장을 펼치는 것이며, 특히 경제적 측면을 강조해야 한다. 모든 그룹의 발표가 끝나면 당신은 '모리셔스를 사랑하는 사람들'이라는 비정부단체에 한 가지 질문을 던질 것이며, 그들도 당신에게 한 가지를 물어볼 것이다.

핵심 주장

관광산업의 중요성은 증대되고 있다. 목표로 하는 관광객의 수는 200만 명이며, 호텔 객실의 수는 현재의 9,000개 수준에서 2020년까지 20,000개로 늘어나야 한다.
농업과 섬유산업의 중요성은 점차 줄어들고 있다.

- ▲ 섬유와 설탕산업이 점차 감소함에 따라 2000년 이후 모리셔스의 경제는 어려움을 겪고 있다.
- ▲ 사탕수수는 모리셔스 전체 토지의 40%를 차지하고 수출액의 15%를 책임지지만, 기후에는 매우 취약하다(가뭄이나 사이클론).
- ▲ 섬유산업은 신흥국들과의 경쟁으로 어려움에 봉착했다.

관광산업은 GDP를 높일 수 있는 잠재력이 있으며, 외화를 벌어들일 수도 있다.

근거로 활용할 수 있는 정보

관광산업을 지원하기 위한 정부의 조치

- ▲ 새 공항을 건설함으로써 대형 여객기가 착륙할 수 있도록 한다.
- ▲ 댐을 건설하여 증가하는 물 수요에 대응한다.
- ▲ 부유층을 끌어들이고, 섬을 컨퍼런스 장소로 활용하도록

판촉함으로써 상류층을 대상으로 한 관광을 촉진한다.

배경

"1968년 독립한 이래 모리셔스는 산업, 금융, 관광산업의 성장을 통해 저임금의 농업 기반 경제에서 중간소득의 다양화된 경제로 발전했다. 이 기간 동안 매년 5~6%의 경제성장을 이루었다. 크지 않은 임금 격차, 길어진 기대수명, 낮아진 유아사망률, 비약적으로 개선된 사회기반시설은 이러한 눈부신 성장을 반영한다. 경제는 설탕, 관광, 섬유와 의류, 그리고 금융분야를 근간으로 하며, 어류가공, 정보통신기술, 접객업, 부동산 개발 분야로 확대해 가고 있다. 사탕수수 경작은 전체 농지의 90%를 차지하며, 수출액의 15%를 담당한다. 정부 발전 전략의 핵심은 이들 산업 분야들의 횡적, 종적 클러스터를 개발하는 것이다." (출처: www.africa.com/mauritius)

경제 관련 정보

천연자원: 없음
산업별 GDP 기여 비율(2011):

- ▲ 농업(사탕수수 산업 포함): 3.6%
- ▲ 제조업(식품가공, 섬유, 의류 포함): 17.7%
- ▲ 호텔 및 음식점: 7.1%

모리셔스로 관광을 오는 주요 국가들(2011): 프랑스 31%, 레위니옹 12%, 영국 9%, 남아프리카 공화국 9%, 독일 6%
호텔의 수: 116
총 고용자 수: 559,700. 호텔 및 음식점의 고용 인원: 38,000. 농업과 제조업의 고용 인원은 2010년 이후 감소해 왔다. 반면 호텔 및 음식점의 고용 인원은 증가하고 있다.
출처: www.mcci.org/economy_figures.aspx

모리셔스 호텔업자들

당신의 역할은 관광산업의 확대에 대한 찬성 주장을 펼치는 것이며, 특히 사회–문화적 측면을 강조해야 한다. 물론 경제적, 환경적 주장을 포함할 수도 있다. 모든 그룹의 발표가 끝나면 당신은 지역주민들에게 한 가지 질문을 던질 것이며, 그들도 당신에게 한 가지를 물어볼 것이다.

핵심 주장

호텔과 음식점은 지역주민들에게 고용의 기회를 제공한다. 2011년 기준으로 총 116개의 호텔이 있다. 국가관광발전플랜(National Tourism Development Plan)은 토지관리, 건축 디자인, 생태친화적 실천을 위한 가이드라인을 제시했고, 외국 투자 유치를 위해 노력 중이다.

호텔은 지역의 소상공인들에게도 기회를 제공할 뿐 아니라 사회기반시설의 개선과 관련된 고용에도 긍정적인 영향을 미친다.

대부분의 관광객들은 외국인들이기 때문에 외화 유치에도 기여할 수 있다.

환경보호법 2020(Environmental Protection Act 2020)하에서 호텔 개발업자들은 환경영향평가서를 반드시 제출하도록 규제를 받고 있다.

근거로 활용할 수 있는 정보

호텔

2011년 12월 말 기준으로, 등록된 호텔이 116개 있으며, 이

중 109개 호텔이 현재 운영 중이다. 총 객실 수는 11,925개이다. 2011년 기준 평균 객실 점유율은 65%이다(2010년에도 동일).

고용

2011년 기준 모리셔스의 전체 고용인원은 559,700명으로 추산된다(358,200명은 남성, 201,500명은 여성). 이들 중 38,000명(25,200명은 남성, 12,800명은 여성)이 호텔과 음식점에서 일하고 있으며, 이 수치는 전체 고용의 6.8%에 해당하는 것이다.

일부 업종별 평균 월급(2011년 기준, 단위는 모리셔스 루피)

▲ 농업: 14,818

▲ 제조업: 11,930

▲ 호텔과 음식점: 15,875

▲ 금융: 36,353

▲ 보건 및 사회복지: 24,000

▲ 모든 부분 평균: 19,967

많은 수의 외국인들을 고용하는 제조업이나 건설업에 비해, 관광산업은 지역주민들을 우선적으로 고용한다. 제조업에는 19,000명의 외국인 노동자들이 있지만, 관광산업에는 335명 뿐이다.

사회기반시설에 대한 기여

관광기금법(Tourism Fund Act)에 따라, 호텔들은 사회기반시설의 확충을 위해 관광기금을 제공해야 한다.

출처: 모리셔스 정부 통계

관광청

관광청을 대변하는 당신의 역할은 관광객 수를 두 배로 늘리려는 정부의 입장을 옹호하는 것이다. 주장을 발표할 때 관광청에서 환경을 보호하기 위해 무엇을 하고 있는지를 강조해야 한다. 모든 그룹의 발표가 끝나면 당신은 환경단체인 '모리셔스 산호초 보전회'에 한 가지 질문을 던질 것이며, 그들도 당신에게 한 가지를 물어볼 것이다.

핵심 주장

관광청은 관광의 지속가능한 발전을 촉진하기 위해 다음의 역할을 수행하고 있다.:

▲ 호텔, 음식점, 렌터카 업체, 윈드서핑 렌털 업체의 영업을 허가하기에 앞서 조사한다.

▲ 관광 관련 사업체들이 법규를 준수하고 있는지 모니터링한다.

▲ 유람선 활용을 등록, 허가, 규제한다.

▲ 선박의 선장들을 위해 교육을 실시한다.

▲ 관광지를 청소한다.

근거로 활용할 수 있는 정보

관광청 법

2006년의 관광청 법과 2008년의 수정안은 관광 서비스에 대한 규제의 기본틀을 제시하였고, 이를 통해 국제적 기준을 충족시킬 수 있었을 뿐 아니라 모리셔스를 고품질의 안전한 관광지로 발전시킬 수 있었다. 관광청은 관광업체들을 허가하고, 이들의 활동을 감독하는 책임을 진다.

관광업 면허

관광객들을 대상으로 서비스를 제공하는 모든 기관이나 행위, 예를 들어 호텔, 음식점, 골프장, 페리보트, 유람선, 렌털 업체(제트스키, 카이트서핑, 패러글라이딩, 윈드서핑, 스쿠버다이빙, 카누)와 관광가이드는 관광업 면허를 필수적으로 취득해야 한다.

유람선 면허

레저 목적의 낚시, 수상스포츠, 혹은 유람 목적으로 사용되는 모든 선박들과 레크리에이션을 위한 무대는 반드시 허가를 받아야 한다. 페달보트, 카누, 카약, 서프보트, 무동력의 고무보트는 유람선에 포함되지 않는다.

선장 면허

선장 면허를 취득하기 위해서는 이론과 실기 시험을 통과해야 한다.

청소 프로젝트

관광청은 해변이나 나지와 같은 관광지를 청소하는 프로젝트를 수립하였다.

출처: www.tourismauthority.mu

'모리셔스를 사랑하는 사람들' 비정부기구

비정부기구를 대변하는 당신의 역할은 관광객 수를 두 배로 늘리려는 정부의 입장에 반대하는 것이다. 당신은 경제적 측면에서의 반대에 집중해야 한다. 모든 그룹의 발표가 끝나면 당신은 정부를 대표하는 그룹에 한 가지 질문을 던질 것이며, 그들도 당신에게 한 가지를 물어볼 것이다.

핵심 주장

▲ 모리셔스의 관광산업은 장거리 항공에 매우 의존적이다. 항공료가 상승하게 된다면, 관광객 수는 줄어들 것이다.

▲ 관광객의 수는 매년 변화가 심하고, 테러리스트의 공격, 금융위기, 날씨 등에 영향을 받는다(모리셔스는 사이클론 벨트에 속한다).

▲ 초대형 항공기가 이착륙할 수 있도록 공항을 확장한다는 정부의 계획은 잘못된 것이다. 이들 항공기들도 경제성을 맞추려고 한다. 그러나 관광객 수의 변화가 심하기 때문에 경제성을 맞추는 데 필요한 최소한의 승객을 장담할 수 없다.

근거로 활용할 수 있는 정보

관광의 미래에 대한 *Geographical* 잡지 발췌문

"항공료가 오르고(항공유 가격의 상승, 세금 증가, 탄소거래제 실시 등 어떤 원인으로든), 너무 많은 탄소를 배출하는 데서 오는 죄책감으로 인해 해외에서 휴가를 보내는 것이 더 이상 자랑거리가 되지 못하는 상황에서, 관광산업에서 'why'와 'how'라는 측면은 더 중요해진다. … 현명한 관광지들은 단지 더 많은 관광객만을 추구하지는 않는다. 대신, 관광객의 유형에 초점을 맞춰 자국 내에서 이들과 가장 어울리는 지역이나 커뮤니티로 안내한다. 결과적으로, 사회적, 환경적 비용은 최소로 유지하면서도 경제적 이익은 극대화된다." (출처: www.responsibletravel.com/reources/future-of-tourism/pdf/FutureOfTravel.pdf)

호텔

2011년 12월 기준으로, 총 116개의 호텔이 등록되어 있고 이중 109개 호텔이 영업 중이다. 총 객실 수는 11,925개이다. 2011년 평균 객실 점유율은 65%였다(2010년과 동일).

출처: Questions to Minister of Tourism and Leisure: http://welovemauritius.org/node/18

모리셔스를 방문한 관광객의 출신 국가 분포

국적	2002	2004	2006	2008	2010
프랑스	202,869	210,411	182,295	260,054	302,185
독일	53,762	52,277	57,251	61,484	52,886
인도	20,898	24,716	37,498	43,911	49,779
이탈리아	38,263	41,277	69,407	66,432	56,540
레위니옹	96,375	96,510	89,127	96,174	114,914
남아프리카 공화국	42,685	52,609	70,796	84,448	81,458
영국	80,667	92,652	102,333	107,919	97,548
기타	146,129	148,409	179,569	210,034	179,517
합계	681,648	718,861	788,276	930,456	934,827

출처: Ministry of Finance and Economic Development Data, 2011, *Digest of International Travel and Tourism Statistics 2010*의 표 28에서 가져옴. www.gov.mu/portal/goc/cso/report/natacc/tourism10/digest.pdf

지역주민들

지역주민으로 구성된 그룹을 대표하는 당신의 역할은 관광객 수를 두 배로 늘리려는 정부의 입장에 반대하는 것이다. 당신은 사회적 측면에서의 반대에 집중해야 한다. 모든 그룹의 발표가 끝나면 당신은 호텔업자들에게 한 가지 질문을 던질 것이며, 그들도 당신에게 한 가지를 물어볼 것이다.

핵심 주장

- ▲ 호텔업이 고용을 발생시키지만, 임금은 낮은 편이다.
- ▲ 대부분의 호텔은 외국자본이 소유하고 있어, 지역주민들이 충분한 이익을 얻지 못한다.
- ▲ 땅이 좁은데, 관광산업을 위해 더 많은 땅이 수용될 것이다.
- ▲ 호텔들이 해안을 따라 들어서게 되면, 지역주민들은 점점 더 해변을 이용하는 것이 어려워질 것이다.
- ▲ 지역의 도로는 이미 관광객들로 인해 혼잡한 상태이다.
- ▲ 부유한 모리셔스 국민만이 비행기를 탈 수 있기 때문에 대부분의 지역주민들은 공항에 투자되는 세금으로부터 어떤 이익도 얻지 못한다.
- ▲ 다른 문화를 가진 관광객들의 증가는 현지의 문화에 부정적인 영향을 줄 수 있다.

근거로 활용할 수 있는 정보

영어가 모리셔스의 공식언어이긴 하지만 영어를 사용하는 사람들은 1%도 안 된다. 약 80%는 크리올(Creole) 언어를 사용하며, 보즈푸리 어(Bhojpuri, 12.1%)와 프랑스 어(3.4%)도 사용된다. 모리셔스는 다민족국가이다.:

- ▲ 68%는 인도-모리셔스 인(인도 이주민들의 후손)
- ▲ 27%는 크리올(아프리카나 아시아로부터 온 노예의 후손)
- ▲ 3%는 중국-모리셔스 인(중국 이주민들의 후손)

'모리셔스를 사랑하는 사람들' 웹사이트의 코멘트

"모리셔스의 매력은 이국적이고, 안전하고, 아름다우며, 평화로운, 질 높은 관광지라는 것이다. 다양한 문화를 가진 사람들이 모리셔스라는 국가를 형성해 평화롭게 공존하는 것 역시 모리셔스의 또 다른 매력이다. 지나친 개발은 이러한 모리셔스의 매력을 파괴할 것이며, 석호의 생태계를 위협하고, 모리셔스 사람들에게서 해변을 빼앗을 것이다. 호텔의 총 객실 수는 현재의 5,300개에서 최대 9,000개까지만 증대될 수 있다. 녹색한계를 상회하는 수익은 관광객 수의 증가가 아닌 관광객 1인당 지출의 증대를 통해 얻을 수 있어야 하며, 이와 동시에 내륙이나 생태관광을 포함한 다양한 관광활동을 제시하고, 높은 수준의 서비스를 유지할 수 있어야 한다."

"호텔과 빌라의 종업원들이 받는 임금은 아주 초라한 수준이다. 이러한 관광산업을 통해 어떻게 모리셔스 사람들의 삶의 질을 높일 수 있다는 말인가?"

"모리셔스 섬이 더 많은 자원을 사용할 관광객들과 외국 엘리트를 지원할 수 있을까? 예를 들어, 물의 경우 현지 주민들이 사용하기에도 부족하다."

"1968년에 우리가 독립했을 때, 모든 해안지역의 소유권은 영국왕실에서 모리셔스 국민들에게 이전되었다. 오늘날, 부유한 외국 관광객들이 가장 좋은 해안을 차지하고 있으며, 우리는 우리 땅에서 무단 출입자 취급을 당하고 있다."

고용

2011년 모리셔스의 총 고용 인구는 559,700명(358,200명이 남자, 201,500명이 여자)으로 추산된다. 전체 고용인구의 6.8%에 해당하는 38,000명(25,200명이 남자, 12,800명이 여자)이 호텔과 음식점에 종사하고 있다.

일부 업종별 평균 월급(2011년 기준, 단위는 모리셔스 루피)

- ▲ 농업: 14,818
- ▲ 제조업: 11,930
- ▲ 호텔과 음식점: 15,875
- ▲ 금융: 36,353
- ▲ 보건 및 사회복지: 24,000
- ▲ 모든 부분 평균: 19,967

'모리셔스 산호초 보존회' 비정부기구

로컬의 환경단체인 '모리셔스 산호초 보존회'를 대표하는 당신의 역할은 관광객 수를 두 배로 늘리려는 정부의 입장에 반대하는 것이다. 당신은 환경적 측면에서의 반대에 집중해야 한다. 모든 그룹의 발표가 끝나면 당신은 관광청에 한 가지 질문을 던질 것이며, 그들도 당신에게 한 가지를 물어볼 것이다.

핵심 주장

관광산업의 확대는 몇 가지 부정적인 결과를 가져올 것이다.:
- ▲ 산호초의 피해가 확대될 것이다.
- ▲ 산호초 뒤쪽에 위치한 석호 생태계를 위협할 것이며, 석호의 수질도 악화될 것이다.
- ▲ 산호초가 줄어들게 되면, 파도의 영향으로 해변도 피해를 볼 것이다.
- ▲ 환경 보존과 관련된 규제들이 종종 무시되고 있다.

근거로 활용할 수 있는 정보

'모리셔스 산호초 보존회' 웹사이트의 정보와 인용문

"모리셔스 산호초 보존회는 비영리단체이며, 모리셔스 해양 환경의 보존과 복구를 목표로 한다. 보존회는 모든 이해당사자들과의 협력과 로컬 및 지역의 노력을 통해 모리셔스 해양 생태계의 생물다양성이 지속가능하게 활용될 수 있도록 노력한다. 보존회는 전문적이고 자격을 갖춘 생물학자를 고용하며, 보전회의 프로젝트를 관리하고 실행할 수 있는 직원을 지원한다."

모리셔스 산호초 보전회의 목표는 연구, 교육, 훈련을 통해 사람들이 해양환경에 대한 법을 존중하게 함으로써, 해양을 보전, 관리하고, 캠페인이나 광고활동을 통해 해저와 해안생태계를 보호하는 것이다.

모리셔스 산호초 보전회는:
- ▲ 교육자료, 교육자료를 활용한 훈련, 그리고 학교를 위한 답사활동을 제공한다.
- ▲ 고정된 부이와 산호초 모니터링 프로젝트(Fixed Mooring Buoys and Reef Monitoring Project): 부이는 사람들이 많이 찾는 스쿠버다이빙이나 스노클링 지점에 설치되어, 배의 닻으로 인한 산호초의 피해를 방지한다. 이들 지점에서 산호초들이 재생되는지 파악하기 위해 산호초와 낚시를 즐기는 사람들을 모니터링한다.

"스노클링과 스쿠버다이빙을 위한 보트들이 닻을 내리면서 산호초를 파괴한다. 관광객들에게 팔기 위해 조개나 산호를 수집하는 행위는 조개의 개체수를 줄이며, 사람들이 산호초를 잡고, 위를 걷고, 위에 앉는 행위는 석호 생태계를 파괴할 것이다."

산호초의 피해

산호초에 대한 설명(http://welovemauritius.org/node/5):
"해수면이 상승하고 있기는 하지만, 파도와 폭풍의 에너지를 분쇄시켜 줄 수 있는 산호초 또한 충분히 빠르게 성장하고 있다. 산호를 분기시켜 준다면 훨씬 더 빠르게 성장할 것이며, 더 많은 양의 산호 분쇄물을 공급하게 되어 석호 내의 모래를 더 풍성하게 해 줄 것이다. 그러나 배, 닻, 어부, 스노클링이나 스쿠버다이빙을 즐기는 사람들과의 물리적인 접촉은 거대한 산호초에도 피해를 입힌다. 배의 엔진이나 산업시설로부터 발생하는 오염, 산림파괴에서 오는 토양유실, 하수, 농업용수의 유출, 과도한 어업 등 인간이 만들어 낸 환경적 스트레스는 산호초의 성장 속도를 늦추고 있다."

모리셔스에 대한 정보를 찾을 수 있는 웹사이트

Statistics Mauritius: *www.gov.mu/portal/site/cso*

Ministry of Tourism, Leisure & External Communications: *www.gov.mu/portal/site/tourist*

Mauritius Tourism Promotion Authority: *www.tourism-mauritius.mu*

Association of hoteliers and restaurants in Mauritius: *www.mauritiustourism.org*

Reef Conservation: *www.reefconservation.mu*

Map of Mauritius (showing extent of coral reefs) and map showing location in relation to Africa:
www.worldatlas.com/webimage/countrys/africa/mu.htm

Map of Mauritius showing coral reefs: *www.travelnotes.org/Africa/mauritius.htm*

Go Africa map of Mauritius: *http://goafrica.about.com/library/bl.mapfacts.mauritius.htm*
www.africa.com/mauritius

Google Earth (Coral reefs and lagoons can be seen when zooming in)

탐구 기반 단원 계획하기

탐구 기반의 단원을 계획할 때 고려해야 할 사항

교육과정을 만드는 창의적 과정이 교육과정 설계에서 제시하는 논리적 단계를 반드시 따르는 것은 아니다. 지리 수업에 대한 영감은 특정 지리적 자료나 TV 프로그램, 다른 과목을 가르치는 동료들과의 대화, 컨퍼런스, 독특한 분야에 대한 호기심, 혹은 책 읽기에서 나오기도 한다. 아래 제시된 내용들은 탐구 기반 수업을 계획하는 시간적인 순서가 아니라 고려해야 할 요소들이다.

고려할 내용	조사할 주제/장소/이슈와 관련하여 생각해 봐야 할 질문
단원의 지리적 내용	어떤 지리적 내용을 포함할 것인가? 반드시 포함해야 하는 내용이 있는가?(예, 국가교육과정이나 평가요강) 어떤 핵심 개념이나 아이디어를 소개할 수 있을까? 어떤 사례를 활용할 수 있을까?
학생	이 단원을 학습하기 위해 학생들은 어떤 적절한 지식을 떠올릴 필요가 있는가?(일상생활 경험, 학교에서 이전에 학습한 내용) 학생들은 어떤 기능(예, 문해력, 수리력, 도해력, ICT)을 갖고 있는가? 학생들은 무엇이 필요한가?(예, 새로운 기능/기술을 배워야 할까?) 학생들이 어려운 자료를 활용할 때, 어떤 도움을 필요로 할까? 어떤 방법으로 학생들의 지리적 사고를 자신들의 선지식이나 이해 수준 이상으로 확장시킬 수 있을까?
탐구의 초점	단원의 틀을 규정하는 핵심 질문은 무엇인가? 핵심 질문은 흥미롭고 도전적인가? 핵심 질문과 도전 질문은 어떻게 결정되었는가?(교사가 결정하는가 아니면 학생들과의 토론을 통해 결정하는가?)

교사의 역할	단원은 느슨하게 아니면 빡빡하게 설계되었는가?
	학생들은 어느 정도까지 내용, 조사할 질문, 활동, 활용할 기술을 선택할 수 있는가?
	논쟁적인 이슈를 조사한다면 교사의 위치는 어떠해야 할까?
	단원 내내 학생들에게 어떤 지원을 제공할 것인가?
정보/자료	학생들에게 구체적인 정보원을 제공할 것인가?
	학생들이 스스로 정보를 찾을 수 있는 기회를 제공할 것인가?
	학생들에게 정보원에 대한 가이드를 제공할 것인가?(예, 웹사이트, 참고문헌)
	학생들이 정보를 비판적으로 바라보도록 격려할 것인가?
학생들은 어떻게 수행할까?	학생들은 개인적으로, 짝으로, 혹은 소그룹으로 활동의 전부 혹은 일부를 수행할 것인가?
	협력적 수행을 지원하기 위해 어떤 가이드를 제공할 것인가?
	학급의 전체 학생들을 대상으로 정보, 아이디어, 설명을 발표할 것인가?
	어떤 기회를 통해 학생들은 서로(학급 전체, 짝, 혹은 소그룹 토론) 자신들의 수행을 논의할 것인가?
과정과 활동	학생들을 참여시키기 위해 어떤 호기심 유발 자료를 활용할 것인가?
	학생들이 스스로 이해하고, 지리적으로 사고할 수 있도록 어떤 활동을 포함시킬 것인가?
	조사의 초점이 되면서, 최종 결과물을 만들어 내는 활동이 있는가?
학습	학습 결과물의 형태를 결정하는 데 학생들은 어떤 역할을 하는가?
	다음 중 어떤 것이 중요한가? 장소에 대한 특정 지식을 획득하기; 개념적 이해를 발전시키기; 새로운 사례에 아이디어 적용하기; 다른 관점들 조사하기; 새로운 기술/기능 습득하기
	학생들이 학습한 내용과 학습방법을 반성할 수 있도록 어떻게 단원을 마무리할 것인가?
평가	무엇을 평가할 것인가?(예, 학생의 수행, 글쓰기, 말하기, 최종 결과물)
	평가영역은 무엇인가? 평가영역을 결정하는 데 학생들이 참여하는가?
	학생들의 성장을 어떻게 평가할 것인가?
	학생들은 자신들이 향상시켜야 하는 부분들을 알고 있는가?
	자기평가 혹은 동료평가가 있는가?
확산	학생들의 수행결과를 토론이나 발표를 통해 학급의 다른 친구들과 공유할 것인가?
	학생들의 수행결과를 전시나 웹사이트를 통해 다른 학급이나 학부모들에게 공개할 것인가?

이 책에서 언급된 활동과 방법들

전작인 *Learning Through Enquiry*가 출판되었을 때, 어떤 이가 책에서 소개된 모든 활동과 방법들을 목록으로 묶어 부록에서 제시해 준다면 유익하겠다고 했다. 그러나 단원이나 수업에서 아래 제시된 한두 가지의 방법들을 사용한다고 해서 탐구적 접근을 채택했다거나 학생들이 탐구 질문, 문제, 이슈를 조사하는 데 적극적으로 참여했다는 의미하는 것은 아니다. 학생들이 탐구를 통해 지리를 배우게 하고 싶다면, 학생들이 질문을 던지고, 지리적 자료를 비판적으로 검토하고, 지리적으로 사고하는 것을 배우길 장려하는 탐구 문화를 교실에 정착시킬 필요가 있다. 아래 제시된 활동들은 이러한 문화를 조성하는 데 기여할 것이다.

활동/방법	장/그림	페이지
5Ws	그림 5.1	82
7Ws와 H	그림 5.2	82
아마존일까 아닐까(Amazon or not?)	그림 7.2	117
논증(Argumentation)	8장, 그림 8.4, 그림 8.6	140–141
큰 질문, 작은 질문(Big questions/little questions)	그림 5.5	86
브레인스토밍(Brainstorming)	5장	87
콤파스 로즈(Compass Rose)	그림 5.3	83
개념지도(Concept maps)	16장	262–272
비판적 탐구(Critical enquiry)	그림 10.5	184
DARTs(directed activities related to text)	19장	299–310
재구성(Deconstruction)	그림 8.3	135

참고문헌

아래의 책들은 내 생각을 발전시키는 데 중요한 역할을 했다. 이 책들은 각 장의 참고문헌에 포함되지 않았던 것들이다.

Alexander, R. (2011) *Towards Dialogic Teaching: Rethinking classroom talk* (fourth edition). York: Dialogos.

Butt, G. (ed) (2011) *Geography, Education and the Future*. London: Continuum.

Leat, D. (1998) *Thinking Through Geography*. Cambridge: Chris Kington Publishing.

Lambert, D. and Morgan, J. (2010) *Teaching Geography 11-18: A conceptual approach*. Maidenhead: Open University Press.

Marsden, B. (1995) *Geography 11-18: Rekindling good practice*. London: David Fulton.

Mercer, N. and Hodgkinson, S. (eds) (2008) *Exploring Talk in Schools*. London: Sage.

Morgan, J. (2012) *Teaching Secondary Geography as if the Planet Matters*. London: Routledge.

Nichols, A. and Kinninment, D. (2000) *More Thinking Through Geography*. Cambridge: Chris Kington Publishing.

Rawling, E. (2007) *Planning your Key Stage 3 Geography Curriculum*. Sheffield: The Geographical Association.

Roberts, M. (2003) *Learning Through Enquiry: Making sense of geography in the key stage 3 classroom*. Sheffield: The Geographical Association.

Taylor, L. (2004) *Re-presenting Geography*. Cambridge: Chris Kington Publishing.

색인